国家自然科学基金项目资助

dsPIC33EV 5V 系列
数字信号控制器原理及实践

Principle and practice of dsPIC33EV 5V digital signal controller

党 博　任志平　刘长赞　杨 玲　编著

西安电子科技大学出版社

内 容 简 介

本书以 Microchip 公司的 16 位 dsPIC33EV 系列 DSC 为对象，主要介绍其原理与应用，共分为 14 章。第 1 章介绍高温 DSC 的发展和特性，第 2～13 章详述各功能模块的原理及特点，第 14 章介绍 dsPIC33EV 系列器件在高温井下探测系统中的应用。书中给出的编程实例已全部经过调试，并进行了详细注释。

本书可作为高等院校 DSP 教学的选用教材，也可作为工程技术人员迅速掌握 dsPIC33EV 系列高温 DSC 的实用参考书。

本书获得国家自然科学基金项目(No.51974250)的资助。

图书在版编目(CIP)数据

dsPIC33EV 5V 系列数字信号控制器原理及实践 / 党博等编著. —西安：西安电子科技大学出版社，2021.1

ISBN 978-7-5606-5838-4

I. ①d…　II. ①党…　III. ①数字信号处理　IV. ①TN911.72

中国版本图书馆 CIP 数据核字(2020)第 228350 号

策划编辑　李惠萍
责任编辑　李思锟　雷鸿俊
出版发行　西安电子科技大学出版社(西安市太白南路 2 号)
电　　话　(029)88242885　88201467　　邮　　编　710071
网　　址　www.xduph.com　　电子邮箱　xdupfxb001@163.com
经　　销　新华书店
印刷单位　咸阳华盛印务有限责任公司
版　　次　2021 年 1 月第 1 版　2021 年 1 月第 1 次印刷
开　　本　787 毫米×1092 毫米　1/16　印　张　19.5
字　　数　459 千字
印　　数　1～2000 册
定　　价　44.00 元

ISBN 978-7-5606-5838-4 / TN

XDUP 6140001-1

版权声明

本书引用以下资料已得到其版权所有者 Microchip Technology Inc.(美国微芯科技公司)的授权。

English version:

[1] "dsPIC33EVXXXGM00X/10X Family Data Sheet", DS70005144H;

Chinese Version:

[1] "dsPIC33E/PIC24E FRM, Direct Memory Access (DMA)", DS70348B_CN;

[2] "dsPIC33E/PIC24E FRM, High-Speed PWM", DS70645C_CN;

[3] "dsPIC33E/PIC24E FRM, Oscillator", DS70580C_CN;

[4] "dsPIC33E/PIC24E FRM, Analog-to-Digital Converter (ADC)", DS70621C_CN;

[5] "dsPIC33E/PIC24E FRM, Op Amp/Comparator", DS70000357E_CN;

[6] "dsPIC33E/PIC24E FRM, I/O Ports", DS70598B_CN;

[7] "dsPIC33/PIC24 FRM, Interrupts", DS70000600D_CN;

[8] "dsPIC33/PIC24 FRM, Serial Peripheral Interface (SPI)", DS70569B_CN;

[9] "dsPIC33E/PIC24E FRM, Enhanced Controller Area Network (ECAN)", DS70353C_CN;

[10] "dsPIC33/PIC24 FRM, UART", DS70000582E_CN.

商标声明

以下图案是 Microchip Technology Inc.在美国及其他国家的商标：

以下文字是 Microchip Technology Inc.在美国及其他国家的注册商标(状态：®)：

AnyRate, Atmel, AVR, AVR Freaks, BitCloud, CHIPKIT, CryptoMemory, CryptoRF, dsPIC, FlashFlex, flexPWR, Heldo, JukeBLOX, KEELOQ, Kleer, LANCheck, LINK MD, maXStylus, maXTouch, megaAVR, MediaLB, MOST, MPLAB, OptoLyzer, PIC, picoPower, PICSTART, Prochip Designer, QTouch, RightTouch, SAM-BA, SST, SuperFlash, tinyAVR, UNI/O and XMEGA.

以下文字是 Microchip Technology Inc.在美国的注册商标(状态：®)：

前　言

Microchip 公司的 dsPIC 数字信号控制器(DSC)充分迎合了市场对低成本、高性能解决方案的需求。这一系列产品不仅保持了功能强大的外围设备和快速中断处理能力，而且融合了先进的可管理高速计算活动的数字信号处理器功能。其中，dsPIC33EV 系列 DSC 采用了 5V 70 MIPS dsPIC 内核，具有增强的片上功能，增强了抗噪性和稳健性，适用于家电、汽车应用以及在井下等恶劣环境中运行的设备。其工作电压范围为(4.5～5.5)V，能在高达 175℃环境下工作 408 h 或在 150℃环境下工作 1000 h。此外，dsPIC33EV 系列是第一款含 ECC 的 dsPIC，可靠性和安全性均有所提升。

本书详细介绍了 dsPIC33EV 系列 DSC 的结构原理，讨论了体系结构中各功能模块的特点，列举了高温井下应用中的实例及部分程序清单。全书共分为 14 章。

第 1 章主要介绍 DSC 的现状和 dsPIC 系统的特点及分类。

第 2～3 章简述 dsPIC33EV 系列 DSC 的结构、主要性能和 CPU 的体系结构。

第 4～7 章介绍其存储器、中断、DMA 和系统配置。dsPIC33EV 系列丰富的中断源和多种灵活的振荡器选择，使得应用相对复杂，但通过实例，读者会很快掌握这些模块的使用。

第 8～9 章介绍 I/O 端口和定时器及其应用。

第 10～11 章介绍 PWM 和通信接口。dsPIC33EV 系列器件集成了多达 6 个高级电机控制 PWM。通信接口主要包括通用异步收发器(UART)接口、SPI 和 I^2C 通信接口，并对通信外设 SENT 和 CAN 模块进行了介绍。

第 12 章介绍高级模拟特性。dsPIC33EV 系列器件集成了 36 个转换速率高达 1.1 MSPS 的模拟通道、12 位 ADC 及运算放大器，这个组合对于电机控制应用来说是理想之选。

第 13 章介绍 dsPIC33EV 系列 DSC 器件的高温电气特性。

第 14 章介绍 dsPIC33EV 系列 DSC 在高温井下探测系统中的应用。基于 dsPIC33EV 系列 DSC，主要设计了多路高温数据采集模块、井下电缆通信模块。

本书的完成得益于作者近年来在大量科研课题的研究过程中对 dsPIC 的学习、开发与实际应用所积累的经验，也得益于为本科生和研究生讲授 DSP 课程的实践。全书撰写过程中，得到了作者所在课题组成员的大力支持。其中，党博编写了第 1～8 章，任志平编写了第 9、10 章，刘长赞编写了第 11、12 章，杨玲编写了第 13、14 章并对相关代码实例进行了校对。张晨露、彭梦梦、任博文为本书的录入和插图做了大量的工作，在此对他们的辛勤劳动表示感谢。

由于作者水平有限，书中难免有不足之处，敬请广大读者批评指正。

编　者

2020 年 9 月

前言

目　录

第1章 绪 论

dsPIC 系列数字信号控制器(Digital Signal Controller, DSC)将数字信号处理器(Digital Signal Processor, DSP)的计算能力与 PIC 系列微控制器(Micro Control Unit, MCU)的配置优势相结合，主要面向对数据处理性能和系统实时性控制要求较高的场合，广泛应用于多媒体处理、医疗卫生、家用电器等领域，具有广阔的市场前景。本章从广泛意义上介绍了高温 DSC 的现状和 dsPIC 系统的特点、分类、选择与应用。dsPIC 的品种繁多，本章所涉及的内容是学习后续内容的基础，同时也是工作中了解 dsPIC 的性能、特点和应用领域并合理地选择所需 dsPIC 器件的基础。

1.1 高温 DSC 现状

DSC 是 DSP 和 MCU 结合在一起的混合设备，兼顾了 DSP 和 MCU 这两类产品的优点。它一方面拥有 DSP 的 CPU，继承了 DSP 强大的数字信号处理能力；另一方面集成了 MCU 丰富的外设，继承了传统 MCU 的高集成度、灵活性与易用性。随着半导体制造技术的发展，各种新型的高温 DSC 芯片不断涌现，其应用开发方法也随着技术的发展而不断丰富。目前，美国公司在高温 DSC 的开发与推广方面均位于世界前列。常用的高温 DSC 主要由两家公司提供，分别为美国德州仪器公司(TI)和美国微芯公司(Microchip)。TI 公司和 Microchip 公司的主要高温 DSC 器件发展现状如图 1-1 所示。

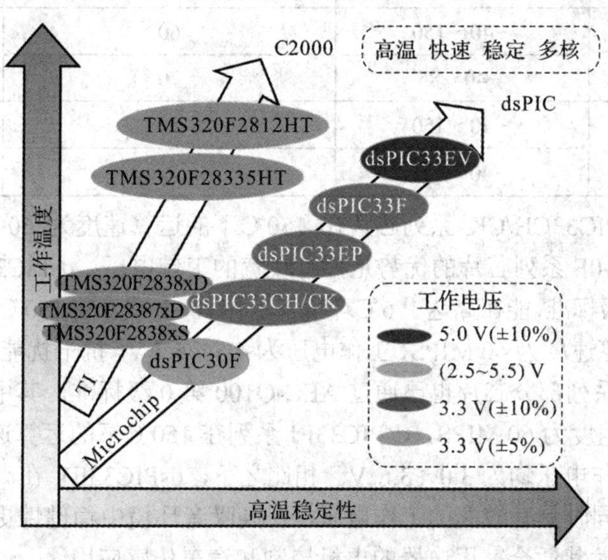

图 1-1 高温 DSC 发展现状

从图 1-1 中可以看出，TI 公司更偏重高温下芯片的运行速度，而 Microchip 公司更偏重高温下芯片的稳定性。具体来说，TI 公司的高性能 DSC 主要为 C2000 的 32 位 MCU，专门用于控制电力电子产品，可在工业和汽车应用中实现高级数字信号处理，并可提供精密传感、强大的处理和高级驱动功能。在高温应用方面，最新的两款 DSC 分别为 TMS320F2812HT 和 TMS320F28335HT。其中，TMS320F2812HT 的最高工作温度可达 220℃，计算速度为 150 MIPS(Million Instructions Per Second, 每秒百万条指令)；TMS320F28335HT 的最高工作温度可达 210℃，对应计算速度为 100 MIPS。然而，TI 公司的高温 DSC 价格比较贵，设计成本较高，且对工作电压要求比较苛刻，高温下稳定性较差。TI 公司新推出的芯片 TMS320F2838xD、TMS320F2837xD、TMS320F2838xS 等虽然实时控制能力较好，却无法适用于高温环境。

相比之下，Microchip 公司推出的 dsPIC 系列 DSC 产品在处理器性能方面略显不足。其主流 DSC 的主频为 40 MHz，相对于 TI 公司主流的 60～120 MHz 的 DSC 低了很多。然而，dsPIC 系列 DSC 的优势在于其产品的丰富性、易用性以及较高的性价比。在高温应用方面，dsPIC33C 系列、dsPIC33E 系列以及 dsPIC33F 系列均表现出良好的性能。表 1-1 所示为几种典型的 dsPIC 芯片在高温下的性能比较。

表 1-1　dsPIC 高温性能比较

<table>
<tr><th>芯　　片</th><th>温度范围/℃</th><th>指令执行速度/MIPS</th><th>工作电压/V</th></tr>
<tr><td rowspan="2">dsPIC33CH/CK</td><td>-40～150</td><td>60</td><td rowspan="2">3.0～3.6</td></tr>
<tr><td>-40～125</td><td>90</td></tr>
<tr><td>dsPIC30F</td><td>-40～125</td><td>30</td><td>2.5～5.5</td></tr>
<tr><td rowspan="3">dsPIC33EV</td><td>-40～150</td><td>40</td><td rowspan="3">4.5～5.5</td></tr>
<tr><td>-40～125</td><td>60</td></tr>
<tr><td>-40～85</td><td>70</td></tr>
<tr><td rowspan="2">dsPIC33EP
(部分)</td><td>-40～150</td><td>60</td><td rowspan="2">3.0～3.6</td></tr>
<tr><td>-40～85</td><td>70</td></tr>
<tr><td rowspan="2">dsPIC33FJ
(部分)</td><td>-40～150</td><td>20</td><td rowspan="2">3.0～3.6</td></tr>
<tr><td>-40～125</td><td>30</td></tr>
</table>

可以看出，dsPIC33CH/CK 系列芯片在 150℃下的运算速度为 60 MIPS，工作电压为 3.0～3.6 V；dsPIC30F 系列芯片的优势是拥有较宽的工作电压；dsPIC33EV 系列芯片已通过 AEC-Q100 第 0 级标准，能在高达 175℃环境下工作 408 h 或者在 150℃环境下工作 1000 h，其在 150℃下的运算速度为 40 MIPS，工作电压为 4.5～5.5 V，抗干扰能力较强；dsPIC33EP 系列和 dsPIC33FJ 系列部分芯片也已通过 AEC-Q100 第 0 级标准，其中，dsPIC33EP 系列在 150℃下的运算速度为 60 MIPS，dsPIC33FJ 系列在 150℃下的运算速度仅为 20 MIPS，两个系列芯片的工作电压均为 3.0～3.6 V。相比之下，dsPIC33EV 在高温环境下不仅拥有较快的计算速度，同时具有较高的工作电压，在高噪音环境中稳健性更好，并且可轻松连接高精度传感器，尤其适合家用电器的电机控制和汽车传感应用。

国内 DSC 的研究与开发仍处于起步阶段，目前市场上暂无商业化的 DSC 芯片推出。

总的来说，DSC正朝着高温、快速、稳定、多核的方向发展。

1.2 dsPIC系统的特点

dsPIC器件将高性能16位单片机的控制特点和DSP高速运算的优点相结合，为嵌入式系统设计提供了合适的单芯片、单指令流的解决方案。它消除了目前类似设计中的额外组成部分，从而减小了印制板空间，也降低了系统成本。由于dsPIC兼具MCU和DSP芯片这两类产品的优点，因此它具有下列特点：

(1) 丰富的外围部件；

(2) 完整的DSP引擎；

(3) 改进的中断能力；

(4) Flash存储器，灵活的重编程能力；

(5) 强大的开发环境和开发潜力；

(6) 引脚数少；

(7) 使用优化的高级语言；

(8) 方便PIC系列单片机用户移植现有的代码；

(9) 熟悉的类似单片机的用户开发平台。

dsPIC器件的开发有助于缓解16位单片机和低端DSP之间的性能差，是传统16位单片机应用的理想解决方案。与此同时，随着控制技术日趋复杂化，越来越多的工业系统要使用DSP精确控制实时响应，并且要求现有产品增加更多功能，以增强输入/输出(Input/Output, I/O)端口的易用性并实现安全接入。目前来看，dsPIC已经在高性能DSC市场占据了一席之地。

1.3 dsPIC的分类、选择与应用

1.3.1 dsPIC33C

dsPIC33C系列DSC具有带DSP引擎的dsPIC33“C”核，以及用于减少中断延迟的扩展上下文选择寄存器、用于加速DSP性能的新指令、用于紧密耦合的外围设备，可以实现复杂的高速控制回路。其具有100 MIPS的计算速度，可为dsPIC33E和dsPIC33F DSC用户提供一个升级路径，以开发更复杂的应用程序。

dsPIC33C系列产品主要包括双核dsPIC33CH系列和单核dsPIC33CK系列。其中，dsPIC33CH系列的双核设计是为了方便设计团队为每个核开发独立的代码，以便后期将它们集成到一个芯片中时实现无缝协作。此双核系列可提供高达512 KB的闪存，非常适合需要最佳性能的应用，一个核可用于时间关键型控制回路，另一个核具有通信和内务管理功能。同时，dsPIC33CH系列对高性能数字电源、电机控制和其他需要复杂算法的应用进行了优化，这些应用包括无线电源、服务器电源、无人机和汽车传感器等。dsPIC33CH系

列芯片的优点是：

(1) 具有双独立内核，可简化固件开发；

(2) 双核和外围设备有助于增强系统的稳健性，提高功能安全性；

(3) 首款采用双 CAN-FD 的 dsPIC33，适用于稳健型通信系统和实现更高的带宽；

(4) 最大模拟集成，包括高速模/数转换器(Analog-to-Digital Converter, ADC)、带波形发生器的数/模转换器、模拟比较器和引脚网络阵列，用于在较小的空间内增加功能；

(5) 可支持高可用系统的实时更新，这对于必须在零停机时间下进行固件更新的电源尤为重要。

单核 dsPIC33CK DSC 非常适合需要经济且高效选择的应用程序，该系列可提供高达 256 KB 的闪存，同时还可以提高时间关键型应用的 DSP 性能和快速确定性，以满足实际设计要求，比如电源中可变负载条件下的高能效或控制电机的精确速度和旋转。作为对 dsPIC33CH 双核 DSC 的补充，dsPIC33CK 系列提供了具有相同高性能核和外围设备的经济且高效的单核选择。使用该系列芯片进行设计的好处在于：

(1) 精确实现多个无刷电机的传感器磁场定向控制和功率因数校正(Power Factor Correction, PFC)；

(2) 为数字电源转换应用实现高度自适应算法；

(3) 实现复杂的实时过滤，以提高传感器的响应能力；

(4) 简化功能安全认证；

(5) CAN-FD 支持汽车通信；

(6) 实时更新高可用性的系统固件；

(7) 可扩展的解决方案，内存从 32 KB 到 256 KB 不等，并设置了灵活的功能以满足应用程序的特定要求；

(8) 在超小型封装中实现最大的外围集成，从而降低物料成本并实现较小的外形尺寸设计。

1.3.2 dsPIC30F

dsPIC30F 系列器件为 16 位 DSC，用于实现电机控制，能够无缝迁移到采用同类封装的 dsPIC33F、PIC24H 或 PIC24F。

该系列 CPU 模块采用 16 位(数据)改良的哈佛架构，不仅保持了 PIC 强大的外围设备和快速中断处理能力，还融合了有高速计算能力的 DSP。dsPIC30F 的指令执行速度为 30 MIPS，拥有较宽的工作电压范围 2.5～5.5 V，内部的 Flash 只读存储器和带电可擦可编程只读存储器容量大。CPU 拥有 24 位指令字，指令字带有长度可变的操作码字段。程序计数器为 24 位宽，可以寻址高达 4 M × 24 位的用户程序存储器空间。

dsPIC30F 系列 DSC 在编程模型中有 16 个 16 位工作寄存器(W0～W15)。每个工作寄存器都可以充当数据、地址或地址偏移寄存器，其中，第 16 个工作寄存器(W15)作为软件堆栈的指针，用于中断和调用。

dsPIC30F 指令集有两类指令：MCU 类指令和 DSP 类指令，这两类指令可无缝地集成到架构中并由同一个执行单元来执行。指令集包括很多寻址模式，可使 C 编译器的效率达到最优。其数据空间可以作为 32 K 字或 64 KB 寻址，并被分成两块，称为 X 和 Y 数据存储器。每个存储器块都有各自独立的地址发生单元(Address Generation Unit, AGU)。MCU 类指令只通过 X 存储器 AGU 进行操作，可将整个存储器映射空间作为一个线性数据空间访问。某些 DSP 指令通过 X 和 Y 的 AGU 进行操作以支持双操作数读操作，这将数据地址空间分成两个部分。X 和 Y 数据空间的边界视具体器件而定。

DSP 引擎具备一个高速 17 位 × 17 位乘法器、一个 40 位算术逻辑单元(Arithmetic Logic Unit, ALU)、两个 40 位饱和累加器和一个 40 位双向桶形移位寄存器。该桶形移位寄存器在单个周期内至多可将一个 40 位的值右移 15 位或左移 16 位。DSP 指令可以无缝地与所有其他指令一起操作，可实现最佳的实时性能。

dsPIC30F 系列 DSC 的外围设备包括高灌/拉电流(25 mA)的 I/O 引脚、将 16 位计时器配对为 32 位计时器的模块、三线串行外设接口(Serial Peripheral Interface, SPI)模块(支持 4 帧模式)、两线式串行总线(Inter-Integrated Circuit, I^2C)模块(支持多主/从模式和 7 位/10 位寻址)、带先进先出缓冲区的可寻址通用异步收发器(Universal Asynchronous Receiver/Transmitter, UART)模块。同时，该系列 DSC 具有向量异常(Exception)机制，带有多达 8 个不可屏蔽陷阱源和 54 个中断源，并可为每个中断源分配 7 个优先级之一。其模拟特性如下：

(1) 10 位 1 MSPS 模/数转换器；

(2) A/D 转换在睡眠和空闲时可用；

(3) 4 个采样-保持通道；

(4) 多重转换排序选项。

此外，该系列 DSC 还具有特殊 MCU 特性，比如在软件控制下可自我重新编程、故障安全时钟监视器操作、可编程代码保护以及可编程压降检测和复位生成等。

1.3.3 dsPIC33E

Microchip 的 dsPIC33E 系列 DSC 可提供高达 70 MIPS 的性能，具有灵活的外围设备，得到了一系列软硬件工具和生态系统的支持，以加快开发速度。dsPIC33E 系列 DSC 具有真正的 DSP 引擎，适用于高性能嵌入式、电机控制和数字功率转换应用。

dsPIC33E 系列产品分为 dsPIC33EP 系列和 dsPIC33EV 系列两大类。其中，dsPIC33EP 系列又可分为 dsPIC33EP“GP”系列、dsPIC33EP“MC”系列、dsPIC33EP“GM”系列、dsPIC33EP“MU”系列和 dsPIC33EP“GS”系列。各系列特征简述如下：

1. dsPIC33EP

(1) dsPIC33EP“GP”系列非常适合需要实时响应的高性能嵌入式应用，可提供 32 KB 到 512 KB 的内存，采用 28～64 引脚封装，最多实现两个 CAN 模块和高级模拟集成。

(2) 对于单电机控制和高性能嵌入式应用来说，dsPIC33EP“MC”系列 DSC 是理想之选，可提供 32 KB 到 512 KB 的内存和最多两个用于可靠连接的 CAN 模块，采用 28～64 引脚封装。

(3) dsPIC33EP“GM”系列适用于双电机控制和高性能嵌入式应用，可提供 128 KB 到 512 KB 的内存，采用 44～100 引脚封装，最多有 2 个用于可靠连接的 CAN 模块。

(4) dsPIC33EP“MU”系列非常适合双电机控制和需要高内存的高性能嵌入式应用，具有高达 512 KB 的内存，采用 64～144 引脚封装，有 USB 和 2 个用于可靠连接的 CAN 模块。

(5) dsPIC33EP“GS”系列是实现数字功率转换应用中最先进的 DSC。该系列提供从 16 KB 到 128 KB 不等的内存，采用 28～64 引脚封装，可用于复杂多变的智能电源设计，最多有 2 个用于可靠连接的 CAN 模块。

2. dsPIC33EV

dsPIC33EV 系列 DSC 采用 5 V 70 MIPS dsPIC DSC 内核，具有增强的片上功能，增强了抗噪性和稳健性，适用于触摸用户界面、电动机控制和汽车级传感器等应用领域，如图 1-2 所示。

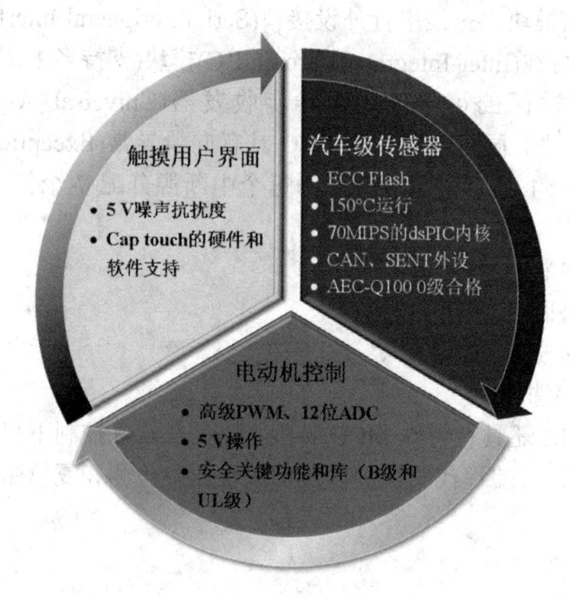

图 1-2 dsPIC33EV 5V 系列 DSC 主要应用领域

dsPIC33EV 系列是第一款含纠错码(Error Checking Code, ECC)的 dsPIC DSC，可靠性和安全性均有所提升，同时还包括循环冗余校验、程序监控定时器和窗式看门狗定时器等外设，以及一个备用系统振荡器和已认证的 B 类软件，适合安全性要求较高的应用。dsPIC33EV 系列器件还集成了多达 6 个高级电机控制 PWM、36 个转换速率高达 1.1 MSPS 的模拟通道、12 位 ADC 及运算放大器，这个组合对于电机控制应用来说是理想之选。同时，dsPIC33EV 系列器件可执行智能传感器滤波算法，也是首款集成了 CAN、LIN 和 SENT 三种通用汽车与工业接口的器件。除了总线协议电平转换器外，每个接口均有专门的片上硬件，使应用程序编程更加方便；如果不使用，可以单独关闭各个接口，从而节省功耗。许多汽车电器上的触摸界面采用 5 V 器件可以提高噪声环境下的稳健性，高电压运行不仅扩大了动态范围，还能够支持更大的屏幕尺寸，70 MIPS 的性能与 DSP 加速也可执行高速控制算法。dsPIC33EV 系列 DSC 性能高、成本低，广泛适用于各领域，包括家用电器(如烘干机、电冰箱、洗碗机、抽油烟机的控制面板)、工业(如电动工具、缝纫机、执行器、楼宇控制和暖通空调系统)和汽车(如传感器、用户界面、燃油泵、散热风扇和水泵)等市场。

1.3.4 dsPIC33F

Microchip 公司的 dsPIC33F 系列 DSC 融合了高性能 16 位单片机的控制优势和 DSP 的高速运算能力，具有先进的模拟和无缝迁移功能，可迁移到 PIC24F MCU、PIC24H MCU 和 dsPIC30F DSC。与 dsPIC30F 相比，该系列 DSC 具有明显的价格优势。

dsPIC33F 系列 DSC 的 DSP 引擎具有 1 个高速的 17 位 × 17 位的乘法器、1 个 40 位的 ALU、2 个 40 位的饱和累加器以及 1 个 40 位的双向移位器，其运算速度可达 40 MIPS，指令字为 24 位，指令系统包含 MCU 指令集和 DSP 指令集。此外，这些指令对 C 语言编译器做了专门优化，采用 C 语言编写的程序代码效率较高。dsPIC33F 系列 DSC 允许工作电压有 ±10%的偏差，即工作电压为 3.0～3.6 V。

dsPIC33F 系列 DSC 内部集成了 8 通道直接存储器访问(Direct Memory Access, DMA)模块，允许 CPU 执行代码期间在 RAM 和外设间传输数据，不额外占用周期。2 KB 双端口 DMA 缓冲区用于存储通过 DMA 传输的数据。可通过软件对 DMA 中断源进行设定，从而达到设计要求。dsPIC33F 系列 DSC 含有最多由 118 个区分优先级的中断向量组成的异常处理结构，中断优先级分为 7 级，dsPIC33F 中最多有 67 个中断源，有 5 个外部中断和 5 个处理器异常。

dsPIC33F 系列 DSC 可寻址 4 M × 24 位的程序存储空间。对于 DSP 指令，可分别对 2 个数据区进行寻址；对于 MCU 指令，数据空间可以整体作为 64 K × 8 位进行寻址。dsPIC33F 系列 DSC 内部集成了 SRAM 和 Flash 等必需的存储器件，提供 10 位和 12 位 ADC 模块(可选)、8 位看门狗以及 UART、SPI、I^2C、CAN 等通信模块。

dsPIC33F 系列 DSC 拥有最多 9 个 16 位定时器/计数器，最多可以配对作为 4 个 32 位定时器使用。dsPIC33F 有 1 个定时器，可依靠外部 32.768 kHz 振荡器作为实时时钟使用。dsPIC33F 带有可编程预分频器，有 8 个输出比较模块，可配置为定时器/计数器。

此外，dsPIC33F 系列 DSC 也有部分器件符合 AEC-Q100 第 0 级标准，可支持多种电机的控制应用，如无刷直流电机、单相和三相感应电机、开关磁阻电机。dsPIC33F 电机控制产品也非常适合用于不间断电源、逆变器、交换式电源供应器、PFC 以及服务器、电信设备和其他工业设备中的电源管理模块的控制。

第 2 章 dsPIC33EV 5V 系列简介及特性

dsPIC33EV 5V 系列高温 DSC 采用 16 位架构，具有丰富的外设集成功能。目前，该系列器件已通过 AEC-Q100 第 0 级标准 −40～+150℃，并获得 IEC 60730 B 类安全库认证，非常适合在恶劣环境中运行，其工作条件如表 2-1 所示。

表 2-1 dsPIC33EV 5V 系列工作条件

工作电压/V	工作温度/℃	指令执行速度/MIPS
4.5～5.5	−40～+85	70
4.5～5.5	−40～+125	60
4.5～5.5	−40～+150	40

本章将主要从标识信息、基本要求和引脚说明等方面对 dsPIC33EV 5V 系列高温 DSC 展开介绍。

2.1 引脚图与封装信息

2.1.1 命名规则

dsPIC33EV 5V 系列高温 DSC 的命名规则如图 2-1 所示，具体含义为：前五个字母为 Microchip 的商标；33 代表架构，为 16 位数字信号控制器；EV 代表增强电压系列；XXX 为程序存储器的大小；GM0 为产品组，为通用及电机控制系列；0X 为引脚数，如 02 表示 28 引脚，04 表示 44 引脚，06 表示 64 引脚。

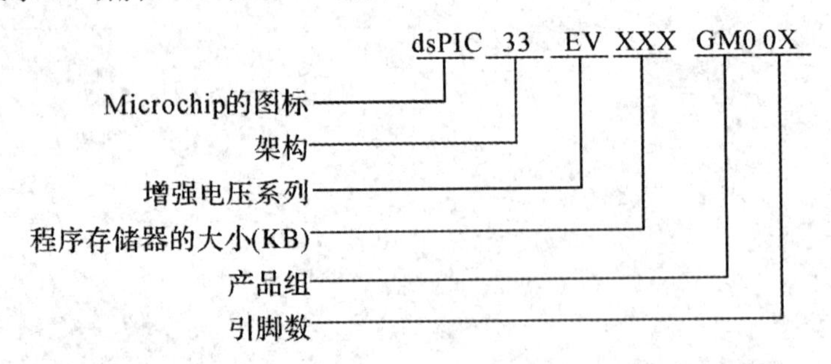

图 2-1 dsPIC 命名规则

表 2-2 中列出了 dsPIC33EV 5V 系列各款器件的器件名称、引脚数、存储容量和可用的外设。

表 2-2　dsPIC33EV 5V 系列各款器件简介

器件	程序存储器字节	SRAM 字节	CAN	DMA 通道	16 位定时器	32 位定时器	输入捕捉	输出比较	PWM	UART	SPI	I^2C	SENT	10 位/12 位 ADC	ADC 输入	运放/比较器	CTMU	安全性	外设引脚选择	通用 I/O	外部中断	引脚数	封装
dsPIC33EV32GM002	32K	4K	0	4	5	2	4	4	3×2	2	2	1	2	1	11	3/4	1	中等	有	21	3	28	SPDIP, SOIC, QFN-S
dsPIC33EV32GM102			1																				
dsPIC33EV64GM002	64K	8K	0																				
dsPIC33EV64GM102			1																				
dsPIC33EV128GM002	128K	8K	0																				
dsPIC33EV128GM102			1																				
dsPIC33EV256GM002	256K	16K	0																				
dsPIC33EV256GM102			1																				
dsPIC33EV32GM004	32K	4K	0	4	5	2	4	4	3×2	2	2	1	2	1	24	4/5	1	中等	有	35	3	44	TQFP, QFN
dsPIC33EV32GM104			1																				
dsPIC33EV64GM004	64K	8K	0																				
dsPIC33EV64GM104			1																				
dsPIC33EV128GM004	128K	8K	0																				
dsPIC33EV128GM104			1																				
dsPIC33EV256GM004	256K	16K	0																				
dsPIC33EV256GM104			1																				
dsPIC33EV32GM006	32K	4K	0	4	5	2	4	4	3×2	2	2	1	2	1	36	4/5	1	中等	有	53	3	64	TQFP, QFN
dsPIC33EV32GM106			1																				
dsPIC33EV64GM006	64K	8K	0																				
dsPIC33EV64GM106			1																				
dsPIC33EV128GM006	128K	8K	0																				
dsPIC33EV128GM106			1																				
dsPIC33EV256GM006	256K	16K	0																				

2.1.2　引脚图

dsPIC33EV 5V 系列高温 DSC 分为 28 引脚封装、44 引脚封装和 64 引脚封装，具体引脚图如图 2-2～图 2-7 所示。其中，图 2-2 和图 2-3 分别为 28 引脚的 SPDIP/SOIC 封装和 QFN-S 封装，图 2-4 和图 2-5 分别为 44 引脚的 TQFP 和 QFN 封装，图 2-6 和图 2-7 分别为 64 引脚的 TQFP 和 QFN 封装。

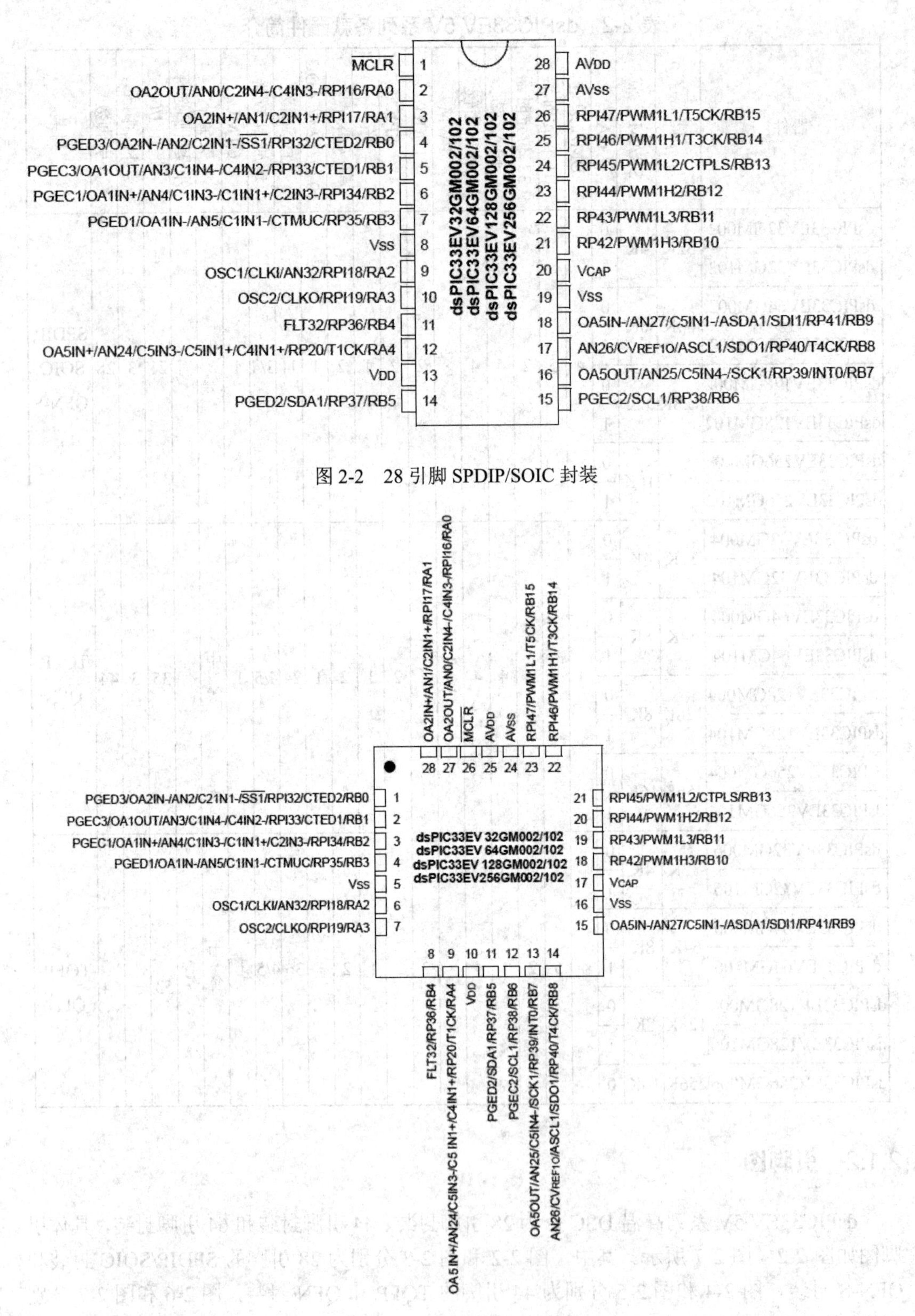

图 2-2　28 引脚 SPDIP/SOIC 封装

图 2-3　28 引脚 QFN-S 封装

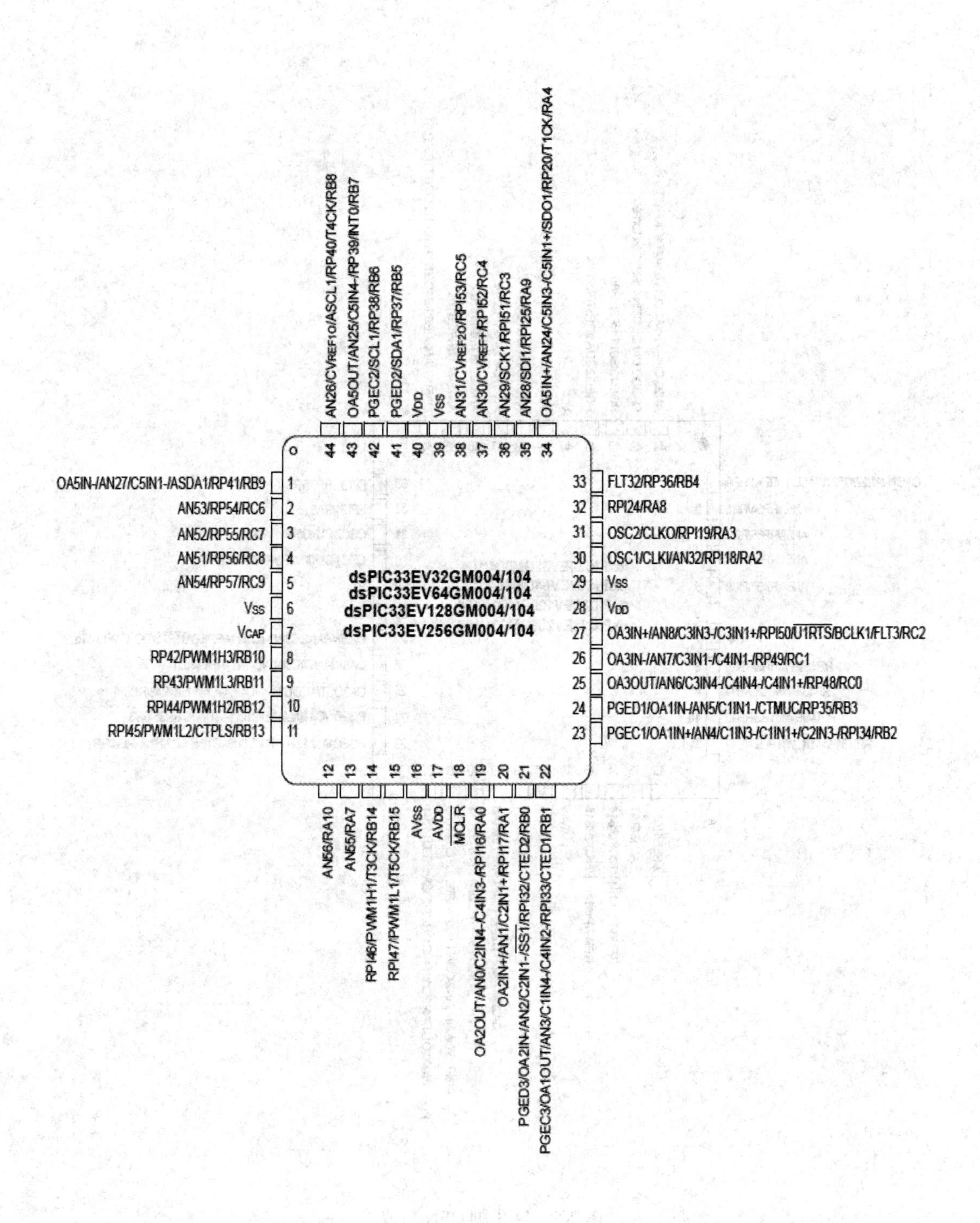

图 2-4　44 引脚 TQFP 封装

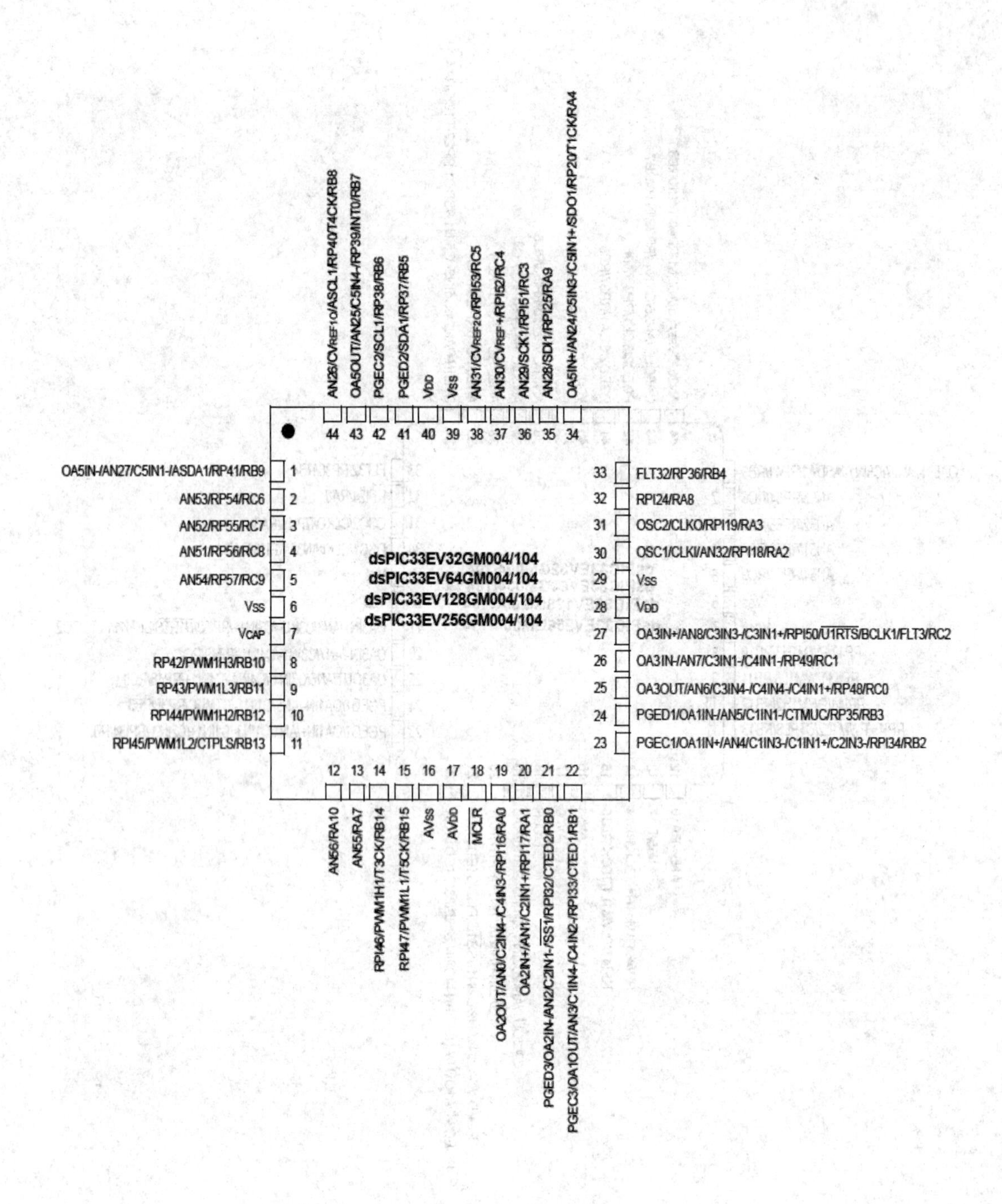

图 2-5　44 引脚 QFN 封装

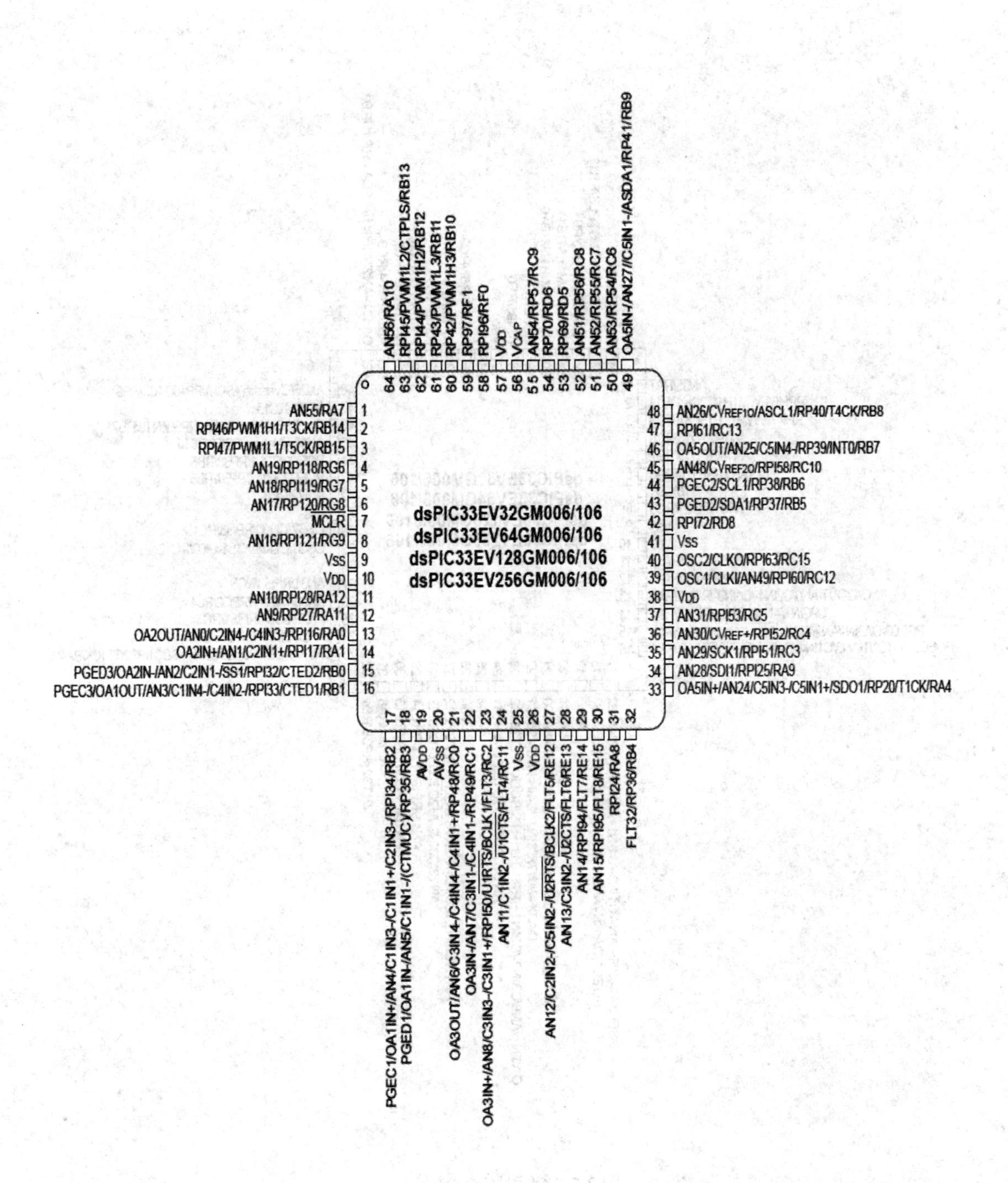

图 2-6　64 引脚 TQFP 封装

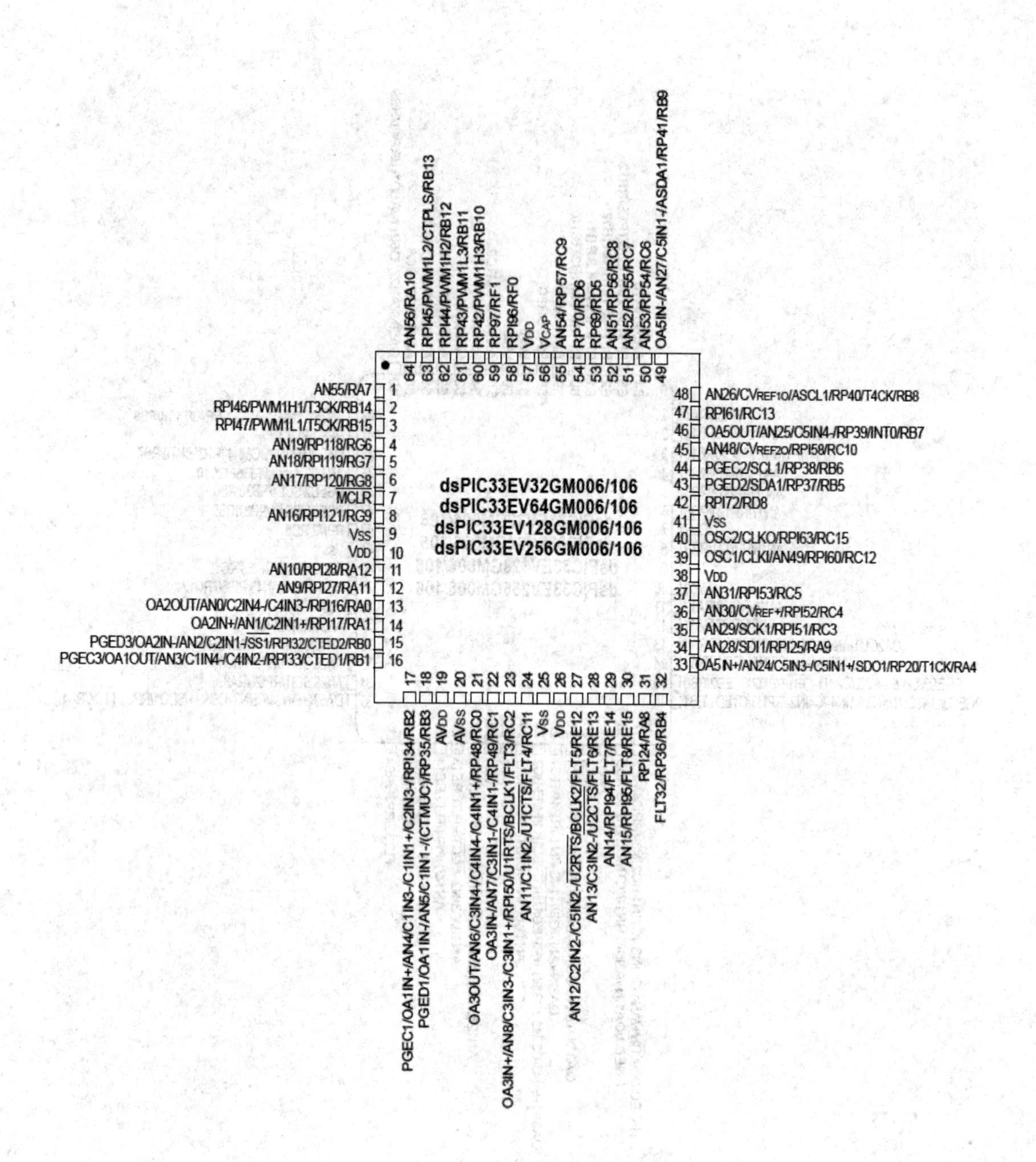

图 2-7　64 引脚 QFN 封装

在上述不同引脚封装中需要注意的是，当 OPAEN(CMxCON<10>) = 1 时，如果选择运放，则使用 OAx 输入；否则使用 ANx 输入。

2.1.3 封装标识信息

以 64 引脚 TQFP 封装(10 mm × 10 mm × 1 mm)为例，其封装标识信息如图 2-8 所示。其中 XX⋯X 为客户指定信息，YY 为年份代码(日历年的最后两位数字)，WW 表示星期代码(1 月 1 日的星期代码为“01”)，NNN 为以字母数字排序的追踪代码。Microchip 部件编号如果无法在同一行内完整标注，将换行标出，因此会限制表示客户指定信息的字符数。需要说明的是，dsPIC33EV 系列器件无法从封装标识信息中获取其工作温度参数，但可在访问 Microchip 官网时通过出厂日期代码查询详细的工作温度。

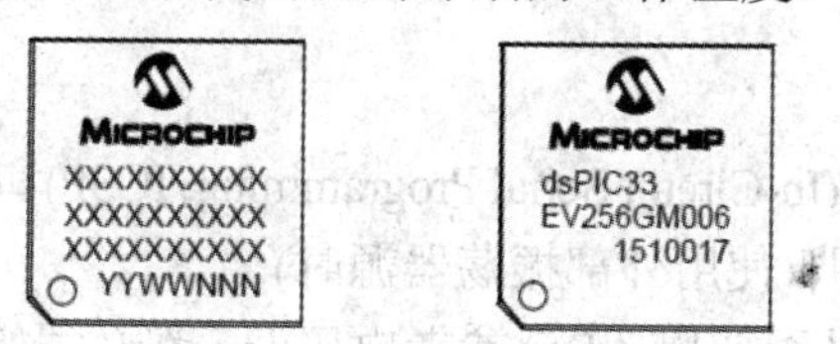

图 2-8　64 引脚 TQFP 封装示意图

2.2 dsPIC33EV 5V 系列结构

图 2-9 给出了 dsPIC33EV 5V 系列内核和外设模块的结构框图。其中外设模块主要包括 CTMU、高速脉宽调制器(Pulse-Width Modulator, PWM)、定时器、运放/比较器、串行外设接口(SPI)、通用异步收/发器(UART)、两线式串行总线(I^2C)、输出比较、输入捕捉、模/数转换器(ADC)、CAN 和单边半字节传输(Single-Edge Nibble Transmission, SENT)模块等。

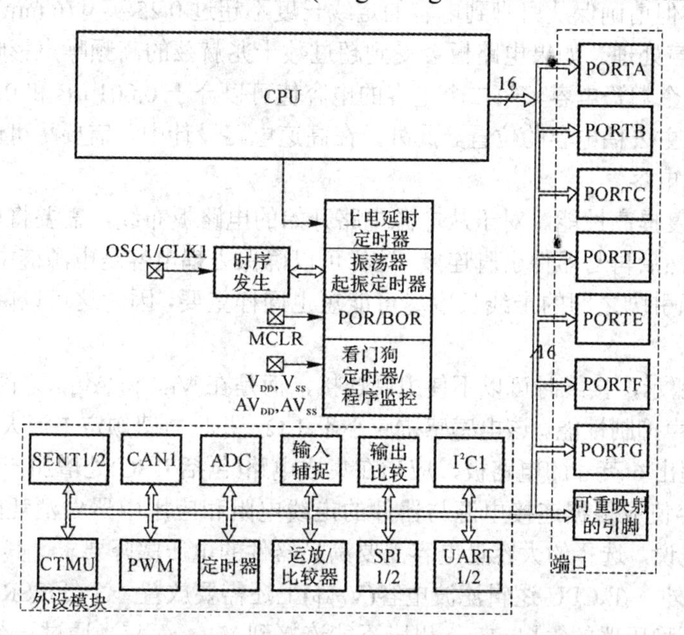

图 2-9　内核和外设模块结构框图

2.3 基本说明

2.3.1 基本连接要求

在使用 dsPIC33EV 5V 系列 16 位 DSC 进行开发之前，需要注意最基本的器件引脚连接要求。下面列出了必须始终连接的引脚名称。

- 所有 V_{DD} 和 V_{SS} 引脚；
- 所有 AV_{DD} 和 AV_{SS} 引脚(不论是否使用 ADC 模块)；
- V_{CAP} 引脚；
- $\overline{MCLR}$ 引脚；
- 进行在线串行编程(In-Circuit Serial Programming, ICSP)和调试的 PGECx/PGEDx 引脚；
- OSC1 和 OSC2 引脚(使用外部振荡器源时)。

需要说明的是，不论是否使用 ADC 参考电压源，都必须始终连接 AV_{DD} 和 AV_{SS} 引脚。

2.3.2 去耦电容

每对电源引脚(例如 V_{DD}/V_{SS} 和 AV_{DD}/AV_{SS})都需要使用去耦电容，且需要考虑以下标准：

(1) 电容的类型和电容值。建议使用 0.1 μF(100 nF)、10～20 V 的陶瓷电容。此电容应具有低等效串联电阻(Equivalent Series Resistance, ESR)，谐振频率为 20 MHz 或更高。

(2) 在印制电路板(Printed Circuit Board, PCB)上的放置。去耦电容应尽可能靠近引脚，建议将电容与器件放置在电路板的同一面。如果空间受限，可以使用过孔将电容放置在 PCB 的另一面，但请确保从引脚到电容的走线长度不超过 0.25 英寸(6 mm)。

(3) 高频噪声处理。如果电路板会受到超过数十兆赫兹的高频噪声影响，则应为上述去耦电容并联一个陶瓷电容。第二个电容的电容值可以介于 0.001 μF 和 0.01 μF 之间，并将其放置在靠近主去耦电容的位置。此外，在高速电路设计中，需要尽可能靠近电源和接地引脚放置一对电容。

(4) 最大程度提高性能。对于从电源电路开始的电路板布线，需要将电源和地线先连接到去耦电容，然后再与器件引脚连接，这样可以确保去耦电容是电源链中的第一个元件。保持电容和电源引脚之间的走线长度尽可能短也同样重要，因为这可以降低 PCB 走线的电感。

如图 2-10 所示，接线时可以不使用硬连接，而是在 V_{DD} 和 AV_{DD} 之间使用电感(L_1)，以改善 ADC 噪声抑制性能。该电感感抗应小于 1 Ω，并且电感额定电流大于 10 mA。对于电源走线长度超出 6 英寸的电路板，应当在集成电路(包括 DSC)处增加一个回路电容。大容量电容的电容值应根据连接电源与器件的走线电阻和应用中器件消耗的最大电流来综合确定，也就是说，选择的大容量电容需要满足器件的电压骤降要求，其典型值的范围为 4.7～47 μF。此外，在 CPU 逻辑滤波电容(V_{CAP})上还需要放置一个低 ESR(<1 Ω)电容，用于稳定内部电压稳压器的输出。V_{CAP} 引脚不能连接到 V_{DD}，而应当通过一个大于 4.7 μF (建

议 10 μF)且额定电压至少为 16 V 的电容接地。可以使用陶瓷电容或钽电容，但该电容的位置应靠近 V_{CAP} 引脚，走线长度不宜超过 0.25 英寸(6 mm)。

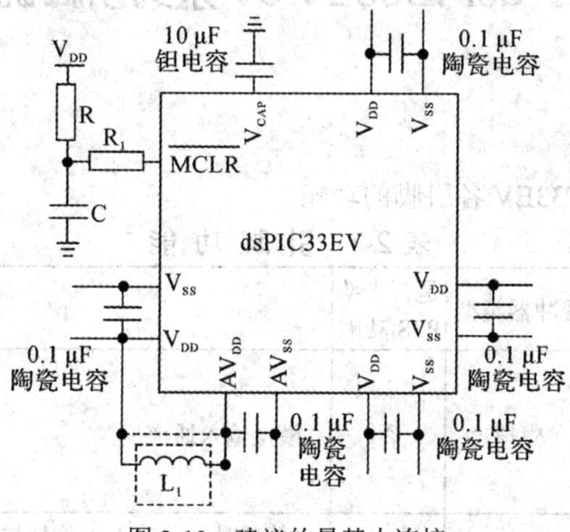

图 2-10 建议的最基本连接

2.3.3 外部振荡器引脚

振荡器电路与器件应放置在电路板的同一面，并尽量靠近相应振荡器引脚，它们之间的距离不宜超出 0.5 英寸(12 mm)。负载电容应靠近振荡器本身，位于电路板的同一面。振荡器电路周围需要使用接地覆铜区，用以将其与周围电路隔离。接地覆铜区应与微控制器(MCU)地直接连接，不要在接地覆铜区内安排任何信号走线或电源走线。此外，如果使用双面电路板，应该避免在电路板上晶振所在位置(如图 2-11 所示)的背面有任何走线。

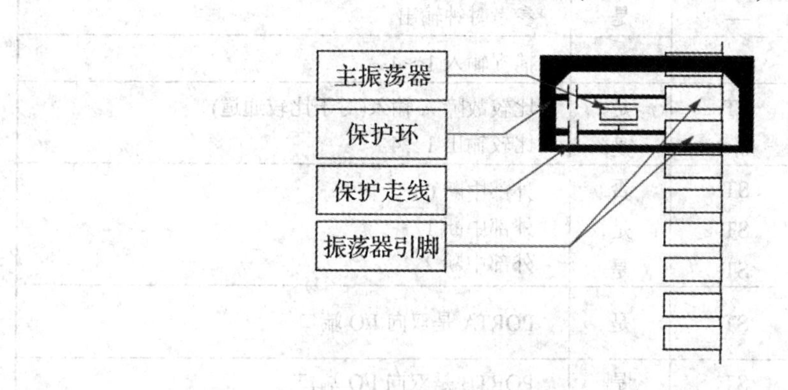

图 2-11 振荡器电路的建议布线方式

如果目标器件的锁相环(Phase-Locked Loop, PLL)被使能且配置为器件启动时使用的振荡器，则振荡器源的最高频率必须限制为 5 MHz < F_{IN} < 13.6 MHz，以符合器件 PLL 的启动条件。也就是说，如果外部振荡器频率超出该范围，则必须首先在帧比率控制(Frame Rate Control, FRC)模式下启动。如果集成上电复位(Power-On Reset, POR)之后的默认 PLL 设置的振荡器频率超出该范围，则将违反器件工作速度。器件上电之后，应用固件可以将 PLLSFR、CLKDIV 和 PLLFBD 初始化为适当的值，然后执行时钟切换，切换为振荡器 + PLL 时钟源。

2.4　dsPIC33EV 5V 系列引脚说明

2.4.1　引脚 I/O 说明

表 2-3 列出了 dsPIC33EV 各引脚的功能。

表 2-3　引 脚 功 能

引脚名称	引脚类型	缓冲器类型	是否支持 PPS 功能	说　明
AN0～AN19 AN24～AN32 AN48, AN49 AN51～AN56	I	模拟	否	模拟输入通道
CLKI	I	ST/ CMOS	否	外部时钟源输入。总是与 OSC1 引脚功能相关联。晶振输出。
CLKO	O	—	否	在晶振模式下，该引脚与晶振或谐振器相连。也可选择在 RC 和 EC 模式下用作 CLKO，总是与 OSC2 引脚功能相关联
OSC1	I	ST/CMOS	否	晶振输入。配置为 RC 模式时为 ST 缓冲器输入，否则为 CMOS 输入。
OSC2	I/O		否	晶振输出。在晶振模式下，该引脚与晶振或谐振器相连。也可选择在 RC 和 EC 模式下用作 CLKO
REFCLKO	O	—	是	参考时钟输出
IC1～IC4	I	ST	是	捕捉输入 1～4
OCFA	I	ST	是	比较故障 A 输入(对于比较通道)
OC1～OC4	O	—	是	比较输出 1～4
INT0	I	ST	否	外部中断 0
INT1	I	ST	是	外部中断 1
INT2	I	ST	是	外部中断 2
RA0～RA4 RA7～RA12	I/O	ST	是	PORTA 是双向 I/O 端口
RB0～RB15	I/O	ST	是	PORTB 是双向 I/O 端口
RC0～RC13, RC15	I/O	ST	是	PORTC 是双向 I/O 端口
RD5～RD6, RD8	I/O	ST	是	PORTD 是双向 I/O 端口
RE12～RE15	I/O	ST	是	PORTE 是双向 I/O 端口
RF0～RF1	I/O	ST	否	PORTF 是双向 I/O 端口
RG6～RG9	I/O	ST	是	PORTG 是双向 I/O 端口
T1CK	I	ST	否	Timer1 外部时钟输入
T2CK	I	ST	是	Timer2 外部时钟输入

续表一

引脚名称	引脚类型	缓冲器类型	是否支持PPS 功能	说　明
T3CK	I	ST	否	Timer3 外部时钟输入
T4CK	I	ST	否	Timer4 外部时钟输入
T5CK	I	ST	否	Timer5 外部时钟输入
CTPLS	O	ST	否	CTMU 脉冲输出
CTED1	I	ST	否	CTMU 外部边沿输入 1
CTED2	I	ST	否	CTMU 外部边沿输入 2
$\overline{\text{U1CTS}}$	I	ST	是	UART1 允许发送
$\overline{\text{U1RTS}}$	O	—	是	UART1 请求发送
U1RX	I	ST	是	UART1 接收
U1TX	O	—	是	UART1 发送
$\overline{\text{U2CTS}}$	I	ST	是	UART1 允许发送
$\overline{\text{U2RTS}}$	O	—	是	UART1 请求发送
U2RX	I	ST	是	UART2 接收
U2TX	O	—	是	UART2 发送
SCK1	I/O	ST	否	SPI1 的同步串行时钟输入/输出
SDI1	I	ST	否	SPI1 数据输入
SDO1	O	—	否	SPI1 数据输出
$\overline{\text{SS1}}$	I/O	ST	否	SPI1 从同步或帧脉冲 I/O
SCK2	I/O	ST	是	SPI2 的同步串行时钟输入/输出
SDI2	I	ST	是	SPI2 数据输入
SDO2	O	—	是	SPI2 数据输出
$\overline{\text{SS2}}$	I/O	ST	是	SPI2 从同步或帧脉冲 I/O
SCL1	I/O	ST	否	I^2C1 的同步串行时钟输入/输出
SDA1	I/O	ST	否	I^2C1 的同步串行数据输入/输出
ASCL1	I/O	ST	否	I^2C1 的备用同步串行时钟输入/输出
ASDA1	I/O	ST	否	I^2C1 的备用同步串行数据输入/输出
C1RX	I	ST	是	CAN1 总线接收引脚
C1TX	O	—	是	CAN1 总线发送引脚
SENT1TX	O	—	是	SENT1 发送引脚
SENT1RX	I	—	是	SENT1 接收引脚
SENT2TX	O	—	是	SENT2 发送引脚
SENT2RX	I	—	是	SENT2 接收引脚
CV_{REF}	O	模拟	否	比较器参考电压输出
C1IN1+, C1IN2−, C1IN1−, C1IN3−	I	模拟	否	比较器 1 的输入
C1OUT	O	—	是	比较器 1 的输出

续表二

引脚名称	引脚类型	缓冲器类型	是否支持 PPS 功能	说　明
C2IN1+, C2IN2−, C2IN1−, C2IN3−	I	模拟	否	比较器 2 的输入
C2OUT	O	—	是	比较器 2 的输出
C3IN1+, C3IN2−, C2IN1−, C3IN3−	I	模拟	否	比较器 3 的输入
C3OUT	O	—	是	比较器 3 的输出
C4IN1+, C4IN2−, C4IN1−, C4IN3−	I	模拟	否	比较器 4 的输入
C4OUT	O	—	是	比较器 4 的输出
C5IN1+, C5IN2−, C5IN1−, C5IN3−	I	模拟	否	比较器 5 的输入
C3OUT	O	—	是	比较器 5 的输出
FLT1～FLT2	I	ST	是	PWM 故障输入 1 和 2
FLT3～FLT8	I	ST	否	PWM 故障输入 3～8
FLT32	I	ST	否	PWM 故障输入 32
DTCMP1～DTCMP3	I	ST	是	PWM 死区补偿输入 1～3
PWM1L～PWM3L	O	—	否	PWM 低端输出 1～3
PWM1H～PWM3H	O	—	否	PWM 高端输出 1～3
SYNCI1	I	ST	是	PWM 同步输入 1
SYNCO1	O	—	是	PWM 同步输出 1
PGED1	I/O	ST	否	编程/调试通信通道 1 使用的数据 I/O 引脚
PGEC1	I	ST	否	编程/调试通信通道 1 使用的时钟输入引脚
PGED2	I/O	ST	否	编程/调试通信通道 2 使用的数据 I/O 引脚
PGEC2	I	ST	否	编程/调试通信通道 2 使用的时钟输入引脚
PGED3	I/O	ST	否	编程/调试通信通道 3 使用的数据 I/O 引脚
PGEC3	I	ST	否	编程/调试通信通道 3 使用的时钟输入引脚
$\overline{MCLR}$	I/P	ST	否	主复位输入。此引脚为低电平有效的器件复位输入端
AV_{DD}	P	P	否	模拟模块的正电源，此引脚必须始终连接
AV_{SS}	P	P	否	模拟模块的参考地
V_{DD}	P	—	否	外设逻辑和 I/O 引脚的正电源
V_{CAP}	P	—	否	CPU 逻辑滤波电容连接
V_{SS}	P	—	否	逻辑和 I/O 引脚的参考地

注：CMOS—CMOS 兼容输入或输出；模拟—模拟输入；P—电源；ST—CMOS 电平的施密特触发器输入；O—输出；I—输入；PPS—外设引脚选择；TTL—TTL 输入缓冲器。

2.4.2　主复位引脚

$\overline{\text{MCLR}}$ 引脚具有两个功能：器件复位以及器件编程、调试。在器件编程和调试过程中，必须在该引脚上连接电阻和电容，如图 2-12 所示，器件编程器和调试器会驱动 $\overline{\text{MCLR}}$ 引脚，且需要保证输入高电压(V_{IH})、输入低电压(V_{IL})和快速信号跳变不受任何影响，需要根据应用和 PCB 需求来调整 R 和 C 的具体值。在编程和调试操作期间，建议将电容 C 与 $\overline{\text{MCLR}}$ 引脚隔离。图 2-12 所示为 $\overline{\text{MCLR}}$ 引脚连接，应将元件放置在距离 $\overline{\text{MCLR}}$ 引脚 0.25 英寸(6 mm)范围内。

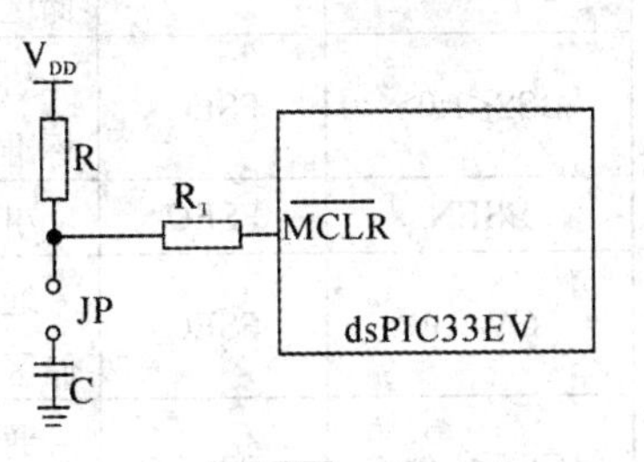

图 2-12　$\overline{\text{MCLR}}$ 引脚连接示例

使用时，R 应尽量选择不超过 10 kΩ 的电阻，且起始值为 10 kΩ，并满足 $\overline{\text{MCLR}}$ 引脚 V_{IH} 和 V_{IL} 规范。此外，还应使 $R_1 \leqslant 470\ \Omega$，以限制由于静电放电(Electrostatic Discharge, ESD)或电过载(Electrical Overstress, EOS)导致 $\overline{\text{MCLR}}$ 引脚损坏时从外部电容 C 流入 $\overline{\text{MCLR}}$ 的电流。

2.4.3　在线串行编程引脚与未用 I/O

ICSP 调试主要通过 PGECx 和 PGEDx 引脚完成，在连接时，应尽可能地减小 ICSP 连接器与器件 ICSP 引脚之间的走线长度。为了避免 ICSP 连接器发生静电放电事件，需在 PGECx 和 PGEDx 引脚上串联一个阻值在几十欧姆范围内(不超过 100 Ω)的电阻。此外，为了不影响编程器/调试器与器件的通信，ICSP 引脚不能连接上拉电阻、串联二极管和电容。需要特别注意的是，即使 ICSP 引脚在复用时的某些应用需要此类分立元件，在编程和调试期间仍应将它们从电路中去除。最后，未使用的 I/O 引脚应配置为输出，并驱动为逻辑低电平状态。或者在 V_{SS} 和未用引脚之间连接一个 1～10 kΩ 的电阻，并将输出驱动设为逻辑低电平。

2.5　dsPIC33EV 5V 系列配置位

在 dsPIC33EV 5V 系列器件中，配置字节以易失性存储方式实现，这就意味着在器件每次上电时都必须对配置数据进行编程。配置数据存储在片上程序存储空间顶部，称为闪存配置字节。器件复位期间，配置数据会自动从闪存配置字节装入到相应的配置影子寄存器中。在为这些器件创建应用程序时，用户应在其代码中告知编译器特别为配置数据分配闪存配置字地址，从而确保编译代码时程序代码不会存储到该地址。程序存储器中所有闪存配置字的 2 个高字节始终为 1111 1111 1111 1111，以保证在极少情况下意外执行这些存储单元时将其作为空操作(No OPeration, NOP)指令来执行。由于没有在相应的存储单元中实现这些配置位，因此向这些存储单元写入 1 不会影响器件工作。dsPIC33EV 5V 系列器件配置位说明如表 2-4 所示。

表 2-4　dsPIC33EV 5V 系列器件配置位说明

位　域	寄存器	说　明
BWRP	FSEC	引导段写保护位。1 = 用户程序存储区不被写保护；0 = 用户程序存储区被写保护
BSS<1:0>	FSEC	引导段代码闪存保护级别位。11 = 无保护(BWRP 写保护除外)；10 = 标准安全性；0x = 高安全性
BSEN	FSEC	引导段控制位。1 = 无引导段；0 = 引导段大小由 BSLIM<12:0>决定
GWRP	FSEC	通用段写保护位。1 = 用户程序存储区不被写保护；0 = 用户程序存储区被写保护
GSS<1:0>	FSEC	通用段代码闪存保护级别位。11 = 无保护(GWRP 写保护除外)；10 = 标准安全性；0x = 高安全性
CWRP	FSEC	配置段写保护位。1 = 配置段未被写保护；0 = 配置段被写保护
CSS<2:0>	FSEC	配置段代码闪存保护级别位。111 = 无保护(CWRP 写保护除外)；110 = 标准安全性；10x = 增强型安全性；0xx = 高安全性
AIVTDIS	FSEC	备用中断向量表禁止位。1 = 禁止 AIVT；0 = 使能 AIVT
BSLIM<12:0>	FBSLIM	引导段代码闪存页地址限制位。包含第一个有效的通用段页的页地址。要编程的值为页地址的补码，这样编程额外的 0 只会增加引导段的大小。例如，0x1FFD = 2 页或 1024 个指令字
FNOSC<2:0>	FOSCSEL	初始振荡器源选择位。111 = 带后分频器的内部快速 RC(FRC)振荡器；110 = 16 分频内部快速 RC(FRC)振荡器；101 = LPRC 振荡器；100 = 保留；011 = 带 PLL 的主振荡器(XT、HS 和 EC)；010 = 主(XT、HS 和 EC)振荡器；001 = 带 PLL 的内部快速 RC(FRC)振荡器；000 = FRC 振荡器
$\overline{\text{IESO}}$	FOSCSEL	双速振荡器启动使能位。1 = 使用 FRC 启动器件，然后自动切换到就绪的用户选择的振荡器源；0 = 使用用户选择的振荡器源启动器件
POSCMD<1:0>	FOSC	主振荡器模式选择位。11 = 禁止主振荡器；10 = HS 晶振模式；01 = XT 晶振模式；00 = EC(外部时钟)模式
OSCIOFNC	FOSC	OSC2 引脚功能位(XT 和 HS 模式除外)。1 = OSC2 为时钟输出；0 = OSC2 为通用数字 I/O 引脚
IOL1WAY	FOSC	外设引脚选择配置位。1 = 只允许一次重新配置；0 = 允许多次重新配置
FCKSM<1:0>	FOSC	时钟切换模式位。1x = 禁止时钟切换，禁止故障保护时钟监视器；01 = 使能时钟切换，禁止故障保护时钟监视器；00 = 使能时钟切换，使能故障保护时钟监视器
PLLKEN	FOSC	PLL 锁定等待使能位。1 = 等待直到 PLL 锁定信号有效时，时钟才会切换为 PLL 源；0 = 时钟切换不会等待 PLL 锁定
WDTPS<3:0>	FWDT	看门狗定时器后分频比位。1111～0000 分别表示：1111 = 1：32 768；1110 = 1：16；…；0001 = 1：2；0000 = 1：1
WDTPRE	FWDT	看门狗定时器预分频比位。1 = 1：128；0 = 1：32

续表

位　域	寄存器	说　明
FWDTEN<1:0>	FWDT	看门狗定时器使能位。11 = 在硬件中使能看门狗(Watch Dog Timer, WDT)；10 = 通过 SWDTEN 位控制 WDT；01 = WDT 仅在器件激活时使能，在休眠时禁止 SWDTEN 位；00 = 禁止 WDT 和 SWDTEN 位
WINDIS	FWDT	看门狗定时器窗口使能位。1 = 看门狗定时器处于非窗口模式；0 = 看门狗定时器处于窗口模式
WDTWIN<1:0>	FWDT	看门狗定时器窗口选择位。11 = WDT 窗口为 WDT 周期的 25%；10 = WDT 窗口为 WDT 周期的 37.5%；01 = WDT 窗口为 WDT 周期的 50%；00 = WDT 窗口为 WDT 周期的 75%
BOREN	FPOR	欠压复位(Brown-Out Reset, BOR)检测使能位。1 = 使能 BOR；0 = 禁止 BOR
ICS<1:0>	FICD	ICD 通信通道选择位。11 = 通过 PGEC1 和 PGED1 进行通信；10 = 通过 PGEC2 和 PGED2 进行通信；01 = 通过 PGEC3 和 PGED3 进行通信；00 = 保留，不要使用
DMTIVT<15:0>	FDMTINTVL	用于配置 DMT 窗口间隔的 32 位位域的低 16 位
DMTIVT<31:16>	FDMTINTVH	用于配置 DMT 窗口间隔的 32 位位域的高 16 位
DMTCNT<15:0>	FDMTCNTL	用于配置 DMT 指令计数超时值的 32 位位域的低 16 位
DMTCNT<31:16>	FDMCNTH	用于配置 DMT 指令计数超时值的 32 位位域的高 16 位
DMTEN	FDMT	程序监控定时器使能位。1 = 使能程序监控定时器且无法用软件禁止；0 = 禁止程序监控定时器且可用软件使能
PWMLOCK	FDEVOPT	PWM 锁定使能位。1 = 只有在密钥序列之后，才能对某些 PWM 寄存器进行写操作；0 = 无须密钥序列即可对 PWM 寄存器进行写操作
ALTI^2C1	FDEVOPT	I^2C1 的备用 I^2C 引脚位。1 = I^2C1 被映射到 SDA1/SCL1 引脚；0 = I^2C1 被映射到 ASDA1/ASCL1 引脚
CTXT1<2:0>	FALTREG	指定备用工作寄存器组 1 与中断优先级(Interrupt Priority Level, IPL)关联的位。111 = 未分配；000 = 未分配；110 = 为备用寄存器组 1 分配 IPL 级别 6；101 = 为备用寄存器组 1 分配 IPL 级别 5；100 = 为备用寄存器组 1 分配 IPL 级别 4；011 = 为备用寄存器组 1 分配 IPL 级别 3；010 = 为备用寄存器组 1 分配 IPL 级别 2；001 = 为备用寄存器组 1 分配 IPL 级别 1
CTXT2<2:0>	FALTREG	指定备用工作寄存器组 2 与 IPL 关联的位。111 = 未分配；000 = 未分配；110 = 为备用寄存器组 2 分配 IPL 级别 6；101 = 为备用寄存器组 2 分配 IPL 级别 5；100 = 为备用寄存器组 2 分配 IPL 级别 4；011 = 为备用寄存器组 2 分配 IPL 级别 3；010 = 为备用寄存器组 2 分配 IPL 级别 2；001 = 为备用寄存器组 2 分配 IPL 级别 1

需要注意的是，FDEVOPT 寄存器 bit 2 位被设置为保留，必须编程为 1。此外，对于欠电压复位与片上稳压器还需要注意以下事项：

1. 欠压复位

欠压复位模块是基于内部电压参考电路实现的，监测稳压电源电压 V_{CAP}。BOR 模块的主要用途是在发生欠压条件时产生器件复位。欠压条件通常由交流电源线上的毛刺造成(例如，由于电力传输线路不良造成的交流周期波形部分丢失，或者由于接入大感性负载时电流消耗过大造成电压骤降)。BOR 可产生复位器件的复位脉冲，并根据器件配置位(FNOSC<2:0>和 POSCMD<1:0>)的值选择时钟源。如果选择了振荡器模式，BOR 将激活振荡器起振定时器(Oscillator Start-up Timer, OST)，系统时钟将保持到 OST 超时。如果使用了 PLL，则时钟将被保持到 LOCK 位(OSCCON<5>)为 1。同时，将在内部复位释放前应用上电延时定时器(PWRT)延时(TPWRT)，如果 TPWRT = 0 且正在使用晶振，则会应用 TFSCM 的标称延时，这种情况下的总延时为 TFSCM。BOR 状态位(RCON<1>)置 1，表示发生了欠电压复位。最后，BOR 电路在休眠或空闲模式下继续工作，当 V_{DD} 下降到 BOR 阈值电压以下时将复位器件。

2. 片上稳压器

所有的 dsPIC33EV 系列器件都使用标称值为 1.8 V 的电压为其内核数字逻辑供电，在需要工作在更高的典型电压值(如 5.0 V)的设计中可能会产生冲突。为了简化系统设计，dsPIC33EV 系列中的所有器件均包含一个片上稳压器，可使器件内核逻辑通过 V_{DD} 工作。稳压器通过其他 V_{DD} 引脚为内核供电。需要将一个低 ESR(小于 1 Ω)的电容(如钽电容或陶瓷电容)连接到 V_{CAP} 引脚，这有助于维持稳压器的稳定性。

2.6 开发支持

目前，dsPIC DSC 支持大多数以 MPLAB X IDE 软件为平台的集成开发环境，包括 MPLAB XC 编译器、MPASM 汇编器、MPLINK 目标链接器/MPLIB 目标库管理器和适用于各种器件系列的 MPLAB 汇编器/库管理器。例如，MPLAB X SIM 软件模拟器、MPLAB REAL ICE 在线仿真器、MPLAB ICD 3 在线调试器和 PICkit 3 在线编程器等。

1. 在线串行编程与调试

dsPIC DSC 支持在最终的应用电路中对 dsPIC33EV 系列器件进行串行编程。只需要 5 根线即可实现这一操作，其中时钟线、数据线各一根，其余 3 根分别是电源线、地线和编程电压线。串行编程允许用户在生产电路板时使用未编程器件，而仅在产品交付之前才对器件进行编程，从而可以使用最新版本的固件或者定制固件进行编程。可使用以下 3 对编程时钟/数据引脚中的任意一对：

- PGEC1 和 PGED1；
- PGEC2 和 PGED2；
- PGEC3 和 PGED3。

当选择 MPLAB ICD 3 或者 REAL ICE 作为调试器时，将使能在线调试功能，该功能允许与 MPLAB IDE 配合使用来进行简单的调试。要使用器件的在线调试功能，就必须在设计中对 $\overline{MCLR}$、V_{DD}、V_{SS} 和 PGECx/PGEDx 引脚对进行正确的 ICSP 连接。但当使能该功能时，某些资源就不能用于一般用途了。

2. MPLAB X IDE 软件与 MPLAB XC 编译器

MPLAB X IDE 是一款全新的 IDE，它基于 NetBeans IDE，包含许多免费的软件组件和插件，适用于高性能的应用程序开发和调试。通过这一无缝交互的用户界面，在不同工具之间的迁移以及从软件模拟器到硬件调试和编程工具的升级都变得极为简便。

MPLAB XC 编译器是适用于 Microchip 所有 8 位、16 位和 32 位 MCU 以及 DSC 器件的完全 ANSI C 编译器。这些编译器提供强大的集成功能以及出色的代码优化功能，且易于使用。MPLAB XC 编译器可在 Windows、Linux 或 MAC OS X 上运行。此外，编译器还提供了针对 MPLAB X IDE 优化的调试信息，以方便进行源代码级调试。

第3章　CPU架构

dsPIC33EV 5V 系列高温数字信号控制器(DSC)的 CPU 采用 16 位数据总线的改进型哈佛架构，具有增强指令集，其中包括对数字信号处理的强大支持。该 CPU 具有 24 位指令字，指令字带有长度可变的操作码字段，其程序计数器(Program Counter, PC)为 23 位宽，可以寻址最大 4 M × 24 位的用户程序存储空间。CPU 的指令预取机制可帮助维持吞吐量，并使指令的执行具有可预测性。除了改变程序流的指令、双字传送指令(MOV.D)、程序空间可视性(Program Space Visibility, PSV)访问和表指令以外，大多数指令都以单周期有效执行速率执行。本章将对 CPU 的编程模型、指令集、数据空间寻址、控制寄存器和算术逻辑单元等内容进行详细介绍。

3.1　编程模型

dsPIC33EV 5V 系列增强型 CPU 的编程模型如图 3-1 所示，编程模型中的所有寄存器都是存储器映射的，可以由指令直接访问。

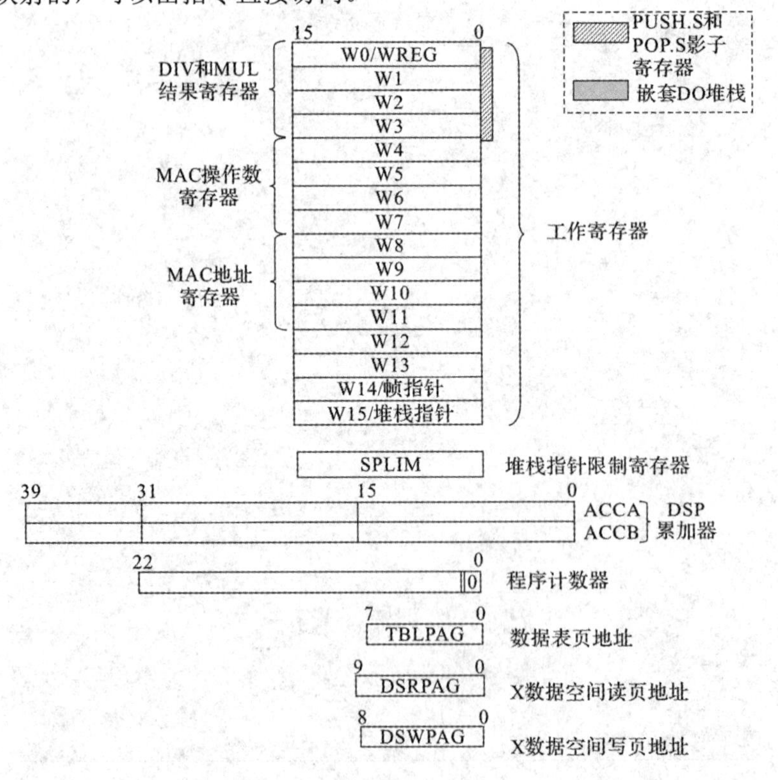

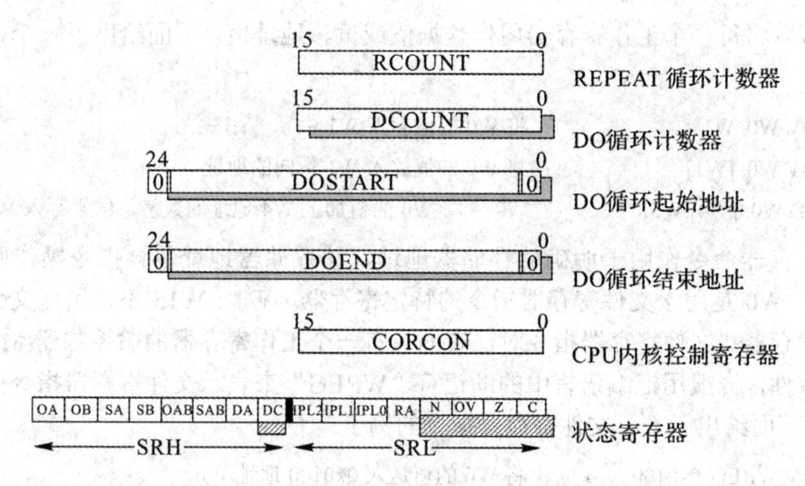

图 3-1　dsPIC33EV 5V 系列增强型 CPU 编程模型

图 3-1 中涉及的编程模型寄存器详见表 3-1。除了编程模型所涉及的寄存器外，dsPIC33EV 5V 系列内核还包括模寻址控制寄存器、位反转寻址控制寄存器以及中断控制寄存器，这些寄存器将在后面相应章节说明。

表 3-1　编程模型寄存器

寄存器名称	说　明
W0～W15	工作寄存器阵列
ACCA 和 ACCB	40 位数字信号处理器(DSP)累加器
PC	23 位程序计数器
SR	ALU 和 DSP 引擎状态寄存器
SPLIM	堆栈指针限制值寄存器
TBLPAG	表存储器页地址寄存器
DSRPAG	扩展数据空间(Extended Data Space, EDS)读页寄存器
DSWPAG	EDS 写页寄存器
RCOUNT	REPEAT 循环计数寄存器
DCOUNT	DO 循环计数寄存器
DOSTARTH 和 DOSTARTL	DO 循环起始地址寄存器(高字节和低字节)
DOENDH 和 DOENDL	DO 循环结束地址寄存器(高字节和低字节)
CORCON	包含 DSP 引擎和 DO 循环控制位

3.1.1　工作寄存器阵列

工作寄存器的功能由访问它的指令的寻址模式决定，可以作为数据、地址或者偏移地址寄存器。dsPIC33EV 5V 系列指令集可以分为两类：寄存器指令和文件寄存器指令。寄存器指令可以将每一个工作寄存器用作数据值或偏移地址值。下面给出了一个寄存器指令的例子：

```
MOV W0, W1              ；将 W0 的值存入 W1 中
MOV W0, [W1]            ；将 W0 的值放入 W1 指向的地址
ADD W0, [W4],W5         ；W0 = 将 W0 的值加上 W4 地址的数值，结果存入 W5
```

文件寄存器命令作用于明确的存储器地址，该存储器地址包含指令操作码和寄存器 W0。其中，W0 是用于文件寄存器指令的特定寄存器，W1～W15 不可用作文件寄存器指令的目标寄存器。文件寄存器指令对已有的只有一个工作寄存器的微控制器(MCU)器件具有向后兼容性，一般用汇编语言中的助记符“WREG”来表示文件寄存器指令中的工作寄存器 W0。下面给出了一个文件寄存器指令的例子：

```
MOV WREG, 0x0100        ；将 W0 的值送入 0x0100 地址单元
ADD 0x0100, WREG        ；将 W0 的值和地址 0x0100 里的数值相加，结果存入 W0
```

同时，工作寄存器还可以用文件寄存器指令访问，下面给出了一个示例：

```
MOV W1, [W2++]
```

其中：

```
W1 = 0x1234
W2 = 0x0004             ；[W2]的地址为 W2
```

上面的例子表明可以在一条指令中将工作寄存器用作两个地址指针和一个目的操作数，其中，W2 寄存器的内容是 0x0004。因为 W2 被用作一个地址指针，所以它指向存储器中的一个位置 0x0004，访问[W2]等价于访问 W2。由于 CPU 支持数据写占主导地位，那么这条指令运行完毕后，工作寄存器 W2 = 0x1234。

将 W 寄存器阵列作为目标寄存器的字节指令只影响目标寄存器的最低有效字节(Least Significant Byte, LSB)，由于工作寄存器是存储器映射的，因此可以通过对数据存储空间进行字节宽度的访问来操作 LSB 和最高有效字节(Most Significant Byte, MSB)。

3.1.2　影子寄存器

编程模型中的影子寄存器不可以直接访问，常用 PUSH.S 和 POP.S 指令来调用函数或中断服务函数中的现场保存或恢复。其中，PUSH.S 指令将 W0～W13 和 SR(仅限 N、OV、Z、C、DC 位)寄存器的值传送到它们各自的影子寄存器中，POP.S 指令则将值从影子寄存器恢复到这些寄存器。下面给出了一个使用 PUSH.S 和 POP.S 指令的例子：

```
PUSH.S                  ；保存 W 寄存器，MCU 状态寄存器
MOV    #0x03, W0        ；将 0x03 的值存入 W0
ADD    RAM100           ；将 W0 里的数值和 RAM100 里的数值相加
BTSC   SR, #Z           ；判断结果是否为 0
BSET   Flags, #Is Zero  ；如果结果为 0，则设置标志
POP.S                   ；恢复 WREGs，MCU 状态寄存器
RETURN
```

PUSH.S 指令会改写之前存在影子寄存器中的值，由于影子寄存器深度只有一层，所以要留意影子寄存器在多个软件任务中的使用。用户应用程序必须保证，任何使用影子寄存器的任务都不可以被同样使用该影子寄存器且具有更高优先级的任务中断。如果允许高优先级的任务中断低优先级的任务，那么较低优先级任务中保存在影子寄存器中的值将会被高优先级任务所改写。

此外，工作寄存器组(除 W15 外)在发生所有复位时被清零，并且在被写入前看作是未初始化的。用未初始化的寄存器作为地址指针将会复位设备，执行字写入可以初始化工作寄存器，这时的字节写入对初始化检测逻辑不会产生影响。

3.1.3　软件堆栈

W15 寄存器作为专用软件堆栈指针，可接受异常处理、子程序调用和返回自动修改。同时，W15 寄存器与其他工作寄存器一样可以被任何指令参考，从而简化堆栈指针的读、写、控制等操作。为了防止不对齐的堆栈访问，W15<0>被硬件固定设置为 0，W15 寄存器在所有复位中都被初始化为 0x1000。此外，初始化的地址要保证软件堆栈指针指向 dsPIC33EV 系列器件的有效随机访问存储器空间内，并且允许不可屏蔽陷阱异常使用堆栈。这些发生在软件堆栈指针被用户软件初始化之前，用户可以通过软件编程的方式将软件堆栈指针重新定位到数据空间的任何位置。软件堆栈指针通常指向数据空间 RAM 中的第一个空白字，并根据地址由低到高依次填充。

当 PC 被压入堆栈指针时，PC<15:0>被压入第一个有效堆栈字，PC<22:16>被压入第二个有效堆栈字。对于任何 CALL 指令中的 PC 压栈，在压入堆栈前 PC 的最高字节都将被零扩展。在异常处理过程中，PC 的最高字节和 CPU 状态寄存器 SR 的低 8 位组合在一起，便可以自动保存状态寄存器的低 8 位内容。注意：堆栈指针不涉及分页分配，因此堆栈地址被限制在基本数据空间(0x0000～0xFFFF)中，其可以通过 PUSH 和 POP 指令来进行操作，其中 PUSH 和 POP 指令等价于以 W15 工作寄存器作为目的操作数的 MOV 指令。例如，要将 W0 的内容压入堆栈，可执行：

```
PUSH   W0        相当于      MOV   W0, [W15++]
```

要将堆栈顶部的内容返回 W0，可执行：

```
POP   W0         相当于      MOV   [--W15], W0
```

3.2　指 令 架 构

3.2.1　指令集

dsPIC33EV 系列器件的指令集中，大部分指令的长度为一个程序存储字(24 位)，只有 3 条指令需要两个程序存储单元。每一条单字指令长 24 位，分为一个指定指令类型的 8 位操作码和进一步指定指令操作的一个或多个操作数。此外，指令集是高度正交的，可分为针对字或字节的操作、针对位的操作、立即数操作、DSP 操作和控制操作 5 大类。

针对字或字节的 W 寄存器指令(包括桶形移位指令)具有 3 个操作数：第一个源操作数通常是寄存器 Wb，不带任何地址修改量；第二个源操作数是寄存器 Ws，带或不带地址修改量；第三个是保存结果的目标寄存器，通常是寄存器 Wd，带或不带地址修改量。但是针对字或字节的文件寄存器指令只有两个操作数，一个是文件寄存器，由 f 值指定；另一个是目标寄存器，可以是文件寄存器 f 或 W0 寄存器(用 WREG 表示)。

位操作指令(包括简单的循环/移位指令)包括两个操作数，分别是 W 寄存器(带或不带地址修改量)或文件寄存器(由 Ws 或 f 的值指定)、W 寄存器或文件寄存器中的位(由一个立即数值指定，或者由寄存器 Wb 的内容间接指定)。

涉及数据传送的立即数指令主要包括要被装入到 W 寄存器或文件寄存器中的立即数(由 k 指定)和要装入立即数的 W 寄存器或文件寄存器(由 Wb 或 f 指定)。涉及算术或逻辑运算的立即数指令，可使用的第一个源操作数是寄存器 Wb(不带任何地址修改量)，或第二个源操作数是立即数，或操作结果的目标寄存器(仅在与第一个源操作数不同时)；通常是寄存器 Wd(带或不带地址修改量)。

MAC 类 DSP 指令可以使用下列操作数：累加器(A 或 B)、用作两个操作数的 W 寄存器、X 和 Y 地址空间预取操作、X 和 Y 地址空间预取目标寄存器和累加器回写目标寄存器。

与乘法无关的其他 DSP 指令使用的操作数包括：要使用的累加器；源操作数或目标操作数(分别由 Wso 或 Wdo 指定)；移位位数，由 W 寄存器 Wn 或立即数指定。其中，控制指令可以使用程序存储器地址和表读或表写指令两种操作数。上述指令大多数都是单字指令，其余双字指令主要针对需要使用 48 位来提供所需信息的情况。在第二个字中，高 8 位全为 0，如果指令自身将第二个字当作一条指令来执行的话，那么它将作为一条空操作(NOP)指令来执行。

双字指令执行需要两个指令周期，大多数单字长指令都在一个指令周期内执行，除非条件测试结果为真、指令执行结果改变了程序计数器或者执行了 PSV 或表读操作。

3.2.2 数据空间寻址

CPU 基本数据空间可以作为 32 K 字或 64 KB 寻址，分为两个存储区，分别称为 X 和 Y 数据存储区。每个存储块有自己独立的地址发生单元(AGU)。其中 MCU 类指令只通过 X 存储区 AGU 进行操作，可将整个存储器映射为一个线性数据空间访问。而一些 DSP 指令则通过 X 和 Y 的 AGU 进行支持双操作数的读操作，这样会将数据地址空间分成两个部分，X 和 Y 数据空间的边界将视具体器件而定。而由于程序空间到数据空间的映射功能(称为程序空间可视性(PSV))可以让指令访问数据空间变得和访问程序空间一样简单可操作，因此可以选择将数据存储空间的高 32 KB 映射到任何 16 K 程序字边界内的程序空间。此外，将基本数据空间地址与读页寄存器或写页寄存器(DSRPAG 或 DSWPAG)配合使用，还可构成 EDS 地址。关于数据空间寻址的介绍，详见第 4 章中的“数据地址空间”。

CPU 支持固有寻址(无操作数)、相对寻址、立即数寻址、存储器直接寻址、寄存器直接寻址和寄存器间接寻址六种寻址模式。对于大多数指令，dsPIC33EV 系列能在单个指令周期内执行数据存储器读操作、工作寄存器(数据)读操作、数据存储器写操作和程序(指令)存储器读操作等。因此 CPU 支持三操作数指令，且允许在单个周期内执行 A + B = C 这样的操作。关于寻址方式的介绍，详见第 4 章中的“寻址模式”。

3.2.3　循环结构

dsPIC33EV 系列支持 REPEAT 和 DO 两种指令结构，提供无条件自动程序循环控制。其中，REPEAT 指令可实现单条指令程序的循环，DO 指令可实现多条指令程序的循环，两条指令均使用 CPU 状态寄存器(SR)中的控制位来临时修改 CPU 操作。

1. REPEAT 循环结构

在 REPEAT 循环结构中，包含在 REPEAT 指令中的立即数值和存储在工作寄存器中的数值都可以用来指定重复的次数。其中工作寄存器的使用可以使循环次数成为软件可控变量。在使用 REPEAT 指令时，应注意 REPEAT 循环结构中不包括程序流控制指令(任何跳转、比较和跳过、子程序调用以及返回等指令)、另一条 REPEAT 或 DO 指令、MOV.D 指令，以及 DISI、ULNK、LNK、PWRSAV 或 RESET 指令。

2. DO 循环结构

DO 指令可以重复执行紧邻于该指令的一组指令，重复的次数由用户设定，没有任何附加的软件开销，直到地址结束并包含结束地址在内的一组指令会被重复执行。DO 指令的重复计数值可通过一个 15 位立即数加 1 或工作寄存器的内容加 1 来指定。

DO 循环结构的特性有：DO 循环的第一条指令不能为 PSV 读或表读；可以使用 W 寄存器来指定循环计数，从而在运行时定义循环计数；指令执行顺序不必是顺序的，可以存在跳转和子程序调用等；循环结束地址不必大于起始地址。

3.2.4　地址寄存器的依赖性

dsPIC33EV 系列架构支持大多数 MCU 类指令进行数据空间读/写操作，AGU 进行的有效地址(Effective Address, EA)计算和后续数据空间读或写操作都需要一个指令周期来完成。这种既定的时序使得指令对数据空间的读/写操作有一定的重合，因为这种重合，读/写操作在指令边界处会发生依赖，CPU 会在运行时检测并处理读/写数据依赖。

1. 读/写依赖性准则

如果一个 W 寄存器同时用作当前指令的目的寄存器和预取指指令的源寄存器，则有以下规则：

一是如果当前指令的目标写操作不修改 Wn 寄存器的内容，则无暂缓周期插入；

二是如果预取指指令的源读指令不是利用 Wn 的内容来计算一个有效地址的，则无暂缓周期插入。

在每个指令周期，dsPIC33EV 系列硬件会自动检查是否将有读/写数据依赖性发生。如果上面指定的条件不能满足，CPU 会自动在执行预取指的指令前加入一个空闲周期。指令暂缓为目的寄存器写操作的完成提供了充足的时间，该写操作一定要在下一条指令使用该写数据之前完成。表 3-2 为先写后读依赖性汇总。

表 3-2　先写后读依赖性汇总

使用 Wn 的目标寻址	使用 Wn 的源寻址	状　态
直接寻址	直接寻址	允许
直接寻址	间接寻址	停顿
直接寻址	带有修改的间接寻址	停顿
间接寻址	直接寻址	允许
间接寻址	间接寻址	允许
间接寻址	带有修改的间接寻址	允许
带有修改的间接寻址	直接寻址	允许
间接寻址	间接寻址	停顿
间接寻址	带有修改的间接寻址	停顿
带有修改的间接寻址	间接寻址	停顿
带有修改的间接寻址	带有修改的间接寻址	停顿

2. 指令停顿周期

指令停顿实际上是加在指令读阶段前的一个指令周期的等待时间，以便让前面的写操作先完成，再发生下一个读操作。为了达到中断延时的目的，停顿周期与检测到它的指令后的那条指令是关联的(即停顿周期总是在指令执行周期之前)。如果检测到先写后读(Read After Write, RAW)的数据相依性，dsPIC33EV 系列将开始指令停顿周期。在指令停顿期间，会发生以下事件：第一，正在进行的(上一条指令的)写操作可以正常完成；第二，在指令停顿周期结束前不会寻址数据空间；第三，在指令停顿周期结束前禁止 PC 递增；第四，在指令停顿周期结束前禁止再次取指。

3.3　CPU 控制寄存器

本节将详细介绍 dsPIC33EV 系列内核寄存器的几个关键寄存器。

1. SR(CPU 状态寄存器)

SR 为 CPU 状态寄存器，具体内容如表 3-3 所示。

表 3-3　SR——CPU 状态寄存器

R/W-0	R/W-0	R/W-0	R/W-0	R/C-0	R/C-0	R-0	R/W-0
OA	OB	SA	SB	OAB	SAB	DA	DC
bit 15							bit 8
R/W-0	R/W-0	R/W-0	R-0	R/W-0	R/W-0	R/W-0	R/W-0
IPL<2:0>			RA	N	OV	Z	C
bit 7							bit 0

注：C = 可清零位；R = 可读位；W = 可写位；0 = 清零；U = 未用，读为 0；-n = POR 时的值(1 = 置 1；x = 未知)。

bit 15——OA：累加器 A 溢出状态位。

1＝累加器 A 已溢出；0＝累加器 A 未溢出。

bit 14——OB：累加器 B 溢出状态位。

1＝累加器 B 已溢出；0＝累加器 B 未溢出。

bit 13——SA：累加器 A 饱和“粘住”状态位。

1＝累加器 A 饱和或在某时已经饱和；0＝累加器 A 未饱和。

bit 12——SB：累加器 B 饱和“粘住”状态位。

1＝累加器 B 饱和或在某时已经饱和；0＝累加器 B 未饱和。

bit 11——OAB：OA 和 OB 组合的累加器溢出状态位。

1＝累加器 A 或 B 已溢出；0＝累加器 A 和 B 都未溢出。

bit 10——SAB：SA 和 SB 组合的累加器饱和“粘住”状态位。

1＝累加器 A 或 B 饱和或在某时已经饱和；0＝累加器 A 和 B 都未饱和。

bit 9——DA：DO 循环活动位。

1＝DO 循环正在进行；0＝DO 循环不再进行。

bit 8——DC：MCU 算术逻辑单元半进位/借位标志位。

1＝结果的第 4 个低位(对于字节大小的数据)或第 8 个低位(对于字大小的数据)发生了进位；0＝未发生进位。

bit 7～bit 5——IPL<2:0>：CPU 中断优先级状态位。

111～000 分别代表 CPU 中断优先级为 7(15)～0(8)，其中 111 代表 CPU 禁止用户中断。

bit 4——RA：REPEAT 循环活动位。

1＝REPEAT 循环正在进行；0＝REPEAT 循环不再进行。

bit 3——N：MCU 算术逻辑单元负标志位。

1＝结果为负；0＝结果非负(零或正值)。

bit 2——OV：MCU 算术逻辑单元溢出标志位(此位用于有符号的算术运算(二进制补码))。

1＝有符号算术运算中发生溢出(本次算术运算)；0＝未发生溢出。

bit 1——Z：MCU AL 全零标志位。

1＝影响 Z 位的任何运算在过去某时已将该位置 1；0＝已将该位清零。

bit 0——C：MCU 算术逻辑单元进位/借位标志位。

1＝结果的最高有效位(Most Significant bit, MSb)发生了进位；0＝结果的最高有效位未发生进位。

这里需要注意的是：IPL<2:0>位与 IPL<3>位(CORCON<3>)组合形成 CPU 中断优先级。当 IPL<3> = 1 时，括号中的值代表 IPL。禁止用户中断。当 NSTDIS 位(INTCON1<15>) = 1 时，IPL<2:0>状态位是只读的。对 SR 的数据写操作可以修改 SA 和 SB 位，方法是向 SA 和 SB 写入数据或清零 SAB 位。要避免可能出现的 SA 或 SB 位写竞争条件，不要使用位操作来修改 SA 和 SB 位。

2. CORCON(CPU 内核控制寄存器)

CORCON 寄存器为 CPU 内核控制寄存器，具体内容如表 3-4 所示。

表 3-4　CORCON——CPU 内核控制寄存器

U-0	U-0	R/W-0	R/W-0	R/W-0	R-0	R-0	R-0
—	—	US<1:0>		EDT	DL<2:0>		
bit 15							bit 8
R/W-0	R/W-0	R/W-1	R/W-0	R/C-0	R-0	R/W-0	R/W-0
SATA	SATB	SATDW	ACCSAT	IPL3	SFA	RND	IF
bit 7							bit 0

bit 15～bit 14——未实现：读为 0。

bit 13～bit 12——US<1:0>：DSP 乘法无符号/有符号控制位。

11 = 保留；10 = DSP 引擎执行混合符号乘法运算；01 = 执行无符号乘法运算；00 = 执行有符号乘法运算。

bit 11——EDT：DO 循环提前终止控制位。

1=在当前循环迭代结束时终止执行 DO 循环；0=无影响。

bit 10～bit 8——DL<2:0>：DO 循环嵌套层级状态位。

111=正在进行 7 层 DO 循环嵌套；001=正在进行 1 层 DO 循环嵌套；000=正在进行 0 层 DO 循环嵌套。

bit 7——SATA：ACCA 饱和使能位。

1=使能累加器 A 饱和；0=禁止累加器 A 饱和。

bit 6——SATB：ACCB 饱和使能位。

1=使能累加器 B 饱和；0=禁止累加器 B 饱和。

bit 5——SATDW：DSP 引擎的数据空间写饱和使能位。

1=使能数据空间写饱和；0=禁止数据空间写饱和。

bit 4——ACCSAT：累加器饱和模式选择位。

1=9.31 超饱和；0=1.31 正常饱和。

bit 3——IPL3：CPU 中断优先级状态位 3。

1=CPU 中断优先级大于 7；0=CPU 中断优先级小于或等于 7。

bit 2——SFA：堆栈帧有效状态位。

1=堆栈帧有效，即无论 DSRPAG 和 DSWPAG 值如何，W14 和 W15 都寻址 0x0000 至 0xFFFF；0 = 堆栈帧无效，即 W14 和 W15 寻址 EDS 或基本数据空间。

bit 1——RND：舍入模式选择位。

1=使能有偏(常规)舍入；0=使能无偏(收敛)舍入。

bit 0——IF：整数或小数乘法器模式选择位。

1=使能整数模式的 DSP 乘法运算；0=使能小数模式的 DSP 乘法运算。注意，此位总是读为 0。IPL3 位与 IPL<2:0>位(SR<7:5>)组合形成 CPU 中断优先级；IPL3 位与 IPL 位(SR)组合形成 CPU 中断优先级。

3. CTXTSTAT(CPU 工作寄存器现场状态寄存器)

CTXTSTAT 寄存器为 CPU 工作寄存器现场状态寄存器，具体内容如表 3-5 所示。

表 3-5 CTXTSTAT——CPU 工作寄存器现场状态寄存器

U-0	U-0	U-0	U-0	U-0	R-0	R-0	R-0
—	—	—	—	—	CCTXI2	CCTXI1	CCTXI0
bit 15							bit 8
U-0	U-0	U-0	U-0	U-0	R-0	R/W-0	R/W-0
—	—	—	—	—	MCTXI2	MCTXI1	MCTXI0
bit 7							bit 0

bit 15～bit 11——未实现：读为 0。

bit 10～bit 8——CCTXI<2:0>：当前(W 寄存器)现场标识符位。

111～011 = 保留；010～001 = 当前正在使用备用工作寄存器组 2、1；000 = 当前正在使用默认工作寄存器组。

bit 7～bit 3——未实现：读为 0。

bit 2～bit 0——MCTXI<2:0>：手动(W 寄存器)现场标识符位。

111～011 = 保留；010～001 = 最近手动选择了备用工作寄存器组 2；000 = 最近手动选择了默认寄存器组。

3.4 算术逻辑单元与 DSP 引擎

3.4.1 算术逻辑单元

dsPIC33EV 系列算术逻辑单元(ALU)为 16 位宽，可以完成加减等算术运算、移位等位操作以及与或等逻辑操作。除非另有说明，算术运算的操作数都是二进制补码。算术逻辑单元的状态可能会影响 CPU 状态寄存器(SR)中的 C、Z、N、OV 和 DC 位的值。其中，C 和 DC 位分别用作减法运算中的借位和数值借位。根据所使用指令的模式，算术逻辑单元可以执行 8 位或 16 位数据的算术运算。根据具体的寻址模式，算术逻辑运算的数据可来自工作寄存器阵列或数据存储器。同样，算术逻辑单元的输出数据也可以被写入工作寄存器阵列或数据存储器。需要注意的是，字节宽数据的运算使用 16 位宽的算术逻辑单元，运算结果宽度要大于 8 位。此外，所有以字节模式执行的寄存器访问指令只会影响工作寄存器的最低有效字节，工作寄存器的最高有效字节可以使用文件寄存器指令进行访问。此外，该指令还可以访问工作寄存器的存储器映射内容。

3.4.2 DSP 引擎

DSP 引擎是一个硬件模块，其运算的操作数由 W 工作寄存器提供，但它具有自己专属的结果寄存器。DSP 引擎同 ALU 一样，由指令译码器的译码数据驱动，并且所有操作数的 EA 都在 W 工作寄存器中完成。对于微处理器(单核)来说，尽管算术逻辑单元和 DSP 引擎可被指令集中所有指令共享，但其不能与 MCU 指令流同时进行。

DSP 引擎包括高速 17 位 × 17 位乘法器、桶形移位寄存器、40 位加法器/减法器、两个累加器寄存器、带模式选择的舍入逻辑和带模式选择的饱和逻辑。其输入数据由两种数据源其中之一提供，分别是：① 两个源操作数的 DSP 指令，其操作数直接来自于 W 工作寄存器阵列(W4、W5、W6 或 W7)，指令流通过 X 和 Y 存储器数据总线来完成对 W4、W5、W6 或 W7 的预取指操作；② 其他所有 DSP 指令的操作数均通过 X 存储器数据总线取得。DSP 引擎的数据输出将被写入目标累加器(由正在执行的 DSP 指令所定义)或 X 存储器数据总线可以寻址的数据空间的任何位置，可以执行固有的自累加操作，且不需要附加的操作数。MCU 类指令中的移位和乘法指令同样使用 DSP 引擎来获得目标结果，这些操作中数据的读/写须由 X 存储器数据总线完成。

1. 数据累加器

DSP 引擎包括两个数据累加器(ACCA 和 ACCB)，每一个累加器都通过存储器映射的方式映射到三个寄存器，分别是 ACCxL：ACCx<15:0>、ACCxH：ACCx<31:16>和 ACCxU：ACCx<39:32>，其中“x”表示特定的累加器。当将累加器用于小数运算时，按照硬件设计时的数据格式规定，小数点位于 bit 31 右侧，累加器中可暂存的数据范围为 $-256.0 \sim 256.0 - 2^{31}$。对于整数运算，小数点位于 bit 0 的右侧，累加器中可暂存的数据范围为 −549 755 813 888～549 755 813 887。数据累加器具有一个 40 位加法器/减法器，该加法器/减法器带有用于乘法器结果的自动符号扩展逻辑，它可以选择两个累加器(A 或 B)之一作为其累加前的源累加器和累加后的目标累加器。对于 ADD(累加器)和 LAC 指令，可选择通过桶形移位寄存器在累加之前将要累加或装入的数据进行换算。40 位加法器/减法器可以选择将它的其中一个操作数输入取负，以更改结果的符号(不会改变操作数)，取负操作在相乘并相减(MSC)或相乘并取负(MPY.N)运算期间使用。此外，40 位加法器/减法器有一个额外的饱和模块，如果使能，则饱和模块将控制累加器的数据饱和。

2. 乘法器

dsPIC33EV 系列器件 CPU 的特点在于其具有一个 17 位 × 17 位的硬件乘法器，该乘法器由 ALU 和 DSP 引擎共享，并具备完成有符号、无符号、混合符号数据运算的能力，同时支持 Q.31 或者 32 位整数格式。

乘法器的输入数据位宽为 16 位，在运算之前，会先将输入数据扩展到 17 位。其数据扩展分两种情况：如果输入操作数为有符号数，数据扩展为符号扩展(算术扩展)；如果输入操作数为无符号数，数据扩展为零扩展(逻辑扩展)。之所以在乘法器内部对输入数据进行相应扩展，使得输入数据以 17 位的表示形式参与运算，是为了混合符号和无符号情况下 16 位 × 16 位乘法操作的正确执行。

在乘法器整数和小数工作模式下，数据在硬件中的表示形式如下：

(1) 整型数据的固有表示形式为有符号的二进制补码形式，其符号位为最高有效位。一般来讲，N 位二进制补码所表示的整数范围为 -2^{N-1} 到 $2^{N-1}-1$。

(2) 小数数据也以二进制补码的形式表示，其最高位定义为符号位，小数点暗含在符号位之后，即 Q.X 形式。暗含小数点的 N 位二进制补码所表示的小数范围为 $-1.0 \sim 1-2^{1-N}$。

整数或小数乘法器模式选择位 IF 位并不会影响 MCU 类乘法指令的数据操作模式，因为对于 MCU 类指令来说，其数据操作模式总是整数模式。在小数模式下，乘法器会对计算结果进行缩放，结果将整体左移一位，结果寄存器的最低位总是清零。在器件复位后，DSP 引擎模块中的乘法器默认处于小数模式。

3. 除法支持

dsPIC33EV 系列支持以下类型的除法运算：DIVF(6/16 位有符号小数除法)、DIV.SD(32/16 位有符号除法)、DIV.UD(32/16 位无符号除法)、DIV.SW(16/16 位有符号除法)以及 DIV.UW(16/16 位无符号除法)。在进行除法操作时，所有除法指令的商都放在工作寄存器 W0 中，余数放在 W1 中，16 位除数则可以位于任意 W 寄存器中。需要注意的是，尽管 16 位被除数也可以位于任意 W 寄存器中，但 32 位被除数必须位于一对相邻的 W 寄存器中。除法指令均为迭代运算，必须在 REPEAT 循环内执行 18 次，完整的除法运算需要 19 个指令周期来执行。与任何其他 REPEAT 循环一样，除法流可以被中断。在循环的每次迭代之后，所有数据被存储到相应的数据寄存器中，因此用户应用程序需要负责在 ISR 中保存相应的 W 寄存器。虽然 W 寄存器中的中间值对于除法硬件非常重要，但它们对于用户应用程序没有任何意义，除法指令必须在 REPEAT 循环中执行 18 次，以产生有意义的结果。被零除错误会产生数学错误陷阱，该条件通过数学错误状态(DIV0ERR)位(中断控制器中的 INTCON1)进行指示。

第 4 章 程序存储器

dsPIC33EV 5V 系列高温 DSC 架构具有独立的程序和数据存储空间以及总线。这一架构同时还允许代码在执行过程中从数据空间(Data Space, DS)直接访问程序存储器。此外，dsPIC33EV 5V 系列高温 DSC 具有多种寻址模式，可以通过不同寻址模式对指针进行操作，这些寻址模式经过优化后可以支持各指令的具体功能。同时，还包含用于存储和执行应用代码的内部闪存程序存储器，其可以对不同的闪存进行编程。本章主要介绍程序存储器的程序地址空间、数据地址空间、特殊功能、寻址模式以及闪存程序存储器等内容。

4.1 程序地址空间

dsPIC33EV 系列器件的程序存储空间可存储 4 M 个指令字，具有 4 M × 24 位的程序存储器地址空间。程序存储空间可通过以下方法进行访问：

(1) 23 位程序计数器；

(2) 表读(TBLRD)和表写(TBLWT)指令；

(3) 将程序存储器的任意 32 KB 段映射到数据存储器地址空间。

用户应用只能访问程序存储空间的低半地址范围(0x000000～0x02ABFF)。使用 TBLRD 和 TBLWT 指令时例外，前者使用 TBLPAG<7>来读取配置存储空间中的器件 ID 部分，后者用于设置位于配置存储空间中的写锁存器。图 4-1 给出了 32 G 器件的程序存储器映射(为方便阅读，存储区未按比例显示)。

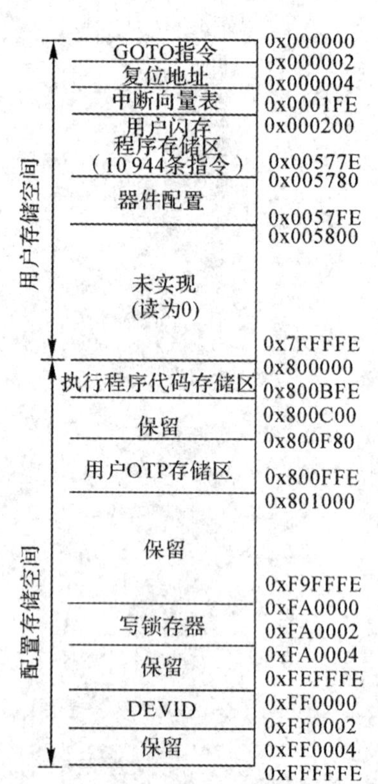

图 4-1 dsPIC33EV 系列 32 G 器件的程序存储器映射

4.1.1 程序存储器构成

程序存储空间由可按字寻址的块构成。虽然它被视为 24 位宽，但将程序存储器的每个地址单元视作一个低位字和一个高位字的组合更加合理，其中高位字的高字节部分未实现。低位字的地址始终为偶数，而高位字的地址为奇数(见图 4-2)。程序存储器地址始终在低位字处按字对齐，并且在代码执行过程中地址将递增或递减 2。这种构成方式与数据存储空间寻址兼容，并且为访问程序存储空间中的数据提供了可能。

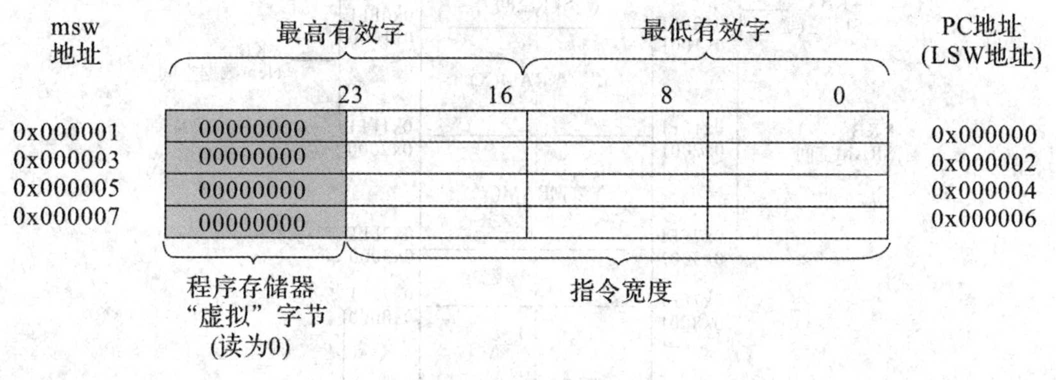

图 4-2　程序存储器构成

4.1.2　中断和陷阱向量

所有 dsPIC33EV 系列器件都为硬编码的程序执行向量保留了 0x000000 至 0x000200 之间的地址，并提供了一个硬件复位向量，从而将代码执行从器件复位时 PC 的默认值重定位到代码实际起始处。用户应用程序时可在闪存地址 0x000000 处编写一条 GOTO 指令，以将代码的实际起始地址设置为闪存地址 0x000002。

1. TBLPAG(表页寄存器)

该寄存器给出了表地址页位。其中，bit 15～bit 8 未实现，bit 7～bit 0 是表地址页位 TBLPAG<7:0>，8 位表地址页位与 W 寄存器组合形成 23 位有效程序存储器地址加上一个字节选择位。

2. DSRPAG(数据空间读页寄存器)

该寄存器给出了数据空间读页指针位。其中，bit 15～bit 10 未实现，bit 9～bit 0 是数据空间读页指针位 DSRPAG<9:0>。

4.2　数据地址空间

dsPIC33EV 系列的 CPU 具有独立的 16 位宽数据存储空间。使用独立的地址发生单元(AGU)对 DS 执行读写操作。图 4-3 给出了 64 KB 和 128 KB 器件的数据存储器映射(存储区未按比例显示)。数据存储空间中的所有有效地址(EA)均为 16 位宽，并且指向 DS 内的字节。这种构成方式使得基本数据空间地址范围为 64 KB 或 32 K 字。基本数据空间地址与数据空间读页寄存器或数据空间写页寄存器配合使用可构成扩展数据空间(EDS)，该空间的全部地址范围为 16 MB。此外，dsPIC33EV 系列器件实现了最大 20 KB 的数据存储空间，其中 4 KB 数据存储空间用于特殊功能寄存器，最大 16 KB 数据存储空间用于随机存取存储器(Random Access Memory, RAM)。如果 EA 指向了该区域以外的存储单元，则将返回一个全零的字或字节。

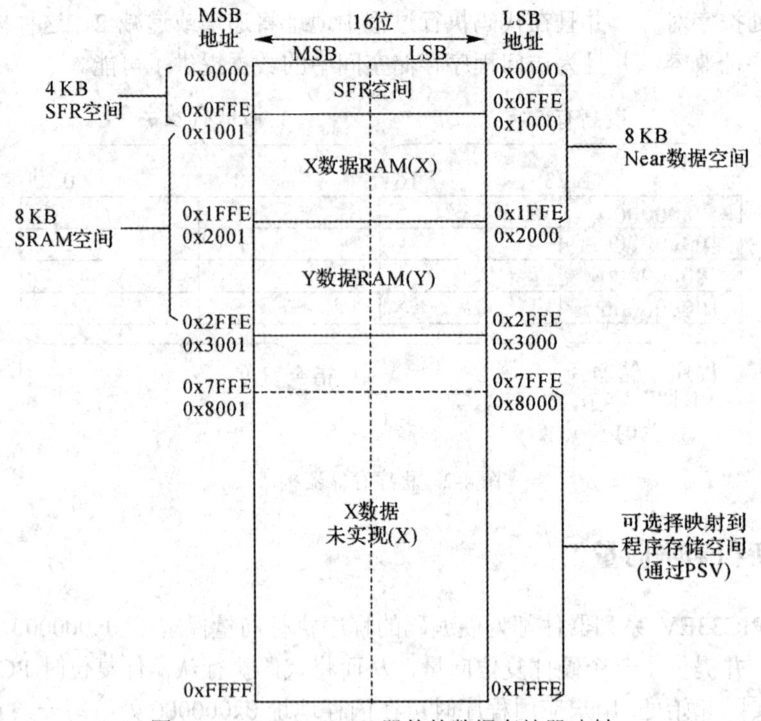

图 4-3　64 KB/128 KB 器件的数据存储器映射

4.2.1　数据空间宽度

数据存储空间由可按字节寻址的 16 位宽的块构成。数据在数据存储器和寄存器中是以 16 位字为单位对齐的，但所有数据空间的 EA 都将解析为字节。每个字的最低有效字节(LSB)具有偶地址，而最高有效字节(MSB)则具有奇地址。

4.2.2　数据存储器的构成和对齐方式

为保持与 PIC MCU 器件的向后兼容性并提高数据存储空间的使用效率，dsPIC33EV 系列指令集同时支持字和字节操作。字节访问会在内部对按字对齐的存储空间的所有 EA 计算进行调整。例如，对于执行后修改寄存器间接寻址模式 [Ws++] 的结果，当字节操作时，内核将其识别为值 Ws + 1；而字操作时，内核将其识别为值 Ws + 2。数据字节读取将读取包含字节的整个字，使用任何 EA 的 LSB 来确定要选取的字节。选定的字节被放在数据总线的 LSB 上。也就是说，数据存储器和寄存器被组织为两个并行的字节宽的实体，它们共享(字)地址译码，但写入线独立。数据字节写操作只写入阵列或寄存器中与字节地址匹配的那一侧。

所有字访问必须按偶地址对齐，不对齐的字数据将无法进行读取操作。因此在混合字节和字操作或者从 8 位 MCU 代码移植时，如果试图进行不对齐的读或写操作，将产生地址错误陷阱。如果在读操作时产生错误，正在执行的指令将完成；而如果在写操作时产生错误，指令仍将执行，但不会进行写入。无论是哪种情况，都会执行陷阱，从而系统和用户应用程序能够检查地址错误发生之前的机器状态。

此外，考虑到所有载入 W 寄存器的字节都将载入 LSB，但不会改变 MSB 的问题，dsPIC33EV 系列器件提供了一条符号扩展指令。该指令允许用户应用程序将 8 位有符号数据转换为 16 位有符号数据，而对于 16 位无符号数据，用户应用程序可以通过在适当地址处执行一条零扩展指令，以清零任何 W 寄存器的 MSB。

4.2.3　数据空间分类

1. 特殊功能寄存器空间

Near 数据空间的前 4 KB 存储单元(从 0x0000 至 0x0FFF)主要被特殊功能寄存器(Special Function Register, SFR)占用。dsPIC33EV 系列的内核和外设模块使用这些寄存器来控制器件的工作。SFR 分布在受其控制的模块中，通常一个模块会使用一组 SFR。大部分 SFR 空间包含未使用的地址，这些地址读为 0。

2. Near 数据空间

在 0x0000 和 0x1FFF 之间的 8 KB 区域被称为 Near 数据空间。可以使用所有存储器直接寻址指令中的 13 位绝对地址字段中的存储单元。此外，还可以使用 MOV 指令寻址整个 DS，MOV 指令支持使用 16 位地址字段的存储器直接寻址模式或使用工作寄存器作为地址指针的间接寻址模式。

3. X 和 Y 数据空间

dsPIC33EV 系列的内核有两个 DS：X 和 Y(即 XDS 和 YDS)。这两个 DS 可以看作是独立的(对于某些 DSP 指令)或者统一的线性地址范围(对于 MCU 指令)，并使用两个 AGU 和独立的数据总线来访问。该特性允许某些指令同时从 RAM 中取两个字，以提高 DSP 算法的执行效率，如有限冲激响应(Finite Impulse Response, FIR)滤波器设计和快速傅立叶变换(Fast Fourier Transform, FFT)。

XDS 可用于所有指令，并且支持所有寻址模式，其读数据总线和写数据总线是独立的。将 DS 视为组合的 X 和 Y 地址空间的所有指令均将 X 读数据总线作为读数据路径。X 读数据总线也是双操作数 DSP 指令(MAC 类)的 X 数据预取路径。YDS 可与 XDS 一同用于 MAC 类指令(CLR、ED、EDAC、MAC、MOVSAC、MPY、MPY.N 和 MSC)，从而提供两条并行的数据读取路径。XDS 和 YDS 均支持所有指令的模寻址模式，但要受到寻址模式的限制，如仅在写 XDS 时才支持位反转寻址模式。此外，所有数据存储器的写操作(包括 DSP 指令中的数据存储器写操作)均将数据空间视为组合的 X 和 Y 地址空间。这两个地址空间的分界取决于具体的器件，且不能由用户编程。

4.3　特殊功能

4.3.1　分页存储器方案

dsPIC33EV 系列架构通过分页方案来扩展可用 DS，分页方案支持使用 MOV 指令以线性方式(对 EA 执行前修改或后修改)来访问可用 DS。基本数据空间地址的高半部分与数据空间页寄存器(10 位 DSRPAG 或 9 位 DSWPAG)配合使用，构成 EDS 地址或程序空间可视性(PSV)地址。所使用的数据空间页寄存器位于 SFR 空间中。图 4-4 和图 4-5 说明了 EDS 地址的构造。当 DSRPAG<9> = 0 且基址位 EA<15> = 1 时，DSRPAG<8:0>位与 EA<14:0>位相连而构成 24 位 EDS 读地址。类似地，当基址位 EA<15> = 1 时，DSWPAG<8:0>位与 EA<14:0>位相连而构成 24 位 EDS 写地址。当 DSRPAG = 0x000 时，DS 读访问会强制产生地址错误陷阱。

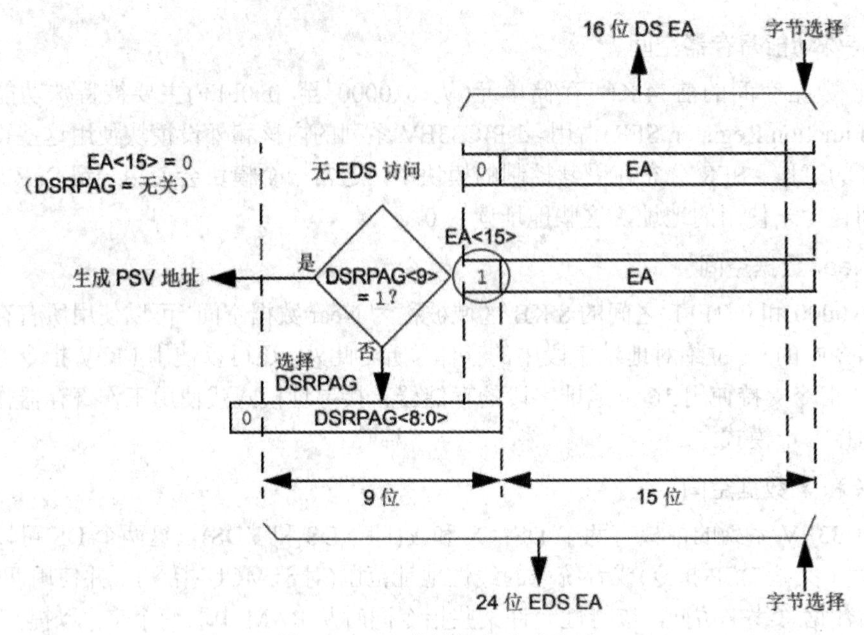

图 4-4　EDS 的读地址生成方式

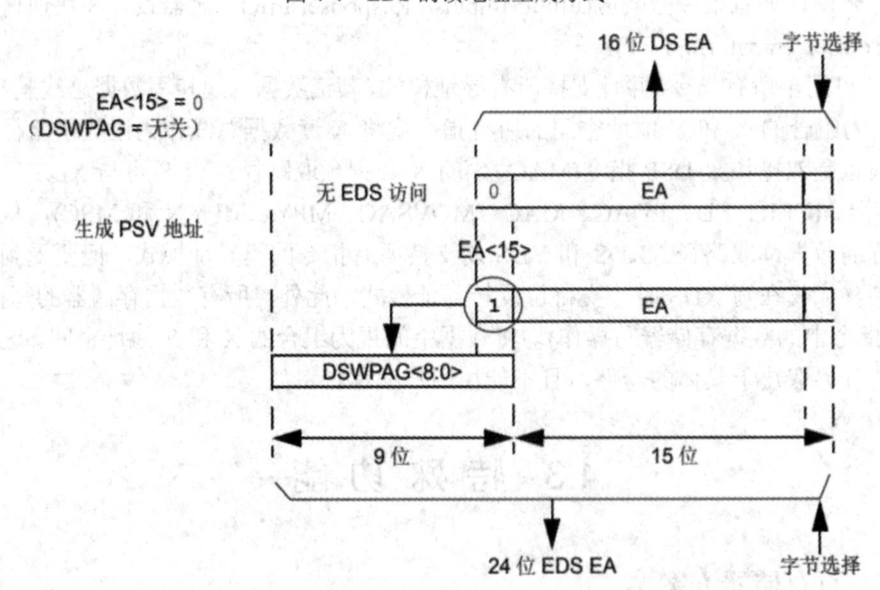

图 4-5　EDS 的写地址生成方式

通过分页存储器方案可以访问 EDS 和 PSV 存储区中的多个 32 KB 窗口。数据空间页寄存器 DSxPAG 与 DS 地址高半部分组合使用时，最多可以提供额外的 16 MB EDS 地址空间和 8 MB(仅限 DSRPAG)PSV 地址空间。分页数据存储空间如图 4-6 所示。

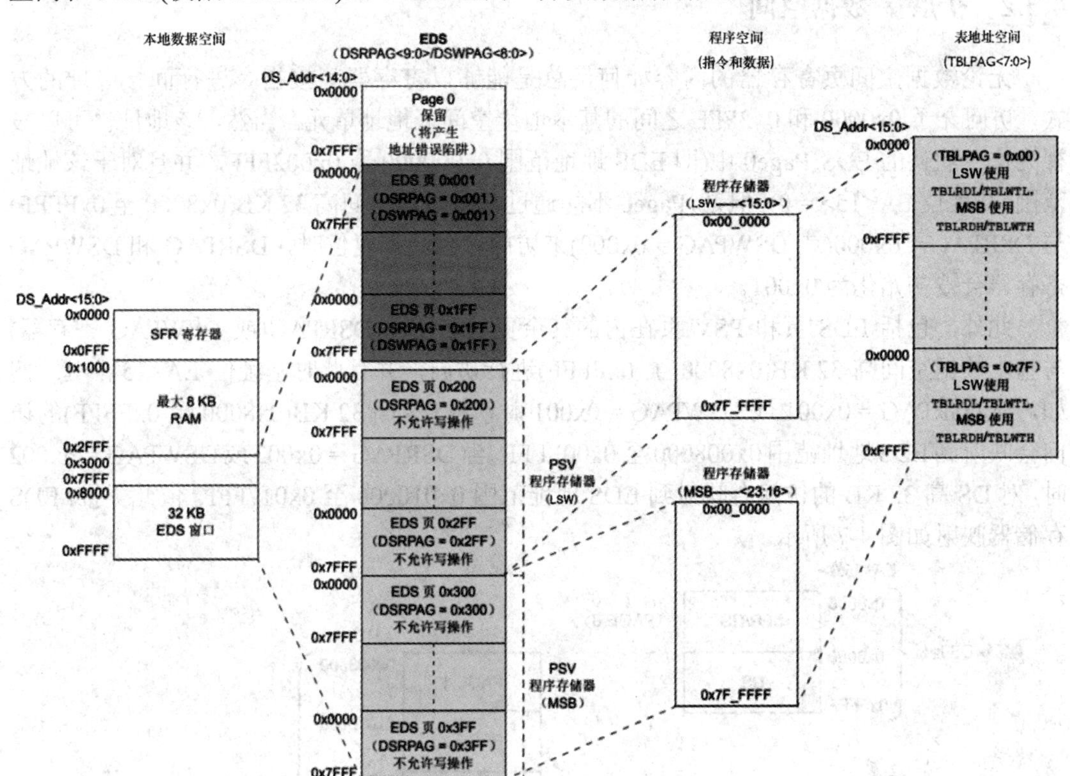

图 4-6　分页数据存储空间

DS 和 EDS 可以分别使用 DSRPAG 和 DSWPAG 读取和写入。当 DSRPAG 为 0x200 或更大时，还可利用 DSRPAG 访问程序空间(Program Space, PS)。但是它仅支持读操作，不支持写操作。而 DSWPAG 仅针对 DS(包括 EDS)。

通过给读访问和写访问分配不同的页寄存器，该架构可以使数据存储器实现不同页之间的数据传送。具体来说，是将 DSRPAG 寄存器的值设置为要读取的页，将 DSWPAG 寄存器配置为需要写入的页。例如，通过分别配置 DSRPAG 和 DSWPAG 寄存器来寻址 PSV 空间和 EDS 空间，数据就可以通过单条指令从不同的 PSV 页传送到 EDS 页，从而实现页之间的传送。在发生 EDS 页或 PSV 页上溢或下溢时，EA<15>会由于寄存器间接 EA 计算而清零。在以下情况中，EDS 页或 PSV 页中的 EA 会在页边界处发生上溢或下溢：

(1) 初始地址(在修改之前)寻址某个 EDS 页或 PSV 页。

(2) EA 计算使用执行前修改或后修改的寄存器间接寻址模式，但不包括寄存器偏移量寻址。

通常在检测到上溢时，DSxPAG 寄存器会递增，EA<15>位会置 1，以使基址保持在 EDS 窗口或 PSV 窗口内。相应地，在检测到下溢时，DSxPAG 寄存器会递减，EA<15>位也会置 1，以使基址也保持在 EDS 窗口或 PSV 窗口内。需要说明的是，上述操作仅在使用寄存器间接寻址模式时，才可以产生线性的 EDS 和 PSV 地址空间。与上述操作不同的是，在进入和退出 Page0、EDS 空间和 PSV 空间的边界时，带寄存器偏移量的寄存器间接寻址、模寻址和位反转寻址会使 EA 折回到当前页的起始位置。

4.3.2　扩展 X 数据空间

无论数据空间页寄存器的内容如何，总是能够以寄存器间接指令进行间接寻址的方式，访问介于 0x0000 和 0x2FFF 之间的基本地址空间低地址单元。当然，该地址也可以被视为位于默认的 EDS Page0 中(即 EDS 地址范围 0x000000 至 0x002FFF，并且对于该地址范围，基址位 EA<15> = 0)。但是，Page0 不能通过基本数据空间高 32 KB(0x8000 至 0xFFFF)与 DSRPAG = 0x000(或 DSWPAG = 0x000)来访问。因此在复位时，DSRPAG 和 DSWPAG 寄存器会被初始化为 0x001。

此外，包括 EDS 页和 PSV 页在内的其余页只能使用 DSRPAG(或 DSWPAG 寄存器)与基本数据空间高 32 KB(0x8000 至 0xFFFF)进行访问，并且此时基址位 EA<15> = 1。例如，当 DSRPAG = 0x001 或 DSWPAG = 0x001 时，对 DS 高 32 KB(0x8000 至 0xFFFF)的访问会映射到 EDS 地址范围 0x008000 至 0x00FFFF。当 DSRPAG = 0x002 或 DSWPAG = 0x002 时，对 DS 高 32 KB 的访问会映射到 EDS 地址范围 0x010000 至 0x017FFF，依此类推。EDS 存储器映射如图 4-7 所示。

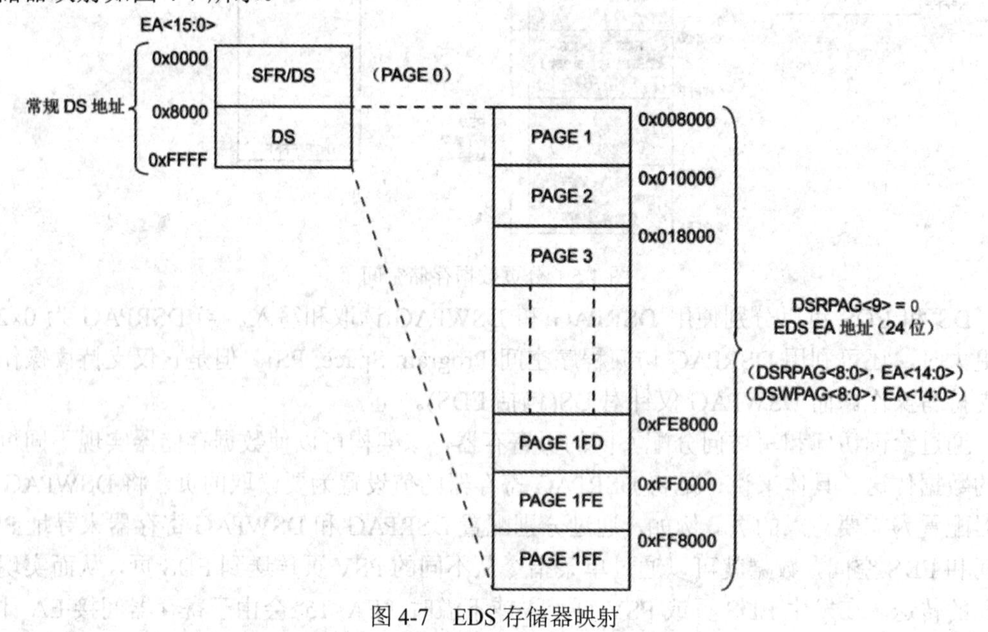

图 4-7　EDS 存储器映射

4.3.3　数据存储器仲裁和总线主器件优先级

系统中对总线主器件的 EDS 进行访问时需要进行仲裁。数据存储器(包括 EDS)的仲裁器会在 CPU、DMA 和 MPLAB ICD 模块之间进行仲裁。在多个总线主器件同时访问总线时，仲裁器会确定哪个总线主器件的访问优先级最高。此时，其他总线主器件会被暂挂，并在优先级最高的总线主器件访问总线之后进行处理。

默认情况下，CPU 为总线主器件 0(M0)，优先级最高；MPLAB ICD 为总线主器件 4(M4)，优先级最低；另一个总线主器件(DMA 控制器)分配为 M3(M1 和 M2 保留，不能使用)。用户应用程序可以通过设置 EDS 总线主器件优先级控制(MSTRPR)寄存器中的相应位来升高或降低 DMA 控制器的优先级。但无论改变后的总线主器件优先级是高于还是低于 CPU 优先级，其相对于彼此的优先级关系总保持不变(即 M1 优先级最高，M3 优先级最低，M2 居中)。表 4-1 列出了不同 MSTRPR 值时的总线主器件优先级方案，除表中之外，MSTRPR<15:0>中的所有其他值均保留。

表 4-1　数据存储器总线仲裁器优先级

优先级	MSTRPR<15:0>位设置	
	0x0000	0x0020
M0(最高)	CPU	DMA
M1	保留	CPU
M2	保留	保留
M3	DMA	保留
M4(最低)	MPLAB ICD	MPLAB ICD

图 4-8 显示了仲裁器架构。这种总线主器件优先级控制使用户应用程序可以控制系统的实时响应，即在初始化期间静态进行或在响应实时事件时动态进行。

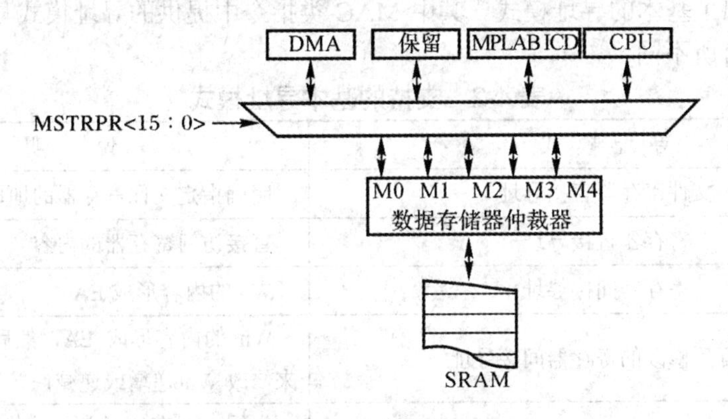

图 4-8　仲裁器架构

4.3.4　软件堆栈

W15 寄存器是专用的软件堆栈指针(Software Stack Pointer, SSP)寄存器，可被异常处理、子程序调用和返回自动修改；与此同时，W15 也可以被任何指令及与所有其他 W 寄存器相同的方式引用，从而简化了对 SSP 的读和写操作(例如，创建堆栈帧)。

所有复位均会将 W15 地址初始化为 0x1000，该地址主要是为了确保所有 dsPIC33EV 系列器件中的 SSP 在被用户软件初始化之前，都能够指向有效的 RAM 并允许不可屏蔽陷阱异常使用堆栈。在初始化期间，可以将 SSP 再编程以指向 DS 内的任何单元。此时，SSP 总是指向第一个可用的空字并从低地址到高地址填充软件堆栈(弹出堆栈(读)时预递减，压入堆栈(写)时后递增)。当 PC 压入堆栈时，PC<15:0>被压入第一个可用的堆栈字，然后 PC<22:16>被压入第二个可用的堆栈单元。对于任何 CALL 指令执行期间的 PC 压栈，其 MSB 在压栈前被零扩展，如图 4-9 所示。异常处理期间，PC 的 MSB 与 CPU 状态寄存器的低 8 位组合在一起，以便在中断处理期间自动保存移位寄存器锁存器的内容。

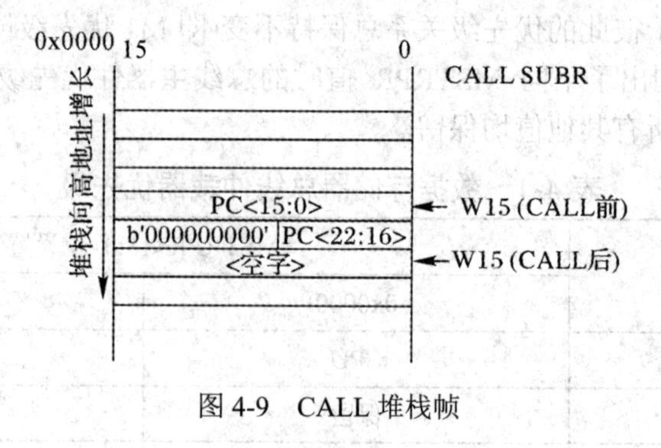

图 4-9　CALL 堆栈帧

4.4　寻址模式

4.4.1　指令寻址模式

表 4-2 给出了基本的寻址模式。其中 MAC 类指令中提供的寻址模式与其他指令类型中的寻址模式有所不同。

表 4-2　支持的基本寻址模式

寻址模式	说　明
文件寄存器直接寻址	明确指定文件寄存器的地址
寄存器直接寻址	直接访问寄存器的内容
寄存器间接寻址	Wn 的内容形成 EA
执行后修改的寄存器间接寻址	Wn 的内容形成 EA，然后用一个常量值来修改 Wn(递增或递减)
执行前修改的寄存器间接寻址	先用一个有符号常量值修改 Wn(递增或递减)，再由此时的 Wn 内容形成 EA
带寄存器偏移量的寄存器间接寻址(寄存器变址寻址)	Wn 和 Wb 的和形成 EA
带立即数偏移量的寄存器间接寻址	Wn 和立即数的和形成 EA

1. 文件寄存器指令

大多数文件寄存器指令使用一个 13 位地址字段(f)对数据存储器中的前 8192 字节(Near 数据空间)进行直接寻址。这些指令使用工作寄存器 W0，并将 W0 表示为 WREG。目标寄存器通常是同一个文件寄存器或 WREG(MUL 指令除外，它将结果写入寄存器或寄存器对)。使用 MOV 指令能够获得更大的灵活性，可以访问整个 DS。

2. MCU 指令

三操作数 MCU 指令的形式是：

操作数 3 = 操作数 1<功能>操作数 2

其中，操作数 1 始终是工作寄存器(即寻址模式只能是寄存器直接寻址)，称为 Wb。操作数

2 可以是一个取自数据存储器的 W 寄存器，或一个 5 位立即数。其结果可以保存在 W 寄存器或数据存储单元中。MCU 指令支持以下寻址模式：

(1) 寄存器直接寻址；

(2) 寄存器间接寻址；

(3) 执行后修改的寄存器间接寻址；

(4) 执行前修改的寄存器间接寻址；

(5) 5 位或 10 位立即数寻址。

3. 传送指令和累加器指令

与其他指令相比，传送指令和 DSP 累加器类指令提供了更为灵活的寻址模式。除了大多数 MCU 指令支持的寻址模式外，传送指令和累加器指令还支持带寄存器偏移量的寄存器间接寻址模式，也称为寄存器变址寻址模式。归纳起来，传送指令和累加器指令支持以下寻址模式：

(1) 寄存器直接寻址；

(2) 寄存器间接寻址；

(3) 执行后修改的寄存器间接寻址；

(4) 执行前修改的寄存器间接寻址；

(5) 带寄存器偏移量的寄存器间接寻址(变址寻址)；

(6) 带立即数偏移量的寄存器间接寻址；

(7) 8 位立即数寻址；

(8) 16 位立即数寻址。

4. MAC 指令

双源操作数 DSP 指令(CLR、ED、EDAC、MAC、MPY、MPY.N、MOVSAC 和 MSC)也被称为 MAC 指令，它们使用一组简化的寻址模式，允许用户应用程序通过寄存器间接寻址表有效地对数据指针进行操作。

双源操作数预取寄存器必须来自集合{W8, W9, W10, W11}中。对于数据读取操作，W8 和 W9 始终用于 XRAGU，而 W10 和 W11 始终用于 YAGU。因此，其产生的 EA(无论是在修改之前还是之后)，对于 W8 和 W9 必须来自于 XDS，对于 W10 和 W11 则必须来自于 YDS。此外，带寄存器偏移量的寄存器间接寻址模式仅可用于 W9 和 W11。MAC 类指令支持以下寻址模式：

(1) 寄存器间接寻址；

(2) 执行后修改(修改量为 2)的寄存器间接寻址；

(3) 执行后修改(修改量为 4)的寄存器间接寻址；

(4) 执行后修改(修改量为 6)的寄存器间接寻址；

(5) 带寄存器偏移量的寄存器间接寻址(变址寻址)。

5. 其他指令

除了上述的各种寻址模式之外，一些指令还会使用各种长度的立即数常量。例如，BRA(跳转)指令使用 16 位有符号立即数来直接指定跳转的目标，DISI 指令则使用一个 14 位无符号立即数字段。在另外一些指令中，例如 ULNK，操作数的源和结果已经暗含在操作码中。而某些操作，例如 NOP，则没有任何操作数。

4.4.2　模寻址

模寻址模式是一种使用硬件来自动支持循环数据缓冲区的方法。目的是在执行紧密循环代码时(这在许多 DSP 算法中很典型)，直接在 DS 或 PS 中进行模寻址(因为这两种空间的数据指针机制本质上是相同的)，而不需要用软件来执行数据地址边界检查。模寻址可以对任何 W 寄存器指针进行操作，且 XDS 和 YDS 中都可支持一个循环缓冲区。但是，考虑到 W14 或 W15 分别用作堆栈帧指针和软件堆栈指针，故应尽量避免将这两个寄存器用于模寻址。

一般来说，由于缓冲区的方向对缓冲区起始地址(对于递增缓冲区)或结束地址(对于递减缓冲区)有一定限制，因此特定的循环缓冲区只能配置为单向操作。但是长度为 2 的幂的缓冲区并不受限，仍满足起始和结束地址判据，可进行双向操作(即在低地址边界和高地址边界上都将进行地址边界检查)。

1. 起始地址和结束地址

模寻址机制要求指定起始地址和结束地址，并将它们装入 16 位模缓冲区地址寄存器：XMODSRT、XMODEND、YMODSRT 和 YMODEND。

2. W 地址寄存器选择

模寻址和位反转寻址控制寄存器 MODCON<15:0>包含使能标志以及指定 W 地址寄存器的 W 寄存器字段。XWM 和 YWM 字段选择对哪些寄存器进行模寻址：

(1) 如果 XWM = 1111，则禁止 XRAGU 和 XWAGU 模寻址。

(2) 如果 YWM = 1111，则禁止 YAGU 模寻址。

进行模寻址的 X 地址空间指针 W 寄存器(XWM)存储在 MODCON<3:0>中，当 XWM 设置为除 1111 之外的任何值且 XMODEND 位(MODCON<15>)置 1 时，将使能 XDS 的模寻址。相应地，进行模寻址的 Y 地址空间指针 W 寄存器(YWM)存储在 MODCON<7:4>中，当 YWM 设置为除 1111 之外的任何值且 YMODEND 位(MODCON<14>)置 1 时，将使能 YDS 的模寻址。图 4-10 给出了模寻址的操作示例。

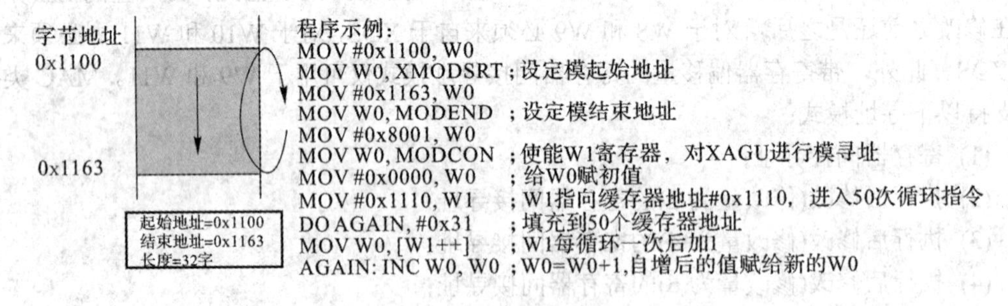

图 4-10　模寻址操作示例

3. 模寻址的应用

模寻址可以应用于任何与 W 寄存器相关的 EA 计算中。地址边界检查功能检查地址是否等于上边界地址(对于递增缓冲区)和下边界地址(对于递减缓冲区)，这些检查既检查地址是否正好在地址边界上，也会检查地址是否大于上边界地址(对于递增缓冲区)或小于下边界地址(对于递减缓冲区)。因此，尽管地址变化可能会越过边界，但仍然可以正确调整。

4.4.3　位反转寻址

位反转寻址模式主要用来简化基于 2FFT 算法的数据重新排序。XAGU 支持位反转寻址模式，但仅限于数据写入。地址修改量可以是常量或寄存器的内容，即将其位顺序反转，但源地址和目标地址仍然是正常的顺序。当满足下列全部条件时，将使能位反转寻址模式：MODCON 寄存器中 BWM<3:0>位(W 寄存器选择)的值是除 1111 以外的任何值(不能使用位反转寻址访问堆栈)，XBREV 寄存器中的 BREN 位置 1 使用的寻址模式是预递增或后递增的寄存器间接寻址模式。此外，如果位反转缓冲区的长度为 M = 2N 字节，则数据缓冲区起始地址的最后 N 位必须为零。XB<14:0>是位反转地址修改量或中心点，通常是一个常量。对于 FFT 计算，其值等于 FFT 数据缓冲区长度的一半。图 4-11 给出了位反转寻址的操作。

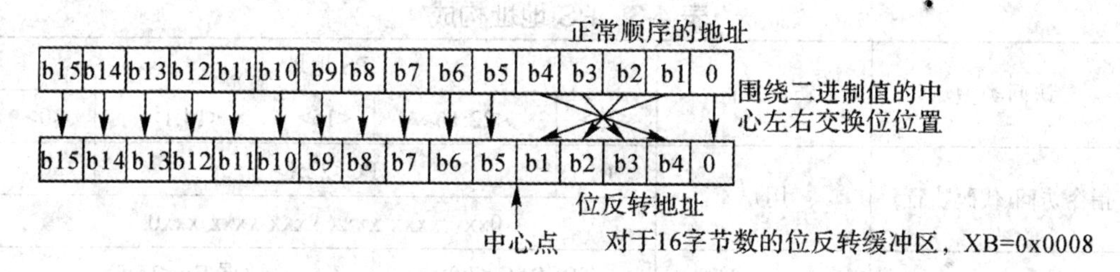

图 4-11　位反转地址示例

使能位反转寻址时，仅对预递增或后递增的寄存器间接寻址，以及字长度数据写入，才会进行位反转寻址；对于任何其他寻址模式或字节长度数据，不会进行位反转寻址，而是生成正常的地址。在进行位反转寻址时，W 地址指针将始终加上地址修改量(XB)，与寄存器间接寻址模式相关的偏移量将被忽略。此外，由于要求的是字长度数据，因此 EA 的最低有效字节位将被忽略且始终清零。如果已通过将 BREN 位(XBREV<15>)置 1 使能了位反转寻址，那么在写 XBREV 寄存器之后，不能立即对被指定为位反转指针的 W 寄存器进行间接读操作。

4.5　程序存储空间与数据存储空间接口

dsPIC33EV 系列架构采用 24 位宽的 PS 和 16 位宽的 DS。该架构也是一种改进型哈佛结构，意味着数据能存放在 PS 内。要成功使用该数据，则必须确保在访问数据时这两种存储空间中的信息是对齐的。此外，除了正常执行外，dsPIC33EV 系列器件的架构还提供了两种可在操作过程中访问 PS 的方法：

(1) 使用表指令访问 PS 中任意位置的各个字节或字；

(2) 将 PS 的一部分重映射到 DS(PSV)。

表指令允许应用程序读写程序存储器的小块区域。这一功能对于访问需要定期更新的数据表而言非常有用。此外，也可通过表指令访问一个程序字的所有字节。重映射方法允许应用程序访问一大块数据，但只限于读操作。该方法非常适合于在一个大的静态数据表中进行查找。而应用程序只能访问程序字的低位字。表 4-3 给出了 PS 地址的构成。图 4-12 给出了如何从 PS 访问数据。

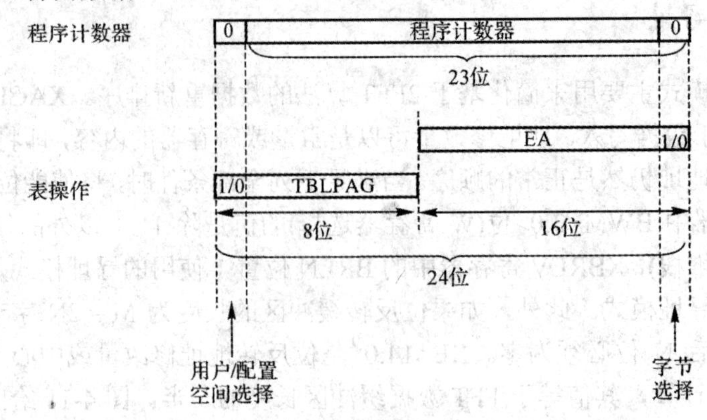

图 4-12　访问 PS 内数据的地址生成方式

表 4-3　PS 地址构成

<table>
<tr><th rowspan="2">访问类型</th><th rowspan="2">访问空间</th><th colspan="5">PS 地址</th></tr>
<tr><th><23></th><th><22:16></th><th><15></th><th><14:1></th><th><0></th></tr>
<tr><td rowspan="2">指令访问(代码执行)</td><td rowspan="2">用户</td><td>0</td><td colspan="3">PC<22:1></td><td>0</td></tr>
<tr><td colspan="5">0xx　xxxx xxxx xxxx xxxx xxx0</td></tr>
<tr><td rowspan="4">TBLRD/TBLWT
(读/写字节或字)</td><td rowspan="2">用户</td><td colspan="2">TBLPAG<7:0></td><td colspan="3">数据 EA<15:0></td></tr>
<tr><td colspan="5">0xxx xxxx　xxxx xxxx xxxx xxxx</td></tr>
<tr><td rowspan="2">配置</td><td colspan="2">TBLPAG<7:0></td><td colspan="3">数据 EA<15:0></td></tr>
<tr><td colspan="5">1xxx xxxx　xxxx xxxx xxxx xxxx</td></tr>
</table>

其中，TBLRDL(表读低位字)和 TBLWTL(表写低位字)指令提供了无须通过 DS 而直接读或写 PS 内任何地址的低位字的方法。TBLRDH(表读高位字)和 TBLWTH(表写高位字)指令是唯一可将一个程序空间字的最高 8 位作为数据读写的方法。

由于对于每个连续的 24 位程序字，PC 的递增量为 2，使得程序存储器地址能够直接映射到 DS 地址。因此，程序存储器可以看作两个 16 位字宽的地址空间并排放置，且具有相同的地址范围。TBLRDL 和 TBLWTL 指令访问存有最低有效数据字的空间，而 TBLRDH 和 TBLWTH 访问存有最高数据字节的空间。这就提供了两条表指令来对 PS 执行字节或字(16 位)长度的数据读写，且读和写都可以采用字节或字操作的形式。

1. TBLRDL(表读低位字)

在字模式下，该指令将 PS 地址中的低位字(P<15:0>)映射到数据地址(D<15:0>)中。在字节模式下，低位程序字的高字节或低字节被映射到数据地址的低字节中。当字节选择位为 1 时映射高字节，当字节选择位为 0 时映射低字节。

2. TBLRDH(表读高位字)

在字模式下，该指令将程序地址中的整个高位字(P<23:16>)映射到数据地址中。“虚拟”字节(D<15:8>)始终为全 0。在字节模式下，该指令将程序字的高字节或低字节映射到数据地址的 D<7:0>中，与 TBLRDL 指令类似。当选择最高“虚拟”字节(字节选择位 = 1)时，数据将始终为 0。

对于所有的表操作，由 TBLPAG 决定程序存储空间要访问的区域。TBLPAG 可寻址器件的整个程序存储空间，包括用户应用程序空间和配置空间。当 TBLPAG<7> = 0 时，表页位于用户存储空间中。当 TBLPAG<7> = 1 时，表页位于配置存储空间中。图 4-13 给出了如何使用表指令访问程序存储器的操作。

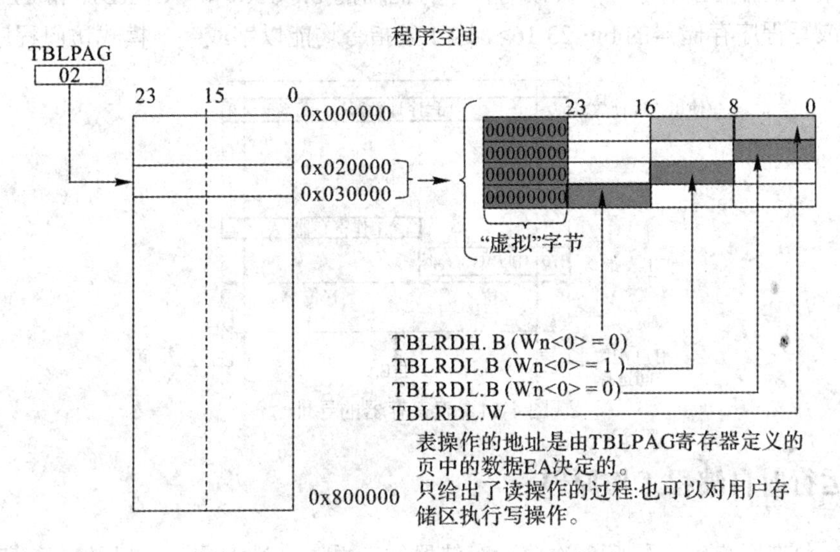

图 4-13　使用表指令访问程序存储器

4.6　闪存程序存储器

dsPIC33EV 系列器件包含用于存储和执行应用代码的内部闪存程序存储器。在整个 V_{DD} 范围内，正常操作期间，该存储器都是可读写、可擦除的。可采用以下三种方式对闪存进行编程：

(1) 在线串行编程(In-Circuit Serial Programming, ICSP)；

(2) 运行时自编程(Run-Time Self-Programming, RTSP)；

(3) 增强型在线串行编程(增强型 ICSP)。

ICSP 允许在最终的应用电路中对 dsPIC33EV 系列器件进行串行编程。可通过用于编程时钟和编程数据(PGECx/PGEDx)的两根线以及用于 V_{DD}、V_{SS} 和主复位($\overline{MCLR}$)的其余三根线来实现。这种方式允许用户在生产电路板时使用未编程器件，而仅在产品交付之前才对器件进行编程，从而可以使用最新版本的固件或者定制固件进行编程。增强型 ICSP 使用被称为编程执行程序的板上自举程序来管理编程过程。编程执行程序可以使用串行外设接口数据帧格式擦除、编程和校验程序存储器。RTSP 使用 TBLRD 和 TBLWT 指令来实现。通过 RTSP，用户应用程序可以一次将两个程序存储器字或由 64 条指令(192 字节)构成的一行程序存储数据写入程序存储器，也可一次擦除程序存储器中包含 512 个指令字(1536 字节)的块。

4.6.1　表指令和闪存编程

闪存读取和双字编程操作分别使用 TBLRD 和 TBLWT 指令实现。这些指令允许器件在正常工作模式下从数据存储器直接读写程序存储空间。程序存储器中的 24 位目标地址由 TBLPAG 寄存器的 bit<7:0>和表指令中指定 W 寄存器中的 EA 组成，如图 4-14 所示。TBLRDL 和 TBLWTL 指令用于读或写程序存储器的 bit<15:0>，TBLRDH 和 TBLWTH 指令用于读或写程序存储器的 bit<23:16>，这 4 条指令均能以字或字节模式访问程序存储器。

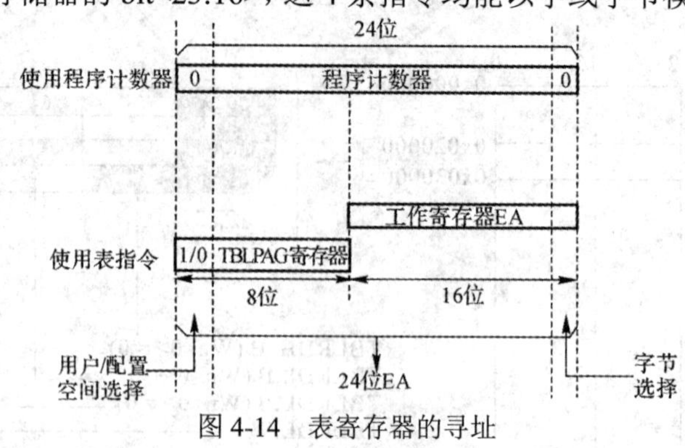

图 4-14　表寄存器的寻址

4.6.2　运行时自编程工作原理

RTSP 允许用户应用程序一次擦除存储器的一页、一次编程一行以及一次编程两个指令字，且允许用户应用程序一次擦除由 8 行数据(512 条指令)组成的程序存储器页、一次编程一行或两个相邻的字。8 行擦除页和单行写入行都是边沿对齐的，从程序存储器起始地址开始，分别以 1536 字节和 192 字节为边界。

RTSP 自编程的基本过程是使用 TBLWTL 和 TBLWTH 指令将两个 24 位指令装入位于配置存储器空间的写锁存器。利用解锁和设置 NVMCON 寄存器中的控制位来执行编程。通过将 192 个字节装入数据存储器，然后将该行第一个字节的地址装入 NVMSRCADR 寄存器来实现行编程。当写操作启动后，器件将自动装入写锁存器并递增 NVMSRCADR 和 NVMADR(U)寄存器，直到编程完所有字节。RPDF 位(NVMCON<9>)用于选择 RAM 中已存储数据的格式是否压缩。压缩数据通过将第二个字的高字节用于第二条指令的 MSB，以减少所需 RAM 的量。具体格式如图 4-15 所示。

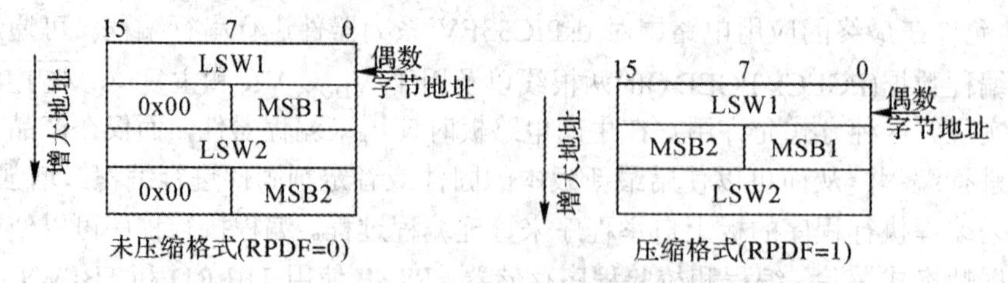

图 4-15　未压缩/压缩格式

4.6.3　编程操作

在 RTSP 模式下，对内部闪存进行编程或擦除需要执行完整的编程序列，处理器暂停

(等待)直到编程操作完成。将 WR 位(NVMCON<15>)置 1 启动编程操作，当操作完成时 WR 位会自动清零。编程器每次可以对闪存程序存储器的两个相邻字(24 位 × 2)进行编程，即每隔一个字地址边界(0x000002、0x000006 和 0x00000A 等)进行编程。为此，应先擦除包含用户希望更改存储单元的地址的页。为防止意外操作，必须向 NVMKEY 写入启动序列以允许执行任何擦除或编程操作。在执行编程命令后，用户应用程序必须等待一段编程时间，直到编程操作完成，而编程序列启动后紧跟的两条指令应该为 NOP 指令。

4.6.4　纠错码

为提高程序存储器的性能和耐用性，dsPIC33EV 系列器件提供了纠错码功能，并将其集成在闪存控制器内。纠错码(ECC)可以确定程序数据中出现的单个位错误(包括错误位的位置)并自动更正数据而无须用户干预，且 ECC 无法被禁止。当数据写入程序存储器时，ECC 为每两个(24 位)指令字生成一个 7 位汉明码奇偶校验值。该数据存储在由 48 个数据位和 7 个奇偶校验位组成的块中，奇偶校验数据不进行存储器映射且不可访问。回读数据时，ECC 计算其奇偶校验值并与之前存储的奇偶校验值进行比较。如果出现奇偶校验不匹配，则可能出现以下两种结果：

(1) 自动识别单个位错误并在回读时更正，生成可选的器件级中断(ECCSBEIF)。

(2) 双位错误将产生通用硬陷阱，读取的数据不会更改。如果未对陷阱执行特殊异常处理，还会发生器件复位。

要使用单个位错误中断，应将 ECC 单个位错误中断允许位(ECCSBEIE)置 1 并配置 ECCSBEIP 位，以设置合适的中断优先级。除了单个位错误中断，硬件无法捕捉错误事件或对错误事件进行计数。此功能可以在软件应用程序中实现，但必须由用户完成。

4.6.5　控制寄存器

以下 SFR 用于读写闪存程序存储器：NVMCON、NVMKEY、NVMADRU、NVMADR 和 NVMSRCADR。

1. NVMCON(非易失性存储器控制寄存器)

NVMCON 用于选择要执行的操作(页擦除、字/行编程、无效分区(panel)擦除)以及启动编程/擦除周期，具体内容如表 4-4 所示。

表 4-4　NVMCON——NVM 控制寄存器

U-0	U-0	U-0	U-0	R/W-0	R/W-0	R/W-0	R/W-0
—	—	—	—	NVMOP3	NVMOP2	NVMOP1	NVMOP0
bit 7							bit 0
R/SO-0	R/W-0	R/W-0	R/W-0	U-0	U-0	R/W-0	R/W-0
WR	WREN	WRERR	NVMSIDL	—	—	RPDF	URERR
bit 15							bit 8

bit 15——WR：写控制位。

1=启动闪存编程或擦除操作，该操作是自定时的，且该位在操作完成时由硬件清零；0=编程或擦除操作完成，并且变为无效。

bit 14——WREN：写使能位。

1=使能闪存编程或擦除操作；0=禁止闪存编程或擦除操作。

bit 13——WRERR：写序列错误标志位。

1=试图执行不合法的编程或擦除序列，或者发生终止(试图将 WR 位置 1 时自动将该位置 1)；0 = 编程或擦除操作正常完成。

bit 12——NVMSIDL：NVM 空闲模式停止控制位。

1=当器件进入空闲模式时，主闪存停止工作；0=当器件进入空闲模式时，主闪存继续工作。

bit 11～bit 10——未实现：读为 0。

bit 9——RPDF：行编程数据格式控制位。

1=要存储在 RAM 中的行数据采用压缩格式；0=要存储在 RAM 中的行数据采用非压缩格式。

bit 8——URERR：行编程数据不足错误标志位。

1=行编程操作由于数据不足错误而终止；0=未发生数据不足。

bit 7～bit 4——未实现：读为 0。

bit 3～bit 0——NVMOP<3:0>：NVM 操作选择位。

1110=用户存储器和执行程序存储区批量擦除操作，0011=存储器页擦除操作；0010=存储器行编程操作，0001=存储器双字，其余位均保留。

2. NVMKEY(非易失性存储器密钥寄存器)

NVMKEY 是一个只写寄存器，用于写保护。要启动编程或擦除序列，用户应用程序必须将 0x55 和 0xAA 连续写入 NVMKEY 寄存器。该寄存器的 bit 15～bit 8 未实现，bit 7～bit 0 是 NVM 密钥寄存器位(只写)NVMKEY<7:0>。

3. NVMADRU(非易失性存储器高位字地址寄存器)和NVMADR(非易失性存储器低位字地址寄存器)

NVM 地址寄存器有两个：NVMADRU 和 NVMADR。这两个寄存器组合在一起时，构成要进行编程操作的选定字/行的 24 位 EA，或者要进行擦除操作的选定页的 24 位 EA。NVMADRU 寄存器用于保存 EA 的最高 8 位，而 NVMADR 寄存器用于保存 EA 的低 16 位。对于行编程操作，要写入闪存程序存储器的数据将写入位于由 NVMSRCADR 寄存器定义的地址(行编程数据中第一个元素的位置)处的数据存储空间(RAM)。NVMADRU 的 bit 15～bit 8 未实现，bit 7～bit 0 是 NVM 存储器高字节写地址位 NVMADRU<23:16>。选择闪存程序存储器中要进行编程或擦除的存储单元的最高 8 位，用户应用程序可以读写该寄存器。NVMADR 的所有位(bit 15～bit 0)均是 NVM 存储器低位字写地址位 NVMADR<15:0>。选择闪存程序存储器中要进行编程或擦除的存储单元的低 16 位。用户应用程序可以读写该寄存器。

4. NVMSRCADR

NVMSRCADR 包含 NVMSRCADRH 和 NVMSRCADRL 寄存器。

(1) NVMSRCADRH：NVM 数据存储器高位字地址寄存器。

该寄存器的 bit 15 ～ bit 8 未实现，bit 7 ～ bit 0 是数据存储器高字节地址位 NVMSRCADRH<23:16>。

(2) NVMSRCADRL：NVM 数据存储器低位字地址寄存器。

该寄存器的最低位(bit 0)保留，保持为 0，其余位(bit 15～bit 1)均是数据存储器低位字地址位 NVMSRCADRL<15:1>。

第 5 章　中　　断

dsPIC33EV 5V 系列高温 DSC 器件的中断控制器将诸多外设中断请求信号缩减为一个送往 CPU 的中断请求信号，中断控制器含有多达 246 个向量的中断向量表(Interrupt Vector Table, IVT)，并且具有备用中断向量表。中断向量表可提供 246 个可编程为不同优先级的中断源(未使用的中断源将被保留以供将来使用)，其中断控制器具有以下特性：

(1) 含有多达 246 个向量的中断向量表；

(2) 备用中断向量表(Alternate Interrupt Vector Table, AIVT)；

(3) 多达 8 个处理器异常和软件陷阱；

(4) 7 个用户可选的中断优先级；

(5) 中断向量表，其中每个中断或异常源对应唯一的向量；

(6) 在指定的用户优先级内具有固定的优先级；

(7) 固定的中断进入和返回延时；

(8) 软件可产生任意外设中断；

(9) 备用中断向量表可用(如果使能了引导段安全性并且 AIVTEN = 1)。

5.1　中断控制器的特性

5.1.1　中断向量表

dsPIC33EV 系列的中断向量表(IVT)如图 5-1 所示。

dsPIC33EV 系列的 IVT 位于程序存储器中，起始单元地址是 000004h，IVT 包含 7 个不可屏蔽陷阱向量和多达 187 个中断源。通常，每个中断源都有自己对应的中断向量，每个中断向量又包含一个 24 位宽的地址，且每个中断向量单元中编程的值是与其相关的中断服务程序(Interrupt Service Routine, ISR)的起始地址。中断向量根据其自然优先级区分优先顺序，自然优先级与中断向量在向量表中的位置有关。一般来说，较低地址的中断向量具有较高的自然优先级。

5.1.2　备用中断向量表

有些器件具有 AIVT，AIVT 可以通过提供一种不需要将中断向量再编程就可以在应用程序和支持环境之间或两个应用程序之间切换的方法，来支持仿真和调试功能，从而让不

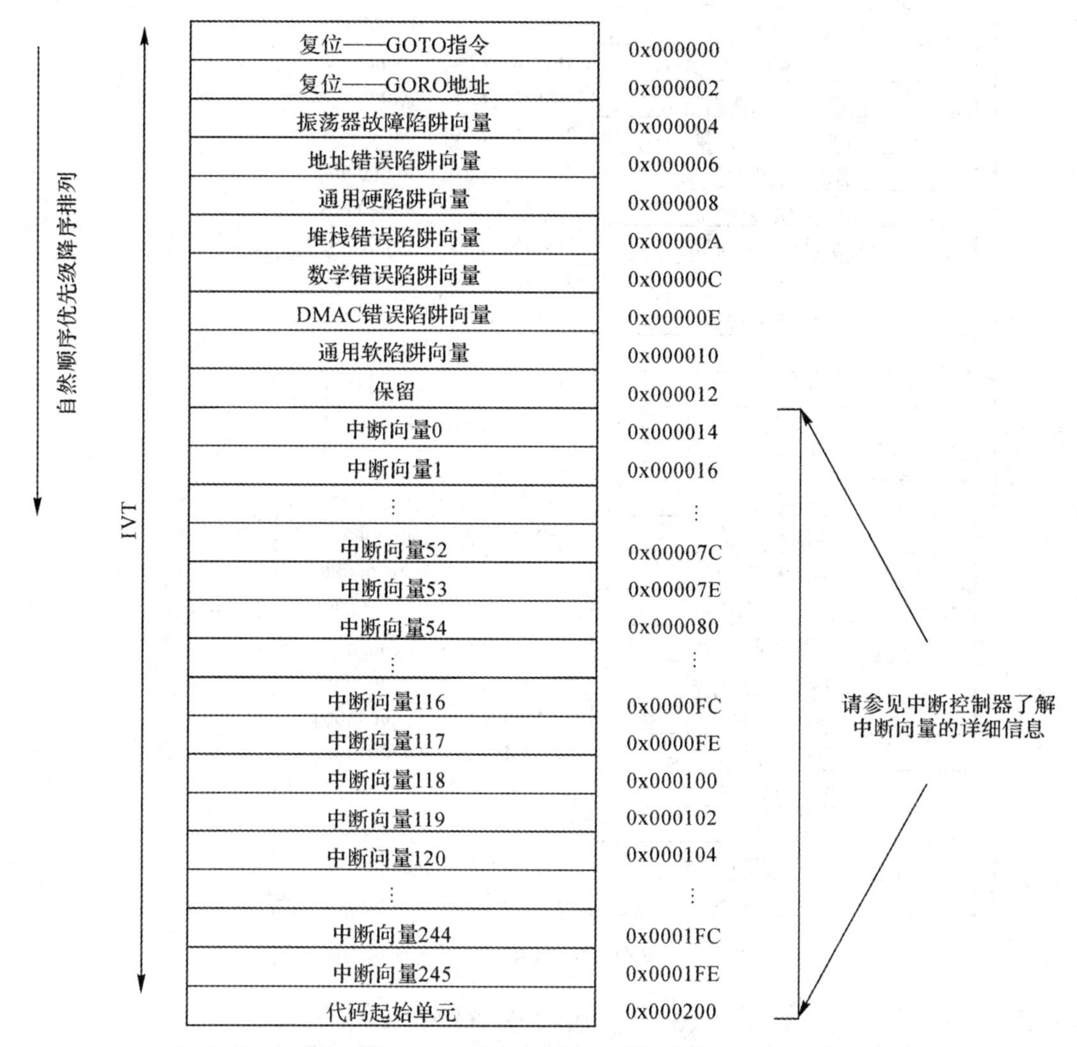

图 5-1 dsPIC33EV 系列中断向量表

同软件算法的评估更加便捷。在使用 AIVT 前需要先在已定义引导段内使能，且 FSEC 配置寄存器中的配置位(AIVTDIS(FSEC<15>))和 INTCON2 特殊功能寄存器中的 AIVTEN 位(INTCON2<8>)必须置 1，所有的中断和异常处理都将使用备用向量，而非默认向量。AIVT 从引导段存储区最后一页的前半部分开头处开始，由 BSLIM<12:0>位定义(BSLIM<12:0>位的单位为页)，该页的后半部分不再作为可用空间。引导段必须包含至少 2 页才可使能 AIVT。例如，如果用户决定创建三页的引导段存储区，则应用程序软件需设置 BSLIM<12:0> = 0x1FFC。其中，考虑到未编程状态的 BSLIM<12:0>位全部为 1，因此当需要创建三页时，前四个最低有效字节(LSB)将变为 0b1100 或 0xC。而其余九个最高有效字节(MSB)仍保持不变的未编程状态，因此有 BSLIM<12:0> = 0x1FFC。应当注意的是，AIVT 的地址取决于 BSLIM<12:0>定义的引导段的大小：[(BSLIM<12:0>–1)x0x400] + 偏移量。AVIT 如图 5-2 所示，中断向量的详细信息如表 5-1 所示。

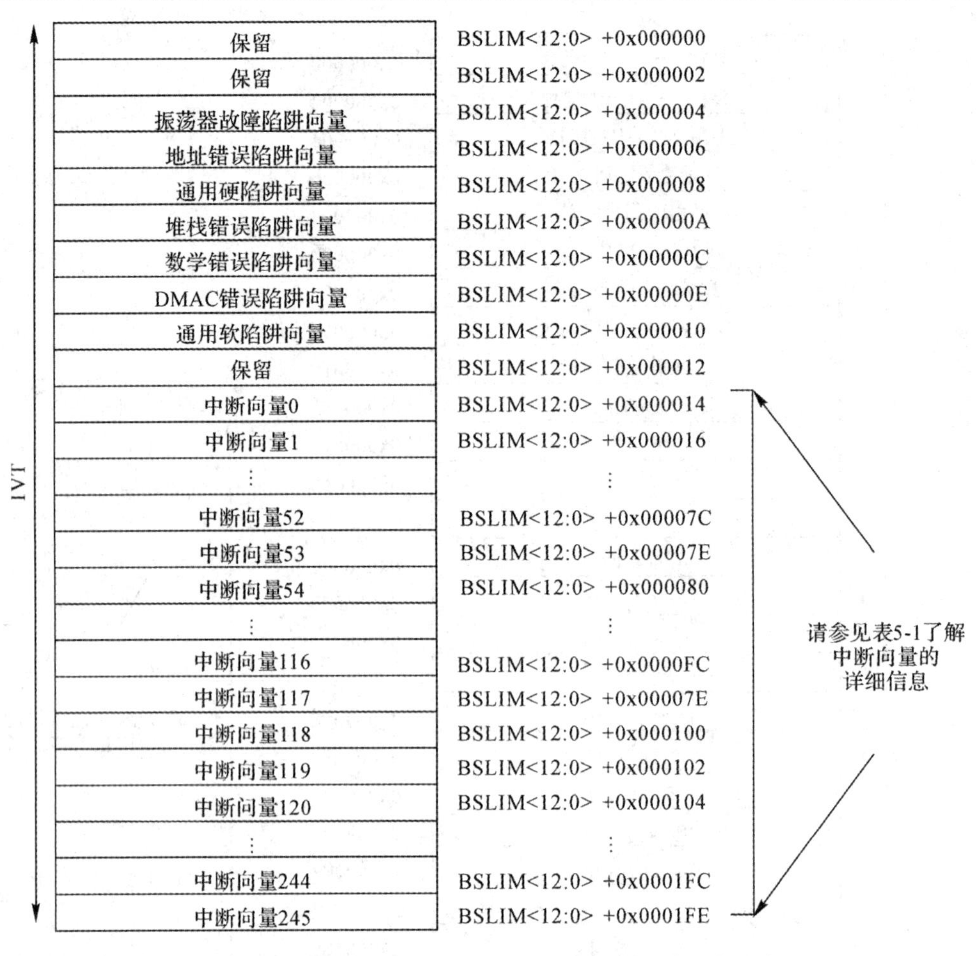

图 5-2　dsPIC33EVXXXGM00X/10X 系列备用中断向量表

表 5-1　中断向量详细信息

中断源	向量编号	中断请求(IRQ)编号	IVT 地址	中断位的位置		
				标志	使能	优先级
最高自然顺序优先级						
外部中断 0(INT0)	8	0	0x000014	IFS0<0>	IEC0<0>	IPC0<2:0>
输入捕捉 1(IC1)	9	1	0x000016	IFS0<1>	IEC0<1>	IPC0<6:4>
输出比较 1(OC1)	10	2	0x000018	IFS0<2>	IEC0<2>	IPC0<10:8>
Timer1(T1)	11	3	0x00001A	IFS0<3>	IEC0<3>	IPC0<14:12>
DMA 通道 0(DMA0)	12	4	0x00001C	IFS0<4>	IEC0<4>	IPC1<2:0>
输入捕捉 2(IC2)	13	5	0x00001E	IFS0<5>	IEC0<5>	IPC1<6:4>
输出比较 2(OC2)	14	6	0x000020	IFS0<6>	IEC0<6>	IPC1<10:8>
Timer2(T2)	15	7	0x000022	IFS0<7>	IEC0<7>	IPC1<14:12>
Timer3(T3)	16	8	0x000024	IFS0<8>	IEC0<8>	IPC2<2:0>

续表一

中断源	向量编号	中断请求(IRQ)编号	IVT 地址	中断位的位置		
				标志	使能	优先级
SPI1 错误(SPI1E)	17	9	0x000026	IFS0<9>	IEC0<9>	IPC2<6:4>
SPI1 传输完成(SPI1)	18	10	0x000028	IFS0<10>	IEC0<10>	IPC2<10:8>
UART1 接收器(U1RX)	19	11	0x00002A	IFS0<11>	IEC0<11>	IPC2<14:12>
UART1 发送器(U1TX)	20	12	0x00002C	IFS0<12>	IEC0<12>	IPC3<2:0>
ADC1 转换完成(AD1)	21	13	0x00002E	IFS0<13>	IEC0<13>	IPC3<6:4>
DMA 通道 1(DMA1)	22	14	0x000030	IFS0<14>	IEC0<14>	IPC3<10:8>
NVM 写操作完成(NVM)	23	15	0x000032	IFS0<15>	IEC0<15>	IPC3<14:12>
I^{2}C1 从事件(SI2C1)	24	16	0x000034	IFS1<0>	IEC1<0>	IPC4<2:0>
I^{2}C1 主事件(MI2C1)	25	17	0x000036	IFS1<1>	IEC1<1>	IPC4<6:4>
比较器组合事件(CMP1)	26	18	0x000038	IFS1<2>	IEC1<2>	IPC4<10:8>
输入电平变化中断(CN)	27	19	0x00003A	IFS1<3>	IEC1<3>	IPC4<14:12>
外部中断 1(INT1)	28	20	0x00003C	IFS1<4>	IEC1<4>	IPC5<2:0>
DMA 通道 2(DMA2)	32	24	0x000044	IFS1<8>	IEC1<8>	IPC6<2:0>
输出比较 3(OC3)	33	25	0x000046	IFS1<9>	IEC1<9>	IPC6<6:4>
输出比较 4(OC4)	34	26	0x000048	IFS1<10>	IEC1<10>	IPC6<10:8>
Timer4(T4)	35	27	0x00004A	IFS1<11>	IEC1<11>	IPC6<14:12>
Timer5(T5)	36	28	0x00004C	IFS1<12>	IEC1<12>	IPC7<2:0>
外部中断 2(INT2)	37	29	0x00004E	IFS1<13>	IEC1<13>	IPC7<6:4>
UART2 接收器(U2RX)	38	30	0x000050	IFS1<14>	IEC1<14>	IPC7<10:8>
UART2 发送器(U2TX)	39	31	0x000052	IFS1<15>	IEC1<15>	IPC7<14:12>
SPI2 错误(SPI2E)	40	32	0x000054	IFS2<0>	IEC2<0>	IPC8<2:0>
SPI2 传输完成(SPI2)	41	33	0x000056	IFS2<1>	IEC2<1>	IPC8<6:4>
CAN1 接收数据就绪(C1RX)	42	34	0x000058	IFS2<2>	IEC2<2>	IPC8<10:8>
CAN1 事件(C1)	43	35	0x00005A	IFS2<3>	IEC2<3>	IPC8<14:12>
DMA 通道 3(DMA3)	44	36	0x00005C	IFS2<4>	IEC2<4>	IPC9<2:0>
输入捕捉 3(IC3)	45	37	0x00005E	IFS2<5>	IEC2<5>	IPC9<6:4>
输入捕捉 4(IC4)	46	38	0x000060	IFS2<6>	IEC2<6>	IPC9<10:8>
保留	54	46	0x000070	—	—	—
PWM 特殊事件匹配中断(PSEM)	65	57	0x000086	IFS3<9>	IEC3<9>	IPC14<6:4>
保留	69	61	0x00008E	—	—	—

续表二

中断源	向量编号	中断请求(IRQ)编号	IVT 地址	中断位的位置		
				标志	使能	优先级
保留	71～72	63～64	0x000092～0x000094	—	—	—
UART1 错误中断(U1E)	73	65	0x000096	IFS4<1>	IEC4<1>	IPC16<6:4>
UART2 错误中断(U2E)	74	66	0x000098	IFS4<2>	IEC4<2>	IPC16<10:8>
保留	76～77	68～69	0x00009C～0x00009E	—	—	—
CAN1 发送数据请求(C1TX)	78	70	0x0000A0	IFS4<6>	IEC4<6>	IPC17<10:8>
保留	80	72	0x0000A4	—	—	—
保留	82	74	0x0000A8	—	—	—
保留	84	76	0x0000AC	—	—	—
CTMU 中断(CTMU)	85	77	0x0000AE	IFS4<13>	IEC4<13>	IPC19<6:4>
保留	86～88	78～80	0x0000B0～0x0000B4	—	—	—
保留	92～94	84～86	0x0000BC～0x0000C0	—	—	—
保留	100～101	92～93	0x0000CC～0x0000CE	—	—	—
PWM 发生器 1(PWM1)	102	94	0x0000D0	IFS5<14>	IEC5<14>	IPC23<10:8>
PWM 发生器 2(PWM2)	103	95	0x0000D2	IFS5<15>	IEC5<15>	IPC23<14:12>
PWM 发生器 3(PWM3)	104	96	0x0000D4	IFS6<0>	IEC6<0>	IPC24<2:0>
保留	108～149	100～141	0x0000DC～0x00012E	—	—	—
ICD 应用(ICD)	150	142	0x000142	IFS8<14>	IEC8<14>	IPC35<10:8>
保留	152	144	0x000134	—	—	—
总线冲突(I^{2}C1)	—	173	0x00016E	IFS10<13>	IEC10<13>	IPC43<4:6>
SENT1 错误(SENT1ERR)	—	182	0x000180	IFS11<6>	IEC11<6>	IPC45<10:8>
SENT1 发送/接收(SENT1)	—	183	0x000182	IFS11<7>	IEC11<7>	IPC45<14:12>
SENT2 错误(SENT2ERR)	—	184	0x000184	IFS11<8>	IEC11<8>	IPC46<2:0>
SENT2 发送/接收(SENT2)	—	185	0x000186	IFS11<9>	IEC11<9>	IPC46<6:4>
ECC 单个位错误(ECCSBE)	—	186	0x000188	IFS11<10>	IEC11<10>	IPC45<10:8>
保留	159～245	187～245	0x000142～0x0001FE	—	—	—
最低自然顺序优先级						

5.1.3　复位过程及CPU优先级状态

1. 复位过程

器件复位不是真正的异常，因为复位过程中并不涉及中断控制器。复位时dsPIC33EV系列器件通过清零寄存器来强制程序计数器(PC)为零，然后处理器从地址0x000000处开始执行程序。用户应用程序可以在复位地址处编程一条GOTO指令，将程序执行重定向到相应的启动程序。对于具有附属闪存的器件上，可选择将复位地址设置到附属闪存中。

2. CPU优先级状态

CPU共分为16个优先级(0～15)，只有中断或陷阱源的优先级大于当前的CPU优先级时，才会启动异常处理。外设和外部中断源可以编程为优先级1～7，CPU优先级8～15保留给陷阱源。陷阱是不可屏蔽的中断源，可以用来检测硬件和软件问题。陷阱源的优先级是固定的，一个优先级只可分配给一个陷阱。中断源的优先级不能为0，因为它的优先级永远不会大于CPU的优先级。以下状态位用于指示当前的CPU优先级：

(1) CPU状态寄存器中的CPU中断优先级(Interrupt Priority Level, IPL)状态位IPL<2:0>(SR<7:5>)。

(2) 内核控制寄存器中的CPU中断优先级状态位3(IPL3)(CORCON<3>)。

(3) IPL<2:0>状态位是可读写的，因此用户应用程序可以修改这些位以禁止所有优先级低于给定优先级的中断源。例如，如果IPL<2:0> = 011，则CPU就不会被任何优先级编程为1、2或3的中断源中断。

陷阱事件的优先级高于所有中断源，当IPL3位被置1时，表示正在处理陷阱事件，用户应用程序可以清零IPL3位，但不能将其置1。在某些应用中，需要在发生陷阱时将IPL3位清零，并跳转到另外一条指令，而不是按原本的顺序进行。通过设置IPL<2:0> = 111可禁止所有用户中断源。

5.1.4　中断优先级

每个外设中断源可分配从1(最低优先级)到7(最高优先级)共7个优先级，中断的优先级控制位是IPCx寄存器的每个半字节的低3位。每个半字节的bit 3不使用且读为0，这些位定义了特定中断的优先级。如果所有与中断源相关的IPCx位都被清零，则该中断源被禁止。

一个特定的优先级可被多个中断请求源使用，为解决分配优先级的冲突，每个中断源都有一个自然顺序优先级，这由其在IVT/AIVT中的位置所决定。中断向量的编号越低，其自然优先级越高；而向量的编号越高，其自然优先级越低。任何待处理的中断源的总优先级首先取决于该中断源在IPCx寄存器中的用户分配优先级，然后由IVT/AIVT中的自然顺序优先级决定。此外，自然顺序优先级仅用于解决具有相同用户分配优先级而同时等待处理的中断之间的冲突。解决了优先级冲突之后，异常处理过程就开始了，此时CPU

只能被具有更高用户分配优先级的中断源中断，且在 CPU 进入中断后才等待处理。如果与当前正在处理的中断具有相同的用户分配优先级，即使具有较高的自然顺序优先级，也将保持待处理状态直到当前的中断过程结束。

5.2　中断控制和状态寄存器

dsPIC33EV 系列器件实现了以下用于中断控制器的寄存器：INTCON1～INTCON4、IFSx、IECx、IPCx 和 INTTREG。

INTCON1～INTCON4 寄存器具有全局中断控制功能。其中，INTCON1 寄存器包含中断嵌套禁止位(NSTDIS)以及处理器陷阱源的控制和状态标志；INTCON2 寄存器控制外部中断请求信号行为，还包含全局中断允许位(GIE)；INTCON3 寄存器包含程序监控定时器(Deadman Timer, DMT)、直接存储器访问(DMA)和 DO 堆栈溢出状态陷阱源的状态标志；INTCON4 寄存器包含闪存纠错码(ECC)双位错误(ECCDBE)和软件生成的硬陷阱(SGHT)状态位。

IFSx 寄存器用于维护所有中断请求标志，每个中断源都具有一个中断标志状态位，该状态位由相应的外设中断或外部中断信号置 1，通过软件进行清零；IECx 寄存器用于维护所有中断允许位，这些控制位用于单独允许外设中断或外部中断信号；IPCx 寄存器用于设置每个中断源的 IPL，可以为每个用户中断源分配 8 个优先级之一；INTTREG 寄存器包含相关的中断向量编号和新的 CPU 中断优先级，分别锁存在 INTTREG 寄存器中的向量编号(VECNUM<7:0>)和中断优先级(ILR<3:0>)位域中，新的中断优先级是待处理中断的优先级。中断源按表 5-1 中的顺序分配给 IFSx、IECx 和 IPCx 寄存器。例如，INT0(外部中断 0)向量编号为 8、自然顺序优先级为 0。所以 INT0IF 位在 IFS0<0>中，INT0IE 位在 IEC0<0>中，INT0IP 位在 IPC0 的第一个位置(IPC0<2:0>)中。

中断状态和控制寄存器介绍如下：

本节共介绍了 11 个中断寄存器，其中包括 2 个 CPU 控制寄存器，尽管它们不是中断控制硬件的特定组成部分，但仍包含控制中断功能的位，如 CPU 状态寄存器和 CORCON 寄存器。

1. SR(CPU 状态寄存器)

SR 包含 IPL<2:0>位(SR<7:5>)，这些位指示当前 CPU 中断优先级，用户软件可以通过写 IPLx 位来更改当前 CPU 中断优先级。寄存器的具体信息参见表 3-3。

2. CORCON(内核控制寄存器)

CORCON 包含 IPL3 位，这个位与 IPL<2:0>位一起指示当前 CPU 中断优先级。IPL3 是只读位，所以用户软件不能屏蔽陷阱事件。寄存器的具体信息参见表 3-4。

3. INTCON1(中断控制寄存器 1)

INTCON1 的具体内容如表 5-2 所示。

表5-2　INTCON1——中断控制寄存器1

R/W-0	R/W-0	R/W-0	R/W-0	R/W-0	R/W-0	R/W-0	R/W-0
NSTDIS	OVAERR	OVBERR	COVAERR	COVBERR	OVATE	OVBTE	COVTE
bit 15							bit 8
R/W-0	R-0，HC	R/W-0	R/W-0	R/W-0	R/W-0	R/W-0	U-0
SFTACERR	DIV0ERR	DMACERR	MATHERR	ADDRERR	STKERR	OSCFAIL	—
bit 7							bit 0

bit 15——NSTDIS：中断嵌套禁止位。

1＝禁止中断嵌套；0＝使能中断嵌套。

bit 14——OVAERR：累加器A溢出陷阱标志位。

1＝陷阱由累加器A溢出引起；0＝陷阱不是由累加器A溢出引起。

bit 13——OVBERR：累加器B溢出陷阱标志位。

1＝陷阱由累加器B溢出引起；0＝陷阱不是由累加器B溢出引起。

bit 12——COVAERR：累加器A灾难性溢出陷阱标志位。

1＝陷阱由累加器A灾难性溢出引起；0＝陷阱不是由累加器A灾难性溢出引起。

bit 11——COVBERR：累加器B灾难性溢出陷阱标志位。

1＝陷阱由累加器B灾难性溢出引起；0＝陷阱不是由累加器B灾难性溢出引起。

bit 10——OVATE：累加器A溢出陷阱允许位。

1＝允许累加器A溢出陷阱；0＝禁止陷阱。

bit 9——OVBTE：累加器B溢出陷阱允许位。

1＝允许累加器B溢出陷阱；0＝禁止陷阱。

bit 8——COVTE：灾难性溢出陷阱允许位。

1＝允许累加器A或B的灾难性溢出陷阱；0＝禁止陷阱。

bit 7——SFTACERR：累加器移位错误状态位。

1＝数学错误陷阱由非法累加器移位引起；0＝数学错误陷阱不是由非法累加器移位引起。

bit 6——DIV0ERR：被零除错误状态位。

1＝数学错误陷阱由被零除引起；0＝数学错误陷阱不是由被零除引起。

bit 5——DMACERR：DMAC陷阱标志位。

1＝发生了DMAC陷阱；0＝未发生DMAC陷阱。

bit 4——MATHERR：数学错误状态位。

1＝发生了数学错误陷阱；0＝未发生数学错误陷阱。

bit 3——ADDRERR：地址错误陷阱状态位。

1＝发生了地址错误陷阱；0＝未发生地址错误陷阱。

bit 2——STKERR：堆栈错误陷阱状态位。

1＝发生了堆栈错误陷阱；0＝未发生堆栈错误陷阱。

bit 1——OSCFAIL：振荡器故障陷阱状态位。

1＝发生了振荡器故障陷阱；0＝未发生振荡器故障陷阱。

bit 0——未实现：读为 0。

4. INTCON2(中断控制寄存器 2)

INTCON2 的具体内容如表 5-3 所示。

表 5-3　INTCON2——中断控制寄存器 2

R/W-1	R/W-0	R/W-0	U-0	U-0	U-0	U-0	R/W-0
GIE	DISI	SWTRAP	—	—	—	—	AIVTEN
bit 15							bit 8
U-0	U-0	U-0	U-0	U-0	R/W-0	R/W-0	R/W-0
—	—	—	—	—	INT2EP	INT1EP	INT0EP
bit 7							bit 0

bit 15——GIE：全局中断允许位。

1＝允许中断并将相关的 IECx 位置 1；0＝禁止中断，但仍然允许陷阱。

bit 14——DISI：DISI 指令状态位。

1＝DISI 指令有效；0＝DISI 指令无效。

bit 13——SWTRAP：软件陷阱状态位。

1＝允许软件陷阱；0＝禁止软件陷阱。

bit 12～bit 9——未实现：读为 0。

bit 8——AIVTEN：备用中断向量表使能位。

1＝使能 AIVT；0＝禁止 AIVT。

bit 7～bit 3——未实现：读为 0。

bit 2——INT2EP：外部中断 2 边沿检测极性选择位。

1＝下降沿中断；0＝上升沿中断。

bit 1——INT1EP：外部中断 1 边沿检测极性选择位。

1＝下降沿中断；0＝上升沿中断。

bit 0——INT0EP：外部中断 0 边沿检测极性选择位。

1＝下降沿中断；0＝上升沿中断。

5. INTCON3(中断控制寄存器 3)

INTCON3 的具体内容如表 5-4 所示。

表 5-4　INTCON3——中断控制寄存器 3

R/W-0	U-0	U-0	U-0	U-0	U-0	U-0	U-0
DMT	—	—	—	—	—	—	—
bit 15							bit 8
U-0	U-0	R/W-0	R/W-0	U-0	U-0	U-0	U-0
—	—	DAE	DOOVR	—	—	—	—
bit 7							bit 0

bit 15——DMT：程序监控定时器(软)陷阱状态位。

　　1＝发生了程序监控定时器陷阱；0＝未发生程序监控定时器陷阱。

bit 14～bit 6——未实现：读为 0。

bit 5——DAE：DMA 地址错误软陷阱状态位。

　　1＝发生了 DMA 地址错误软陷阱；0＝未发生 DMA 地址错误软陷阱。

bit 4——DOOVR：DO 堆栈溢出软陷阱状态位。

　　1＝发生了 DO 堆栈溢出软陷阱；0＝未发生 DO 堆栈溢出软陷阱。

bit 3～bit 0——未实现：读为 0。

6. INTCON4(中断控制寄存器 4)

INTCON4 的 bit 15～bit 2 均未实现，bit 1 为 ECC 双位错误陷阱位 ECCDBE。当 ECCDBE 为 1 时表示发生了 ECC 双位错误陷阱，当 ECCDBE 为 0 时表示未发生 ECC 双位错误陷阱。bit 0 为软件生成的硬陷阱状态位 SGHT：当 SGHT 为 1 时，表示发生了软件生成的硬陷阱；当 SGHT 为 0 时，表示未发生软件生成的硬陷阱。

7. IFSx(中断标志状态寄存器)

IFSx 所有位(bit 15～bit 0)均为中断标志状态位 IFS：当 IFS 等于 1 时表示产生了中断请求，当 IFS 等于 0 时，表示未产生中断请求。

8. IECx(中断允许控制寄存器)

IECx 所有位(bit 15～bit 0)均为中断允许控制位 IES：当 IES 等于 1 时表示允许中断请求，当 IES 等于 0 时表示禁止中断请求。

9. IPCx(中断优先级控制寄存器)

IPCx 用于选择中断优先级，具体内容如表 5-5 所示。

表 5-5　IPCx——中断优先级控制寄存器

U-0	R/W-1	R/W-0	R/W-0	U-0	R/W-1	R/W-0	R/W-0
—	IP3<2:0>			—	IP2<2:0>		
bit 15							bit 8

U-0	R/W-1	R/W-0	R/W-0	U-0	R/W-1	R/W-0	R/W-0
—	IP1<2:0>			—	IP0<2:0>		
bit 7							bit0

bit 15——未实现：读为 0。

bit 14～bit 12——IP3<2:0>：中断优先级位。

　　111～001 分别表示中断优先级 7～1；000 表示禁止中断源。

bit 11——未实现：读为 0。

bit 10～bit 8——IP2<2:0>：中断优先级位。

　　这些位的定义与 bit 14～bit 12 相同。

bit 7——未实现：读为 0。

bit 6～bit 4——IP1<2:0>：中断优先级位。

这些位的定义与 bit 14～bit 12 相同。

bit 3——未实现：读为 0。

bit 2～bit 0——IP0<2:0>：中断优先级位。

这些位的定义与 bit 14～bit 12 相同。

10. INTTREG(中断控制和状态寄存器)

INTTREG 用于选择 CPU 中断优先级和中断向量编号，具体内容如表 5-6 所示。

表 5-6　INTTREG——中断控制和状态寄存器

U-0	U-0	U-0	U-0	R-0	R-0	R-0	R-0
—	—	—	—	ILR<3:0>			
bit 15							bit 8
R-0	R-0	R-0	R-0	R-0	R-0	R-0	R-0
VECNUM<7:0>							
bit 7							bit 0

bit 15～bit 12——未实现：读为 0。

bit 11～bit 8——ILR<3:0>：新的 CPU 中断优先级位。

1111～0000 分别表示 CPU 中断优先级 15～0，其中 1111 表示 CPU 中断优先级为 15, 0000 表示中断优先级为 0。

bit 7～bit 0——VECNUM<7:0>：待处理中断向量编号位。

11111111＝255，保留，不要使用；00001001＝9，输入捕捉 1(IC1)；00001000＝8，外部中断 0(INT0)；00000111＝7，保留，不要使用；00000110＝6，通用软错误陷阱；00000101＝5，DMAC 错误陷阱；00000100＝4，数学错误陷阱；00000011＝3，堆栈错误陷阱；00000010＝2，通用硬陷阱；00000001＝1，地址错误陷阱；00000000＝0，振荡器故障陷阱。

11. FALTREG(备用工作寄存器组优先级寄存器)

FALTREG 用于指定备用工作寄存器组 IPL 的位，具体内容如表 5-7 所示。

表 5-7　FALTREG——备用工作寄存器组优先级寄存器

U-1	U-1	U-1	U-1	U-1	U-1	U-1	U-1
—	—	—	—	—	—	—	—
bit 15							bit 8
U-1	R/W-1	R/W-1	R/W-1	U-1	R/W-1	R/W-1	R/W-1
—	CTXT2<2:0>			—	CTXT1<2:0>		
bit 7							bit 0

bit 15～bit 7——未实现：读为 1。

bit 6～bit 4——CTXT2<2:0>：指定备用工作寄存器组 2 的 IPL 的位。

111＝未使用；110＝优先级 7；101＝优先级 6；100＝优先级 5；011＝优先级 4；010＝优先级 3；001＝优先级 2；000＝优先级 1。

bit 3——未实现：读为 1。

bit 2～bit 0——CTXT1<2:0>：指定备用工作寄存器组 1 的 IPL 的位。

111＝未使用；110＝优先级 7；101＝优先级 6；100＝优先级 5；011＝优先级 4；010＝优先级 3；001＝优先级 2；000＝优先级 1。

5.3 不可屏蔽的陷阱

陷阱是不可屏蔽的可嵌套中断，遵循固定的优先级结构。陷阱为纠正调试和运行应用程序时的错误操作提供了方法。如果用户应用程序不打算纠正陷阱错误条件，则必须在这些陷阱向量中装入使器件复位的程序地址。否则，陷阱向量就会被编程为纠正陷阱条件的服务程序的地址。

dsPIC33EV 系列器件中实现了振荡器故障陷阱、堆栈错误陷阱、地址错误陷阱、数学错误陷阱、DMAC 错误陷阱、通用硬陷阱和通用软陷阱等七种不可屏蔽陷阱源。因为许多陷阱条件允许引起陷阱的指令在异常处理开始前执行完毕，因此用户应用程序必须纠正导致陷阱的指令的操作。每个陷阱源具有固定的优先级，由其在 IVT/AIVT 中的位置定义。振荡器故障陷阱具有最高优先级，而 DMA 控制器错误陷阱具有最低优先级。此外，陷阱源被分为软陷阱和硬陷阱两种不同的类别，下面进行详细介绍。

5.3.1 软陷阱

DMAC 错误陷阱(优先级 10)、数学错误陷阱(优先级 11)和堆栈错误陷阱(优先级 12)都被归类为软陷阱源。软陷阱可视为不可屏蔽的中断源，遵循由其在 IVT/AIVT 中位置指定的优先级。软陷阱的处理过程和中断类似，在异常处理之前需要两个周期对其进行采样和响应。因此，在软陷阱被响应之前可以执行一些其他指令。

1. 堆栈错误陷阱(软陷阱，优先级 12)

复位时堆栈被初始化为 0x1000。如果堆栈指针地址小于 0x1000，就会产生堆栈错误陷阱。与堆栈指针相关的堆栈限制(SPLIM)寄存器在复位时不会被初始化，且在将一个字写入 SPLIM 寄存器之前，不使能堆栈溢出检查。

将使用 W15 作为源指针或目标指针生成的所有有效地址(EA)与 SPLIM 寄存器中的值进行比较。如果有效地址大于 SPLIM 寄存器中的内容，将产生堆栈错误陷阱。此外，如果有效地址计算值超过了数据空间的结束地址(0xFFFF)，也会产生堆栈错误陷阱。可通过查询 INTCON1 寄存器中的堆栈错误陷阱状态位(STKERR)，用软件检测堆栈错误。如果不用软件清零 STKERR 状态标志，就会再次进入陷阱服务程序(Trap Service Routine, TSR)。

2. 数学错误陷阱(软陷阱，优先级 11)

以下任一事件都会产生数学错误陷阱：累加器 A 溢出、累加器 B 溢出、灾难性累加器溢出、被零除、移位累加器(SFTAC)操作超过 ±16 位。

(1) INTCON1 寄存器中的累加器 A 溢出陷阱允许位(OVATE)用于允许累加器 A 溢出事件陷阱。

(2) INTCON1 寄存器中的累加器 B 溢出陷阱允许位(OVBTE)用于允许累加器 B 溢出事件陷。

(3) INTCON1 寄存器中的灾难性溢出陷阱允许位(COVTE)用于允许任一累加器的灾难性溢出陷阱。当检测到此陷阱时，INTCON1 寄存器中的相应错误标志位就会被置 1：

- 累加器 A 溢出陷阱标志位(OVAERR)；
- 累加器 B 溢出陷阱标志位(OVBERR)；
- 累加器 A 灾难性溢出陷阱标志位(COVAERR)；
- 累加器 B 灾难性溢出陷阱标志位(COVBERR)。

累加器 A 或累加器 B 溢出事件定义为从 bit 31 进位。需要说明的是，如果使能了累加器的 31 位饱和模式，就不会发生累加器溢出。灾难性累加器溢出定义为从任一累加器的 bit 39 进位。如果使能了累加器饱和(31 位或 39 位)，就不会发生灾难性溢出。

此外还需要注意：

(1) 不能禁止被零除陷阱，在执行除法指令的 REPEAT 循环的第一次迭代中执行被零除检查，当检测到此陷阱时，INTCON1 寄存器中被零除的错误状态位(DIV0ERR)被置 1；

(2) 不能禁止累加器移位陷阱，SFTAC 指令可用于将累加器移位一个立即数值或某个 W 寄存器中的值。如果移位值超过 ±16 位，将产生算术错误陷阱，并且 INTCON1 寄存器中的累加器移位错误状态位(SFTACERR)被置 1。SFTAC 指令仍会执行，但移位的结果不会被写入目标累加器。

可通过查询 INTCON1 寄存器中的数学错误状态位(MATHERR)，用软件检测数学错误陷阱。如要避免再次进入陷阱服务程序，必须用软件清零 MATHERR 状态标志。在将 MATHERR 状态位清零之前，所有导致产生陷阱的条件也必须被清除。如果陷阱是由于累加器溢出产生的，SR 寄存器中的累加器溢出位(OA 和 OB)也必须被清零。

3. DMAC 错误陷阱(软陷阱，优先级 10)

RAM 写冲突和 DMA 就绪外设 RAM 写冲突会产生直接存储器访问(DMAC)错误陷阱。写冲突错误对于系统完整性是相当严重的威胁，必定会发生不可屏蔽的 CPU 陷阱事件。如果 CPU 和 DMA 通道都试图写入目标地址，则 CPU 优先，DMA 写操作被忽略。在这种情况下，将产生 DMAC 错误陷阱，并将 INTCON1 寄存器中的 DMAC 错误陷阱状态位(DMACERR)置 1。

4. 通用软陷阱(优先级 13)

当 INTCON3 寄存器中的任意位置 1 时，将会产生通用软陷阱。INTCON3 寄存器中的每一个位均分配一个特定的陷阱错误条件。

5. DMA 地址错误软陷阱(DAE)

DMA 控制器在外设数据寄存器和数据空间 SRAM 之间传送数据。如果 DMA 模块尝试访问未实现的存储器地址，则器件会发出 DMA 地址错误软陷阱，并且 DAE 位将会置 1。

6. DO 堆栈溢出软陷阱(DOOVR)

硬件中最多可以执行和嵌套 4 层 DO 循环。CORCON 寄存器中的 DO 级别位(DL<2:0>)可以指示 DO 嵌套级别，并用于对 DO 堆栈进行寻址。这些位针对所有嵌套 DO 循环自动进行更新。例如，DO 级别为 0(DL<2:0> = 000)表示不存在 DO 循环嵌套(即无须保护 DO 状态)；DO 级别为 4(DL<2:0> = 100)表示之前有 4 个 DO 循环正在进行且发生嵌套，此时如果用户尝试在 DO 堆栈已满(DL<2:0> = 100，或已有 4 个 DO 循环正在进行中)时嵌套一个 DO 循环，则器件会发出 DO 堆栈溢出软陷阱(DOOVR = 1)。导致陷阱的 DO 指令不会改变指令执行之前的任何 DO 状态，也不会修改 DO 堆栈。用户可以选择尝试故障恢复、中止任务或仅仅是复位器件。

5.3.2　硬陷阱

硬陷阱包括中断优先级为 13 到 15 的异常(含优先级 13 和优先级 15)。地址错误(优先级 14)和振荡器错误(优先级 15)陷阱都属于此类。和软陷阱一样，硬陷阱也是不可屏蔽的中断源。硬陷阱和软陷阱之间的区别在于引起陷阱的指令执行完之后，硬陷阱会强制 CPU 停止代码执行。在陷阱被响应和处理完之前，正常程序执行流不会恢复。

1. 陷阱优先级和硬陷阱冲突

如果在处理一个优先级较低的陷阱时发生优先级较高的陷阱，低优先级陷阱的处理会暂停，高优先级陷阱将被响应并处理。在高优先级陷阱处理完成之前，低优先级陷阱将保持在等待处理状态。在能够继续进行任何类型的代码之前，发生的每个硬陷阱均必须先被响应。如果优先级较高的陷阱处于待处理、响应或正在处理的过程中发生了较低优先级的硬陷阱，就会产生硬陷阱冲突，这是因为在较高优先级的陷阱处理完成之前不能响应较低优先级的陷阱。在硬陷阱冲突条件下，器件会自动复位，此时复位控制寄存器中的陷阱复位标志状态位(TRAPR)(RCON<15>)会被置 1，进而可以用软件检测冲突条件。

2. 振荡器故障陷阱

可能会产生振荡器故障陷阱事件的原因包括以下几项：

(1) 故障保护时钟监视器(Fail-Safe Clock Monitor, FSCM)被使能并检测到系统时钟源丢失。

(2) 在使用 PLL 的正常工作期间检测到 PLL 失锁。

(3) FSCM 被使能且 PLL 在上电复位(POR)时锁定失败。

(4) 可通过查询 INTCON1 寄存器中的振荡器故障陷阱状态位(OSCFAIL)或 OSCCON 寄存器中的时钟故障位(CF)，用软件检测振荡器故障陷阱事件。要避免再次进入陷阱服务程序，就必须用软件清零 OSCFAIL 状态标志。

3. 地址错误陷阱(硬陷阱优先级 14)

以下工作情形会产生地址错误陷阱：

(1) 试图取不对齐的数据字。当一条指令执行了有效地址的 LSB 被设置为“1”的字访问时，会发生这种情况。dsPIC33EV CPU 要求所有字访问时与偶数地址边界对齐。

(2) 一条位操作指令使用有效地址的 LSB 被置为 1 的间接寻址模式。

(3) 试图从未实现的数据地址空间取数据。

(4) 执行 BRA # literal 指令或 GOTO # literal 指令，其中 literal 是未实现的程序存储器地址。

(5) 在 dsr/dsw 页为 0 时，尝试使用分页寻址方式来读写数据。

(6) 修改 PC 使其指向未实现的程序存储器地址后，执行指令。通过将值装入堆栈并执行 RETURN 指令可修改 PC。

当发生地址错误陷阱时，数据空间写操作被禁止，这样数据就不会被破坏。可通过查询 ADDRERR 状态位(INTCON1<3>)，用软件检测地址错误。要避免再次进入陷阱服务程序，必须用软件清零 ADDRERR 状态标志。

4. 通用硬陷阱

发生 INTCON2 寄存器中的 SWTRAP 位置 1 和 INTCON4 寄存器中的任意位置 1 时，将会产生通用硬陷阱。

5.3.3　禁止中断指令

DISI(禁止中断)指令能够将中断禁止长达 16 384 个指令周期。当执行时间要求严格的代码段时，该指令非常有用。值得注意的是，DISI 指令只禁止优先级为 1～6 的中断。当 DISI 指令有效时，优先级为 7 的中断和所有陷阱事件仍然可以中断 CPU。DISI 指令可与 CPU 中的禁止中断计数(DISICNT)寄存器配合工作，当 DISICNT 寄存器非零时，优先级为 1-6 的中断被禁止，DISICNT 寄存器在每个后续的指令周期中递减。当 DISICNT 寄存器递减计数到零时，优先级为 1～6 的中断被重新允许。其中，DISI 指令中指定的值包括由于程序空间可视性(PSV)访问和指令停顿等所花费的所有周期。

此外，DISICNT 寄存器是可读写的。用户应用程序可通过清零 DISICNT 寄存器提前终止前一条 DISI 指令的影响，也可以通过写入 DISICNT 寄存器或向其加一个值来延长中断被禁止的时间。如果 DISICNT 寄存器为零，仅仅向该寄存器写入一个非零值并不能禁止中断，必须首先使用 DISI 指令禁止中断。在执行了 DISI 指令后且 DISICNT 保存非零值，应用程序即可通过修改 DISICNT 寄存器的内容来延长中断禁止时间。每当由于执行 DISI 指令使中断被禁止，INTCON2 寄存器中的 DISI 指令状态位(DISI)就会被置 1。

全局中断允许位(GIE)用于全局允许或禁止所有中断。当 GIE 位清零时，它会导致中断控制器的行为与 CPU 的 IPLx 位设置为 7 时相同，并禁止除陷阱之外的所有中断。当 GIE 位再次置 1 时，中断控制器会基于 IPL 值工作，并且系统将根据先前的中断优先级位设置恢复为先前的工作状态。

5.3.4　中断操作

在每个指令周期，CPU 都会对所有中断事件标志进行采样。其中，IFSx 寄存器中的某个标志位等于 1 表示有等待处理的中断请求(Interrupt Request, IRQ)；这时如果中断允许控制(IECx)寄存器中的相应位被置 1，IRQ 将会导致产生中断。而在对 IRQ 采样的指令周期的剩余时间中，CPU 将评估所有待处理的中断请求的优先级。当 CPU 响应 IRQ 时，指令不会被中止；当采样 IRQ 时，正在执行的指令将会继续执行完毕，然后才会执行 ISR。

如果待处理 IRQ 的用户分配优先级大于 IPL<2:0>状态位(SR<7:5>)指示的当前处理器优先级，系统会将中断请求送到处理器。然后处理器将当前的 PC 值、处理器状态寄存器的低字节(SRL)、IPL3 状态位(CORCON<3>)、SFA 位(CORCON<2>)保存到软件堆栈中，如图 5-3 所示。

这三个值允许自动保存返回 PC 地址值、微控制器(MCU)状态位和当前的处理器优先级。

在以上信息被保存到堆栈之后，CPU 将待处理中断的优先级写入 IPL<2:0>位。该操作将禁止所有优先级小于或等于此优先级的中断，直到使用 RETFIE 指令终止 ISR。

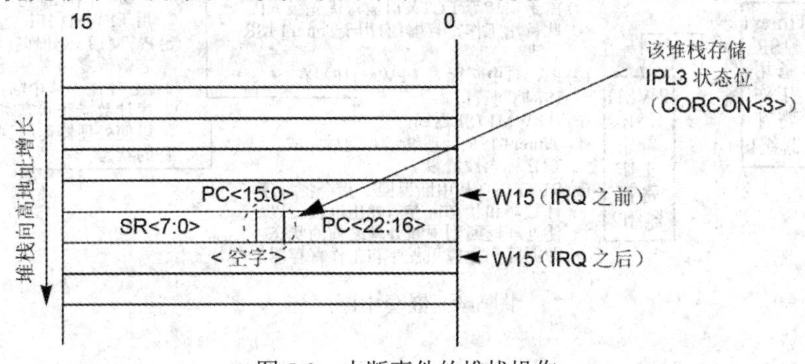

图 5-3　中断事件的堆栈操作

1. 从中断返回

RETFIE(从中断返回)指令将 PC 返回地址、IPL3 状态位、SFA 位和 SRL 寄存器弹出堆栈，以使处理器返回到中断处理过程之前的状态和优先级。

2. 中断嵌套

在默认情况下，中断是可嵌套的。任何正在执行的 ISR 都可以被另一个具有更高用户分配优先级的中断源中断。将 INTCON1 寄存器中的中断嵌套禁止位(NSTDIS)置 1 可以禁止中断嵌套。当 NSTDIS 控制位被置 1 时，所有正在处理的中断都会通过设置 IPL<2:0> = 111 强制 CPU 优先级为 7。该操作实际上会屏蔽所有其他中断源，直到执行 RETFIE 指令。

当禁止中断嵌套时，用户分配 IPL 无效，除非是为了解决同时等待处理的中断之间的冲突。此时，IPL<2:0>位(SR<7:5>)变为只读位，以防止用户应用程序将 IPL<2:0>设置为一个较低的值(该操作会重新允许中断嵌套)。例如，图 5-4 演示了使用两个外设和备用工作寄存器的典型嵌套中断序列。假定 Timer1 模块的中断优先级(T1IP)为 4，PWM1 模块的中断优先级(PWM1IP)为 6。这样一来，PWM1 模块的优先级将高于 Timer1 模块。此外，假定备用工作寄存器组 1 的优先级为 4，备用工作寄存器组 2 的优先级为 6。如图 5-4 中所示，应用程序从使用默认工作寄存器的主应用程序代码开始，一旦产生 Timer1 模块导致的中断，Timer1 中断标志(T1IF)就会被置 1，并将 Timer1 中断优先级与 FALTREG 寄存器中的 CTXT1 和 CTXT2 位域进行比较。如上所述，由于 Timer1(T1IP)等于 CTXT1，因此备用工作寄存器组 1 将用于处理 Timer1 ISR。而在 Timer1 ISR 处理过程中，会产生 PWM1 模块导致的额外中断，PWM1 中断标志(PWM1IF)会被置 1。由于 PWM1 中断优先级高于 Timer1 模块的中断优先级，因此代码会跳转到处理 PWM1 ISR，并将 PWM1 中断优先级(PWM1 IP)与 CTXT1 和 CTXT2 进行比较。同上，由于 PWM1 中断优先级等于 CTXT2，因此备用工作寄存器组 2 将用于 PWM1 ISR 处理。当 PWM1 ISR 处理完成后，PWM1 IF 标志即被清零，RETFIE(从中断返回)指令将程序计数器和状态寄存器弹出堆栈，以使处理器返回到中断处理过程之前的状态(即返回到 Timer1 ISR)，并再次使用备用工作寄存器组 1。当 Timer1

ISR 完成其处理后，T1IF 标志即被清零，将再次调用 RETFIE 指令，从而使应用程序返回到其初始状态，并在任何外设中断之前使用默认工作寄存器组。

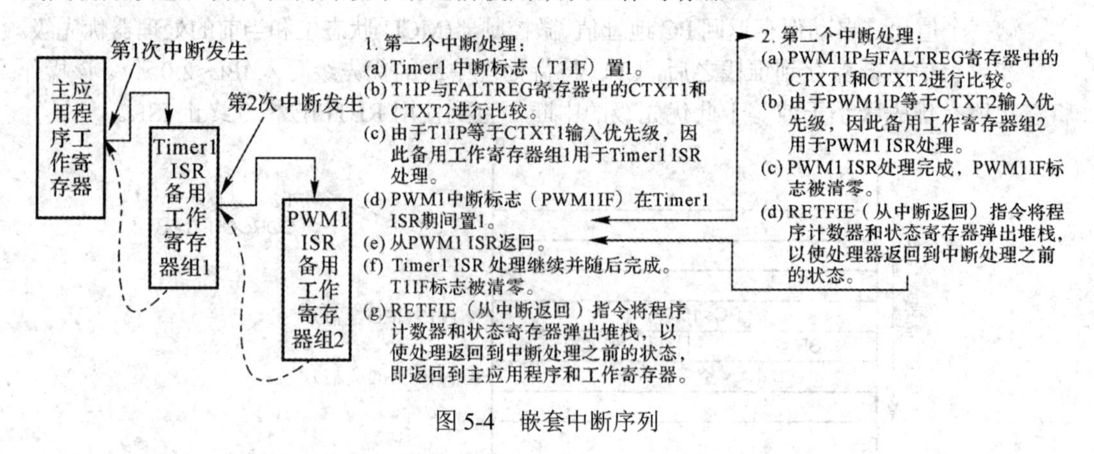

图 5-4　嵌套中断序列

5.3.5　中断外部支持和唤醒

1. 从休眠或空闲模式唤醒

使用 IECx 寄存器中的相应控制位单独允许的任何中断源，都可以将处理器从休眠或空闲模式唤醒。当中断源的中断状态标志被置 1，且通过 IECx 控制寄存器中的相应位允许该中断源时，唤醒信号被送到 dsPIC33EV 系列 CPU。当器件从休眠或空闲模式唤醒时，会发生以下两种操作之一：如果该中断源的中断优先级大于当前的 CPU 优先级，处理器将处理该中断并跳转至该中断源的 ISR；反之，如果该中断源的用户分配中断优先级小于或等于当前的 CPU 优先级，处理器将继续执行，从先前将 CPU 置于休眠或空闲模式的 PWRSAV 指令的下一条指令开始执行。

2. 中断外部支持

dsPIC33EV 系列支持最多 5 个外部中断引脚源(INT0～INT4)，每个外部中断引脚都有边沿检测电路来检测中断事件。INTCON2 寄存器有 5 个控制位(INT0EP～INT4EP)，用于选择边沿检测电路的极性。每个外部中断引脚都可以被编程为在发生上升沿或下降沿事件时中断 CPU。在有些器件上，INT0 外部中断请求引脚与 ADC 的外部转换请求信号引脚复用。INT0 中断源具有可编程的边沿极性，也可用于 ADC 外部转换请求功能。

5.4　中断处理时序

5.4.1　执行单周期指令时的中断延时

图 5-5 所示为在执行单周期指令期间发生外设中断时的事件时序。中断处理需要 10 个指令周期，其中每个周期都在图中进行了编号以供参考。在发生外设中断后的第一个指令周期中，中断标志状态位被置 1。在该指令周期中，当前指令执行完毕。在中断事件后的第二个指令周期中，PC 和 SRL 的内容被保存到临时缓冲寄存器中。中断处理的第二个

周期执行一条空操作(NOP)指令，以保持与双周期指令中时序的一致性。在第三个周期中，PC 被装入中断源的向量表地址并取出 ISR 的起始地址。在第四个周期中，PC 被装入 ISR 地址。第四个周期执行一条 NOP 指令，同时取出 ISR 中的第一条指令。

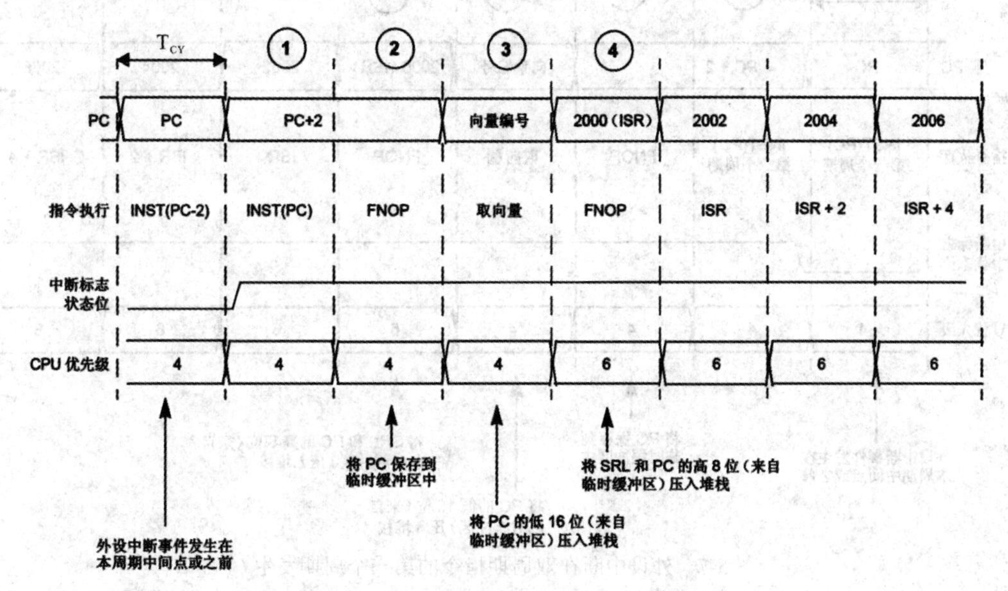

图 5-5　执行单周期指令时的外设中断时序

5.4.2　执行双周期指令时的中断延时

执行双周期指令时的中断延时和单周期指令相同，中断处理的第一个和第二个周期允许双周期指令执行完毕。

图 5-6 中的时序图给出了在执行双周期指令之前的指令周期中发生外设中断事件的情况。

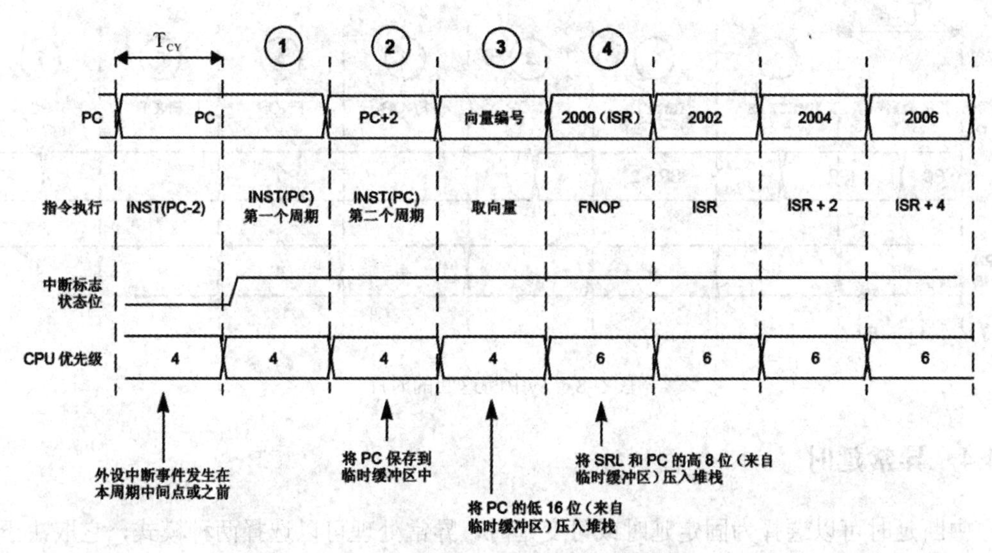

图 5-6　执行双周期指令时的外设中断时序

图 5-7 给出了外设中断发生在双周期指令的第一个周期时的时序。在这种情况下，中断处理的完成情况与单周期指令相同。

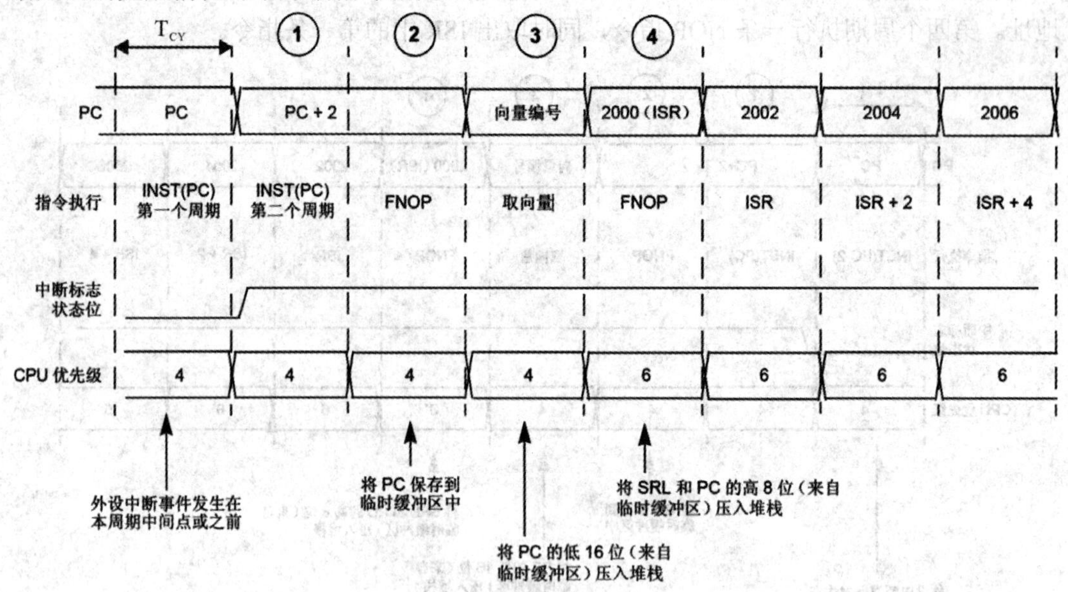

图 5-7　外设中断在双周期指令的第一个周期发生

5.4.3　从中断返回

要从中断返回，程序必须调用 RETFIE 指令。图 5-8 为从中断返回的时序图，在 RETFIE 指令的前两个周期中，PC 和 SRL 寄存器的内容将被弹出堆栈。第三个指令周期用于取出由更新的 PC 寻址的指令，该周期执行一条 NOP 指令；在第四个周期，程序执行返回到发生中断处继续执行。

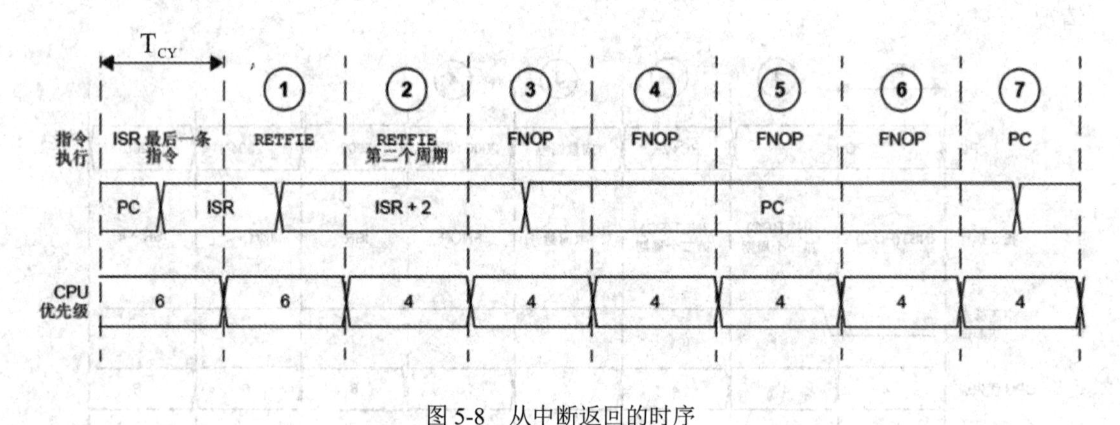

图 5-8　从中断返回的时序

5.4.4　异常延时

中断延时可以选择为固定延时或可变延时。异常处理可以选择两种模式，它取决于内核控制寄存器中 VAR 位(CORCON<15>)的状态。

1. 固定延时

如果 VAR = 0(默认复位状态)，并且 CPU 是优先级最高的扩展数据空间(EDS)总线主器件(MSTRPR<2:0> = 000)，则对于任何优先级最高的异常，CPU 将提供确定的、固定延时的响应。中断延时(指的是识别到中断的时刻与执行第一条 ISR 指令的时刻之间的时间间隔)对于包括 TBLRDx 指令在内的所有指令或需要 PSV 访问的指令保持不变。中断延时有时不是固定的，例如，通过 PSV 访问数据的 MOV.D 指令增加了一个周期以完成第二次 PSV 取操作时，与停顿周期关联的 TBLRDx 或 PSV 访问指令增加了一个周期时，以及重复 PSV 访问的最后一次迭代增加了一个周期时，中断延时都是不固定的。

2. 可变延时

如果 VAR = 1，并且 CPU 是优先级最高的 EDS 总线主器件(MSTRPR<2:0> = 000)，则对于所有异常，CPU 将提供可变延时的响应。如果有多个中断有效，并且器件工作于非嵌套中断模式，则在处理较低优先级中断时可能会发生较高优先级的中断请求。因此，最高延时必须加上执行最长 ISR 所需的时间。如果 VAR = 0，则异常处理时间需要 13 个指令周期的闪存访问时间。如果 VAR = 1，则异常处理时间可变，它需要 9～13 个指令周期的闪存访问时间。需要注意的是，当一个外设中断源等待处理时，dsPIC33EV 系列允许执行完当前指令。对于单周期和双周期指令，中断延时是相同的，但是根据中断发生的时间，某些情况可能使中断延时增加一个周期。如果应用对固定中断延时有较高的需求，应避免使用 PSV 访问程序存储空间中值的 MOV.D 指令，不要给任何双周期指令或者执行 PSV 访问的单周期指令附加一个指令内停顿周期，并且不能使用 PSV 访问程序存储空间中值的位测试和跳过指令(BTSC 和 BTSS)。

5.5 中断设置过程

1. 中断源配置步骤

配置中断源的步骤如下：

(1) 如果不需要嵌套中断，则将 NSTDIS 控制位(INTCON1<15>)置 1。

(2) 通过写入相应 IPCx 控制寄存器中的控制位为中断源选择用户分配优先级。优先级取决于具体的应用和中断源类型。如果不需要多个优先级，则可以将所有允许中断源的 IPCx 寄存器控制位编程为相同的非零值。

(3) 将相应 IFSx 状态寄存器中与外设相关的中断标志状态位清零。

(4) 通过将相应 IECx 控制寄存器中与中断源相关的中断允许控制位置 1 来允许中断源。

2. 中断服务程序

用于声明 ISR 和使用正确向量地址初始化 IVT/AIVT 的方法取决于编程语言(C 语言或汇编语言)和用于开发应用程序的语言开发工具包。一般情况下，用户应用程序必须将相应 IFSx 寄存器中与 ISR 处理的中断源相对应的中断标志清零。否则，在退出 ISR 程序后应用程序将立即再次进入 ISR。如果 ISR 用汇编语言编写，则必须使用 RETFIE 指令结束 ISR，以便将保存的 PC 值、SRL 值和原先的 CPU 优先级弹出堆栈。

3. 陷阱服务程序

除了必须清零 INTCON1 寄存器中相应的陷阱状态标志来避免重新进入陷阱服务程序之外，陷阱服务程序使用与 ISR 类似的方式编写。

4. 中断禁止

若要允许用户中断，需将 INTCON2 寄存器中的 GIE 位置 1；反之，若要禁止中断，需将 INTCON2 寄存器中的 GIE 位清零。此外，使用 DISI 指令可以方便地将优先级为 1～6 的中断禁止一段固定的时间，且 DISI 指令不能禁止优先级为 7 的中断源。

第 6 章　直接存储器访问

直接存储器访问(DMA)控制器是 Microchip 的高性能 16 位 DSC 系列中非常重要的子系统。通过该子系统，无须 CPU 协助即可在 CPU 及其外设之间方便地传输数据。dsPIC33EV 5V 高温 DSC 系列 DMA 控制器针对高性能实时嵌入式应用进行了优化，这些应用要求优先考虑确定性和系统响应延时。本章将从该 DMA 的功能、支持外设、寄存器以及传输方式等内容展开详细介绍。

6.1　DMA 的功能

DMA 控制器在外设数据寄存器和数据空间静态随机存取存储器(Static Random Access Memory, SRAM)之间传输数据，如图 6-1 所示。dsPIC33EV 5V 系列的 DMA 子系统使用双端口 SRAM 存储器(DPSRAM)和寄存器结构，可以使 DMA 在不影响 CPU 操作的情况下，通过自己独立的地址和数据总线进行操作，这种架构也无须进行周期的挪用。但是，如果存在周期挪用的情况，一旦有优先级更高的 DMA 传输请求，就会使 CPU 暂停。由于 CPU 和 DMA 控制器都可以读/写数据空间中的地址而不会造成干扰，因此可以使实时性能最大化。换句话说，CPU 处理不会影响存储器与外设之间的 DMA 操作和数据传输。例如，执行运行时自编程(RTSP)操作时，在 RTSP 完成之前，CPU 不会执行任何指令，但这种情况不会影响存储器和外设之间的数据传输。此外，DMA 也可以访问整个数据存储空间(SRAM 和 DPSRAM)。但需要注意的是，当 CPU 或 DMA 尝试访问非双端口 SRAM 时，将会使用数据存储器总线仲裁器，可能导致 DMA 或 CPU 暂停。

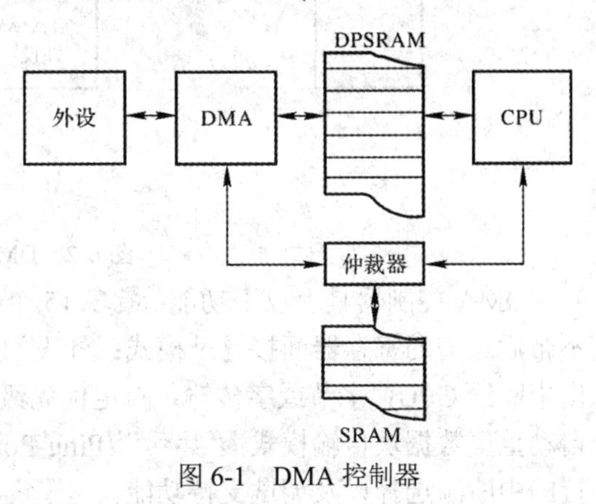

图 6-1　DMA 控制器

DMA 控制器最多可支持 15 个独立通道，每个通道都可以配置为向选定外设发送数据或从选定外设接收数据。DMA 控制器支持的外设包括 ECAN 模块、数据转换器接口、模/数转换器、串行外设接口、通用异步收/发器、输入捕捉、输出比较以及并行主端口。同时，DMA 传输可以通过定时器和外部中断进行触发。每个 DMA 通道都是单向的，要对某个外设进行读和写操作，就必须分配两个 DMA 通道。如果有多个通道接收到数据传输请求，则基于通道编号的简单固定优先级机制会指定哪个通道完成传输，哪个或哪些通道保持等待状态。每个 DMA 通道会传送数据块，然后向 CPU 发出中断，指示数据块已可进行处理。图 6-2 给出了将 DMA 控制器集成到 dsPIC33EV 系列内部架构的结构框图。CPU 可通过以下几种方式进行通信：① 通过 X 总线与常规的 SRAM 通信；② 通过相同的 X 总线与双端口 SRAM(DPSRAM)模块的端口 1 通信；③ 通过独立的外设 X 总线与外设通信。一般地，DMA 通道通过专用的 DMA 总线与 DPSRAM 的端口 2 和每个 DMA 就绪外设的 DMA 端口通信。

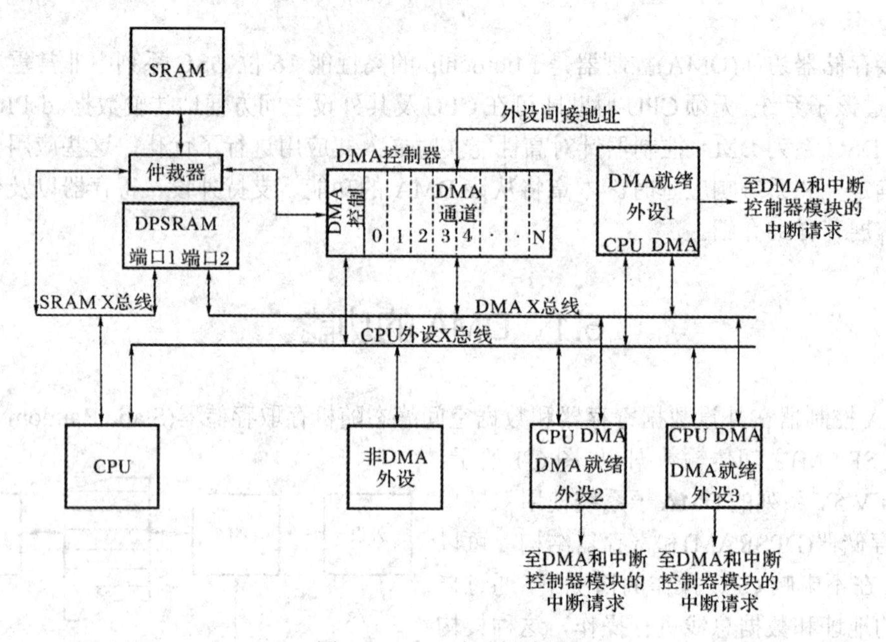

图 6-2　DMA 控制器框图

DMA 控制器具有以下功能：最多 15 个 DMA 通道；带后递增的寄存器间接寻址模式；不带后递增的寄存器间接寻址模式；外设间接寻址模式；在传输完一半或整个数据块后发出中断给 CPU；字节或字传输；固定优先级通道仲裁；手动或自动启动传输；单数据块或自动重复数据块传输模式；“乒乓”(Ping-Pong)模式；每个通道的 DMA 请求可以从任何支持的中断源选择以及调试支持功能。

6.2　DMA 支持外设

6.2.1　DMA 设置

为了使 DMA 数据传输能够正常进行，必须正确地配置 DMA 通道和外设。

1. DMA 通道与外设关联设置

DMA 通道需要知道对哪个外设目标地址进行读操作或写操作，以及何时执行该操作。该信息分别在 DMA 通道 x 外设地址寄存器(DMAxPAD)和 DMA 通道 xIRQ 选择寄存器(DMAxREQ)中配置。表 6-1 列出了要将特定外设与给定 DMA 通道关联，以及应向这些寄存器中写入的值。

表 6-1　DMA 通道与外设的关联

外设与 DMA 的关联	DMAxREQ 寄存器 IRQSEL<7:0>位	DMAxPAD 寄存器 (从外设读取的值)	DMAxPAD 寄存器 (向外设写入的值)
INT0——外部中断 0	00000000	—	—
IC1——输入捕捉 1	00000001	0x0144(IC1BUF)	—
IC2——输入捕捉 2	00000101	0x014C(IC2BUF)	—
IC3——输入捕捉 3	00100101	0x0154(IC3BUF)	—
IC4——输入捕捉 4	00100110	0x015C(IC4BUF)	—
OC1——输出比较 1	00000010	—	0x0906(OC1R) 0x0904(OC1RS)
OC2——输出比较 2	00000110	—	0x0910(OC2R) 0x090E(OC2RS)
OC3——输出比较 3	00011001	—	0x091A(OC3R) 0x0918(OC3RS)
OC4——输出比较 4	00011010	—	0x0924(OC4R) 0x0922(OC4RS)
TMR2——Timer2	00000111	—	—
TMR3——Timer3	00001000	—	—
TMR4——Timer4	00011011	—	—
TMR5——Timer5	00011100	—	—
SPI1 传输完成	00001010	0x0248(SPI1BUF)	0x0248(SPI1BUF)
SPI2 传输完成	00100001	0x0268(SPI2BUF)	0x0268(SPI2BUF)
SPI3 传输完成	01011011	0x02A8(SPI3BUF)	0x02A8(SPI3BUF)
SPI4 传输完成	01111011	0x02C8(SPI4BUF)	0x02C8(SPI4BUF)
UART1RX——UART1 接收器	00001011	0x0226(U1RXREG)	—
UART1TX——UART1 发送器	00001100	—	0x0224(U1TXREG)
UART2RX——UART2 接收器	00011110	0x0236(U2RXREG)	—
UART2TX——UART2 发送器	00011111	—	0x0234(U2TXREG)
UART3RX——UART3 接收器	01010010	0x0256(U3RXREG)	—
UART3TX——UART3 发送器	01010011	—	0x0254(U3TXREG)
UART4RX——UART4 接收器	01011000	0x02B6(U4RXREG)	—
UART4TX——UART4 发送器	01011001	—	0x02B4(U4TXREG)
ECAN1——接收数据就绪	00100010	0x0440(C1RXD)	—
ECAN1——发送数据请求	01000110	—	0x0442(C1TXD)
ECAN2——接收数据就绪	00110111	0x0540(C2RXD)	—
ECAN2——发送数据请求	01000111	—	0x0542(C2TXD)
DCI——编解码器传输完成	00111100	0x0290(RXBUF0)	0x0298(TXBUF0)
ADC1——ADC1 转换完成	00001101	0x0300(ADC1BUF0)	—
ADC2——ADC2 转换完成	00010101	0x0340(ADC2BUF0)	—
PMP——PMP 数据传送	00101101	0x0608(PMDIN1)	0x0608(PMDIN1)

2. 外设配置设置

DMA 设置过程中的第二步是为 DMA 操作正确配置 DMA 就绪外设。DMA 就绪外设的配置要求如下：

(1) ECAN：ECAN 缓冲区由 DMA 进行管理。控制器局域网络(Controller Area Network, CAN)缓冲区和先进先出(First In First Out, FIFO)的数据缓存器的总大小由用户应用程序指定，必须通过 ECAN FIFO 控制寄存器(C1FCTRL)中的 DMA 缓冲区大小位(DMABS<2:0>)定义。

(2) 数据转换器接口(Data Converter Interface, DCI)：DCI 必须配置为对每个缓冲的数据字产生中断，方法是将 DCI 控制 2 寄存器(DCICON2)中的缓冲区长度控制位(BLEN<1:0>)设置为 00。此外，还必须将同一 DCI 中断用作两个 DMA 通道的请求，以支持接收和发送数据。如果 DCI 模块作为主器件工作且仅接收数据，则必须使用第二个 DMA 通道来发送无效数据。

(3) 10 位/12 位模/数转换器(ADC)：在外设间接寻址模式下将 ADC 与 DMA 配合使用时，必须正确设置 ADCx 控制 2 寄存器(ADCxCON2)中的 DMA 地址递增速率位(SMPI<4:0>)和 ADCx 控制 4 寄存器(ADCxCON4)中每个模拟输入的 DMA 缓冲单元数位(DMABL<2:0>)。此外，还必须正确设置 ADCx 控制 1 寄存器(ADxCON1)中的 DMA 缓冲区构建模式位(ADDMABM)，以进行 ADC 地址生成。

(4) 串行外设接口(SPI)：如果 SPI 模块作为主器件工作且仅接收数据，则必须分配并使用第二个 DMA 来发送无效数据；或者可以在空数据写模式下使用单个 DMA 通道。

(5) 通用异步收发传输器(UART)：UART 必须配置为可对接收或发送的每个字符产生中断。为使 UART 接收器对于接收的每个字符产生接收中断，必须将状态和控制寄存器(UxSTA)中的接收中断模式选择位(URXISEL<1:0>)设置为 00 或 01。为使 UART 发送器对于发送的每个字符产生发送中断，必须将状态和控制(UxSTA)寄存器中的发送中断模式选择位 UTXISEL0 和 UTXISEL1 设置为 0。

(6) 输入捕捉：输入捕捉模块必须配置为可对每个捕捉事件产生中断，方法是将输入捕捉控制寄存器(ICxCON)中的每个中断的捕捉数位(ICI<1:0>)设置为 00。

(7) 输出比较：输出比较模块无须特别配置即可使用 DMA。但是，通常会使用定时器来产生 DMA 请求，所以需要正确配置定时器。

(8) 外部中断和定时器：只有外部中断 0、Timer2 和 Timer3 可以选择用于产生 DMA 请求。虽然这些外设本身不支持 DMA 传输，但它们可被用于触发其他支持 DMA 外设的 DMA 传输。例如，Timer2 能触发处于高速脉宽调制器模式的输出比较外设的 DMA 事务。

在支持 DMA 的外设中产生错误条件时，通常会将状态标志置 1 并产生中断。在由 CPU 为外设服务时，需要数据中断处理程序检查错误标志，并根据需要执行相应的操作。但在由 DMA 通道为外设服务时，DMA 只能响应数据传输请求，且它不会知道任何后续的错误条件。DMA 兼容外设中的所有错误条件都必须允许关联的中断，并在外设中出现对应中断时，由用户定义的中断服务程序(ISR)进行处理。

3. 存储器地址初始化

第三个 DMA 设置要求是在特定存储区中为 DMA 访问分配存储器缓冲区(DPSRAM 存

储器)。该存储区的位置和大小取决于具体的 dsPIC33EV 系列器件，图 6-3 给出了带有 52 KB 随机存取存储器(RAM)的 dsPIC33EV 系列器件的 4 KB 大小 DMA 存储区结构。CPU 可以访问包括 DPSRAM(DMARAM)和普通 RAM 区域在内的整个存储器区域。而当 DMA 模块在访问 DPSRAM 时不会产生任何仲裁延时，因为该区域具有一个独立的专用总线。当 CPU 或 DMA 尝试访问非双端口 SRAM 时，将会使用数据存储器总线仲裁器，可能导致 DMA 或 CPU 暂停。

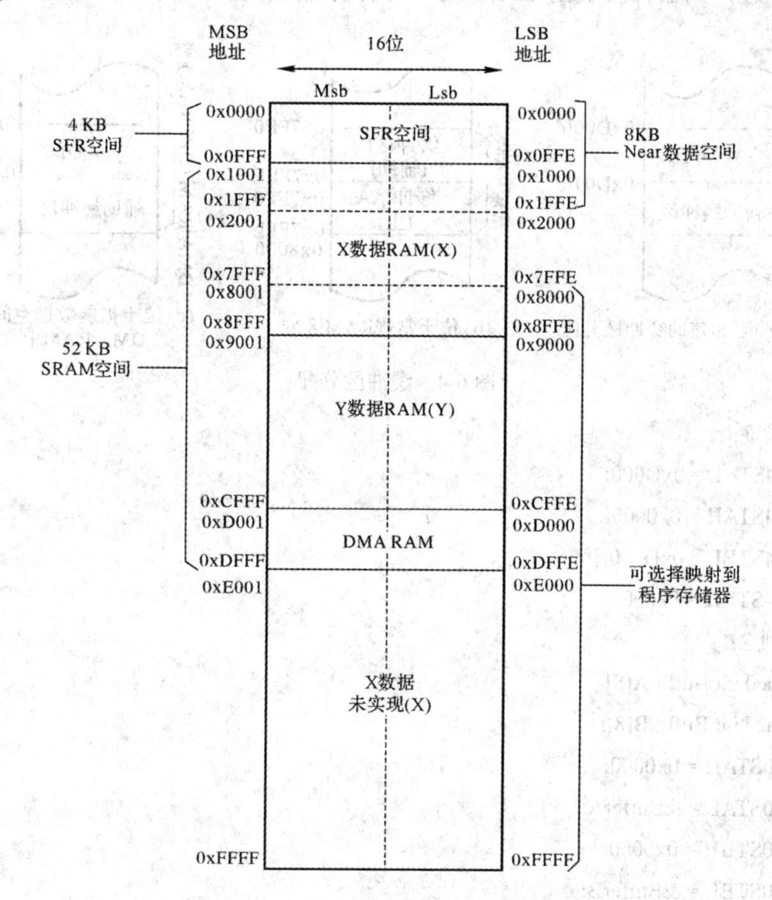

图 6-3　带有 52 KB RAM 的 dsPIC33EV 系列器件的数据存储器映射

为了保证正常工作，DMA 模块应明确需要读/写的 DPSRAM 或 RAM 地址，该信息可在 DMA 通道 x 起始地址寄存器 A(DMAxSTAH 和 DMAxSTAL)和 DMA 通道 x 起始地址寄存器 B(DMAxSTBH 和 DMAxSTBL)中配置。

图 6-4(a)给出了一个示例，说明了如何在 dsPIC33EV 系列器件上，将 DMA 通道 4 主缓冲区和辅助缓冲区分别设置在地址 0xD000 和 0xD010 处。dsPIC DSC 的 MPLAB C 编译器提供了用于该用途的内建 C 语言原语，可以简化 DMA 缓冲区的初始化和访问。

图 6-4(b)的代码会在常规数据存储器中分配两个缓冲区，并初始化 DMA 通道，使其指向它们。需要注意的是，在该示例中，如果缓冲区位于扩展数据空间中，则必须使用_eds_标记来进行声明。

图 6-4(c)中的代码会在扩展数据空间的 DMA 存储器中分配两个缓冲区，并初始化

DMA 通道，使其指向它们。如果 DMA RAM 不属于扩展数据空间的一部分，则不需要使用_eds_标记和 eds 属性来声明缓冲区。

如果将 DMAxSTA(和/或 DMAxSTB)寄存器初始化为某个值，并导致 DMA 通道读取或写入可访问空间之外的 RAM 地址，则对该存储器地址的 DMA 通道执行写操作会被忽略，对该存储器地址执行 DMA 通道读操作将返回 0。如果 DMA 模块尝试访问任何未实现的存储器地址，则器件会发出 DMA 地址错误软陷阱，并且 DMA 地址错误软陷阱状态位置 1。

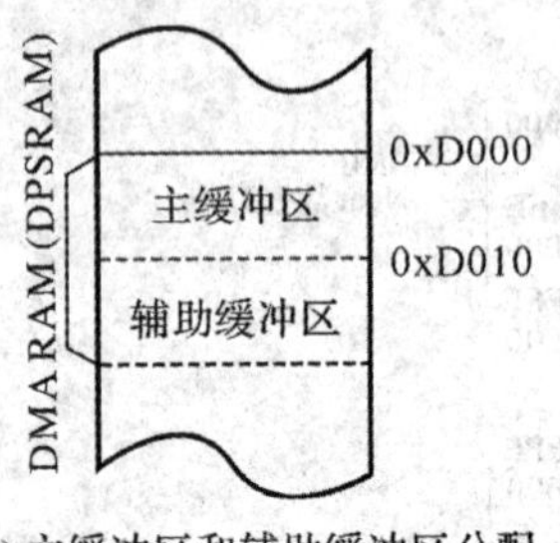

(a) 主缓冲区和辅助缓冲区分配

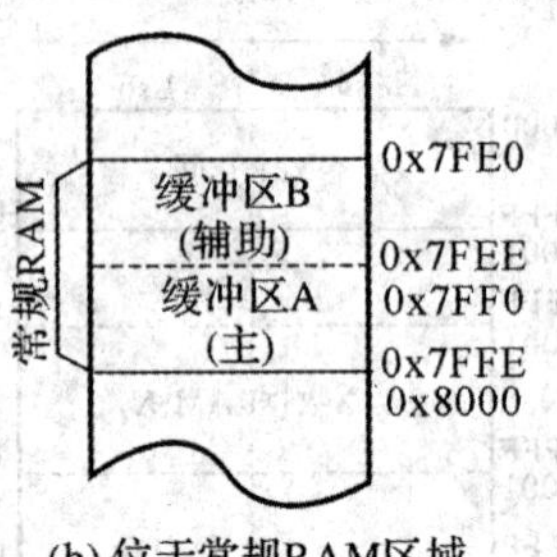

(b) 位于常规RAM区域

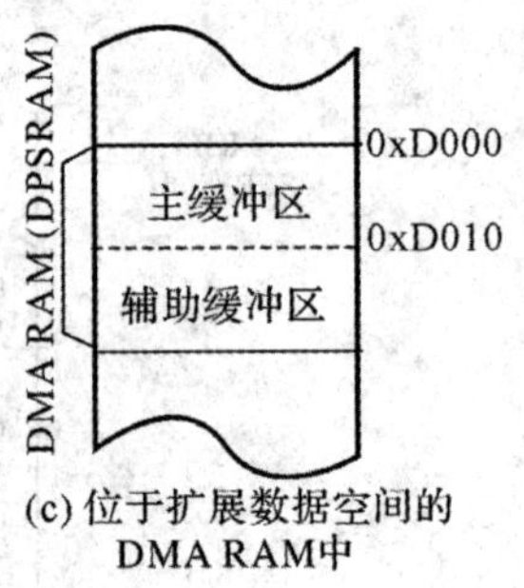

(c) 位于扩展数据空间的DMA RAM中

图 6-4　缓冲区分配

代码示例 1：

```
DMA4STAL = 0xD000;
DMA4STAH = 0x0000;
DMA4STBL = 0xD010;
DMA4STBH = 0x0000;
```

代码示例 2：

```
unsigned int BufferA[8];
unsigned int BufferB[8];
DMA0STAH = 0x0000;
DMA0STAL = &BufferA;
DMA0STBH = 0x0000;
DMA0STBL = &BufferB;
```

代码示例 3：

```
_eds_unsigned int BufferA[8] _attribute_((eds,space(dma)));
_eds_unsigned int BufferB[8] _attribute_((eds,space(dma)));


DMA0STAH = 0x0000;
DMA0STAL = _builtin_dmaoffset(BufferA);
DMA0STBH = 0x0000;
DMA0STBL = _builtin_dmaoffset(BufferB);
```

4. DMA 传输计数设置

在 DMA 设置过程的第四步中，必须将每个 DMA 通道设定为处理 N + 1 个请求，处理完该数量的请求之后，数据块传输才视为完成。“N”的值可通过设置 DMA 通道 x 传输计数寄存器(DMAxCNT)指定，例如DMAxCNT值为0时，将传输一个数据元素。DMAxCNT寄存器的值与传输数据长度(字节或字)无关，后者可在DMAxCON寄存器的SIZE位中指定。如果将DMAxCNT寄存器初始化为某个值，并导致DMA通道读取或写入可访问空间之外的RAM地址，则对该存储器地址的DMA通道写操作会被忽略，对该存储器地址执行DMA通道读操作将返回0。

5. 工作模式设置

DMA设置过程的第五步是指定每个DMA通道的工作模式，方法是配置DMA通道x控制寄存器(DMAxCON)。

6.2.2 工作模式

DMA 通道支持以下工作模式：字或字节数据传输；传输方向；在传输完整个或一半数据块后发出中断请求给CPU；后递增或静态存储器寻址；外设间接寻址；单数据块或连续数据块传输；“乒乓”模式；空数据写模式。此外，DMA还支持手动模式，该模式会强制执行单次DMA传输。

1. 字或字节数据传输

每个DMA通道都可以配置为按字或按字节传输数据。其中，字数据只能传送到对齐(偶)地址或从对齐(偶)地址送出；但是字节数据可以传送到任意(合法)地址或从任意(合法)地址送出。应注意的是：当SIZE位(DMAxCON<14>)清零时，则传输字长度的数据，如果使能了带后递增的寄存器间接寻址模式，则在传输每个字之后地址将递增2；反之，当SIZE位置1时，则传输字节长度的数据，如果使能了带后递增的寄存器间接寻址模式，则在传输每个字节之后地址将递增1。

2. 传输方向

每个DMA通道都可以配置为从外设向DPSRAM/RAM传输数据或从DPSRAM/RAM向外设传输数据。如果DMAxCON寄存器中的传输方向位(DIR)清零，则从外设读取数据(使用DMAxPAD提供的外设地址)，并对DPSRAM/RAM存储器地址(使用DMAxSTA或DMAxSTB)执行目标写操作；如果 DIR 位置 1，则从 DPSRAM/RAM 存储器地址(使用DMAxSTA或DMAxSTB)读取数据，并对外设执行目标写操作(使用DMAxPAD提供的外设地址)。进行配置之后，每个通道都是单向数据通道，即如果某个外设需要使用DMA模块读/写数据，则必须分配两个通道：一个用于读操作，一个用于写操作。

3. 全数据块或半数据块传输中断

在数据块数据传输全部完成或完成一半时，每个DMA通道都会向中断控制器发出中断请求。该模式通过将DMA通道x控制寄存器(DMAxCON)中的HALF位清零或置1来指定：0代表当传送了所有数据时发出中断请求；1代表当传送了一半数据时发出中断请求。使用DMA连续模式时，CPU处理传入或外发数据的速度必须至少达到DMA传送数据的速度。半数据块传输中断可以在仅传输一半数据时产生中断，有助于减轻该问题。例如，如果通过DMA控制器连续读取ADC，半数据块传输中断使CPU可以在缓冲区全满之前处理缓冲区数据，只要它不超过DMA写操作的位置，就可以使用这种方案来缓解对于 CPU 响应速度的要求。图 6-5 给出了该过程的图示。

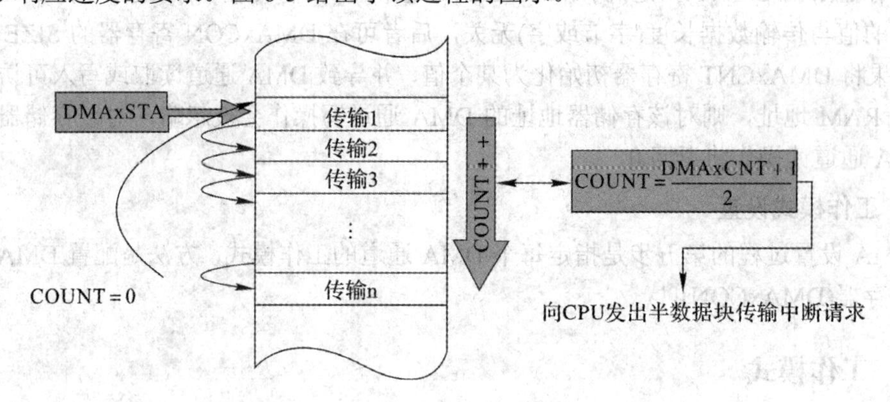

图 6-5　半数据块传输模式

在所有模式下，如果 HALF 位置 1，则 DMA 只会在传输完缓冲区 A 和/或 B 的前一半数据时发出中断请求，而不会在缓冲区 A 和/或 B 传输完成时发出中断请求。也就是说，只有在 DMA 完成(DMAxCNT + 1)/2 次数据传输时，才会发出中断请求。如果 DMAxCNT + 1 等于奇数，则在(DMAxCNT + 2)/2 次数据传输之后发出中断请求。例如，如果为 DMA3 配置了单数据块“乒乓”缓冲区(MODE = 11)，且 DMA3CNT = 7，则会发出两次 DMA3 中断，从缓冲区 A 传输 4 个数据元素后发出一次，从缓冲区 B 传输 4 个数据元素后再发出一次。虽然原则上 DMA 通道只对于半数据块或全数据块传输发出一次中断，但也通过在每次 DMA 中断中翻转 HALF 位的值，使 DMA 通道对于半数据块和全数据块传输都发出一次中断。例如，如果 DMA 通道设置为 HALF 位置 1，则会在每次完成半数据块传输时发出中断；如果用户应用程序在处理中断的过程中将 HALF 位复位为 0，则在完成全数据块传输时，DMA 会发出另一次中断。要允许中断，必须将中断控制器模块的中断允许控制寄存器(IECx)中相应的 DMA 中断允许位(DMAxIE)置 1，即 IEC0bits.DMA0IE = 1。每个 DMA 通道传输中断都会将中断标志状态寄存器(IFSx)中的相应状态标志位置 1，这会触发 ISR。然后，用户应用程序必须清零该状态标志，以防止重新执行传输完成 ISR。例如，假设允许了 DMA 通道 0 中断，DMA 通道 0 传输已完成，并向中断控制器发出了关联的中断，则 DMA 通道 0 ISR 中必须出现以下代码，用于将状态标志位清零，防止中断挂起。

```
void_attribute_((_interrupt_,no_auto_psv))_DMA0Interrupt (void)
{
    …
    IFS0bits.DMA0IF = 0;
}
```

4. 带后递增的寄存器间接寻址模式

带后递增的寄存器间接寻址模式主要是通过在每次传输后递增 DPSRAM/RAM 地址来传送数据块。在 DMA 控制器复位之后，DMA 通道默认设置为该模式，该模式通过将 DMA 通道控制寄存器(DMAxCON)中的寻址模式选择位(AMODE<1:0>)编程为 00 来进行选择。在该模式下，起始地址寄存器(DMAxSTA 或 DMAxSTB)提供存储器缓冲区的起始地址，用户应用程序通过读取起始地址寄存器来确定最新的传输地址。但是，DMA 控制器并不会修改该寄存器的内容。

5. 不带后递增的寄存器间接寻址模式

不带后递增的寄存器间接寻址模式主要是通过在每次传输后不递增数据缓冲区起始地址的情况下传送数据块。在该模式下，起始地址寄存器(DMAxSTA 或 DMAxSTB)提供存储器缓冲区的起始地址。当发生 DMA 数据传输时，存储器地址不会递增到下一单元。所以，下一次 DMA 数据传输会在同一存储器地址发生。该模式通过将 DMA 通道控制寄存器(DMAxCON)中的寻址模式选择位(AMODE<1:0>)编程为 01 来进行选择。如果在 DMA 通道处于工作状态时将寻址模式更改为不带后递增的寄存器间接寻址模式，DMA 地址将指向当前缓冲单元。

6. 外设间接寻址模式

外设间接寻址模式是一种特殊的寻址模式。在该模式下，由外设而不是 DMA 通道提供 DPSRAM/RAM 地址的可变部分。外设生成 DPSRAM/RAM 地址的最低有效位，而 DMA 通道提供固定的缓冲区基址。但是，DMA 通道会继续协调实际的数据传输，跟踪传输计数，并产生相应的 CPU 中断。外设间接寻址模式可以根据外设需要双向工作，所以仍然需要适当地配置 DMA 通道，以支持目标外设读或写操作。外设间接寻址模式通过将 DMA 通道控制寄存器(DMAxCON)中的寻址模式选择位(AMODE<1:0>)编程为 1x 来进行选择。在该模式下的 DMA 功能可以进行特别定制，以满足支持它的每个外设的需求。外设定义用于访问存储器中数据的地址序列，例如，可以将传入的 ADC 数据分选到多个缓冲区中，以减轻 CPU 的任务处理负担。如果某个外设支持外设间接寻址模式，则来自该外设的 DMA 请求中断会伴随一个地址，该地址会被送到 DMA 通道。如果响应该请求的 DMA 通道也使能了外设间接寻址模式，则它会将缓冲区基址与经过零扩展的传入外设间接地址进行逻辑或运算，以产生实际的存储器地址，如图 6-6 所示。

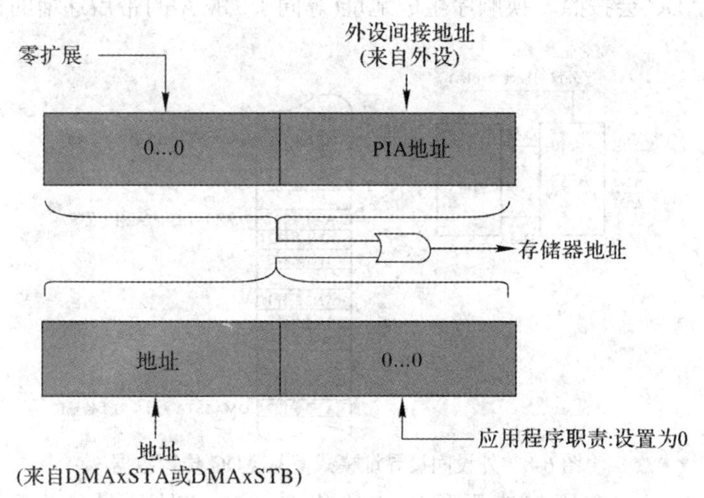

图 6-6　外设间接寻址模式下的地址偏移生成

外设决定它将控制多少个最低有效地址位，应用程序必须选择缓冲区在存储器中的基址，并确保该地址偏移中相应数量的最低有效位为 0。对于其他模式，读 DMA 起始地址寄存器时，它会返回最新的存储器传输地址的值，其中包含了上述的地址计算。如果 DMA 通道未配置为外设间接寻址模式，则传入的地址会被忽略，数据传输正常进行。外设间接寻址模式与所有其他工作模式兼容，包括 ADC 和 ECAN 模块。

1) ADC 对于 DMA 地址生成的支持

如图 6-7 所示为寄存器间接寻址模式下从 ADC 传输数据示意图。

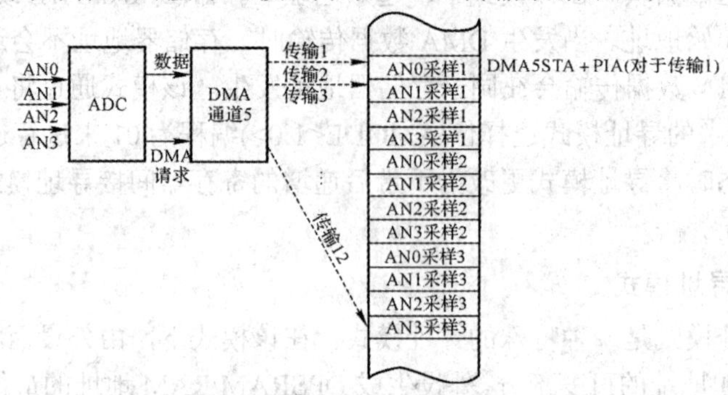

图 6-7　寄存器间接寻址模式下从 ADC 传输数据

在外设间接寻址模式下，由外设定义寻址序列可以更好地适应外设功能。例如，如果 ADC 配置为按顺序连续转换输入 0 至 3，并且它与配置为带后递增的寄存器间接寻址模式的 DMA 通道关联，则 DMA 传输会将该数据传送到连续缓冲区中。典型的算法是按照 ADC 数据通道来进行操作，这就要求它或者对传输的数据进行分选，或者通过跳过不需要的数据来以索引方式访问数据。但是，这两种方法都需要更多的代码，所需的执行时间也会大大增加，从而降低了执行效率。ADC 外设间接寻址模式定义了一种特殊的寻址技术，在该技术中，每个 ADC 通道的数据都会被放入它自己的缓冲区中。

如图 6-8 所示为外设间接寻址模式下从 ADC 传输数据示意图。要使能这种 ADC 寻址，必须将 ADCx 控制 1 寄存器(ADxCON1)中的 DMA 缓冲区构建模式位(ADDMABM)清零。如果该位置 1，ADC 会按照转换顺序生成地址(等同于 DMA 的带后递增的寄存器间接寻址模式)。

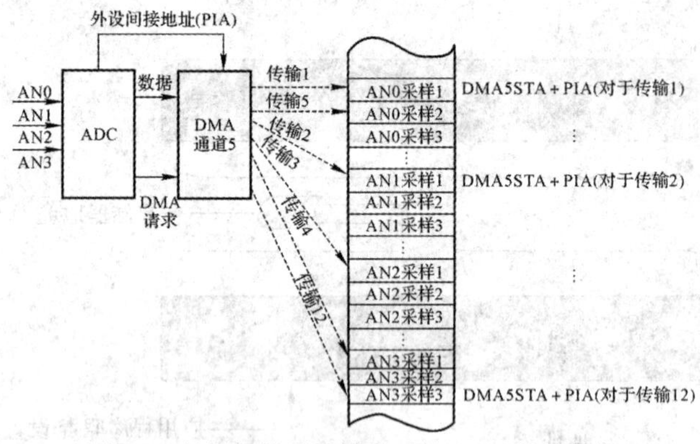

图 6-8　外设间接寻址模式下从 ADC 传输数据

如前面所提到，在用户应用程序初始化 DMA 起始地址寄存器(DMAxSTA 和 DMAxSTB)时，必须特别注意为外设保留的最低有效位的位数(对于 ADC，位数取决于 ADC 缓冲区的大小和数量)。ADC 缓冲区的数量使用 ADCx 控制 2 寄存器(ADxCON2)中的 DMA

地址递增速率位(SMPI<4:0>)初始化，每个 ADC 缓冲区的大小使用 ADCx 控制 4 寄存器(ADCxCON4)中的每个模拟输入的 DMA 缓冲单元数位(DMABL<2:0>)初始化。例如，如果 SMPI<4:0>位初始化为 3，DMABL<2:0>位初始化为 3，则有 4 个 ADC 缓冲区(SMPI<4:0> + 1)，每个缓冲区有 8 个字(2DMABL<2:0>)，总共 32 个字(64 字节)，这意味着写入 DMAxSTA 和 DMAxSTB 的地址必须将最低有效位设置为 0。如果使用 dsPIC DSC 的 MPLAB C 编译器来初始化 DMAxSTA 和 DMAxSTB 寄存器，则必须通过数据属性来指定正确的数据对齐。对于以上条件，下面所示代码可以正确地初始化 DMAxSTA 和 DMAxSTB 寄存器。

```
_eds_intBufferA[4][8] _attribute_ ((eds, aligned(64)));
_eds_intBufferB[4][8] _attribute_ ((eds, aligned(64)));


DMA0STAL = _builtin_dmaoffset (BufferA);
DMA0STAH = 0x0000;
DMA0STBL = _builtin_dmaoffset (BufferB);
DMA0STBH = 0x0000;
```

2) ECAN 对于 DMA 地址生成的支持

外设间接寻址也可用于 ECAN 模块，让 ECAN 定义更具体的寻址功能。当 dsPIC33EV 系列器件通过 CAN 总线过滤并接收报文时，报文可分为两类：一种是必须处理的接收报文，另一种是不进行处理而必须转发给其他 CAN 节点的接收报文。对于第一种情况，必须重新构造接收到的报文，分配到各为 8 个字的缓冲区中，然后由用户应用程序进行处理。由于 DPSRAM(或 RAM)中有多个 ECAN 缓冲区，让 ECAN 外设为传入(或外发)数据生成存储器地址会比较简单，如图 6-9 所示。在该示例中，缓冲区 2 先接收数据，然后是缓冲区 0，ECAN 模块会生成目标地址，以将数据正确放入存储器中(外设间接寻址)。

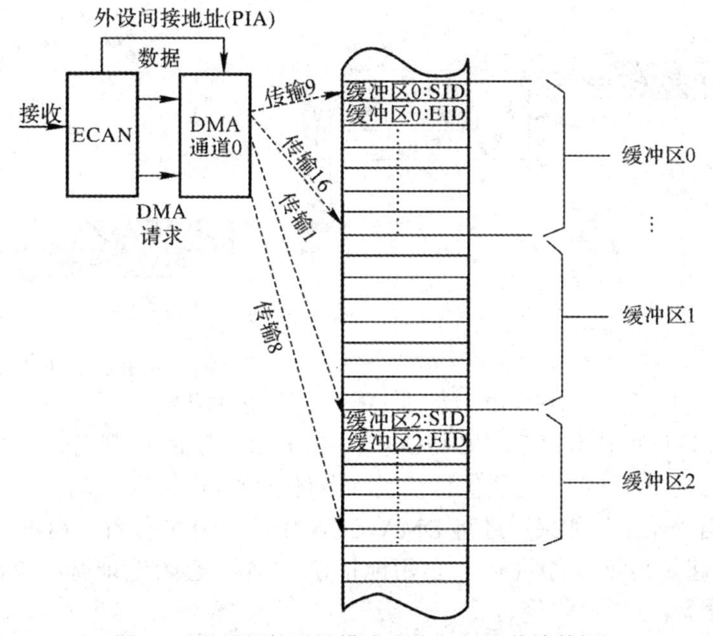

图 6-9　外设间接寻址模式下从 ECAN 传输数据

如前面所提到，在由用户应用程序初始化 DMA 起始地址寄存器(DMAxSTA 和 DMAxSTB)，且 DMA 以外设间接寻址模式工作时，必须特别注意为外设保留的最低有效位的位数。对于 ECAN，其位数取决于 ECAN FIFO 控制寄存器(C1FCTRL)中的 DMA 缓冲区大小位(DMABS<2:0>)定义的 ECAN 缓冲区数量。例如，如果 ECAN 模块通过将 DMABS<2:0>位设置为 3 而保留 12 个缓冲区，则将有 12 个各为 8 个字的缓冲区，即总共 96 个字(192 字节)。这意味着写入 DMAxSTA 和 DMAxSTB 寄存器的地址必须将 8 个(28 位 = 256 字节)最低有效位设置为 0。如果使用 dsPIC DSC 的 MPLAB C 编译器来初始化 DMAxSTA 寄存器，则必须通过数据属性来指定正确的数据对齐。下面的代码给出了上述 DMAxSTA 寄存器的初始化配置：

```
_eds_ intBufferA[12][8] _attribute_ ((eds,aligned(256)));


DMA0STAL = _builtin_ dmaoffset ( & BufferA[0][0] );
DMA0STAH = 0x0000;
```

当然，实际应用中并不总是需要处理传入的报文。例如，在某些汽车应用中，可以简单地将接收的报文转发到另一个节点，而不是由 CPU 进行处理。在这种情况下，不需要在存储器中对接收的缓冲区进行数据分选，而是在它们变为可用时进行转发，这种数据传输模式可以使用配置为带后递增的寄存器间接寻址模式的 DMA 实现。

7. 单数据块模式

在不需要进行重复数据传输时，应用程序使用单数据块模式。该模式通过将 DMA 通道控制寄存器(DMAxCON)中的工作模式选择位(MODE<1:0>)编程为 x1 来进行选择。在该模式下，当整个数据块被传送时(数据块长度由 DMAxCNT 定义)，将会检测到数据块结束，并自动禁止通道(即 DMA 通道控制寄存器(DMAxCON)中的 CHEN 位由硬件清零)。单数据块模式如图 6-10 所示。

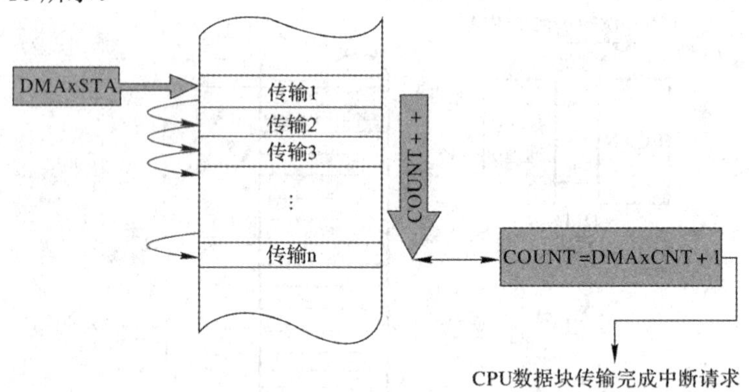

图 6-10　单数据块模式下的数据块传输

如果 DMA 通道控制寄存器(DMAxCON)中的 HALF 位置 1，则当数据块传输完成一半时，DMAxIF 位会置 1，并且通道保持使能。当整个数据块传输完成时，不会置 1 中断标志，通道会被自动禁止。如果通过将 DMAxCON 中的 CHEN 位置 1 而重新使能通道，则数据块传输从起始地址开始进行，起始地址由 DMA 起始地址寄存器(DMAxSTA 和 DMAxSTB)提供。

8. 连续模式

当需要在程序的整个工作周期中进行重复数据传输时，会启用连续模式，如图 6-11 所示。该模式通过将 DMA 通道控制寄存器(DMAxCON)中的工作模式选择位(MODE<1:0>)编程为 x0 来进行选择。在该模式下，当整个数据块被传送时(数据块长度由 DMAxCNT 定义)，会检测到数据块结束，而通道会保持使能。在最后一次数据传输中，DMA DPSRAM/RAM 地址会复位为(主)DMA 起始地址 A 寄存器(DMAxSTA)的值。如果 DMA 通道控制寄存器(DMAxCON)中的 HALF 位置 1，则当数据块传输完成一半时，DMAxIF 位会置 1(如果允许 DMA 中断，则产生中断)，通道保持使能。当整个数据块传输完成时，不会置 1 中断标志，并且通道会保持使能。

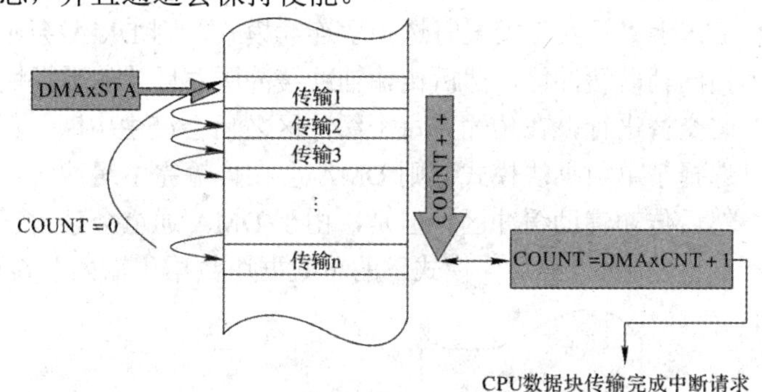

图 6-11　连续模式下的重复数据块传输

9. “乒乓”模式

在“乒乓”模式下，CPU 可以处理一个缓冲区，同时第二个缓冲区供 DMA 通道进行操作。这样一来，CPU 可以在整个 DMA 数据块传输时间中处理 DMA 通道当前不使用的缓冲区。当然，对于给定的缓冲区大小，这种传输模式使所需的存储空间量加倍。乒乓模式下的连续操作如图 6-12 所示。

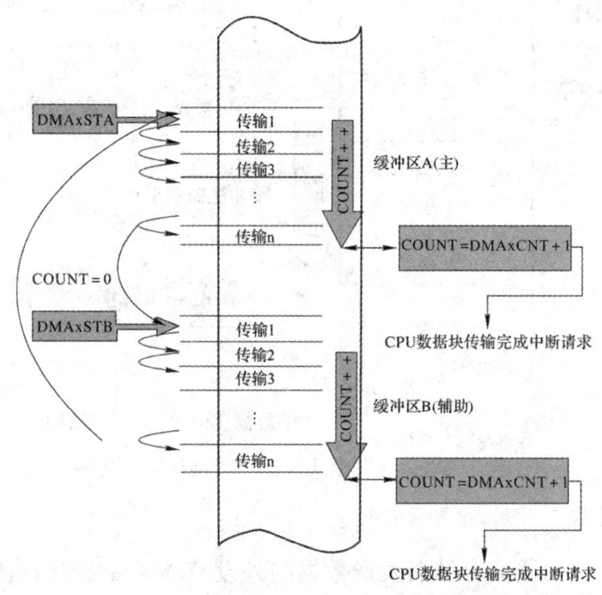

图 6-12　“乒乓”模式下的重复数据传输

在所有 DMA 工作模式下，当使能 DMA 通道时，默认情况下会选择(主)DMA 通道 x 存储器起始地址 A 寄存器(DMAxSTA)来生成初始的存储器有效地址。当每次数据块传输完成，DMA 通道被重新初始化时，将从相同的 DMAxSTA 寄存器获取缓冲区起始地址。在“乒乓”模式下，缓冲区起始地址从两个寄存器获取：一是主缓冲区，即 DMA 通道 x 起始地址 A 寄存器(DMAxSTA)；另一个是辅助缓冲区，即 DMA 通道 x 起始地址 B 寄存器(DMAxSTB)。DMA 使用辅助缓冲区来交替进行数据块传输，当每次数据块传输完成且 DMA 通道被重新初始化时，将从交替使用的寄存器获取缓冲区起始地址。“乒乓”模式通过将 DMA 通道控制寄存器(DMAxCON)中的工作模式选择位(MODE<1:0>)编程为 1x 来进行选择。

如果在 DMA 工作于“乒乓”模式时选择了连续模式，则 DMA 会在传输完主缓冲区之后重新初始化为指向辅助缓冲区，然后传输辅助缓冲区。后续的数据块传输将在主缓冲区和辅助缓冲区之间交替进行，在传输完每个缓冲区之后会产生中断。如果在 DMA 工作于“乒乓”模式时选择了单数据块模式，则 DMA 会在传输完主缓冲区之后重新初始化为指向辅助缓冲区，然后传输辅助缓冲区。但是，由于 DMA 通道会禁止它自身，因此后续的数据块传输将不会再发生。“乒乓”模式下的单数据块数据传输如图 6-13 所示。

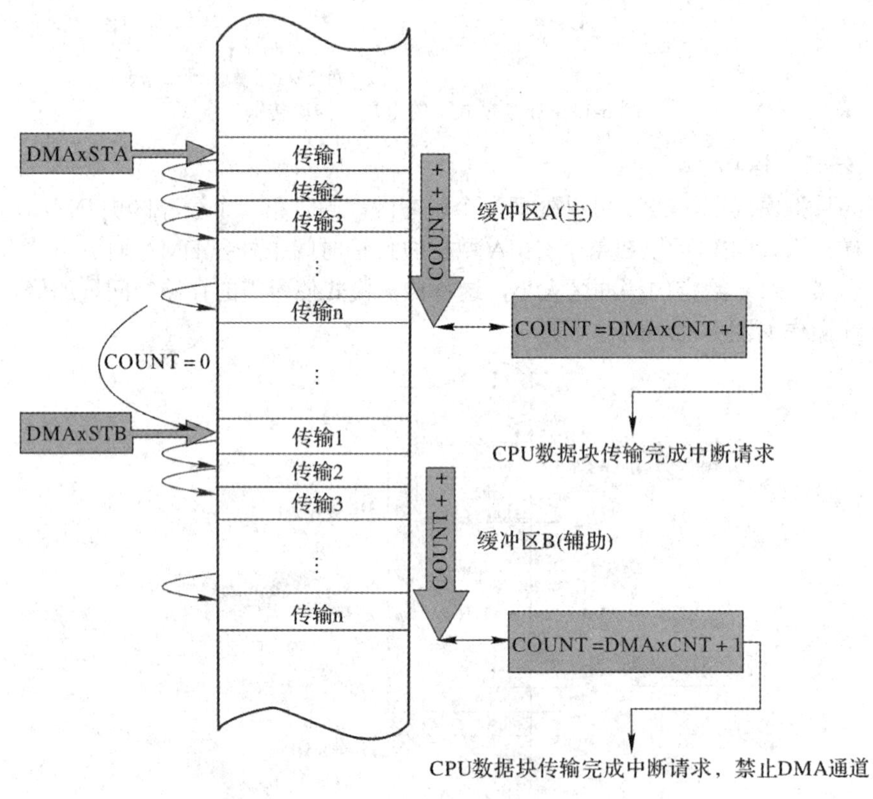

图 6-13　“乒乓”模式下的单数据块数据传输

10. 手动传输模式

对于使用 DMA 控制器向存储器发送数据的外设，DMA 数据传输在 DMA 通道和外设初始化之后自动开始，当外设准备好向存储器传送数据时，它会发出 DMA 请求。如果此时还需要将数据发送到外设，可以使用相同的 DMA 请求来激活另一个通道，使其从存储器读取数据并将数据写入外设。如果应用程序只需要将数据发送到外设(从存储器缓冲区)，则可能需要执行初始(手动)操作来将数据装入外设，以启动传输过程。该过程可以使用传统软件启动。但是，更方便的方式是通过将选定 DMA 通道中的某个位置 1 来简单地模拟通道 DMA 请求。DMA 通道会像任何其他请求一样处理强制请求，并传输第一个数据元素来启动序列。当外设准备好接收下一个数据时，它会发送常规 DMA 请求，然后 DMA 会发送下一个数据元素。手动 DMA 请求可以通过将 DMA 通道 xIRQ 选择寄存器(DMAxREQ)中的 FORCE 位置 1 来产生。置 1 之后，FORCE 位不能由用户应用程序清零，当强制的 DMA 传输完成时，它必须由硬件清零。根据 FORCE 位置 1 的时间，适用以下特殊条件：第一，在 DMA 传输正在进行时将 FORCE 位置 1 没有任何影响，将被忽略；第二，在配置通道 x 时将 FORCE 位置 1 会导致不可预测的行为，应该避免；第三，将 FORCE 位置 1 会导致 DMA 传输计数递减 1；第四，如果在某个外设中断请求正在等待处理时试图将 FORCE 位置 1(对于该通道)，则会优先考虑基于中断的请求，但是这会产生错误条件，即会将 DMA 请求冲突状态寄存器(DMARQC)中的通道 x 冲突标志位(RQCOLx)置 1。上述过程如图 6-14 所示。

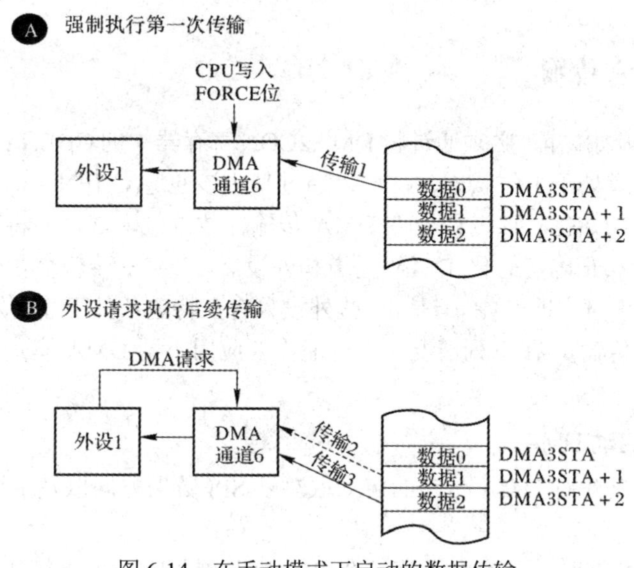

图 6-14　在手动模式下启动的数据传输

11. 空数据写模式

在需要连续接收数据而无须发送任何数据的应用(例如 SPI)中，空数据写模式是最为有用的模式，如图 6-15 所示。SPI 本质上是一个简单的移位寄存器，它在每个时钟周期移入并移出一个数据位。但是，当 SPI 配置为主模式(即 SPI 要作为时钟源)，但只对接收的数据感兴趣时，会出现一种例外情况。在这种情况下，必须向 SPI 数据寄存器中写入内容以启动 SPI 数据时钟并接收外部数据，且可以分配两个 DMA 通道：一个用于接收数据，另一个只是向 SPI 中输入空数据或零数据。这时，使用 DMA 空数据写模式将会更加高效，该模式会在接收到每个数据元素并通过为外设数据读操作配置的 DMA 通道传输之后，自动向 SPI 数据寄存器中写入空值。如果将 DMA 通道 x 控制寄存器(DMAxCON)中的空数据外设写模式选择位(NULLW)置 1，并将 DMA 通道配置为从外设读数据，则 DMA 通道会在外设数据读操作的同一周期中对外设地址执行空(全 0)写操作。该写操作通过外设总线与对 DPSRAM/RAM 的(数据)写操作同时发生。在该模式下的正常工作期间，只有为了响应外设 DMA 请求才会发生空数据写操作。第一个字的接收需要通过对外设执行初始 CPU 写操作来启动，然后 DMA 会处理所有后续的外设(空)数据写操作，即 CPU 空写操作会启动 SPI(主器件)发送/接收数据，并最终会产生一个 DMA 请求来传送新接收的数据。

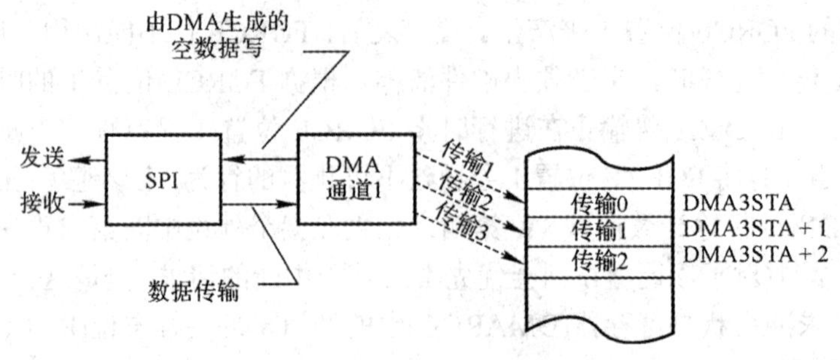

图 6-15　空数据写模式下的数据传输

6.2.3　启动 DMA 传输

在 DMA 传输开始之前，必须通过将 DMAxCON 寄存器中的 CHEN 位置 1 来使能 DMA 通道。在 DMA 通道处于工作状态时，可以通过禁止该通道(CHEN = 0)，然后重新使能它(CHEN = 1)来重新初始化。该过程会将 DMA 传输计数复位为零，并将工作的 DMA 缓冲区设置为主缓冲区。正确初始化 DMA 通道和外设后，DMA 传输会在外设准备好传送数据并发出 DMA 请求时立即开始。但是，一些外设只有在特定条件下才会发出 DMA 请求(因而不会启动 DMA 传输)，在下列情况中，可能需要应用不同 DMA 模式和过程的组合，以启动 DMA 传输。

1. 使用 SPI 启动 DMA

与 SPI 外设之间进行 DMA 传输的启动取决于 SPI 数据方向以及主模式或从模式。

在主模式下：

(1) 当仅发送数据时，只有发送第一个 SPI 数据块之后，才会发出 DMA 请求。要启动 DMA 传输，用户应用程序必须先使用 DMA 手动传输模式发送数据，或者必须不依赖于 DMA 先向 SPI 缓冲区(SPIxBUF)中写入数据。

(2) 当仅接收数据时，只有接收到第一个 SPI 数据块之后，才会发出 DMA 请求。但是，在主模式下，只有 SPI 先发送数据之后才会接收到数据。要启动 DMA 传输，用户应用程序必须使用 DMA 空数据写模式，并启动 DMA 手动传输模式。

(3) 同时接收和发送数据时，只有接收到第一个 SPI 数据块之后，才会发出 DMA 请求。但是，在主模式下，只有 SPI 发送数据之后才会接收到数据。要启动 DMA 传输，用户应用程序必须先使用 DMA 手动传输模式发送数据，或者必须不依赖于 DMA 先向 SPI 缓冲区(SPIxBUF)中写入数据。

在从模式下：

(1) 当仅发送数据时，只有接收到第一个 SPI 数据块之后，才会发出 DMA 请求。要启动 DMA 传输，用户应用程序必须先使用 DMA 手动传输模式发送数据，或者必须不依赖于 DMA 先向 SPI 缓冲区(SPIxBUF)中写入数据。

(2) 当仅接收数据时，该配置会在第一个 SPI 数据到达之后立即产生 DMA 请求，所以用户不需要执行任何特殊步骤来启动 DMA 传输。

(3) 同时接收和发送数据时，只有接收到第一个 SPI 数据块之后，才会发出 DMA 请求。要启动 DMA 传输，用户应用程序必须先使用 DMA 手动传输模式发送数据，或者必须不依赖于 DMA 先向 SPI 缓冲区(SPIxBUF)中写入数据。

2. 使用 DCI 启动 DMA

不同于其他串行外设，DCI 会在使能之后立即开始传输(假设它是主器件)，它会持续地向它所连接的外部编/解码器发送同步数据帧。使能 DCI 之前，用户必须对 DCI 进行配置，同时如果连接到立体声编/解码器，则使用 DMA 手动传输模式来启动前两次数据传输，将 DMAxREQ 寄存器中的 FORCE 位置 1，以传输 DCI 左通道采样，再次将 FORCE 位置 1，以传输 DCI 右通道采样。

3. 使用 UART 启动 DMA

UART 接收器会在接收到数据之后立即发出 DMA 请求，用户应用程序不需要执行任何特殊步骤来启动 DMA 传输。UART 发送器会在 UART 和发送器使能时立即发出 DMA 请求，这意味着必须在 UART 和发送器之前先初始化并使能 DMA 通道和缓冲区。

也可以在使能 DMA 通道之前先使能 UART 和 UART 发送器。这种情况下，UART 发送器的 DMA 请求将丢失，用户应用程序必须通过将 DMAxREQ 寄存器中的 FORCE 位置 1 来发出 DMA 请求，以启动 DMA 传输。

6.3 DMA 寄存器

每个 DMAC 通道 x(x 的范围为 0 至 3)均包含以下寄存器：16 位 DMA 通道 x 控制寄存器(DMAxCON)、16 位 DMA 通道 xIRQ 选择寄存器(DMAxREQ)、32 位 DMA 通道 x 起始地址寄存器 A 高位字/低位字(DMAxSTAH/L)、32 位 DMA 通道 x 起始地址寄存器 B 高位字/低位字(DMAxSTBH/L)、16 位 DMA 通道外设地址寄存器(DMAxPAD)和 14 位 DMA 通道 x 传输计数寄存器(DMAxCNT)。还有一些状态寄存器(DMAPWC、DMARQC、DMAPPS、DMALCA 和 DSADRH/L)是所有 DMAC 通道共用的，这些状态寄存器提供关于写冲突和请求冲突的信息，以及最近地址和通道访问信息。DMA 中断标志(DMAxIF)位于中断控制器的 IFSx 寄存器中，对应的 DMA 中断允许位(DMAxIE)位于中断控制器的 IECx 寄存器中，对应的 DMA 中断优先级位(DMAxIP)位于中断控制器的 IPCx 寄存器中。

1. DMAxCON(DMA 通道 x 控制寄存器)

DMAxCON 用于配置相应的 DMA 通道：使能/禁止通道，指定数据传输长度、方向和数据块中断方法，以及选择 DMA 通道寻址模式、工作模式和空数据写模式。具体内容如表 6-2 所示。

表 6-2　DMAxCON——DMA 通道 x 控制寄存器

R/W-0	R/W-0	R/W-0	R/W-0	R/W-0	U-0	U-0	U-0
CHEN	SIZE	DIR	HALF	NULLW	—	—	—
bit 15							bit 8
U-0	U-0	R/W-0	R/W-0	U-0	U-0	R/W-0	R/W-0
—	—	AMODE1	AMODE0	—	—	MODE1	MODE0
bit 7							bit 0

bit 15——CHEN：DMA 通道使能位。

1＝使能通道；0＝禁止通道。

bit 14——SIZE：DMA 数据传输长度位。

1＝字节；0＝字。

bit 13——DIR：DMA 传输方向位(源/目标总线选择)。

1＝从 RAM 地址读取，写入外设地址；0＝从外设地址读取，写入 RAM 地址。

bit 12——HALF：DMA 数据块传输中断选择位。

1＝当传送了一半数据时，发出中断；0＝当传送了全部数据时，发出中断。

bit 11—NULLW：空数据外设写模式选择位。

1＝除将外设地址中的数据写入 RAM 外，还将空数据写入外设地址(DIR 位也必须清零)；0＝正常工作。

bit 10～bit 6——未实现：读为 0。

bit 5～bit 4——AMODE<1:0>：DMA 通道寻址模式选择位。

11＝保留；10＝外设间接寻址模式；01＝不带后递增的寄存器间接寻址模式；00＝带后递增的寄存器间接寻址模式。

bit 3～bit 2——未实现：读为 0。

bit 1～bit 0——MODE<1:0>：DMA 通道工作模式选择位。

11＝单数据块，使能“乒乓”模式(与每个 DMA 缓冲区之间传输一块数据)；10＝连续数据块，使能“乒乓”模式；01＝单数据块，禁止“乒乓”模式；00＝连续数据块，禁止“乒乓”模式。

2. DMAxREQ(DMA 通道 x IRQ 选择寄存器)

DMAxREQ 用于通过为 DMA 通道分配外设 IRQ，将 DMA 通道与支持 DMA 的特定外设关联。具体内容如表 6-3 所示。

表 6-3　DMAxREQ——DMA 通道 x IRQ 选择寄存器

R/S-0	U-0	U-0	U-0	U-0	U-0	U-0	U-0
FORCE	—	—	—	—	—	—	—
bit 15							bit 8
R/W-0	R/W-0	R/W-0	R/W-0	R/W-0	R/W-0	R/W-0	R/W-0
IRQSEL7	IRQSEL6	IRQSEL5	IRQSEL4	IRQSEL3	IRQSEL2	IRQSEL1	IRQSEL0
bit 7							bit 0

bit 15——FORCE：强制 DMA 传输位。

1=强制进行单次 DMA 传输(手动模式)；0 = 按照 DMA 请求自动启动 DMA 传输。

bit 14～bit 8——未实现：读为 0。

bit 7～bit 0——IRQSEL<7:0>：DMA 外设 IRQ 编号选择位。

01000110=发送数据请求(CAN1)；　00100110=输入捕捉 4(IC4)；
00100101=输入捕捉 3(IC3)；　00100010=接收数据就绪(CAN1)；
00100001=SPI2 传输完成(SPI2)；　00011111=UART2 发送器(UART2TX)；
00011110=UART2 接收器(UART2RX)；　00011100=Timer5(TMR5)；
00011011=Timer4(TMR4)；　00011010=输出比较 4(OC4)；
00011001=输出比较 3(OC3)；　00001101=ADC1 转换完成(ADC1)；
00001100=UART1 发送器(UART1TX)；00001011=UART1 接收器(UART1RX)；
00001010=SPI1 传输完成(SPI1)；　00001000=Timer3(TMR3)；
00000111=Timer2(TMR2)；　00000110= 输出比较 2(OC2)；
00000101=输入捕捉 2(IC2)；　00000010=输出比较 1(OC1)；
00000001=输入捕捉 1(IC1)；　00000000=外部中断 0(INT0)。

要注意的是，FORCE 位不能被用户软件清零，当强制的 DMA 传输完成或通道被禁止(CHEN = 0)时，FORCE 位由硬件清零，并且该选择位仅在 dsPIC33EVXXXGM10X 器件上可用。

3. DMAxSTA(DMA 通道 x 起始地址寄存器 A)

DMAxSTA 是一个 24 位寄存器，由两个 16 位寄存器 DMAxSTAH 和 DMAxSTAL 组成，这两个寄存器分别包含 bit 23～bit 16 和 bit 15～bit 0。DMAxSTA 寄存器只能通过读写 DMAxSTAH 和 DMAxSTAL 寄存器进行访问。该寄存器用于指定要通过 DMA 通道 x 传输到或从 DPSRAM(或 RAM)传输的数据块的主起始地址，读该寄存器将返回最新的传输地址的值。如果使能了通道 x(即通道处于工作状态)，应该避免写入该寄存器，否则可能导致不可预测的行为。

4. DMAxSTB(DMA 通道 x 起始地址寄存器 B)

DMAxSTB 是一个 24 位寄存器，由两个 16 位寄存器 DMAxSTBH 和 DMAxSTBL 组成，这两个寄存器分别包含 bit 23～bit 16 和 bit 15～bit 0。DMAxSTB 寄存器只能通过读写 DMAxSTBH 和 DMAxSTBL 寄存器进行访问。该寄存器用于指定要通过 DMA 通道 x 传输到或从 DPSRAM(或 RAM)传输的数据块的辅助起始地址，读该寄存器将返回最新的传输地址的值。如果使能了通道 x(即通道处于工作状态)，应该避免写入该寄存器，否则可能导致不可预测的行为。

5. DMAxPAD(DMA 通道 x 外设地址寄存器)

DMAxPAD 包含外设数据寄存器的静态地址，如果使能了相应的 DMA 通道(即通道处于工作状态)，应该避免写入该寄存器，否则可能导致不可预测的行为。

6. DMAxCNT(DMA 通道 x 传输计数寄存器)

DMAxCNT 包含传输计数，DMAxCNT + 1 代表通道必须处理的 DMA 请求数，处理完该数量的请求之后，数据块传输才视为完成，即 DMAxCNT 值为 0 时将传输一个数据元素。DMAxCNT 寄存器的值与传输数据长度(DMAxCON 寄存器中的 SIZE 位)无关。如果使能了相应的 DMA 通道(即通道处于工作状态)，写入该寄存器可能导致不可预测的行为，应该避免。

7. DSADR(DMA 最近访问的 DPSRAM 地址寄存器)

DSADR 是 16 位只读状态寄存器，由所有 DMA 通道共用。它捕捉最近一次 DPSRAM 访问(读或写)的地址，并在复位时清零。因此，如果在任何 DMA 活动之前读取它，它包含的值为 0x0000。任意时刻都可以访问该寄存器，但该寄存器主要用于协助调试。

8. DMAPWC(DMA 外设写冲突状态寄存器)

DMAPWC 是 16 位只读状态寄存器，由所有 DMA 通道共用，它包含外设写冲突标志 PWCOLx。

9. DMARQC(DMA 请求冲突状态寄存器)

DMARQC 是 16 位只读状态寄存器，由所有 DMA 通道共用，它包含 DMA 请求冲突标志 RQCOLx。

10. DMALCA(上一次工作的 DMA 通道状态寄存器)

DMALCA 是 16 位只读状态寄存器，用于指示哪个 DMA 通道最近处于工作状态。

11. DMAPPS(DMA“乒乓”状态寄存器)

DMAPPS 是 16 位只读状态寄存器，通过指示哪个起始地址寄存器(DMAxSTA 或 DMAxSTB)被选定来提供每个 DMA 通道的“乒乓”模式状态。

6.4 DMA 的传输方式

6.4.1 数据传输

图 6-16 给出了外设和双端口 SRAM 之间的数据传输的示意图。在该示例中，DMA 通道 5 配置为使用 DMA 就绪外设 1 工作。

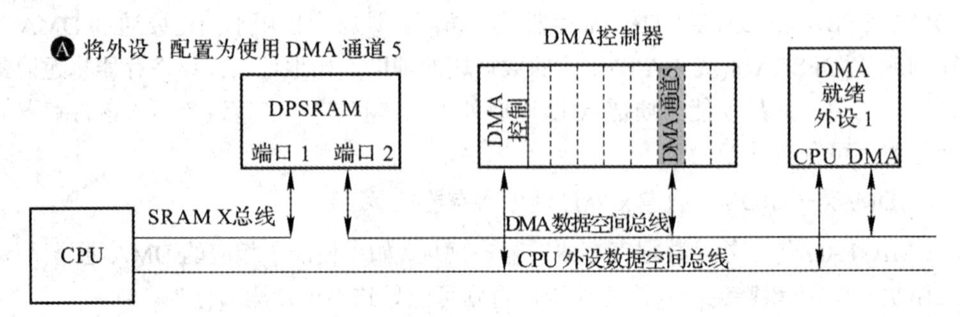

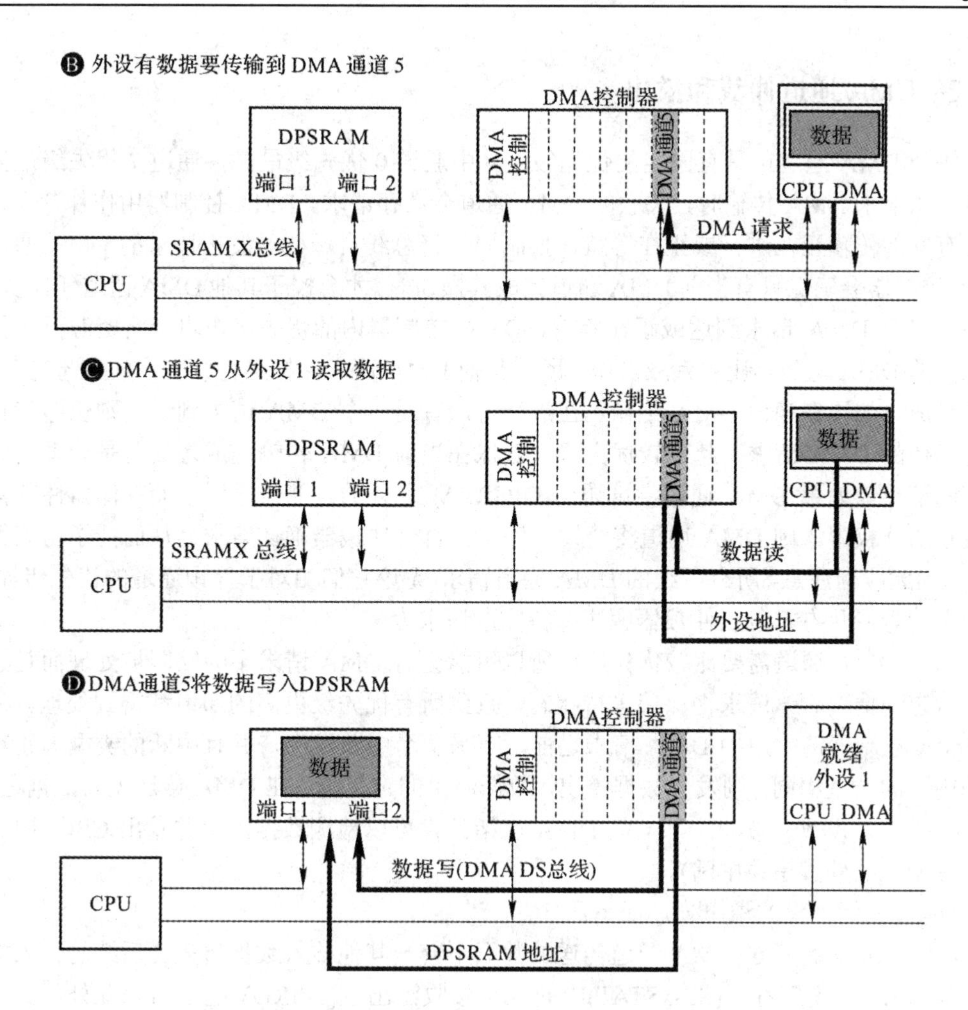

图 6-16　DPSRAM 的 DMA 数据传输示例

当数据准备好从外设传输时，外设会发出 DMA 请求，DMA 请求与所有其他同时产生的请求一起接受仲裁。如果该通道的优先级最高，则会在下一个周期完成传输；否则 DMA 请求保持等待状态，直到它的优先级变为最高。DMA 通道对指定的外设地址执行读数据操作，该外设地址由用户应用程序在工作通道内定义，并且 DMA 通道将数据写入指定的 DPSRAM 地址。该示例代表寄存器间接寻址模式，在该模式下，DPSRAM 地址在 DMA 通道内通过 DMA 寄存器(DMAxSTA 或 DMAxSTB)指定。在外设间接寻址模式下，DPSRAM 地址将从外设而不是工作通道获得。

整个 DMA 读和写传输操作在单个指令周期内无中断地完成。在这整个过程中，DMA 请求一直锁存在 DMA 通道中，直到数据传输完成，DMA 通道会同时监视传输计数器寄存器(DMA5CNT)。当传输计数达到用户应用程序指定的限制时，数据传输即视为完成，并发出 CPU 中断，提醒 CPU 处理新接收到的数据。在数据传输周期中，DMA 控制器还会继续对后续的或待处理 DMA 请求进行仲裁，以最大程度提高吞吐量。外设和 SRAM 之间的数据传输类似于图 6-16 给出的示例，但是，对于 SRAM 的所有访问都将通过一个仲裁器进行门控，这可能会导致潜在的 DMA 或 CPU 停顿。

6.4.2 DMA 通道仲裁和溢出

每个 DMA 通道都具有固定的优先级，其中通道 0 优先级最高，通道 7 优先级最低。当某个源请求 DMA 传输时，关联的 DMA 通道会锁存请求。DMA 控制器用作仲裁器，如果没有其他传输正在进行或正在等待，控制器会将总线资源授予发出请求的 DMA 通道。DMA 控制器会确保只有当前 DMA 通道完成其操作时，才会授予其他 DMA 通道任何资源。如果有多个 DMA 请求到达或正在等待，DMA 控制器内的优先级逻辑会将资源授予优先级最高的 DMA 通道，让它完成操作。所有其他 DMA 请求保持等待状态，直到选定 DMA 传输完成。如果在当前 DMA 传输正在进行时，有另一个 DMA 请求到达，则也会将它与所有等待的 DMA 请求一起比较优先级，确保在当前 DMA 传输完成之后总是处理优先级最高的请求。如果 DMA 通道尝试访问 DPSRAM 之外的存储器区域，而存储器仲裁器无法授予访问权限，则 DMA 通道将会发生停顿，直到仲裁器确认请求，从而授予访问权限为止。因此应当注意，所有后续的 DMA 通道请求(无论它们相对于停顿通道的优先级如何)都会保持等待状态，直到仲裁器解决掉待完成请求为止。

由于 DMA 通道需要比较优先级，所以可能会有 DMA 请求不会立即被处理而是进入等待状态的情况。该请求将保持等待状态，直到所有优先级更高的通道都得到处理。如果在 DMA 控制器清除原始 DMA 请求之前，有另一个中断发生，并且中断的类型与正在等待的中断的类型相同，则发生数据溢出。数据溢出的定义为：在 DMA 传送先前数据之前，新数据进入外设数据缓冲区。一些 DMA 就绪外设可以检测数据溢出并发出 CPU 中断(如果允许相应的外设错误中断)。

DMA 就绪外设的溢出处理如下：

(1) SPI：等待通过 DMA 通道传送的数据不会被其他传入数据覆盖。后续的传入数据会丢失，SPI 状态寄存器(SPIxSTAT)中的 SPI 接收溢出位(SPIROV)会置 1。此外，如果将中断控制器的中断允许控制寄存器(IECx)中的 SPI 错误中断允许位(SPIxEIE)置 1，则还会产生 SPIx 故障中断。

(2) UART：等待通过 DMA 通道传送的数据不会被其他传入数据覆盖。后续的传入数据会丢失，UART 状态寄存器(UxSTA)中的溢出错误位(OERR)会置 1。此外，如果将中断控制器的中断允许控制寄存器(IECx)中的 UART 错误中断允许位(UxEIE)置 1，则还会产生 UARTx 错误中断。

(3) DCI：等待通过 DMA 通道传送的数据会被其他传入数据覆盖，并且 DCI 状态寄存器(DCISTAT)中的接收溢出位(ROV)会置 1。此外，如果将中断控制器的中断允许控制寄存器(IECx)中的 DCI 错误中断允许位(DCIEIE)置 1，则还会产生 DCI 故障中断。

(4) 10 位/12 位 ADC：等待通过 DMA 通道传送的数据会被其他传入数据覆盖，ADC 不会检测溢出条件。

其他 DMA 就绪外设不会发生数据溢出，只有 DMA 从外设向存储器传送数据时，才能在硬件中检测到数据溢出。从存储器到外设的 DMA 数据传输(例如，基于缓冲区为空中断)总是会被执行，产生的任何存储器溢出都必须使用软件进行检测，重复的 DMA 请求会被忽略，等待处理的请求会保持等待状态。与通常情况一样，DMA 通道会在传输最终完成时清除 DMA 请求。如果此时 CPU 不进行干预，则传输的数据将是最新的(溢出)数据，先前的数据将丢失。用户应用程序可以根据数据源的性质，使用不同方式来处理溢出错误。DMAC 与数据源/陷阱之间的数据恢复和重新同步是一项高度依赖于应用的任务。对于流数据(例如通过 DCI 外设来自编/解码器的数据)，应用程序可以忽略丢失的数据。在进入外设溢出中断之前，等待处理的 DMA 请求已经将溢出数据值传送到丢失数据的正确目标地址。可以将该数据传送到它的正确地址处，并在丢失数据的位置中插入空数据值，然后，可以相应地调整通道的存储器地址。对于故障通道的后续 DMA 请求，可以像正常情况一样将数据传输到修正后的存储器地址。对于不能丢失数据的应用，外设溢出中断需要中止当前的数据块传输，重新初始化 DMA 通道，并请求重新发送丢失前的数据。

6.4.3　数据写和请求冲突

1. 数据写冲突

CPU 和 DMA 通道可以同时读/写任意 DPSRAM 或 DMA 就绪外设数据寄存器，唯一的约束是 CPU 和 DMA 通道不应同时对同一地址执行写操作。但是，如果由于某些原因确实产生了这种情况，则会对该情况进行检测，并允许优先执行 CPU 写操作。在 CPU 读取某个单元时，还允许 DMA 通道在同一总线周期中对同一单元进行写操作，反之亦然。但应当注意，读操作返回的是旧数据，而不是在该总线周期中写入的数据。这种情况被视为正常操作，不会导致执行任何特殊操作。

在 CPU 和 DMA 通道同时对同一外设地址执行写操作时，DMA 外设写冲突状态寄存器(DMAPWC)中的 PWCOLx 位会置 1，所有冲突状态标志会进行逻辑或操作，产生共用的 DMAC 故障陷阱。当用户应用程序清零中断控制器寄存器(INTCON1)中的 DMAC 错误状态位(DMACERR)时，PWCOLx 标志会被自动清零。当 PWCOLx 保持置 1 时，对存在写冲突错误的通道的后续 DMA 请求会被忽略。

表 6-4 总结了各种并发事件，以及器件如何处理它们。

表 6-4　双端口元件并发访问规则

访问类型	CPU 操作	DMA 读	DMA 写	备　注
DPSRAM 并发访问	CPU 读	正常	—	允许并发 CPU 和 DMA 读取
	CPU 读	—	正常	DMA 将覆盖 CPU 读取的数据
	CPU 写	正常	—	CPU 将覆盖 DMA 读取的数据
	CPU 写	—	CPU 优先	DMA 写操作被忽略
SFR 并发访问	CPU 读	正常	—	允许并发 CPU 和 DMA 读取
	CPU 读	—	正常	DMA 将覆盖 CPU 读取的数据
	CPU 写	正常	—	CPU 将覆盖 DMA 读取的数据
	CPU 写	—	CPU 优先	DMA 写操作被忽略；PWCOLx 标志置 1

下面给出了 DMA 控制器陷阱处理的示例。

```
void_attribute_ ((_interrupt，no_auto_psv)) _DMACError(void)
```

```
{
    static unsigned int ErrorLocation;

    if (DMACS0 & 0x0100)
    {
        ErrorLocation = DMA0STA;                //外围写冲突错误位置
    }

    if (DMACS0 & 0x0002)
    {
        ErrorLocation = DMA1STA;                // DMA RAM 写冲突错误位置
    }
    DMACS0 = 0;                                 //清除写冲突标志
    INTCON1bits.DMACERR = 0;                    //清除陷阱标志
}
```

上述例程中使用 DMA 通道 0 从 DPSRAM 向外设(UART)传输数据，使用 DMA 通道 1 从外设(ADC)向 DPSRAM 传输数据。

2. 通道请求冲突

如果有一个基于中断的有效 DMA 请求正在进行处理、等待处理或与手动启动的传输(FORCE = 1)同时到达同一通道，则手动请求通常会被丢弃(忽略)，并优先处理基于中断的请求。当检测到请求冲突时，DMA 请求冲突寄存器(DMARQC)中相应的标志(RQCOLx)会置 1。由于 DMA 传输可以是多周期事件，所以即使用户强制启动的传输请求和基于中断的传输请求在相互不同的时间到达，仍然可能会产生请求冲突。此处的冲突被定义为：强制启动的传输请求和基于中断的传输请求在任意周期中发生重叠。在处理请求冲突时，如果基于中断的请求和 FORCE 位置 1 同时发生，在这种冲突情况下，FORCE 请求会被丢弃，FORCE 位会自动清零，并且相应的 RQCOL 位置 1，基于中断的请求可以继续进行；如果基于中断的请求已启动传输，而 FORCE 位随后置 1，在这种冲突情况下，FORCE 请求会被丢弃，FORCE 位会自动清零，并且相应的 RQCOL 位置 1，基于中断的请求仍可以继续进行；如果 FORCE 请求已启动传输，并且它是在基于中断的请求发生之前到达的，在这种冲突情况下，FORCE 请求可以继续进行，但基于中断的请求将会保持等待状态，直到 FORCE 请求完成为止，然后，FORCE 位会自动清零，并且相应的 RQCOL 位置 1，之后将执行基于中断的请求。

第 7 章　振荡器与复位

数字信号控制器运行需要时钟支持，而时钟频率决定了 DSC 的工作效率。振荡器系统可以为 DSC 提供一个性能良好的时钟源，作为 DSC 的心脏为其提供动力。不同的振荡器配置可满足 DSC 不同的时钟需求。而时钟源可以通过选择外部或内部振荡器等不同配置获取更高的工作速度，从而提高单片机的整体性能。本章主要介绍 dsPIC33EV 5V 系列高温 DSC 的振荡器系统配置和复位等内容。

7.1　振荡器系统概述

7.1.1　简介

振荡器是用来产生重复电子信号(通常是正弦波或方波)的电子元件，其构成的电路叫振荡电路。此电路能将直流电转换为具有一定频率交流电信号输出的电子电路或装置。图 7-1 给出了 dsPIC33EV 系列振荡器系统的框图。

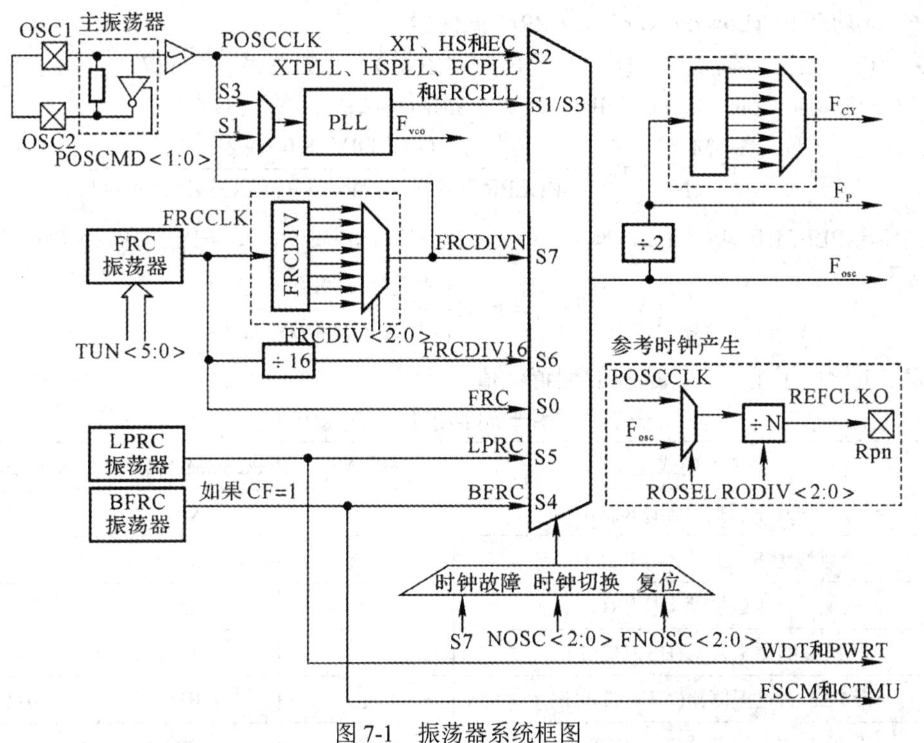

图 7-1　振荡器系统框图

dsPIC33EV 系列振荡器系统包括以下特性：

(1) 具有 4 个外部和内部振荡器选项。

(2) 具有片上锁相环(Phase-Locked Loop, PLL)，可基于选定的内部和外部振荡器源升高内部工作频率。

(3) 可在各种时钟源之间进行动态时钟切换。

(4) 具有用于节省系统功耗的打盹模式。

(5) 具有故障保护时钟监视器(Fail-Safe Clock Monitor, FSCM)，可检测时钟故障，并允许安全地恢复或关闭应用。

(6) 具有用于时钟源选择的非易失性配置位。

(7) 具有可调节的参考时钟输出(并非在所有器件上都有)。

7.1.2　CPU 时钟系统

dsPIC33EV 系列器件提供以下 6 种系统时钟选项：

(1) 快速 RC(FRC)振荡器。

(2) 带 PLL 的 FRC 振荡器。

(3) 带后分频器的 FRC 振荡器。

(4) 主振荡器(Primary OSCillator, POSC)，分为标准振荡(Crystal Oscillator, XT)模式、高速振荡(High-Speed Oscillator, HS)模式和外部时钟振荡(External Clock Source Operation, EC)模式。

(5) 带 PLL 的主振荡器。

(6) 低功耗 RC(Low-Power RC, LPRC)振荡器。

公式(7-1)给出了输入频率(F_{IN})和输出频率(F_{OSC})之间的关系。公式(7-2)给出了 F_{IN} 和压控振荡器(Voltage Controlled Oscillator, VCO)频率(F_{SYS})之间的关系。

$$F_{OSC} = F_{IN} \times \frac{M}{N_1 \times N_2} = F_{IN} \times \frac{(PLLDIV<8:0> + 2)}{(PLLPRE<4:0> + 2) \times 2(PLLPOST<1:0> + 1)} \tag{7-1}$$

其中：$N_1 = PLLPRE<4:0> + 2$，$N_2 = 2 \times (PLLPOST<1:0> + 1)$，$M = PLLDIV<8:0> + 2$。

$$F_{SYS} = F_{IN} \times \frac{M}{N_1} = F_{IN} \times \frac{(PLLDIV<8:0> + 2)}{(PLLPRE<4:0> + 2)} \tag{7-2}$$

表 7-1 给出了用于时钟选择的配置位值。

表 7-1　用于时钟选择的配置位值

振荡器模式	振荡器源	POSCMD<1:0>	FNOSC<2:0>
N 分频快速 RC 振荡器(FRCDIVN)	内部	xx	111
16 分频快速 RC 振荡器(FRCDIV16)	内部	xx	110
低功耗 RC 振荡器(LPRC)	内部	xx	101
带 PLL 的主振荡器(HS)(HSPLL)	主	10	011
带 PLL 的主振荡器(XT)(XTPLL)	主	01	011
带 PLL 的主振荡器(EC)(ECPLL)	主	00	011

续表

振荡器模式	振荡器源	POSCMD<1:0>	FNOSC<2:0>
主振荡器(HS)	主	10	010
主振荡器(XT)	主	01	010
主振荡器(EC)	主	00	010
带 PLL 的 N 分频快速 RC 振荡器(FRC)(FRCPLL)	内部	xx	001
快速 RC 振荡器(FRC)	内部	xx	000

图 7-2 给出了时钟和指令周期时序。其时序图显示了系统时钟 F_{OSC}、指令周期时钟 F_{CY} 和程序计数器之间的关系。

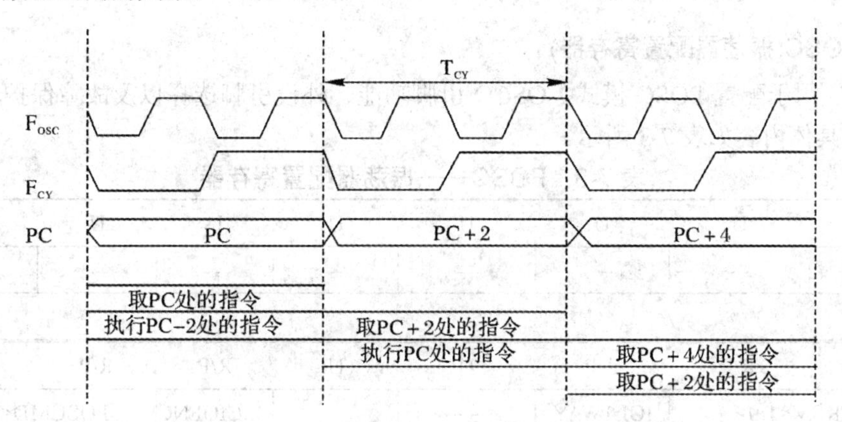

图 7-2　时钟和指令周期时序

7.2　振荡器寄存器

7.2.1　振荡器配置寄存器

振荡器配置寄存器包括 FOSCSEL 和 FOSC，它们位于程序存储空间中，不属于特殊功能寄存器。这两个寄存器被映射到程序存储空间中，并在进行器件编程时设定。

1. FOSCSEL(振荡器源选择寄存器)

FOSCSEL 用于选择初始振荡器源和启动选项，具体内容如表 7-2 所示。

表 7-2　FOSCSEL——振荡器源选择寄存器

U	U	U	U	U	U	U	U
—	—	—	—	—	—	—	—
bit 15							bit 8
R/P	U	U	U	U	R/P	R/P	R/P
IESO	—	—	—	—	FNOSC<2:0>		
bit 7							bit 0

bit 15～bit 8——保留：保留位必须编程为 1。

bit 7——IESO：内部/外部启动选项位。

1＝使用内部 FRC 启动器件，然后自动切换为就绪的用户选择的振荡器源；0＝使用用户选择的振荡器源启动器件。

bit 6～bit 3——保留：保留位必须编程为 1。

bit 2～bit 0——FNOSC<2:0>：初始振荡器源选择位。

111＝带 N 分频的快速 RC 振荡器；110＝带 16 分频的快速 RC 振荡器；101＝低功耗 RC 振荡器；100＝辅助振荡器；011＝带 PLL 的主振荡器(XTPLL、HSPLL 和 ECPLL)；010＝主振荡器(XT、HS 和 EC)；001＝带 PLL 的快速 RC 振荡器；000＝快速 RC 振荡器。

2. FOSC(振荡器配置寄存器)

FOSC 用于配置 POSC 模式、OSCO 引脚功能、外设引脚选择以及故障保护和时钟切换模式，具体内容如表 7-3 所示。

表 7-3　FOSC——振荡器配置寄存器

U	U	U	U	U	U	U	U
—	—	—	—	—	—	—	—
bit 15							bit 8
R/P	R/P	R/P	U	U	R/P	R/P	R/P
FCKSM<1:0>		IOL1WAY	—	—	OSCIOFNC	POSCMD<1:0>	
bit 7							bit 0

bit 15～bit 8——保留：保留位必须编程为 1。

bit 7～bit 6——FCKSM<1:0>：时钟切换模式位。

1x＝禁止时钟切换，禁止 FSCM；01＝使能时钟切换，禁止 FSCM；00＝使能时钟切换，使能 FSCM。

bit 5——IOL1WAY：外设引脚选择配置位。

1＝只允许一次重新配置；0＝允许多次重新配置。

bit 4～bit 3——保留：保留位必须编程为 1。

bit 2——OSCIOFNC：OSC2 引脚功能位(XT 和 HS 模式除外)。

1＝OSC2 为时钟输出，在 OSC2 引脚上输出指令周期时钟；0＝OSC2 为通用数字 I/O 引脚。

bit 1～bit 0——POSCMD<1:0>：POSC 模式选择位。

11＝禁止 Posc；10＝HS 晶振模式(10～60 MHz)；01＝XT 晶振模式(3.5～10 MHz)；00＝EC(外部时钟)模式(0～60 MHz)。

7.2.2　特殊功能寄存器

以下 5 个特殊功能寄存器提供振荡器系统运行时的控制位和状态位。

1. OSCCON(振荡器控制寄存器)

OSCCON 控制时钟切换，并提供用于监视当前时钟源、PLL 锁定和时钟故障条件的状态信息。具体内容如表 7-4 所示。

表 7-4　OSCCON——振荡器控制寄存器

U-0	R-0	R-0	R-0	U-0	R/W-y	R/W-y	R/W-y
—	COSC2	COSC1	COSC0	—	NOSC2	NOSC1	NOSC0
bit 15							bit 8

R/W-0	R/W-0	R-0	U-0	R/C-0	U-0	U-0	R/W-0
CLKLOCK	IOLOCK	LOCK	—	CF	—	—	OSWEN
bit 7							bit 0

bit 15——未实现：读为 0。

bit 14～bit 12——COSC<2:0>：当前振荡器选择位(只读)。

111＝N 分频快速 RC 振荡器；110＝16 分频快速 RC 振荡器；101＝低功耗 RC 振荡器；100＝备用 FRC 振荡器(BFRC)；011＝带 PLL 的主振荡器(XT、HS 和 EC)；010＝主振荡器(XT、HS 和 EC)；001＝带 PLL 的 N 分频快速 RC 振荡器；000＝快速 RC 振荡器。

bit 11——未实现：读为 0。

bit 10～bit 8——NOSC<2:0>：新振荡器选择位。

111＝N 分频快速 RC 振荡器；110＝16 分频快速 RC 振荡器；101＝低功耗 RC 振荡器；100＝保留；011＝带 PLL 的主振荡器(XT、HS 和 EC)；010＝主振荡器(XT、HS 和 EC)；001＝带 PLL 的 N 分频快速 RC 振荡器；000＝快速 RC 振荡器。

bit 7——CLKLOCK：时钟锁定使能位。

1＝如果 FCKSM0＝1，则锁定时钟和 PLL 配置；如果 FCKSM0＝0，则可以修改时钟和 PLL 配置。0＝不锁定时钟和 PPL 选择，可以修改配置。

bit 6——IOLOCK：I/O 锁定使能。

1＝锁定 I/O；0＝不锁定 I/O。

bit 5——LOCK：PLL 锁定状态位(只读)。

1＝指示 PLL 处于锁定状态或 PLL 起振定时器延时结束；0＝指示 PLL 处于失锁状态，起振定时器在进行延时或 PLL 被禁止。

bit 4——未实现：读为 0。

bit 3——CF：时钟故障检测位(由应用程序读取/清零)。

1＝FSCM 已检测到时钟故障；0＝FSCM 未检测到时钟故障。

bit 2～bit 1——未实现：读为 0。

bit 0——OSWEN：振荡器切换使能位。

1＝请求振荡器切换到由 NOSC<2:0>位指定的选择；0＝振荡器切换已完成。

2. CLKDIV(时钟分频比寄存器)

CLKDIV 控制打盹模式，并选择 PLL 预分频比、PLL 后分频比和 FRC 后分频比。具体内容如表 7-5 所示。

表 7-5　CLKDIV—时钟分频比寄存器

R/W-0	R/W-0	R/W-0	R/W-0	R/W-0	R/W-0	R/W-0	R/W-1
ROI	DOZE2	DOZE1	DOZE0	DOZEN	FRCDIV2	FRCDIV1	FRCDIV0
bit 15							bit 8
R/W-0	R/W-0	U-0	R/W-0	R/W-0	R/W-0	R/W-0	R/W-0
PLLPOST1	PLLPOST0	—	PLLPRE4	PLLPRE3	PLLPRE2	PLLPRE1	PLLPRE0
bit 7							bit 0

bit 15——ROI：中断恢复位。

1＝中断将清零 DOZEN 位；0＝中断对 DOZEN 位没有影响。

bit 14～bit 12——DOZE<2:0>：处理器时钟分频比选择位。

111＝F_{CY} 被 128 分频；110＝F_{CY} 被 64 分频；101＝F_{CY} 被 32 分频；100＝F_{CY} 被 16 分频；011＝F_{CY} 被 8 分频；010＝F_{CY} 被 4 分频；001＝F_{CY} 被 2 分频；000＝F_{CY} 被 1 分频。

bit 11——DOZEN：打盹模式使能位。

1＝DOZE<2:0>位域指定外设时钟与处理器时钟之间的频率比；0＝处理器时钟与外设时钟之间的频率比被强制为 1∶1。

bit 10～bit 8——FRCDIV<2:0>：内部 FRC 振荡器后分频比位。

111＝FRC 被 256 分频；110＝FRC 被 64 分频；101＝FRC 被 32 分频；100＝FRC 被 16 分频；011＝FRC 被 8 分频；010＝FRC 被 4 分频；001＝FRC 被 2 分频(默认设置)；000＝FRC 被 1 分频。

bit 7～bit 6——PLLPOST<1:0>：PLLVCO 输出分频比选择位(也表示为“N_2”，PLL 后分频比)。

11＝输出被 8 分频；10＝保留；01＝输出被 4 分频；00＝输出被 2 分频。

bit 5——未实现：读为 0。

bit 4～bit 0——PLLPRE<4:0>：PLL 相位检测器输入分频比选择位(也表示为“N_1”，PLL 预分频比)。

00000＝输入被 2 分频(默认设置)；00001＝输入被 3 分频；依次递增 1 分频，以此类推，直至 11111＝输入被 33 分频。

3. PLLFBD(PLL 反馈分频比寄存器)

PLLFBD 用于选择 PLL 反馈分频比。其 bit 15～bit 9 未实现，bit 8～bit 0 是 PLL 反馈分频比位(也表示为“M”，PLL 倍频比)PLLDIV<8:0>。其 000000000 = 2；000000001 = 3；000000010 = 4；依次递增 1，以此类推，直至 111111111 = 513。其中 000110000 = 50 是默认设置。

4. OSCTUN(FRC 振荡器调节寄存器)

OSCTUN 用于用软件调节内部 FRC 振荡器频率，它允许在 ±12%的范围内对 FRC 振荡器频率进行调节。其 bit 15～bit 6 未实现，bit 5～bit 0 是 FRC 振荡器调节位 TUN<5:0>。

000000＝中心频率(标称值 7.37 MHz)；000001＝中心频率＋0.048%(7.373 MHz)；每次递增 0.048%，以此类推，直至 011111＝中心频率＋1.5%(7.48 MHz)；100000＝中心频率－1.548%(7.2552 MHz)；100001＝中心频率－1.5%(7.259 MHz)；依次递增 0.048%，以此类推，直至 111111＝中心频率－0.048%(7.363 MHz)。

5. REFOCON(参考振荡器控制寄存器)

REFOCON 控制和选择参考振荡器的分频比位，具体内容如表 7-6 所示。

表 7-6　REFOCON——参考振荡器控制寄存器

R/W-0	U-0	R/W-0	R/W-0	R/W-0	R/W-0	R/W-0	R/W-0
ROON	—	ROSSLP	ROSEL	RODIV3	RODIV2	RODIV1	RODIV0
bit 15							bit 8
U-0	U-0	U-0	U-0	U-0	U-0	U-0	U-0
—	—	—	—	—	—	—	—
bit 7							bit 0

bit 15——ROON：参考振荡器输出使能位。

1＝在 REFCLK 引脚上使能参考振荡器输出；0＝禁止参考振荡器输出。

bit 14——未实现：读为 0。

bit 13——ROSSLP：参考振荡器在休眠模式下运行情况位。

1＝参考振荡器输出在休眠模式下继续运行；0＝参考振荡器输出在休眠模式下被禁止。

bit 12——ROSEL：参考振荡器源选择位。

1＝晶振用作参考时钟；0＝系统时钟用作参考时钟。

bit 11～bit 8——RODIV<3:0>：参考振荡器分频比位。

0000＝参考时钟；0001＝参考时钟被 2 分频；0010＝参考时钟被 4 分频；0011＝参考时钟被 8 分频；依次递乘 2，以此类推，直至 1111＝参考时钟被 32 768 分频。

bit 7～bit 0——未实现：读为 0。

7.3　振荡器系统配置

7.3.1　振荡器配置

1. 主振荡器

dsPIC33EV 系列器件在 OSC1 和 OSC2 引脚上连接 POSC。通过这种连接方式，可以使用外部晶振(或陶瓷谐振器)来为器件提供时钟。根据不同的器件型号，可选择将 POSC 与内部 PLL 配合使用，从而将 F_{OSC} 升高至 140 MHz，产生 70 MIPS 的指令执行速度。POSC 提供了以下三种工作模式。

(1) XT 模式。XT 模式是中等增益、中频模式，以 3.5～10 MHz 的晶振频率工作。

(2) HS 模式。HS 模式是高增益、高频模式，以 10～25 MHz 的晶振频率工作。

(3) EC 模式。如果不使用片上振荡器，EC 模式可以将内部振荡器旁路。器件时钟由外部时钟源 0.8～60 MHz 产生，并从 OSC1 引脚输入。

表 7-7 提供了由特定位配置选择的选项，这些配置在进行器件编程时设定。

表 7-7　主振荡器的时钟源选项

FNOSC 值	POSCMD	主振荡器源和模式
010	00	主振荡器：外部时钟模式(EC)
010	01	主振荡器：中频模式(XT)
010	10	主振荡器：高频模式(HS)
011	00	带 PLL 的主振荡器：外部时钟模式(ECPLL)
011	01	带 PLL 的主振荡器：中频模式(XTPLL)
011	10	带 PLL 的主振荡器：高频模式(HSPLL)

图 7-3 给出了用于 dsPIC33EV 系列器件的推荐晶振电路图。电容 C_1 和 C_2 构成晶振的负载电容。给定晶振的最佳负载电容(C_L)由晶振制造商指定。可以使用公式(7-3)来计算负载电容(C_s 是杂散电容)。

$$C_L = C_s + \frac{C_1 \times C_2}{C_1 + C_2} \tag{7-3}$$

假定 $C_1 = C_2$，公式(7-4)给出了对于给定负载和杂散电容的电容值(C_1 和 C_2)。

$$C_1 = C_2 = 2 \times (C_L - C_s) \tag{7-4}$$

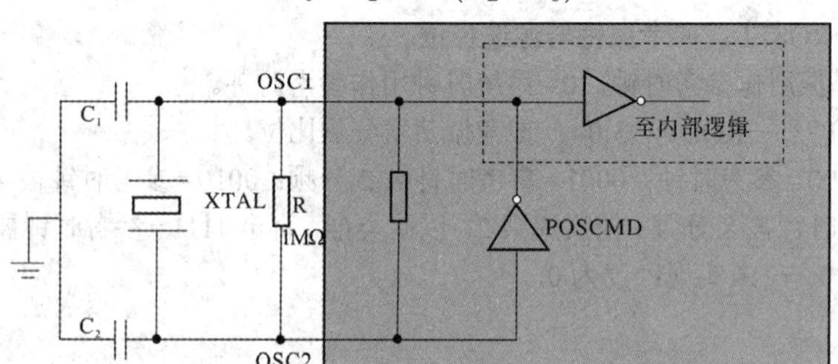

图 7-3　晶振或陶瓷谐振器工作原理(XT 或 HS 振荡器模式)

2. 振荡器起振时间

当器件电压从 V_{SS} 上升时，振荡器将开始振荡。其起振所需的时间取决于以下因素：晶振和谐振器频率、所使用的电容值(图 7-3 中的 C_1 和 C_2)、器件 V_{DD} 上升时间、系统温度、串联电阻的阻值和类型(如果使用)、为器件选择的振荡器模式(选择内部振荡器反相器的增益)、晶振品质、振荡器电路布线和系统噪声。

图 7-4 给出了典型的振荡器和谐振器起振特性图。为了确保晶振(或陶瓷谐振器)已起振并稳定，随主振荡器和辅助振荡器提供了一个振荡器起振定时器(Oscillator Start-up Timer, OST)。OST 是一个简单的 10 位计数器，在将振荡器时钟释放给系统的其他部分之前计数 1024 个周期。该超时周期表示为 T_{OST}。振荡器信号的幅度必须达到振荡器引脚的 V_{IL} 和

V_{IH} 门限值，然后 OST 才可以开始对周期进行计数。当在配置字中选择了 XT 或 HS 模式时，每次振荡器重新起振(即在上电复位(POR)、欠压复位(Brown-Out Reset, BOR)和从休眠模式唤醒)都需要等待时长为 T_{OST} 的时间。当选择 EC 模式时，T_{OST} 定时器不存在。

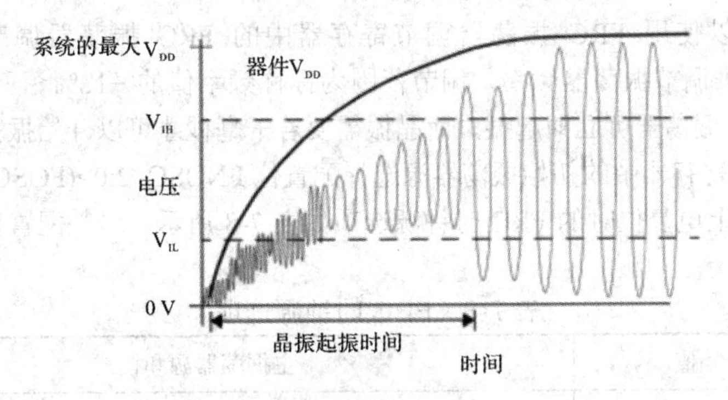

图 7-4　振荡器和谐振器起振特性示例

使能 POSC 之后，需要一定时间来起振。该延时表示为 T_{OSCD}。在 T_{OSCD} 之后，OST 定时器需要经过 1024 个 T_{OST} 才会释放时钟。因此，时钟就绪所需的总延时为 $T_{OSCD}+T_{OST}$。如果使用了 PLL，则另外还需要一个延时，以便 PLL 锁定。图 7-5 中列举了 POSC 的起振行为，即在 $T_{OSCD}+T_{OST}$ 时间间隔之后，CPU 才开始执行指令(例如以 I/O 引脚信号翻转指令)。

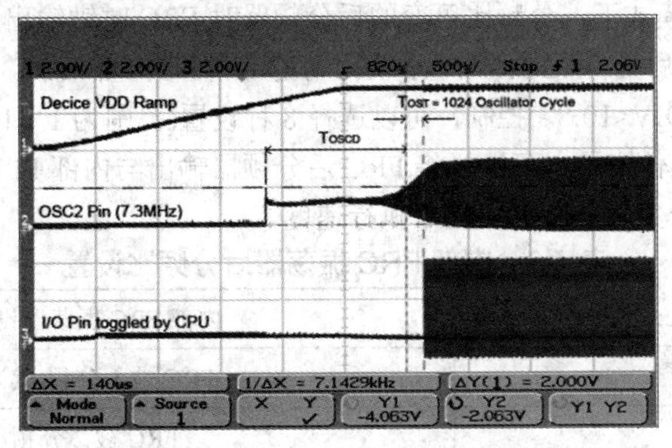

图 7-5　振荡器起振特性

3. 主振荡器引脚功能

当不使用振荡器时，P_{OSC} 引脚(OSC1 和 OSC2)可以用于其他功能。振荡器配置寄存器中的 POSCMD<1:0>配置位(FOSC<1:0>)决定振荡器引脚功能。OSCIOFNC 位(FOSC<2>)决定 OSC2 引脚功能。图 7-6(a)给出了时钟输出的 OSC2 引脚配置图，图 7-6(b)给出了数字 I/O 的 OSC2 引脚配置图。

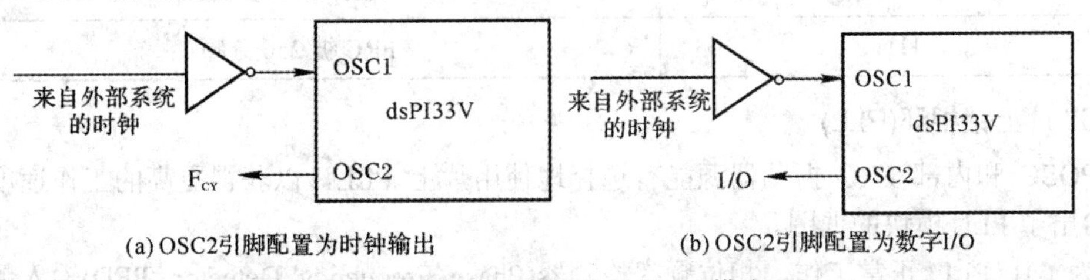

图 7-6　OSC2 引脚配置(处于 EC 模式)

4. 内部 FRC 振荡器

内部 FRC 振荡器提供标称值为 7.37 MHz 的时钟，无须使用外部晶振或陶瓷谐振器，这为不需要精确参考时钟的应用节省了系统成本。

应用软件可以使用 FRC 振荡器调节寄存器中的 FRC 振荡器调节位 TUN<5:0>(OSCTUN<5:0>)来调节振荡器频率，调节范围为标称频率值的 −12%～ +11.625%(30 kHz 步幅)。内部 FRC 振荡器可立即起振，而晶振需要若干毫秒才可以开始振荡，两者有所不同。振荡器源选择寄存器中的初始振荡器源选择配置位 FNOSC<2:0>(FOSCSEL<2:0>)来选择 FRC 时钟源。上电复位时的 FRC 时钟源选项如表 7-8 所示。这些配置位在进行器件编程时设定。

表 7-8　FRC 时钟源选项

FNOSC<2:0>值	主振荡器源和模式
000	FRC 振荡器(FRC)
001	FRC 振荡器：带 PLL，后分频器 N 分频(FRCPLL)
110	FRC 振荡器：后分频器 16 分频(FRCDIV16)
111	FRC 振荡器：后分频器 N 分频(FRCDIVN)

在 FRC 后分频模式下，分频比可变的后分频器对 FRC 时钟输出进行分频，从而可以选择较低的频率。后分频比由时钟分频比寄存器中的内部 FRC 振荡器后分频比位 FRCDIV<2:0>(CLKDIV<10:8>)控制，可以选择 8 种设置(范围为 1∶1～1∶256)，如表 7-9 所示。根据不同的器件型号，可选择将 FRC 后分频器输出与内部 PLL 配合使用，将 F_{OSC} 升高至 140 MHz，产生 70 MIPS 的指令执行速度。

表 7-9　内部 FRC 振荡器后分频比设置

FRCDIV<2:0>值	内部 FRC 振荡器设置
000	FRC 被 1 分频(默认)
001	FRC 被 2 分频
010	FRC 被 4 分频
011	FRC 被 8 分频
100	FRC 被 16 分频
101	FRC 被 32 分频
110	FRC 被 64 分频
111	FRC 被 256 分频

5. 片上锁相环(PLL)

POSC 和内部 FRC 振荡器源能有选择地使用片上 PLL，以获得更高的工作速度。图 7-7 给出了 PLL 模块的框图。

为了让 PLL 正常工作，相位频率检测器(Phase Frequency Detector, PFD)输入频率和

VCO 输出频率必须毫无例外地始终满足以下要求：

(1) PFD 输入频率(F_{PLLI})必须处于 0.8～8.0 MHz 范围内；

(2) VCO 输出频率(F_{SYS})必须处于 120～340 MHz 范围内。

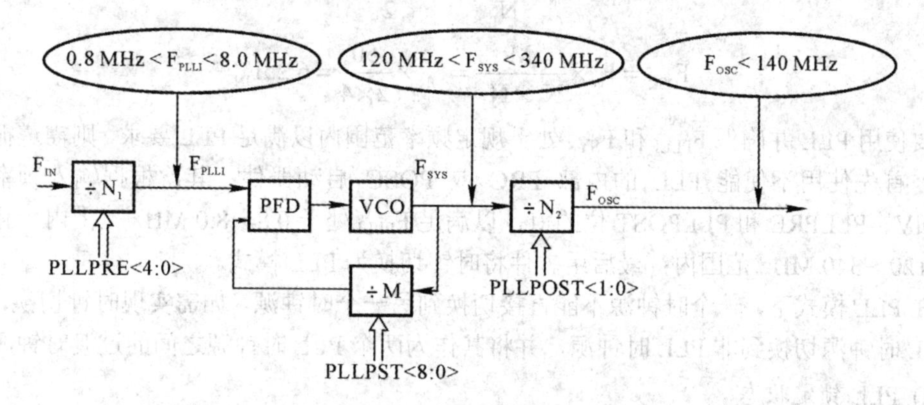

图 7-7　dsPIC33EV 系列 PLL 模块框图

时钟分频比寄存器中的PLL相位检测器输入分频比选择位PLLPRE<4:0>(CLKDIV <4:0>)指定输入分频比(N_1)，该分频比用于按比例降低 F_{IN}，以满足 F_{PLLI} 处于 0.8～8.0 MHz 范围内的要求。PLL 反馈分频比寄存器中的 PLL 反馈分频比位 PLLDIV<8:0>(PLLFBD<8:0>)指定分频比(M)，该分频比用于按比例降低 F_{SYS}，作为到 PFD 的反馈。F_{SYS} 等于 M 乘以 F_{PLLI}。时钟分频比寄存器中的 PLLVCO 输出分频比选择位 PLLPOST<1:0>(CLKDIV<7:6>)指定分频比(N_2)，该分频比用于限制 F_{OSC}。公式(7-5)给出了 F_{IN} 和 F_{SYS} 之间的关系：

$$F_{SYS} = F_{IN} \times \frac{M}{N_1} = F_{IN} \times \frac{PLLDIV + 2}{PLLPRE + 2} \tag{7-5}$$

其中：$N_1 = PLLPRE<4:0> + 2$，$M = PLLDIV<8:0> + 2$。

公式(7-6)给出了 F_{IN} 和 F_{OSC} 之间的关系：

$$F_{OSC} = F_{IN} \times \frac{M}{N_1 \times N_2} = F_{IN} \times \frac{PLLDIV<8:0> + 2}{(PLLPRE<4:0> + 2) \times 2(PLLPOST<1:0> + 1)} \tag{7-6}$$

其中：$N_2 = 2 \times (PLLPOST<1:0> + 1)$。

1) PLL 模式在启动时的输入时钟限制

表 7-10 提供了 PLL 预分频比、PLL 后分频比和 PLL 反馈分频比配置位在上电复位时的默认值。

表 7-10　PLL 模式默认值

寄存器	位　域	POR 复位时的值	PLL 分频比
CLKDIV<4:0>	PLLPRE<4:0>	00000	$N_1 = 2$
CLKDIV<7:6>	PLLPOST<1:0>	01	$N_2 = 4$
PLLFBD<8:0>	PLLDIV<8:0>	000110000	$M = 50$

根据这些复位值，公式(7-7)、公式(7-8)和公式(7-9)分别给出了在上电复位时 F_{IN} 与 F_{PLLI}、F_{SYS} 和 F_{OSC} 之间的关系：

$$F_{PLLI} = F_{IN} \times \frac{1}{N_1} = 0.5F_{IN} \tag{7-7}$$

$$F_{SYS} = F_{IN} \times \frac{M}{N_1} = F_{IN} \times \frac{50}{2} = 25F_{IN} \tag{7-8}$$

$$F_{OSC} = F_{IN} \times \frac{M}{N_1 \times N_2} = F_{IN} \times \frac{50}{2 \times 4} = 6.25F_{IN} \tag{7-9}$$

要使用 PLL 并确保 F_{PLLI} 和 F_{SYS} 处于规定频率范围内以满足 PLL 要求，则需遵循以下过程：首先使用不使能 PLL 的内部 FRC 或 POSC 启动器件；其次根据输入频率更改 PLLDIV、PLLPRE 和 PLLPOST 位的值，以满足 F_{PLLI} 处于 0.8～8.0 MHz 范围内，且 F_{SYS} 处于 120～340 MHz 范围内；最后用软件将时钟切换为 PLL 模式。

在 PLL 模式下，一个时钟源不能直接切换到另一个时钟源。如需实现时钟切换，需先将 PLL 时钟源切换到非 PLL 时钟源，并将其作为两个 PLL 时钟源之间的过渡时钟源。

2) PLL 锁定状态

每当 PLL 输入频率、PLL 预分频比或 PLL 反馈分频比改变时，PLL 需要一定时间(T_{LOCK})将其同步到新设置。在上电复位或时钟切换操作期间，可通过 T_{LOCK} 来选择 PLL 作为时钟源。T_{LOCK} 的值是相对于时钟开始可用于 PLL 输入的时间而言的。例如，使用 POSC 时，T_{LOCK} 在 OST 延时之后开始。

振荡器控制寄存器中的 LOCK 位(OSCCON<5>)是只读状态位，用于指示 PLL 的锁定状态。LOCK 位在上电复位和时钟切换操作(当 PLL 被选择作为目标时钟源时)时被清零。当选择任何不使用 PLL 的时钟源时，它保持清零。在发生使能 PLL 的时钟切换事件后，应在执行其他代码之前先等待 LOCK 位置 1。此外，当工作于 PLL 模式时，若要更改 PLL 预分频比位和 PLL 反馈分频比位，必须先将时钟切换为非 PLL 模式(如内部 FRC)，更改之后再切换回 PLL 模式。下述内容介绍了 IPLL 与 POSC 配合使用的设置。

应用以下过程设置 PLL，可使器件使用 10 MHz 外部晶振以 60 MIPS 工作。

若要以 60 MHz 执行指令，则应确保 $F_{OSC} = 2 \times F_{CY} = 120$ MHz；若要设置 PLL 并满足 PLL 要求，则应遵循以下步骤：

(1) 选择 PLL 后分频比，使得 F_{SYS} 满足要求(120 MHz < F_{SYS} < 340 MHz)。

选择 PLL 后分频比 $N_2 = 2$，确保 $F_{SYS} = F_{OSC} \times N_2 = 240$ MHz。

(2) 选择 PLL 预分频比，使得 F_{PLLI} 满足要求(0.8 MHz < F_{PLLI} < 8.0 MHz)。

选择 PLL 预分频比 $N_1 = 2$，确保 $F_{PLLI} = \frac{F_{IN}}{N_1} = 5$ MHz 。

(3) 选择 PLL 反馈分频比，根据 F_{PLLI} 决定 F_{SYS}。

$$F_{SYS} = F_{PLLI} \times M,\quad M = \frac{F_{SYS}}{F_{PLLI}} = 48$$

(4) 配置 FNOSC<2:0>位(FOSCSEL<2:0>)，选择在 POR 时使用不带 PLL 的时钟源(如内部 FRC)。

(5) 在主程序中，将 PLL 预分频比、PLL 后分频比和 PLL 反馈分频比值更改为在前面步骤中推导出的值，然后将其切换到 PLL 模式。

下述内容介绍了 PLL 与 7.37 MHz 内部 FRC 配合使用的设置。

应用以下过程设置 PLL，可使器件使用 7.37 MHz 内部 FRC 以 60 MIPS 工作。

若要以 60 MHz 执行指令，则应确保 $F_{OSC} = 2 \times F_{CY} = 120$ MHz；若要设置 PLL 并满足 PLL 要求，则应遵循以下步骤：

(1) 选择 PLL 后分频比，使得 F_{SYS} 满足要求($120\text{ MHz} < F_{SYS} < 340\text{ MHz}$)。

选择 PLL 后分频比 $N_2 = 2$，确保 $F_{SYS} = F_{OSC} \times N_2 = 240$ MHz。

(2) 选择 PLL 预分频比，使得 F_{PLLI} 满足要求($0.8\text{ MHz} < F_{PLLI} < 8.0\text{ MHz}$)。

选择 PLL 预分频比 $N_1 = 2$，确保 $F_{PLLI} = \dfrac{F_{IN}}{N_1} = 3.68\text{ MHz}$。

(3) 选择 PLL 反馈分频比，根据 F_{PLLI} 决定 F_{SYS}。

$$F_{SYS} = F_{PLLI} \times M,\quad M = \frac{F_{SYS}}{F_{PLLI}} = 65$$

(4) 配置 FNOSC<2:0>位(FOSCSEL<2:0>)，选择在上电复位时使用不带 PLL 的时钟源(如内部 FRC)。

(5) 在主程序中，更改 PLL 预分频比、PLL 后分频比和 PLL 反馈分频比，使其满足用户和 PLL 要求，然后将时钟切换到 PLL 模式。

6. 低功耗辅助振荡器

通过低功耗辅助振荡器(Low-Power Secondary Oscillator, SOSC)，可以将 32.768 kHz 时钟晶振与 dsPIC33EV 系列器件配合使用，用作低功耗工作的辅助晶振时钟源(使用 SOSCI 和 SOSCO 引脚)。此外，SOSC 还可以驱动 Timer1，用于实时时钟(Real-Time Clock, RTC)。

1) 辅助振荡器作为系统时钟

在以下情况下，使能 SOSC 作为系统时钟：将初始振荡器源选择配置位 FNOSC<2:0>(振荡器源选择寄存器 FOSCSEL<2:0>)设置为在上电复位时选择辅助振荡器；或者用户软件启动时钟切换，切换为使用辅助振荡器进行低功耗工作。

若 SOSC 不提供系统时钟，或器件进入休眠模式，则其会被禁止以节省功耗。

2) 辅助振荡器起振延时

当使能 S_{OSC} 时，需要一定时间来起振。

3) 连续辅助振荡器操作

如果振荡器控制寄存器中的辅助振荡器使能位 LPOSCEN(OSCCON<1>)置 1，则辅助振荡器总是使能，且会一直保持运行状态。辅助振荡器一直保持运行状态有两个原因：① 快速切换为 32 kHz 系统时钟进行低功耗工作会使振荡器一直保持运行状态；② 在 Timer1 用作实时时钟时，振荡器应保持运行状态。

7. LPRC 振荡器

LPRC 振荡器时钟频率的标称值为 32 kHz。LPRC 是上电延时定时器(Power-up Timer, PWRT)、看门狗定时器(WatchDog Timer, WDT)以及 FSCM 电路的时钟源。在对功耗有严格要求但对时序精度无要求的应用中，也可将其用作器件的低频时钟源。此外，LPRC 振荡器的时钟频率会因器件电压和工作温度不同而不同。

1) LPRC 振荡器作为系统时钟

在以下情况下，可选择 LPRC 振荡器作为系统时钟：初始振荡器源选择位 FNOSC<2:0>(振荡器源选择寄存器 FOSCSEL<2:0>)设置为选择在上电复位时使用 LPRC 振荡器。或者用户软件启动时钟切换，切换为使用 LPRC 振荡器进行低功耗工作。

2) 使能 LPRC 振荡器

LPRC 振荡器是 PWRT、WDT 和 FSCM 的时钟源。如果 POR 配置熔丝寄存器中的上电复位定时器值选择位 FPWRT<2:0>(FPOR<2:0>)被编程为非零值，则在上电复位时会使能 LPRC 振荡器。无论是 FSCM 被使能、WDT 被使能或 LPRC 振荡器被选择作为系统时钟，LPRC 振荡器均会保持使能状态。反之，LPRC 振荡器会在 PWRT 延时结束后关闭。此外，LPRC 振荡器在休眠模式下也会被关闭。如果使能 WDT 或时钟故障检测，LPRC 将使能并自动运行。只有使能看门狗定时器时，LPRC 才会在休眠模式下运行。在所有其他条件下，LPRC 在休眠模式下会被禁止。

8. 附属锁相环(APLL)

附属振荡器使用片上 PLL 来获取不同的附属时钟速度。图 7-8 给出了 APLL 的模块框图。

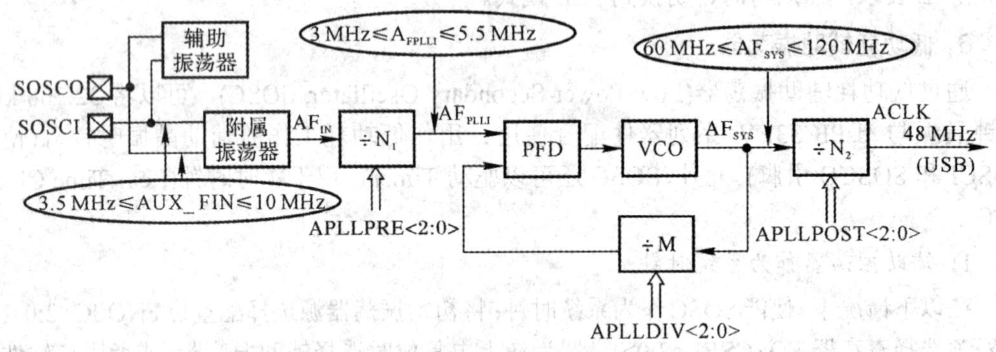

图 7-8　dsPIC33EV 系列 APLL 框图

为了让 APLL 正常工作，附属相位频率检测器(APFD)输入频率和附属压控振荡器(AVCO)输出频率必须满足以下要求：

(1) APFD 输入频率(AF_{PLLI})必须处于 3～5.5 MHz 范围内；

(2) AVCO 输出频率(AF_{SYS})必须处于 60～120 MHz 范围内。

附属时钟控制寄存器中的 APLL 相位检测器输入分频比位 APLLPRE <2:0>(ACLKCON3<2:0>)指定输入分频比(N_1)，该分频比用于按比例降低 APLL 输入(AF_{IN})时钟频率，以满足 AF_{PLLI} 处于 3～5.5 MHz 范围内的要求。附属时钟分频比控制寄存器中的 APLL 反馈分频比位 APLLDIV<2:0>(ACLKDIV3<2:0>)指定分频比(M)，该分频比用于按比例降低 AF_{SYS}，作为到 APFD 的反馈。AF_{SYS} 等于 M 乘以 AF_{PLLI}。附属时钟控制寄存器中的 APLLVCO 输出分频比选择位 APLLPOST<2:0>(ACLKCON3<7:5>)指定分频比(N_2)。公式(7-10)给出了 APLL 输入时钟频率和附属时钟频率之间的关系：

$$ACLK = AF_{IN} \times \frac{M}{N_1 \times N_2} = AF_{IN} \times \frac{APLLDIV + 15}{(APLLPRE + 1)(APLLPOST + 1)} \tag{7-10}$$

其中：$N_1 = APLLPRE + 1$，$N_2 = APLLPOST + 1$，$M = APLLDIV + 15$。

当 APLLDIV<2:0> = 111 时，将公式(7-10)中的 APLLDIV + 15 替换为 APLLDIV + 18。公式(7-11)给出了 AF_{IN} 和 AF_{SYS} 之间的关系：

$$AF_{SYS} = AF_{IN} \times \frac{M}{N} = AF_{IN} \times \frac{PLLDIV + 15}{APLLPRE + 1} \tag{7-11}$$

7.3.2 故障保护时钟监视器

FSCM 使器件在振荡器出现故障时仍能继续工作。在进行器件编程时，FSCM 功能通过设定振荡器配置寄存器中的时钟切换模式配置位 FCKSM<1:0>(FOSC<7:6>)来使能。当 FSCM 使能(FCKSM<1:0> = 00)时，LPRC 内部振荡器会一直运行(休眠模式期间除外)。

FSCM 可以监视系统时钟。如果 FSCM 在特定时间段(通常为 2 ms，最大为 4 ms)中未检测到系统时钟，则它会产生时钟故障陷阱，并将系统时钟切换为 FRC 振荡器。此时，用户应用程序可尝试重新启动振荡器或执行受控关闭。如果器件处于休眠模式时时钟发生故障，则 FSCM 不会唤醒器件。在切换为 FRC 振荡器时，FSCM 模块执行以下操作：

(1) 当前振荡器选择位 COSC<2:0>(OSCCON<14:12>)中装入 000(内部 FRC)。

(2) 时钟故障检测位 CF(OSCCON<3>)置 1，以指示发生时钟故障。

(3) 振荡器切换使能控制位 OSWEN(OSCCON<0>)被清零，以取消所有待执行的时钟切换。

1. FSCM 延时

在系统时钟就绪且经过标称延时(T_{FSCM})之后，FSCM 会监视系统时钟的活动。当使能 FSCM 并选择 POSC 或辅助振荡器作为系统时钟时，将应用 T_{FSCM}。

2. FSCM 和 WDT

FSCM 和 WDT 都使用 LPRC 振荡器作为其时基。在发生时钟故障时，WDT 不受影响，并继续使用 LPRC 运行。

7.3.3 时钟切换原理

时钟切换可由硬件事件或软件请求启动。典型情形包括：

(1) 在上电复位时使用双速启动序列，即初始时使用内部 FRC 振荡器来进行快速启动，然后在时钟就绪时自动切换到选定的时钟源。

(2) 在发生时钟故障时，FSCM 会自动切换为内部 FRC 振荡器。

(3) 用户应用软件通过将 OSWEN 位(OSCCON<0>)置 1 来请求进行时钟切换，导致硬件在时钟就绪时切换为由 NOSC<2:0>位(OSCCON<10:8>)选择的时钟源。

在以上每种情况中，时钟切换事件都会确保执行正确的“就绪后切换”序列，即新时钟源就绪之后，才会禁止原时钟，在发生时钟切换时，代码继续执行。一些 dsPIC33EV 系列器件在熔丝配置寄存器中具有 PLL 使能位 PLLKEN(FWDT<5>)。该位置 1 时(默认设置)，器件会先等待 PLL 锁定，然后再切换为 PLL 时钟源。当该位设置为 0 时，器件不会等待 PLL 锁定即进行时钟切换。

在软件控制下，应用几乎可无限制地在 4 种时钟源(POSC、SOSC、FRC 和 LPRC)之间自由切换。为限制这种灵活性可能产生的负面影响，dsPIC33EV 系列器件的时钟切换过程带有安全锁定，即 OSCCON 寄存器在时钟切换期间受写保护。

1. 使能时钟切换

振荡器配置寄存器中的时钟切换模式配置位 FCKSM<1:0>(FOSC<7:6>)必须编程为使能时钟切换和 FSCM(见表 7-11)。

表 7-11　可配置的时钟切换模式

FCKSM<1:0>值	时钟切换配置	FSCM 配置
1x	禁止	禁止
01	使能	禁止
00	使能	使能

0 = 使能，1 = 禁止，第 1 位决定时钟切换配置，第 2 位决定 FSCM 配置。只有时钟切换使能时，才可使能 FSCM。如果禁止了时钟切换，则第 2 位的值无关紧要。

2. 时钟切换过程

首先，读 COSC<2:0>位(OSCCON<14:12>)来确定当前的振荡器源(如果该信息对于应用有用)，执行解锁序列以允许写入 OSCCON 寄存器的高字节；其次，向 NOSC<2:0>控制位(OSCCON<10:8>)写入新振荡器源的对应值，执行解锁序列以允许写入 OSCCON 寄存器的低字节；最后，将 OSWEN 位(OSCCON<0>)置 1 以启动振荡器切换。

在以上步骤完成之后，时钟切换逻辑将执行以下任务：

(1) 时钟切换硬件将 COSC<2:0>状态位(OSCCON<14:12>)与 NOSC<2:0> 控制位(OSCCON<10:8>)的新值进行比较。若相同，则时钟切换是冗余操作。此时，OSWEN 位(OSCCON<0>)自动清零，时钟切换中止。

(2) 如果启动了有效的时钟切换，则 PLLLOCK(OSCCON<5>)和 CF(OSCCON<3>)状态位清零。

(3) 硬件会将新振荡器启动(如果它不再运行)。如果必须启动晶振(POSC 或 SOSC)，则硬件会等待 T_{OSCD} 直到晶振开始振荡且 T_{OST} 延时结束。如果新的振荡器源使用 PLL，则硬件会等待直到检测到 PLL 锁定(OSCCON<5> = 1)。

(4) 硬件会等待新的时钟源达到稳定，然后执行时钟切换。

(5) 硬件清零 OSWEN 位(OSCCON<0>)以指示时钟切换成功。此外，NOSC<2:0>位(OSCCON<10:8>)的值被传送到 COSC<2:0>状态位(OSCCON<14:12>)。

此时，除 LPRC(如果 WDT 或 FSCM 被使能)或 SOSC(如果 SOSCEN 保持置 1)以外的原时钟源被关闭。

图 7-9 给出了在时钟源之间切换的时序。

时钟切换的代码序列如下：

(1) 禁止在 OSCCON 寄存器解锁-写序列期间的中断。

(2) 对 OSCCON 高字节执行解锁序列。在两条连续的指令中将 0x78 写入 OSCCON <15:8>，将 0x9A 写入 OSCCON<15:8>。

(3) 在紧接解锁序列之后的指令中，将新的振荡器源对应的值写入 NOSC<2:0>控制位

(OSCCON<10:8>)。

(4) 对OSCCON低字节执行解锁序列。在两条连续的指令中将0x46写入OSCCON <7:0>，将 0x57 写入 OSCCON<7:0>。

(5) 在紧接解锁序列之后的指令中，将 OSWEN 位(OSCCON<0>)置 1。

(6) 继续执行对时钟不敏感的代码(可选)。

(7) 检查 OSWEN 位(OSCCON<0>)是否为 0。如果为 0，则说明切换成功。

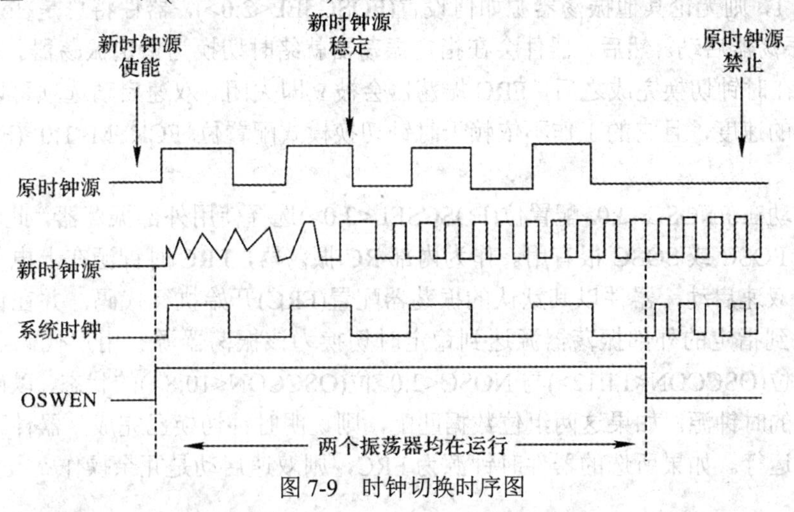

图 7-9　时钟切换时序图

3. 时钟切换的注意事项

如果在应用中融合时钟切换功能，则在设计代码时应注意以下问题：

(1) OSCCON 解锁序列对时序的要求极高。OSCCON 寄存器字节仅在解锁序列之后的一个指令周期内可写。一些高级语言(如 C 语言)在编译时可能不会保留对时序敏感的指令序列。如果以高级语言编写的应用程序需要进行时钟切换，应尽量采用汇编语言编写时钟切换程序，然后将其链接到应用程序，在需要时将其作为函数进行调用。

(2) 如果目标时钟源是晶振，则时钟切换时间将主要是振荡器起振时间。

(3) 如果新时钟源未启动或不存在，则时钟切换硬件将继续使用当前时钟源运行。可以通过判断 OSWEN 位(OSCCON<0>)是否被无限期地保持置 1 来检测此情况。

(4) 如果新时钟源使用 PLL，则只有在实现锁定之后才会发生时钟切换。可以通过判断 OSWEN 位(OSCCON<0>)是否被置 1 来检测 PLL 锁定是否失败。

(5) 切换为低频时钟源(如辅助振荡器)将导致器件工作速度变慢。

4. 中止时钟切换

如果时钟切换尚未完成，则可以通过清零 OSWEN 位(OSCCON<0>)来复位时钟切换逻辑。当 OSWEN 清零时，将中止时钟切换过程，停止并复位振荡器起振定时器，并停止 PLL。时钟切换过程可以随时中止，当前已在执行中的时钟切换也可以通过执行第二次时钟切换而中止。

5. 在时钟切换期间进入休眠模式

如果器件在时钟切换操作期间进入休眠模式，则时钟切换操作被中止。处理器将保持原来的时钟，而 OSWEN 位被清零。然后，器件将正常执行 PWRSAV 指令。在进入休眠模式之前，先切换为内部 FRC 振荡器以确保从休眠模式快速唤醒。

7.3.4　双速启动

振荡器源选择寄存器中的内部/外部启动选项配置位 IESO(FOSCSEL<7>)是使用用户选定的振荡器源启动器件，即初始时使用内部 FRC 启动，然后切换为用户选定的振荡器。如果该位置 1，则无论其他振荡器源如何设置(FOSCSEL<2:0>)，器件将总是在上电时使用内部 FRC 振荡器启动。然后，器件会在指定振荡器就绪时切换为指定振荡器。除非 FSCM 使能，否则在时钟切换完成之后，FRC 振荡器会被立即关闭。双速启动选项可以提高器件启动并运行的速度，且它的工作不依赖于时钟切换模式配置位 FCKSM<1:0>(FOSC<7:6>)的状态。

双速启动在 FNOSC<2:0>配置位(FOSCSEL<2:0>)选择使用外部振荡器，此时，对起振时间较长的 POSC 或 SOSC 很有用。作为内部 RC 振荡器，FRC 时钟源在上电复位后立即可用。利用双速启动，器件以其默认的振荡器配置(FRC)开始执行代码，并在该模式下继续工作，直到指定的外部振荡器源达到稳定时切换为该振荡器源。用户代码还可以检查 COSC<2:0>位(OSCCON<14:12>)与 NOSC<2:0>位(OSCCON<10:8>)的状态，以确定当前提供器件时钟的时钟源。如果这两组位数据匹配，则说明时钟切换已完成，器件正在使用所需的时钟源运行。如果所选的器件时钟源为 FRC，则双速启动是冗余操作。

7.4　复　位

7.4.1　复位简介

复位模块结合了所有复位源并控制器件的主复位信号 $\overline{\text{SYSRST}}$。下面列出了器件的复位源：

- POR：上电复位；
- BOR：欠压复位；
- $\overline{\text{MCLR}}$：主复位引脚复位；
- SWR：RESET 指令；
- WDTO：看门狗超时复位；
- CM：配置不匹配复位；
- TRAPR：陷阱冲突复位；
- IOPUWR：非法条件器件复位、非法操作码复位、未初始化的 W 寄存器复位、安全性复位。

图 7-10 给出了复位模块的简化框图。任何有效的复位源都将使 $\overline{\text{SYSRST}}$ 信号有效。在系统复位时，某些与 CPU 和外设相关的寄存器被强制为已知的复位状态，而有些寄存器不受影响。所有类型的器件复位都会将 RCON 寄存器中的相应状态位置 1，以表明复位类型。POR 将清零除 BOR 和 POR 位(RCON<1:0>)之外的所有位，BOR 和 POR 位在 POR

时被置 1。此外，用户应用程序可在代码执行过程中的任何时间置 1 或清零任何位。RCON 寄存器中的位仅用作状态位。用软件将特定的复位状态位置 1 不会导致器件复位。该寄存器还包含与看门狗定时器和器件节能状态相关的位。

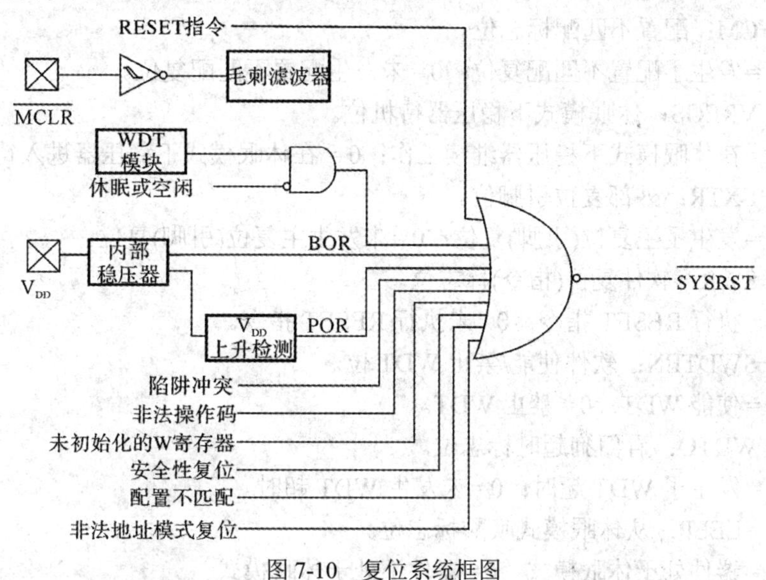

图 7-10　复位系统框图

7.4.2　复位控制寄存器

RCON 为复位控制寄存器，该寄存器给出了复位时的各个状态位，具体内容如表 7-12 所示。

表 7-12　RCON——复位控制寄存器

R/W-0	R/W-0	R/W-1	U-0	R/W-0	U-0	R/W-0	R/W-0
TRAPR	IOPUWR	SBOREN	—	VREGSF	—	CM	VREGS
bit 15							bit 8
R/W-0	R/W-0	R/W-0	R/W-0	R/W-0	R/W-0	R/W-1	R/W-1
EXTR	SWR	SWDTEN	WDTO	SLEEP	IDLE	BOR	POR
bit 7							bit 0

bit 15——TRAPR：陷阱复位标志位。

1=发生了陷阱冲突复位；0=未发生陷阱冲突复位。

bit 14——IOPUWR：非法操作码或访问未初始化的 W 寄存器复位标志位。

1=检测到非法操作码、非法地址模式或将未初始化的 W 寄存器用作地址指针而导致复位；0=未发生非法操作码或未初始化的 W 寄存器复位。

bit 13——SBOREN：软件 BOR 使能/禁止位。

1=用软件开启 BOR；0=用软件关闭 BOR。

bit 12——未实现：读为 0。

bit 11——VREGSF：休眠模式下闪存稳压器待机位。

1＝在休眠模式下闪存稳压器继续工作；0＝在休眠模式下闪存稳压器进入待机模式。

bit 10——未实现：读为 0。

bit 9——CM：配置不匹配标志位。

1＝发生了配置不匹配复位；0＝未发生配置不匹配复位。

bit 8——VREGS：休眠模式下稳压器待机位。

1＝在休眠模式下稳压器继续工作；0＝在休眠模式下稳压器进入待机模式。

bit 7——EXTR：外部复位引脚位。

1＝发生了主复位(引脚)复位；0＝未发生主复位(引脚)复位。

bit 6——SWR：软件复位(指令)标志位。

1＝执行 RESET 指令；0＝未执行 RESET 指令。

bit 5——SWDTEN：软件使能/禁止 WDT 位。

1＝使能 WDT；0＝禁止 WDT。

bit 4——WDTO：看门狗超时标志位。

1＝发生了 WDT 超时；0＝未发生 WDT 超时。

bit 3——SLEEP：从休眠模式唤醒标志位。

1＝器件处于休眠模式；0＝器件不处于休眠模式。

bit 2——IDLE：从空闲模式唤醒标志位。

1＝器件处于空闲模式；0＝器件不处于空闲模式。

bit 1——BOR：欠压复位标志位。

1＝发生了欠压复位或上电复位；0＝未发生欠压复位。

bit 0——POR：上电复位标志位。

1＝发生了上电复位；0＝未发生上电复位。

第 8 章　I/O 端口

dsPIC33EV 5V 系列高温 DSC 器件中的大多数器件引脚都由外设和并行 I/O 口所公用，所有引脚均为 5 V 耐压。输入端口为施密特触发器输入，提高了抗噪声能力。其通用 I/O 端口可供 dsPIC33EV 系列器件监视和控制其他外设，大多数 I/O 引脚可以与备用功能复用。本章主要从 dsPIC33EV 5V 高温系列 DSC 器件的 I/O 端口控制寄存器、外设引脚选择(Peripheral Pin Select, PPS)和复用以及电平变化通知(Change Notification, CN)等方面进行介绍，最后总结了 I/O 端口的使用技巧。

8.1 I/O 端口简介

8.1.1 通用 I/O 端口介绍

图 8-1 给出了典型 I/O 端口的结构框图。该框图不包括 I/O 引脚上可能复用的外设功能。

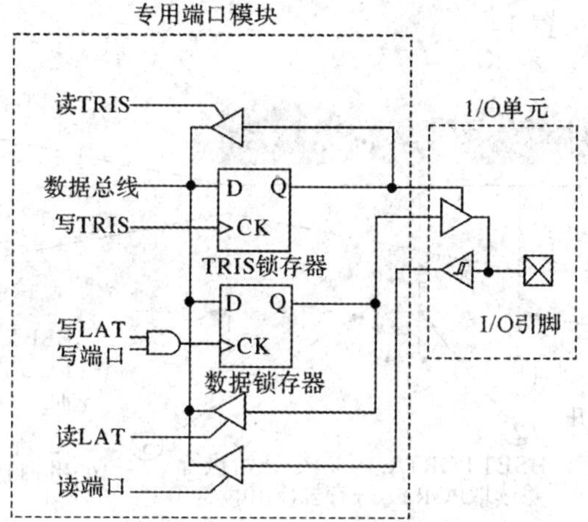

图 8-1　专用端口结构框图

dsPIC33EV 器件包含监视 V_{CAP} 电压的高电压检测(High-Voltage Detection, HVD)模块。HVD 用于监视 V_{CAP} 电源电压，以确保外部连接不会将该电压值升高至超过安全电压值(2.4 V)。如果检测到高内核电压，则所有 I/O 将被禁止，并置为三态。只要高电压条件存在，器件就保持在此 I/O 三态状态。

8.1.2 I/O 端口控制寄存器

所有 I/O 端口都有 4 个直接操作该端口的寄存器，其中字母“x”表示特定的 I/O 端口。

例如，TRISx 表示数据方向寄存器，PORTx 表示 I/O 端口寄存器，LATx 表示 I/O 锁存寄存器，ODCx 表示漏极开路控制寄存器。器件上的每个 I/O 引脚在 TRIS、PORT 和 LAT 寄存器中都分别有一个相关的位。需要注意的是，端口和可用 I/O 引脚的总数将取决于不同的器件型号，且某些端口控制寄存器中可能存在未实现的位。

1. TRISx 寄存器

TRISx 寄存器控制位决定与 I/O 端口相关的各个引脚是输入还是输出引脚：如果某个 I/O 引脚的 TRIS 位为 1，则该引脚是输入引脚；如果某个 I/O 引脚的 TRIS 位为 0，则该引脚被配置为输出引脚。复位后，所有端口引脚均定义为输入。

2. PORTx 寄存器

通过 PORTx 寄存器可访问 I/O 引脚上的数据。读 PORTx 寄存器是读取 I/O 引脚上的值，而写 PORTx 寄存器是将值写入端口数据锁存器。实际上，很多指令(如 BSET 和 BCLR)都是读—修改—写操作指令，因此写一个端口就意味着读该端口引脚的电平，修改读到的值，然后再将改好的值写入端口数据锁存器。如果将某个本来配置为输入的 I/O 引脚变为输出引脚，则该 I/O 引脚上可能会输出一个非预期值。产生这种情况的原因是读—修改—写指令读取了输入引脚上的瞬时值，并将该值装入了端口数据锁存器。此外，如果在 I/O 引脚被配置为输出时，在 PORTx 寄存器上使用了读—修改—写指令，则根据器件速度和 I/O 容性负载的情况可能会出现意外的 I/O 行为。图 8-2 所示为当用户应用程序试图对 PORTA 寄存器使用两条连续的读—修改—写指令将 PORTA 上 I/O 的 bit 0 和 bit 1 置 1 时所出现的意外情况。当 CPU 速度很快并且 I/O 引脚上的容性负载很大时，示例代码的意外结果是只有 I/O 的 bit 1 被置 1。

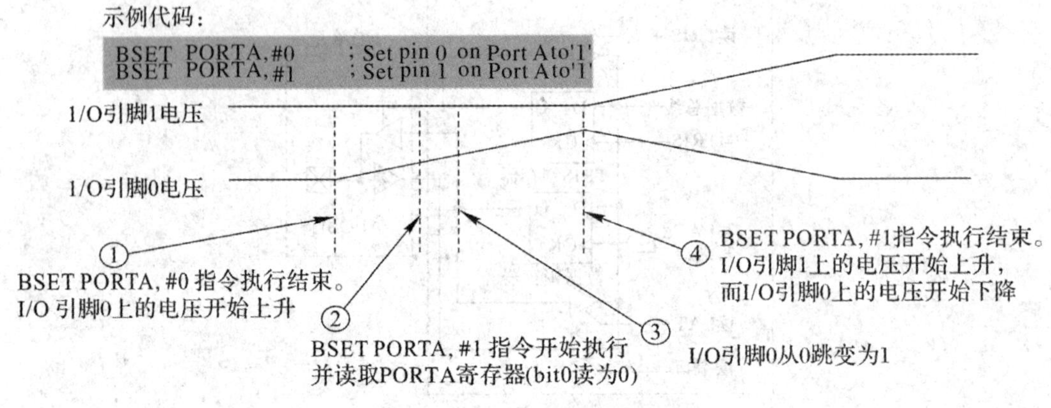

图 8-2　意外的 I/O 行为示例

执行第一条 BSET 指令时，它会向 PORTA 寄存器中的 bit 0 写入 1，这将导致引脚 0 上的电压开始上升为逻辑电平 1(见图 8-2 中的步骤①)。但是，如果在引脚 0 上的电压达到逻辑 1 的门限值之前执行第二条 BSET 指令(见图 8-2 中的步骤③)，则第二条 BSET(读—修改—写)指令读取的 bit 0 值为 0，然后它会将该值写回 PORTA 寄存器(见图 8-2 中的步骤②)，即它从 PORTA 寄存器读取的值不是 0x0001，而是 0x0000，之后将它修改为 0x0002(而不是期望值 0x0003)，并将该值写回 PORTA 寄存器。这将导致引脚 0 上的电压开始下降为逻辑电平 0，引脚 1 上的电压开始上升为逻辑电平 1(见图 8-2 中的步骤④)。

3. LATx 寄存器

与 I/O 引脚相关的 LATx 寄存器消除了可能在执行读—修改—写指令时发生的问题。读 LATx 寄存器将返回保存在端口输出锁存器中的值，而不是 I/O 引脚上的值。对与某个 I/O 端口相关的 LAT 寄存器进行读—修改—写操作，可以避免将输入引脚值写入端口锁存器。写 LATx 寄存器与写 PORTx 寄存器的效果相同。下面的示例为使用 LATx 寄存器来设置两个 I/O 位。

```
BSET    LATA, # 0        ; 将端口 A 上的引脚 0 设置为 1
BSET    LATA, # 1        ; 将端口 A 上的引脚 1 设置为 1
```

PORTx 和 LATx 寄存器之间的差异可以归纳如下：

(1) 写 PORTx 寄存器就是将数据值写入端口锁存器；

(2) 写 LATx 寄存器就是将数据值写入端口锁存器；

(3) 读 PORTx 寄存器就是读取 I/O 引脚上的数据值；

(4) 读 LATx 寄存器就是读取保存在端口锁存器中的数据值。

对于特定器件无效的任何位及其相关的数据和控制寄存器都将被禁止，这意味着对应的 LATx 和 TRISx 寄存器以及端口引脚都将读为零。

4. 漏极开路控制寄存器

除 PORT、LAT 和 TRIS 寄存器用于数据控制外，每个端口引脚也可被单独地配置为数字输出或漏极开路输出，这是由端口的漏极开路控制寄存器 ODCx 控制的。将对应位置 1 即可将相应的引脚配置为漏极开路输出，这种漏极开路特性允许通过使用外部上拉电阻，在所需的任意 5 V 耐压引脚上产生高于 V_{DD}(如 5 V)的输出电压(非 5 V 耐压引脚不支持漏极开路 I/O 特性)。允许的最大漏极开路电压与最大 V_{IH} 规范相同。端口引脚和外设配置都支持漏极开路输出特性。

5. 配置模拟和数字端口引脚

ANSELx 寄存器用于控制模拟端口引脚的操作。如果要将端口引脚用作模拟输入或输出，则相应的 ANSELx 和 TRISx 位必须置 1；如果要将端口引脚用于数字模块(如定时器和通用异步收发器(UART)等)的 I/O 功能，则相应的 ANSELx 位必须清零。ANSELx 寄存器的默认值为 0xFFFF，因此在默认情况下，所有共用模拟功能的引脚都是模拟(非数字)引脚。在引脚 I/O 说明表中列出了模拟功能会受 ANSELx 寄存器影响的引脚，其缓冲器类型为“模拟”。

6. 压摆率选择

压摆率选择功能允许器件对支持该功能的 I/O 引脚上的压摆率进行选择控制。为此，对于每个 I/O 端口都设有两个寄存器，即 SR1x 和 SR0x，这两个寄存器用于压摆率选择。寄存器输出直接连接到支持压摆率选择的 I/O 引脚。SR1x 寄存器用于选择压摆率的 2 位位域的最高有效字节，SR0x 寄存器提供其最低有效字节。例如，PORTA 的压摆率选择如下：

SR1Ax, SR0Ax = 00 = 最快压摆率

SR1Ax, SR0Ax = 01 = 4 倍慢速压摆率

SR1Ax, SR0Ax = 10 = 8 倍慢速压摆率

SR1Ax, SR0Ax = 11 = 16 倍慢速压摆率

8.2　外设引脚选择和复用

8.2.1　I/O 与多个外设复用

对于 I/O 引脚数较少的 dsPIC33EV 系列器件，其每个 I/O 引脚上可能要复用多个外设功能，但是一些端口与模拟模块引脚共用，要使用 I/O 端口功能必须将 ANSELx 寄存器中的相应位(如果存在)设置为 0。图 8-3 所示为两个外设与同一个 I/O 引脚复用的示例。I/O 引脚的名称定义了与该引脚相关的各个功能的优先级，概念化的 I/O 引脚与两个外设(外设 A 和外设 B)复用，并命名为 PERA/PERB/PIO。为了能让用户应用程序可以便捷地把优先级分配给该引脚，dsPIC33EV 系列器件为 I/O 引脚选择了适当的名称，外设 A 对引脚的控制具有最高优先权。如果外设 A 和外设 B 同时使能，则外设 A 将控制 I/O 引脚。端口与其他外设复用以及与这些外设连接的相关 I/O 引脚结构示意如图 8-3 所示。

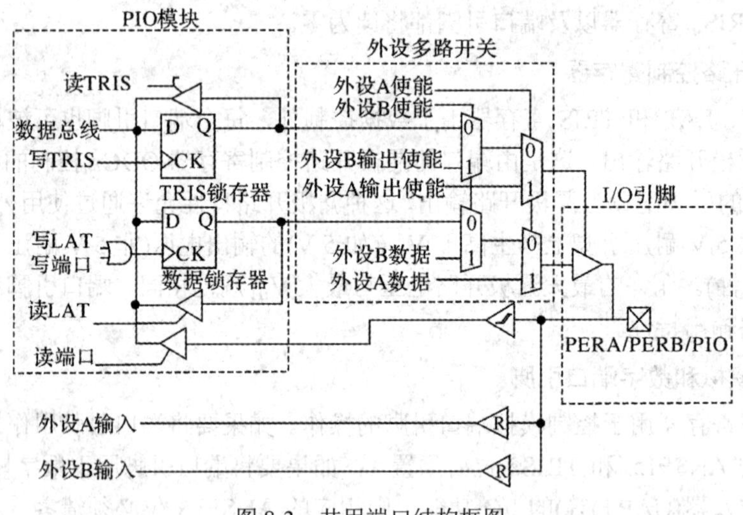

图 8-3　共用端口结构框图

1. 软件输入引脚控制

以输入捕捉模块为例，分配给某个 I/O 引脚的一些功能可能是那些不控制引脚输出驱动器的输入功能。如果使用相应的 TRIS 控制位将与输入捕捉相关的 I/O 引脚配置为输出引脚，则用户可以通过其相应的 PORT 寄存器手动改变输入捕捉引脚的状态，这一特点非常适用于在没有外部信号连接到输入引脚时进行测试。参见图 8-3，外设多路开关的结构将决定软件是否可以通过使用 PORT 寄存器控制外设输入引脚。当使能外设功能时，图 8-3 中所示的概念化的外设会断开 I/O 引脚与端口数据的连接。一般来说，外部中断引脚、定时器时钟输入引脚、输入捕捉引脚和高速脉宽调制器故障引脚允许通过 PORT 寄存器手动控制它们的输入引脚。大多数串行通信外设在使能时将控制 I/O 引脚，因此不能通过相应的 PORT 寄存器影响与该外设相关的输入引脚。这些外设包括串行外设接口(SPI)、两线式串行总线(Inter-Integrated Circuit, I^2C)、数据转换器接口(DCI)、UART 以及控制器局域网络(CAN)等。

2. 引脚控制简介

当某个外设使能时，相关引脚的输出驱动器通常是模块控制的，也有部分是用户可设置的。其中，“模块控制”(Module Control)是指相关端口引脚的输出驱动器被禁止，并且该引脚只能由外设控制和访问。“用户可设置”(User Settable)是指相关外设端口引脚的输出驱动器可由用户通过相关TRISx的SFR用软件配置，要使外设正常工作，就必须正确设置TRISx寄存器。对于“用户可设置”的外设引脚，实际的端口引脚状态可以通过PORTxSFR读取。

对于用户可设置外设，以输入捕捉为例，用户应用程序必须写入相关的TRIS寄存器，将输入捕捉引脚配置为输入。当输入捕捉使能时，由于I/O引脚电路仍然是激活的，故可以使用软件通过操作相关TRIS寄存器将输入捕捉引脚配置为输出。然后，用户即可向相应的LAT寄存器中写入值，以对输入捕捉引脚进行内部控制并强制产生捕捉事件的方法来手动捕捉。对于模块控制外设，以UART为例，可将一个INTx引脚配置为输出，然后通过写入相关的LATx位即可产生INTx中断(如果允许了中断)。也就是当UART使能时，PORT和TRIS寄存器不能用于读或写RX和TX引脚。dsPIC33EV上提供的大多数通信外设都是模块控制外设。例如，SPI模块可配置为主模式，而主模式下只需用到SDO引脚。在这种情况下，清零(设置为逻辑0)相关的TRISx位即可将SDI引脚配置为通用输出引脚。

8.2.2 外设引脚选择

通用器件的主要挑战是提供尽可能多的外设功能，同时将其与I/O引脚功能的冲突降到最低。在引脚数较少的器件上，这一挑战更为严峻。在需要多个外设复用一个引脚的应用中，要在应用程序代码中进行变通比较困难，可能需要重新设计应用。外设引脚选择配置提供了一种有效的方法，使得用户可以在较宽的I/O引脚范围内选择和配置外设功能。通过增加特定器件上可用的引脚排列选项，可以让器件更好地匹配到整个应用，而不是通过修改应用来迎合器件。外设引脚选择配置功能是对固定的一部分数字I/O引脚进行操作，用户可以将大多数数字外设的输入和输出独立地映射到这些I/O引脚中的任何一个。外设引脚选择通过软件来执行，通常不需要对器件进行再编程。一旦建立外设映射，就同时包含了硬件保护，以防止对外设映射的意外或错误更改。

1. 可用的引脚

可用引脚的数目取决于具体的器件及其引脚数，支持外设引脚选择功能的引脚在它们的引脚全称中包含名称RPn，其中RP表示可重映射的外设，n是可重映射的引脚编号。但不是所有的RPn引脚都用于输出功能。

2. 可用的外设

外设引脚选择管理的外设都是仅用作数字功能的外设。这些外设包括一般串行通信(UART和SPI)、通用定时器时钟输入、与定时器相关的外设(输入捕捉和输出比较)以及电平变化中断输入。相比较而言，一些仅用作数字功能的外设模块不能使用外设引脚选择功能。这是因为这类外设功能所用到的模块化电路需要特定的I/O端口，且难以连接到多个引脚，例如 I²C 和电机控制 PWM。类似的要求也排除了所有带模拟输入的模块，例如 A/D 转换器。可重映射和不可重映射外设之间的差异主要在于可重映射外设与默认的 I/O 引脚无关，必须始终在使用外设前将其分配给特定的 I/O 引脚。相反，不可重映射外设始终在默认引脚上可用。假设该外设有效且与其他外设没有冲突，当给定 I/O 引脚上的可重映射外设有效时，它的优先级高于所有其他数字 I/O 和与该引脚相关的数字通信外设。优先级与被映射外设的类型无关，可重映射外设的优先级永远不会高于与该引脚相关的任何模拟功能。

3. 控制外设引脚选择

外设引脚选择功能由两组 SFR 控制：一组映射外设输入，另一组映射外设输出。因为它们是分别控制的，所以可以不受限制地将特定外设的输入和输出(如果外设同时具有输入和输出)配置在任何可选择的功能引脚上。外设与外设可选择引脚之间的关系用哪种方式进行处理，取决于被映射的是输入还是输出。

1) 输入映射

外设引脚选择选项的输入在外设基础上进行映射，即与外设相关的控制寄存器指示要被映射的引脚。RPINRx 寄存器用于配置外设输入映射，每个寄存器包含 7 位位域组，每组都与一个可重映射外设相关。图 8-4 所示为 U1RX 的可重映射输入，用特定的 7 位值编程给外设的位域，会将具有对应值的 RPn 引脚映射到该外设。对于任何给定的器件，任何位域的有效值与器件所支持的外设引脚选择的最大数目相对应。对于仅用作输入的引脚，外设引脚选择功能的优先级并不高于 TRISx 设置。因此，当 RPn 引脚被配置为输入时，必须将寄存器中的相应位配置为输入(设置为 1)。

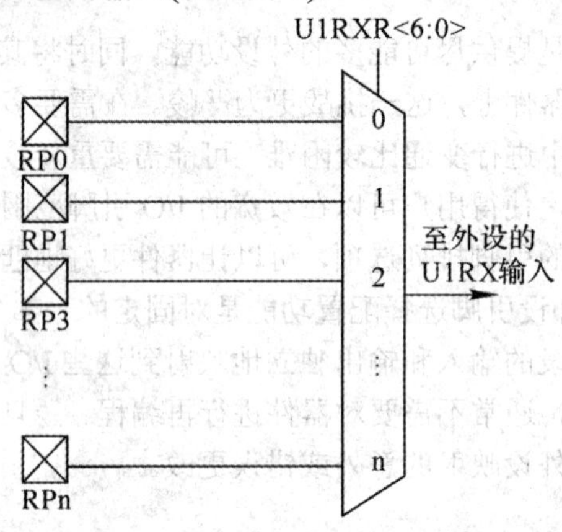

图 8-4　U1RX 的可重映射输入

表 8-1 和 8-2 分别列出了可选择的输入源和可选择输入源的输入引脚选择。

表 8-1　可选择的输入源(将输入映射到功能)

输入名称	功能名称	寄存器	配置位
外部中断 1	INT1	RPINR0	INT1R<6:0>
外部中断 2	INT2	RPINR1	INT2R<6:0>
外部中断 3	INT3	RPINR1	INT3R<6:0>
外部中断 4	INT4	RPINR2	INT4R<6:0>

续表一

输入名称	功能名称	寄存器	配置位
Timer2 外部时钟	T2CK	RPINR3	T2CKR<6:0>
Timer3 外部时钟	T3CK	RPINR3	T3CKR<6:0>
Timer4 外部时钟	T4CK	RPINR4	T4CKR<6:0>
Timer5 外部时钟	T5CK	RPINR4	T5CKR<6:0>
Timer6 外部时钟	T6CK	RPINR5	T6CKR<6:0>
Timer7 外部时钟	T7CK	RPINR5	T7CKR<6:0>
Timer8 外部时钟	T8CK	RPINR6	T8CKR<6:0>
Timer9 外部时钟	T9CK	RPINR6	T9CKR<6:0>
输入捕捉 1	IC1	RPINR7	IC1R<6:0>
输入捕捉 2	IC2	RPINR7	IC2R<6:0>
输入捕捉 3	IC3	RPINR8	IC3R<6:0>
输入捕捉 4	IC4	RPINR8	IC4R<6:0>
输入捕捉 5	IC5	RPINR9	IC5R<6:0>
输入捕捉 6	IC6	RPINR9	IC6R<6:0>
输入捕捉 7	IC7	RPINR10	IC7R<6:0>
输入捕捉 8	IC8	RPINR10	IC8R<6:0>
输出比较故障 A	OCFA	RPINR11	OCFAR<6:0>
输出比较故障 B	OCFB	RPINR11	OCFBR<6:0>
PMW 故障 1	$\overline{\text{FLT1}}$	RPINR12	FLT1R<6:0>
PMW 故障 2	$\overline{\text{FLT2}}$	RPINR12	FLT2R<6:0>
PMW 故障 3	$\overline{\text{FLT3}}$	RPINR13	FLT3R<6:0>
PMW 故障 4	$\overline{\text{FLT4}}$	RPINR13	FLT4R<6:0>
QEI1A 相	QEA1	RPINR14	QEA1R<6:0>
QEI1B 相	QEB1	RPINR14	QEB1R<6:0>
QEI1 索引	INDX1	RPINR15	INDX1R<6:0>
QEI1 起始位置	HOME1	RPINR15	HOM1R<6:0>
QEI2A 相	QEA2	RPINR16	QEA2R<6:0>
QEI2B 相	QEB2	RPINR16	QEB2R<6:0>
QEI2 索引	INDX2	RPINR17	INDX2R<6:0>
QEI2 起始位置	HOME2	RPINR17	HOM2R<6:0>
UART1 接收	U1RX	RPINR18	U1RXR<6:0>
UART1 允许发送	$\overline{\text{U1CTS}}$	RPINR18	U1CTSR<6:0>

续表二

输入名称	功能名称	寄存器	配置位
UART2 接收	U2RX	RPINR19	U2RXR<6:0>
UART2 允许发送	$\overline{\text{U2CTS}}$	RPINR19	U2CTSR<6:0>
SPI1 数据输入	SDI1	RPINR20	SDI1R<6:0>
SPI1 时钟输入	SCK1IN	RPINR20	SCK1R<6:0>
SPI1 从选择	SS1IN	RPINR21	SS1R<6:0>
SPI2 数据输入	SDI2	RPINR22	SDI2R<6:0>
SPI2 时钟输入	SCK2IN	RPINR22	CK2R<6:0>
SPI2 从选择	SS2IN	RPINR23	SS2R<6:0>
DCI 数据输入	CSDI	RPINR24	CSDIR<6:0>
DCI 时钟输入	SCKIN	RPINR24	CSCKR<6:0>
DCIFSYNC 输入	COFSIN	RPINR25	COFSR<6:0>
CAN1 接收	C1RX	RPINR26	C1RXR<6:0>
CAN2 接收	C2RX	RPINR26	C2RXR<6:0>
UART3 接收	U3RX	RPINR27	U3RXR<6:0>
UART3 允许发送	U3CTS	RPINR27	U3CTSR<6:0>
UART4 接收	U4RX	RPINR28	U4RXR<6:0>
UART4 允许发送	U4CTS	RPINR28	U4CTSR<6:0>
SPI3 数据输入	SDI3	RPINR29	SDI3R<6:0>
SPI3 时钟输入	SCK3IN	RPINR29	SCK3R<6:0>
SPI3 从选择	SS3IN	RPINR30	SS3R<6:0>
SPI4 数据输入	SDI4	RPINR31	SDI4R<6:0>
SPI4 时钟输入	SCK4IN	RPINR31	SCK4R<6:0>
SPI4 从选择	SS4IN	RPINR32	SS4R<6:0>
输入捕捉 9	IC9	RPINR33	IC9R<6:0>
输入捕捉 10	IC10	RPINR33	IC10R<6:0>
输入捕捉 11	IC11	RPINR34	IC11R<6:0>
输入捕捉 12	IC12	RPINR34	IC12R<6:0>
输入捕捉 13	IC13	RPINR35	IC13R<6:0>
输入捕捉 14	IC14	RPINR35	IC14R<6:0>
输入捕捉 15	IC15	RPINR36	IC15R<6:0>
输入捕捉 16	IC16	RPINR36	IC16R<6:0>
输出比较故障 C	OCFC	RPINR37	OCFCR<6:0>

表 8-2 可选择输入源的输入引脚选择

外设引脚选择输入寄存器值	输入/输出	引脚分配	外设引脚选择输入寄存器值	输入/输出	引脚分配
000 0000	I	V_{SS}	011 0010	I	RPI50
000 0001	I	CMP1	011 0011	I	RPI51
000 0010	I	CMP2	011 0100	I	RPI52
000 0011	I	CMP3	011 0101	I	RPI53
000 0100	I	CMP4	011 0110	I/O	RP54
000 0101	—	—	011 0111	I/O	RP55
000 1100	I	CMP5	011 1000	I/O	RP56
000 1101	—	—	011 1001	I/O	RP57
000 1110	—	—	011 1010	I	RPI58
000 1111	—	—	011 1011	—	—
001 0000	I	RPI16	011 1100	I	RPI60
001 0001	I	RPI17	011 1101	I	RPI61
001 0010	I	RPI18	011 1110	—	—
001 0011	I	RPI19	011 1111	I	RPI 63
001 0100	I/O	RP20	100 0000	—	—
001 0101	—	—	100 0001	—	—
001 0110	—	—	100 0010	—	—
001 0111	—	—	100 0011	—	—
001 1000	I	RPI24	100 0100	—	—
001 1001	I	RPI25	100 0101	I/O	RP69
001 1010	—	—	100 0110	I/O	RP70
001 1011	I	RPI27	100 0111	—	—
001 1100	I	RPI28	100 1000	I	RPI72
001 1101	—	—	100 1001	—	—
001 1110	—	—	100 1010	—	—
001 1111	—	—	100 1011	—	—
010 0000	I	RPI32	100 1110	—	—
010 0001	I	RPI33	100 1111	—	—
010 0010	I	RPI34	101 0010	—	—
010 0011	I/O	RP35	101 0011	—	—
010 0100	I/O	RP36	101 0100	—	—

续表

外设引脚选择输入寄存器值	输入/输出	引脚分配	外设引脚选择输入寄存器值	输入/输出	引脚分配
010 0101	I/O	RP37	010 1001	I/O	RP41
010 0110	I/O	RP38	010 1010	I/O	RP42
010 0111	I/O	RP39	010 1011	I/O	RP43
010 1000	I/O	RP40	101 1000	—	—
010 1100	I	RPI44	101 1001	—	—
010 1101	I	RPI45	101 1010	—	—
010 1110	I	RPI46	101 1011	—	—
010 1111	I	RPI47	101 1100	—	—
011 0000	I/O	RP48	101 1101	—	—
011 0001	I/O	RP49	101 1110	I	RPI94
110 0000	I	RPI96	101 1111	I	RPI95
110 0001	I/O	RP97	111 0011	—	—
110 0010	—	—	111 0100	—	—
110 0011	—	—	111 0101	—	—
110 0100	—	—	111 0110	I/O	RP118
110 0101	—	—	111 0111	I	RPI119
110 0110	—	—	111 1000	I/O	RP120
110 0111	—	—	111 1001	I	RPI121
110 1000	—	—	111 1010	—	—
110 1001	—	—	111 1011	—	—
110 1010	—	—	111 1100	I	RPI124
110 1011	—	—	111 1101	I/O	RP125
101 0101	—	—	111 1110	I/O	RP126
101 0110	—	—	111 1111	I/O	RP127
101 0111	—	—	10110000	I/O	RP176
110 1100	—	—	10110001	I/O	RP177
110 1101	—	—	10110010	I/O	RP178
110 1110	—	—	10110011	I/O	RP179
110 1111	—	—	10110100	I/O	RP180
111 0010	—	—	10110101	I/O	RP181

注：阴影行表示未实现的重映射的外设引脚选择输入寄存器值。

2) 输出映射

相对于输入映射，外设引脚选择选项的输出在引脚基础上进行映射。在这种情况下，与特定引脚相关的控制寄存器指示要被映射的外设输出。RPORx 寄存器用于控制输出映射。与 RPINRx 寄存器类似，每个寄存器包含 6 位位域组，每组都与一个 RPn 引脚相关。位域的值与外设一一对应，并将该外设的输出映射到该引脚(见表 8-3 和图 8-5)。为确保在默认情况下，可重映射输出保持与所有输出引脚之间的断开状态，空输出与输出寄存器的复位值 0 相关。

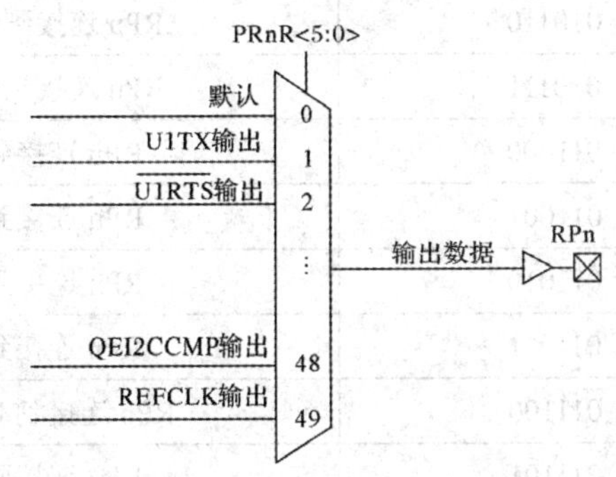

图 8-5　RPn 的可重映射输出的复用

表 8-3　可重映射引脚(RPn)的输出选择

功　能	RPnR<5:0>	输 出 名 称
默认端口	000000	RPn 连接到默认引脚
U1TX	000001	RPn 连接到 UART1 发送
$\overline{\text{U1RTS}}$	000010	RPn 连接到 UART1 请求发送
U2TX	000011	RPn 连接到 UART2 发送
$\overline{\text{U2RTS}}$	000100	RPn 连接到 UART2 请求发送
SDO1	000101	RPn 连接到 SPI1 数据输出
SCK1OUT	000110	RPn 连接到 SPI1 时钟输出
SS1OUT	000111	RPn 连接到 SPI1 从选择
SDO2	001000	RPn 连接到 SPI2 数据输出
SCK2OUT	001001	RPn 连接到 SPI2 时钟输出
SS2OUT	001010	RPn 连接到 SPI2 从选择
CSDO	001011	RPn 连接到 DCI 数据输出
CSCKOUT	001100	RPn 连接到 DCI 时钟输出
COFSOUT	001101	RPn 连接到 DCIFSYNC 输出
C1TX	001110	RPn 连接到 CAN1 发送
C2TX	001111	RPn 连接到 CAN2 发送
OC1	010000	RPn 连接到输出比较 1 输出
OC2	010001	RPn 连接到输出比较 2 输出

续表

功　能	RPnR<5:0>	输出名称
OC3	010010	RPn 连接到输出比较 3 输出
OC4	010011	RPn 连接到输出比较 4 输出
OC5	010100	RPn 连接到输出比较 5 输出
OC6	010101	RPn 连接到输出比较 6 输出
OC7	010110	RPn 连接到输出比较 7 输出
OC8	010111	RPn 连接到输出比较 8 输出
C1OUT	011000	RPn 连接到比较器输出 1
C2OUT	011001	RPn 连接到比较器输出 2
C3OUT	011010	RPn 连接到比较器输出 3
U3TX	011011	RPn 连接到 UART3 发送
$\overline{\text{U3RTS}}$	011100	RPn 连接到 UART3 请求发送
U4TX	011101	RPn 连接到 UART4 发送
$\overline{\text{U4RTS}}$	011110	RPn 连接到 UART4 请求发送
SDO3	011111	RPn 连接到 SPI3 数据输出
SCK3OUT	100000	RPn 连接到 SPI3 时钟输出
SS3OUT	100001	RPn 连接到 SPI3 从选择
SDO4	100010	RPn 连接到 SPI4 数据输出
SCK4OUT	100011	RPn 连接到 SPI4 时钟输出
SS4OUT	100100	RPn 连接到 SPI4 从选择
OC9	100101	RPn 连接到输出比较 9 输出
OC10	100110	RPn 连接到输出比较 10 输出
OC11	100111	RPn 连接到输出比较 11 输出
OC12	101000	RPn 连接到输出比较 12 输出
OC13	101001	RPn 连接到输出比较 13 输出
OC14	101010	RPn 连接到输出比较 14 输出
OC15	101011	RPn 连接到输出比较 15 输出
OC16	101100	RPn 连接到输出比较 16 输出
PSYNCO1	101101	RPn 连接到 PWM 主时基同步输出
PSYNCO2	101110	RPn 连接到 PWM 辅助时基同步输出
QEI1CCMP	101111	RPn 连接到 QEI1 计数器比较器输出
QEI2CCMP	110000	RPn 连接到 QEI2 计数器比较器输出
REFCLK	110001	RPn 连接到参考时钟输出

3) 映射限制

外设引脚选择在任何外设映射 SFR 之间没有互锁或硬件强制的锁定，其控制机制不局限于固定外设配置的小范围内。也就是说，RPn 引脚上外设映射的任何组合都是可能的。这包括外设输入和输出到引脚的多对一或一对多映射。从配置角度来看，这种映射在技术上是可行的，但从电气角度来看可能不受支持。

4. 控制配置更改

尽管外设的重映射功能允许器件在运行时更改外设的映射，但也为器件带来了一定的风险。为此，通常需要对外设重映射设置一些限制条件以防止意外更改。针对这一问题，所有 dsPIC33EV 系列器件都设置有控制寄存器锁定序列、连续状态监视和配置位重映射锁定等 3 个功能来防止对外设映射的意外更改。

1) 控制寄存器锁定

在正常工作时，不允许写入 RPINRx 和 RPORx 寄存器。尝试写入操作看似正常执行，但寄存器的内容保持不变。要更改这些寄存器，必须用硬件进行解锁。寄存器锁定由 IOLOCK 位(OSCCON<6>)控制。将 IOLOCK 置 1 可防止对控制寄存器的写操作；将 IOLOCK 清零则允许写操作。要置 1 或清零 IOLOCK，必须将 0x46 写入 OSCCON<7:0>、将 0x57 写入 OSCCON<7:0>后再执行将 IOLOCK 清零(或置 1)的单个操作。IOLOCK 会保持一种状态直到被更改。其更改方式为：在对所有控制寄存器进行更新前先执行一个解锁序列，然后用第二个锁定序列将 IOLOCK 置 1。例如 MPLAB C30 中用于解锁 OSCCON 寄存器的内建 C 语言函数：

```
_ builtin_write _OSCCONL (value)
_ builtin_write _OSCCONH (value)
```

2) 连续状态监视

除了防止直接写操作，RPINRx 和 RPORx 寄存器的内容一直由影子寄存器通过硬件进行监视。如果任何寄存器发生了意外更改(例如 ESD 或其他外部事件引起的干扰)，将会触发配置不匹配复位。

3) 配置位引脚选择锁定

为了进一步确保安全，可以将器件配置为禁止对 RPINRx 和 RPORx 寄存器进行多于一次写操作。IOL1WAY(FOSC<5>)配置位会阻止 IOLOCK 位在置 1 后被清零。在默认(未编程)状态下，IOL1WAY 被置 1，将用户限制为只能进行一次写操作。对 IOL1WAY 进行编程时允许用户(通过对解锁序列的正确使用)不受限制地访问外设引脚选择寄存器。

4) 外设引脚选择注意事项

在应用设计中使用控制外设引脚选择功能时，尤其是对于那些只能作为可重映射外设，有一些可能被大多数用户所忽略的注意事项。主要的注意事项是在器件的默认(复位)状态下，外设引脚选择在默认引脚上不可用。具体来说，由于所有 RPINRx 寄存器复位为全 1，所有 RPORx 寄存器复位为全 0，这意味着所有外设引脚选择输入连接到 V_{SS}，而所有外设引脚选择输出处于断开状态。这种情况要求用户在执行任何其他应用程序代码前，必须用适当的外设配置初始化器件。由于 IOLOCK 位复位为解锁状态，因此在器件复位结束后不必执行解锁序列。然而，基于应用安全考虑，在写入控制寄存器后最好将 IOLOCK 置 1 并锁定配置。由于解锁序列对时序的要求很严格，它必须编写为汇编语言程序，这与更改振荡器配置类似。如果应用程序是用 C 语言或其他高级语言编写的，则解锁序列时应通过写行内汇编来执行。选择配置需要查看所有外设引脚选择及其引脚分配，尤其是那些不会在应用中使用的外设。在所有情况下，必须完全禁止未用的引脚可选择外设。应将未用的外设的输入分配给未用的 RPn 引脚功能。带有未用 RPn 功能的 I/O 引脚应被配置为空外设输出。外设到引脚的分配不会执行引脚 I/O 电路的任何其他配置，这意味着将引脚可选择输出加到一个引脚，当驱动输出时，可能会意外驱动现有的外设输入。用户必须熟悉共用同一个可重映射引脚的其他固定外设的行为，了解何时使能或禁止它们。为安全起见，共用同一个引脚的固定数字外设在不使用时应被禁止。根据这些概念，配置特定外设的可重映射引脚不会自动开启该外设功能。必须将外设特别配置为工作并使能，将其当作连接到固定引脚一样对待。这部分在应用代码中的位置(紧跟器件复位和外设配置，或在主应用程序内)取决于外设及其在应用中的使用。需要注意的是，外设引脚选择功能既不会改写模拟输入，也不会将带模拟功能的引脚重新配置为数字 I/O。如果器件复位时引脚被配置为模拟输入，则使用外设引脚选择时必须明确将其重新配置为数字 I/O。

5. 外设引脚选择寄存器

外设引脚选择输入寄存器详情可参见表 8-2，外设引脚选择输出寄存器详情可参见表 8-3。

1) RPINR0(外设引脚选择输入寄存器 0)

RPINR0 将外部中断 1(INT1)分配给对应 RPn 引脚，其 bit 7～bit 0 未实现，bit 15～bit 8 为 INT1R<7:0>，将外部中断 1(INT1)分配给对应 RPn 引脚的位。关于输入引脚选择编号，可参见表 8-2。例如，10110101 表示输入连接到 RPI181，00000001 表示输入连接到 CMP1。

2) RPOR0(外设引脚选择输出寄存器 0)

RPOR0 将外设输出功能分配给 RP35 和 RP20 输出引脚的位，具体内容如表 8-4 所示。

表 8-4　RPOR0——外设引脚选择输出寄存器 0

U-0	U-0	R/W-0	R/W-0	R/W-0	R/W-0	R/W-0	R/W-0
—	—	RP35R5	RP35R4	RP35R3	RP35R2	RP35R1	RP35R0
bit 15							bit 8
U-0	U-0	R/W-0	R/W-0	R/W-0	R/W-0	R/W-0	R/W-0
—	—	RP20R5	RP20R4	RP20R3	RP20R2	RP20R1	RP20R0
bit 7							bit 0

bit 15～bit 14——未实现：读为 0。

bit 13～bit 8——RP35R<5:0>：将外设输出功能分配给 RP35 输出引脚的位。(关于外设功能编号，可参见表 8-3)

bit 7～bit 6——未实现：读为 0。

bit 5～bit 0——RP20R<5:0>：将外设输出功能分配给 RP20 输出引脚的位。(关于外设功能编号，可参见表 8-3)

8.3 电平变化通知

8.3.1 电平变化通知简介

电平变化通知功能使 dsPIC33EV 系列器件能够向处理器发出中断请求，以响应所选择的输入引脚上的状态变化。图 8-6 给出了 CN 硬件的基本功能。

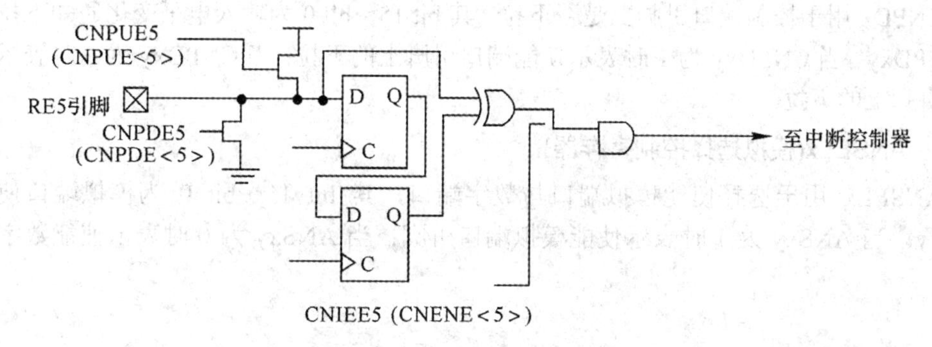

图 8-6 RE5 引脚的输入电平变化通知框图

1. CN 控制寄存器

有 3 个与 CN 模块相关的控制寄存器：CNENx、CNPUx 和 CNPDx，其中“x”表示端口字母。CNENx 寄存器包含 CNIExy 控制位，其中“y”表示端口引脚编号。要让某个端口输入引脚中断 CPU，必须将其 CNIExy 位置 1。每个 CN 引脚连接有弱上拉和下拉器件，可通过 CNPUx 和 CNPDx 控制位使能或禁止。弱上拉和下拉器件充当连接到引脚的电流源或电流阱，并且当连接了按钮或键盘设备时，不再需要外部电阻。

2. CN 配置和操作

CN 的配置应首先通过将 TRISx 寄存器中的相关位置 1，确保端口引脚配置为数字输入，将 CNENx 寄存器中的相应位置 1，允许所选端口引脚的中断，然后将 CNPUx/CNPDx 寄存器中的相应位置 1，开启所选端口引脚的弱上/下拉器件(如需要)，清零 IFSx 寄存器中的 CNIF 中断标志，再使用 IPCx 寄存器中的 CNIP<2:0>控制位为 CN 中断选择所需的中断优先级和 IECx 寄存器中的 CNIE 控制位来允许 CN 中断。当 CN 中断发生时，用户应用程序应该读与该 CN 引脚相关的 PORT 寄存器。这样做将清除不匹配条件，并设置 CN 逻辑以检测下一次引脚电平变化。可以将当前的端口值与上一次 CN 中断时得到的端口读出值比较，以确定发生了电平变化的引脚。端口引脚有最小输入脉冲宽度规范。

8.3.2 电平变化通知寄存器

以下寄存器用于允许和禁止相应的 CN 中断、上拉和下拉电阻。

1. CNENx(输入电平变化通知中断允许寄存器)

CNENx 用于选择输入电平变化中断，其 bit 15～bit 0 为输入电平变化通知中断允许位

CNIExy。当 CNIExy 为 1 时表示允许输入电平变化中断；当 CNIExy 为 0 时表示不允许输入电平变化中断。

2. CNPUx(输入电平变化通知上拉使能寄存器)

CNPUx 用于控制端口引脚上是否上拉，其 bit 15～bit 0 为输入电平变化通知上拉使能位 CNPUxy。当 CNPUxy 为 1 时表示使能端口引脚上的上拉；当 CNPUxy 为 0 时表示禁止端口引脚上的上拉。

3. CNPDx(输入电平变化通知下拉使能寄存器)

CNPDx 用于控制端口引脚上是否下拉，其 bit 15～bit 0 为输入电平变化通知下拉使能位 CNPDxy。当 CNPDxy 为 1 时表示使能端口引脚上的下拉；当 CNPDxy 为 0 时表示禁止端口引脚上的下拉。

4. ANSELx(模拟选择控制寄存器)

ANSELx 用于选择使能模拟端口与数字端口，其 bit 15～bit 0 为模拟端口使能位 ANSxy。当 ANSxy 为 1 时表示使能模拟端口引脚；当 ANSxy 为 0 时表示使能数字端口引脚。

8.4 I/O 使用技巧

I/O 的使用有如下几点技巧：

(1) 在某些情况下，一些引脚与 V_{DD} 和 V_{SS} 之间存在内部保护二极管。“注入电流”一词也可被称为“钳位电流”，在指定引脚上，在用户采取了足够外部限流措施的情况下，允许 I/O 引脚输入电压大于或小于数据手册中的绝对最大值(相对于电源 V_{SS} 和 V_{DD})。请注意，当用户应用对高端或低端内部输入钳位二极管进行正向偏置时，所产生的电流会注入内部钳位到 V_{DD} 和 V_{SS} 电源轨的器件，该电流可能影响 ADC 的精度(4～6 个计数)。

(2) 在发生任何复位之后，与任意模拟输入引脚(即 ANx)共用的 I/O 引脚默认情况下总是模拟引脚。因此，将某个引脚配置为模拟输入引脚时，将会自动禁止数字输入引脚缓冲器。如果尝试通过读取 PORTx 或 LATx 来读取数字输入电平，则无论引脚上的数字逻辑电平是什么，将总是返回 0。要在共用 ANx 引脚上使用引脚作为数字 I/O 引脚，用户应用程序需要配置 I/O 端口模块中的模拟引脚配置寄存器(即 ANSELx)，即将对应于该 I/O 端口引脚的相应位设置为 0。

(3) 大多数 I/O 引脚具有多种功能。在命名约定中，最左侧功能名称的优先级高于其右侧的所有功能。例如，AN16/T2CK/T7CK/RC1 中 AN16 的优先级最高，将优先于列表中其右侧的所有其他功能。即使已使能其右侧的其他功能，只要其左侧的任何功能被使能，右侧的功能就不会起作用。该规则适用于对于给定引脚列出的所有功能。

(4) 每个引脚都具有内部弱上拉电阻和下拉电阻，它们可以分别使用 CNPUx 和 CNPDx 寄存器进行配置。由于具有这些电阻，故在一些应用中可以不需要外部电阻。内部上拉最高可至 $V_{DD} - 0.8$，而不是 V_{DD}。该值仍然高于 CMOS 和 TTL 器件的最小 V_{IH}。

(5) 当直接驱动 LED 时，I/O 引脚的拉电流或灌电流可以高于 V_{OH}/I_{OH} 和 V_{OL}/I_{OL} 直流

特性规范中规定的值。相应的 I_{OH} 和 I_{OL} 电流额定值只是为了使相应输出保持大于等于 V_{OH} 和小于等于 V_{OL} 电压。但对于 LED，不同于外部连接器件的数字输入，它们不受相同的最小 V_{IH}/V_{IL} 电压限制。I/O 引脚输出可以安全地灌入或拉出小于数据手册中绝对最大值部分中所列出的任何电流。例如：I_{OH} = −8 mA 且 V_{DD} = 5 V 时 V_{OH} = 4.4 V；任意 8 mA I/O 引脚的最大输出拉电流为 12 mA；从技术上说，允许 LED 拉电流小于 12 mA。

(6) PPS 引脚映射规则如下：

① 在任意时刻，给定引脚上只能有一个“输出”功能处于活动状态，无论它是专用还是可重映射功能(一个引脚，一个输出)。

② 可以将某个“可重映射输出”功能分配给多个引脚，并在外部将它们短接或连接在一起，以提高电流驱动能力。

③ 如果在某个引脚上使能了任何“专用输出”功能，它将优先于任何可重映射“输出”功能。

④ 如果在某个引脚上使能了任何“专用数字”(输入或输出)功能，则可将任意数量的“输入”可重映射功能映射到同一引脚。

⑤ 如果在某个给定引脚上使能了任何“专用模拟”功能，则将禁止任何一种“数字输入”，但用户可以审慎地使能单个“数字输出”并使其处于活动状态，前提是它不会与外部模拟输入信号发生信号争用。例如，可以使用 ADC 转换数字输出逻辑电平，或翻转比较器上的数字输出或 ADC 输入，前提是没有类似用于内置自检的外部模拟输入。

⑥ 可以同时将任意数量的“输入”可重映射功能映射到相同引脚，包括映射到具有来自专用或可重映射“输出”的单个输出的任意引脚。

⑦ TRISx 寄存器仅控制数字 I/O 输出缓冲器。任何其他专用或可重映射的活动“输出”将自动改写 TRISx 设置。TRISx 寄存器不控制数字逻辑“输入”缓冲器。可重映射数字“输入”不会自动改写 TRISx 设置，这意味着对于仅分配有可重映射输入功能的引脚，必须将 TRISx 位设置为输入。

⑧ 发生任意复位之后，默认情况下将使能所有模拟引脚，并且引脚上相应的数字输入缓冲器会被禁止。只有模拟引脚选择寄存器会控制数字输入缓冲器，TRISx 寄存器不会。为了使用某个引脚上的任何“数字输入”，用户必须使用模拟引脚选择寄存器禁止相应引脚上的模拟功能。

第 9 章　定时器及其应用

dsPIC33EV 5V 系列高温 DSC 器件上提供了 A、B、C 三种不同类型的定时器，共包含 5 个 16 位定时器模块和 2 个 32 位定时器模块，其中大多数 16 位定时器都基于相同的功能电路。本章主要介绍 dsPIC33EV 系列器件的 A、B、C 类定时器、看门狗定时器(WDT)、程序监控定时器(DeadMan Timer, DMT)以及输入捕捉与输出比较定时器等的概念和应用。

9.1　定　时　器

dsPIC33EV 系列定时器按照功能不同，分为三种类型：A 类定时器(Timer1)、B 类定时器(Timer2、Timer4)和 C 类定时器(Timer3、Timer5)。

B 类和 C 类定时器可以组合构成 32 位定时器，每个定时器模块都是 16 位定时器/计数器，由以下可读/写寄存器组成：

(1) TMRx：16 位定时器计数寄存器。

(2) PRx：与定时器相关的 16 位定时器周期寄存器。

(3) TxCON：与定时器相关的 16 位定时器控制寄存器。每个定时器模块都具有相关的中断控制位，即中断允许控制位(TxIE)、中断标志状态位(TxIF)、中断优先级控制位(TxIP<2:0>)。

9.1.1　Timer1

Timer1 模块是一个 16 位定时器，可作为自由运行的间隔定时器/计数器。图 9-1 给出了 Timer1 模块框图。

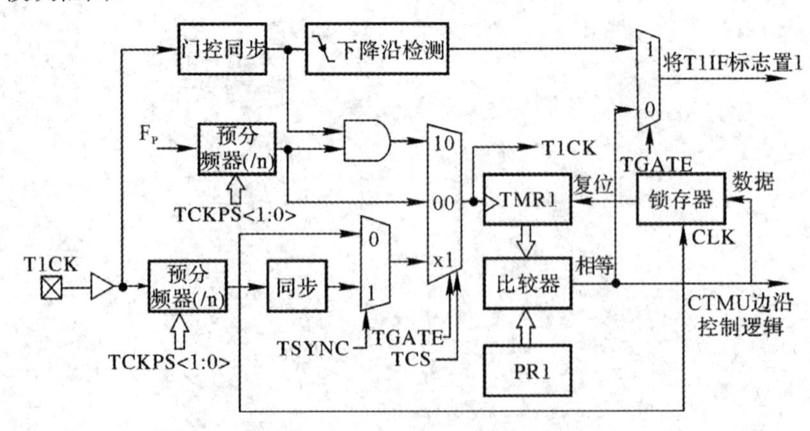

图 9-1　16 位 Timer1 模块框图

与其他类型的定时器相比，Timer1 具有以下特性：

(1) 可以依靠器件上的低功耗 32 kHz 晶振工作。

(2) 可以依靠外部时钟源以异步计数器模式工作。

(3) 可选择将 Timer1 外部时钟输入(T1CK)与内部器件时钟同步，并在预分频之后执行时钟同步。

9.1.2 Timer2/3 和 Timer4/5

Timer2/3 和 Timer4/5 模块为 32 位定时器，也可被配置为 4 个具有可选工作模式的独立 16 位定时器。作为 32 位定时器，Timer2/3 和 Timer4/5 具有以下三种工作模式：① 具有所有 16 位工作模式(异步计数器模式除外)的两个独立 16 位定时器(例如，Timer2 和 Timer3)；② 单个 32 位定时器；③ 单个 32 位同步计数器。这些定时器还支持以下功能：① 定时器门控操作；② 可选择的预分频比设置；③ 空闲和休眠模式期间的定时器工作；④ 在 32 位周期寄存器匹配时产生中断；⑤ 输入捕捉和输出比较模块的时基；⑥ ADC1(Analog-to-Digital Converter，模/数转换器)事件触发器(仅限 Timer2/3)。

所有 4 个 16 位定时器都能单独用作同步定时器或计数器，并具有上述功能，但事件触发功能仅可由 Timer2/3 实现。定时器的工作模式和使能特性通过设置 T2CON、T3CON、T4CON 和 T5CON 寄存器中的相应位来确定。

对于 32 位定时器/计数器操作，Timer2 和 Timer4 是 32 位定时器的最低有效字，Timer3 和 Timer5 则是 32 位定时器的最高有效字。对于 32 位操作，T3CON 和 T5CON 中的控制位将被忽略。设置和控制只使用 T2CON 和 T4CON 寄存器中的控制位。此外，32 位定时器模块采用 Timer2 和 Timer4 的时钟和门控输入，但中断由 Timer3 和 Timer5 中断标志产生。

1. B 类定时器

Timer2 和 Timer4 是 B 类定时器，图 9-2 给出了 B 类定时器的框图。

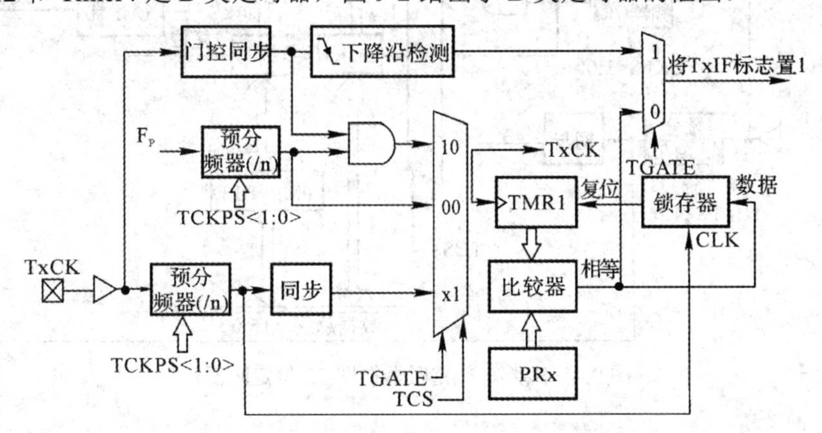

图 9-2　B 类定时器框图(x = 2 和 4)

B 类定时器具有以下特性：

(1) 可以通过与 C 类定时器组合构成 32 位定时器。

(2) 外部时钟输入(TxCK)总是与内部器件时钟同步，时钟同步在 TxCK 经预分频器分频之后执行。

2. C 类定时器

Timer3 和 Timer5 是 C 类定时器，ADC 触发信号仅在 Timer3 和 Timer5 上可用。图 9-3 给出了 C 类定时器的框图。图 9-4 给出了 B 类/C 类定时器的框图(32 位定时器)。C 类定时器具有以下特性：

(1) 可以通过与 B 类定时器组合构成 32 位定时器。

(2) 至少有一个 C 类定时器能够触发 A/D 转换。

(3) 外部时钟输入总是与内部器件时钟同步，时钟同步是通过使用外部时钟输入执行的，随后该同步时钟由预分频器分频。

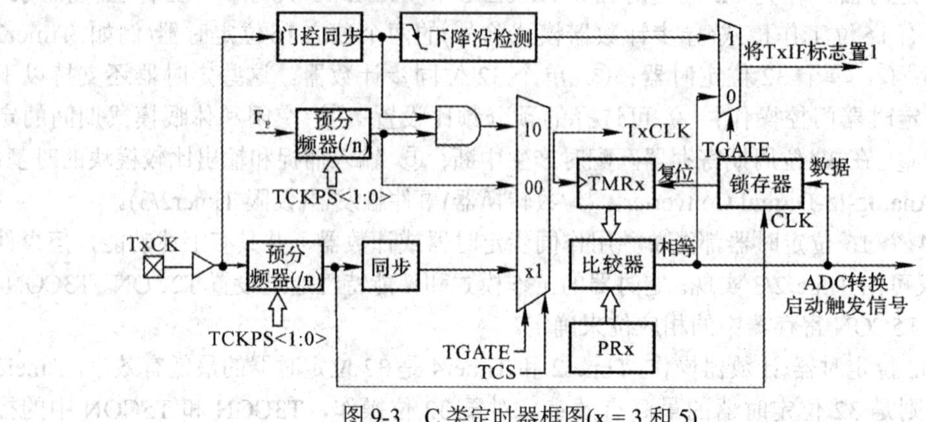

图 9-3　C 类定时器框图(x = 3 和 5)

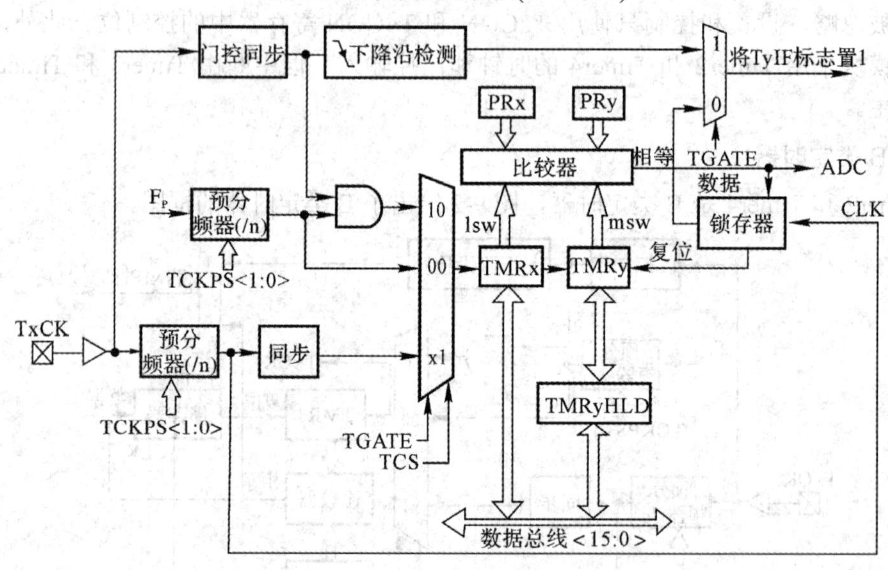

图 9-4　B 类/C 类定时器框图(32 位定时器)

9.1.3　定时器控制寄存器

1. T1CON(Timer1 控制寄存器)

T1CON 用于控制 Timer1 的配置，具体内容如表 9-1 所示。

表 9-1　T1CON——Timer1 控制寄存器

R/W-0	U-0	R/W-0	U-0	U-0	U-0	U-0	U-0
TON	—	TSIDL	—	—	—	—	—
bit 15							bit 8

U-0	R/W-0	R/W-0	R/W-0	U-0	R/W-0	R/W-0	U-0
—	TGATE	TCKPS1	TCKPS0	—	TSYNC	TCS	—
bit 7							bit 0

bit 15——TON：Timer1 使能位。

1＝启动 16 位 Timer1；0＝停止 16 位 Timer1。

bit 14——未实现：读为 0。

bit 13——TSIDL：Timer1 空闲模式停止位。

1＝当器件进入空闲模式时，模块停止工作；0＝在空闲模式下模块继续工作。

bit 12～bit 7——未实现：读为 0。

bit 6——TGATE：Timer1 门控时间累加使能位。

当 TCS＝1 时：该位被忽略；当 TCS＝0 时：1＝使能门控时间累加，0＝禁止门控时间累加。

bit 5～bit 4——TCKPS<1:0>：Timer1 输入时钟预分频比选择位。

11＝预分频比为 1∶256；10＝预分频比为 1∶64；01＝预分频比为 1∶8；00＝预分频比为 1∶1。

bit 3——未实现：读为 0。

bit 2——TSYNC：T1CK 同步选择位。

当 TCS＝1 时，1＝同步 T1CK，0＝不同步 T1CK；当 TCS＝0 时，该位被忽略。

bit 1——TCS：Timer1 时钟源选择位。

1＝来自 T1CK 引脚的外部时钟(上升沿触发计数)；0＝内部时钟(F_P)。

bit 0——未实现：读为 0。

2. TxCON(T2CON 和 T4CON 控制寄存器)

TxCON 用于控制定时器的配置，具体内容如表 9-2 所示。

表 9-2　TxCON—T2CON 和 T4CON 控制寄存器

R/W-0	U-0	R/W-0	U-0	U-0	U-0	U-0	U-0
TON	—	TSIDL	—	—	—	—	—
bit 15							bit 8

U-0	R/W-0	R/W-0	R/W-0	R/W-0	U-0	R/W-0	U-0
—	TGATE	TCKPS1	TCKPS0	T32	—	TCS	—
bit 7							bit 0

bit 15——TON：Timerx 使能位。

当 T32＝1 时，1＝启动 32 位 Timerx/y，0＝停止 32 位 Timerx/y，当 T32＝0 时，

1=启动 16 位 Timerx，0=停止 16 位 Timerx。

bit 14——未实现：读为 0。

bit 13——TSIDL：Timerx 空闲模式停止位。

1=当器件进入空闲模式时，模块停止工作；0=在空闲模式下模块继续工作。

bit 12～bit 7——未实现：读为 0。

bit 6——TGATE：Timerx 门控时间累加使能位。

当 TCS=1 时，该位被忽略；当 TCS=0 时，1=使能门控时间累加，0=禁止门控时间累加。

bit 5～bit 4——TCKPS<1:0>：Timerx 输入时钟预分频比选择位。

11=预分频比为 1∶256；10=预分频比为 1∶64；01=预分频比为 1∶8；00=预分频比为 1∶1。

bit 3——T32：32 位定时器模式选择位。

1=Timerx 和 Timery 形成一个 32 位定时器；0=Timerx 和 Timery 用作两个 16 位定时器。

bit 2——未实现：读为 0。

bit 1——TCS：Timerx 时钟源选择位。

1=来自 TxCK 引脚的外部时钟(上升沿触发计数)；0=内部时钟。

bit 0——未实现：读为 0

3. TyCON(T3CON 和 T5CON 控制寄存器)

TyCON 用于控制 C 类定时器的配置，具体内容如表 9-3 所示。

表 9-3　TyCON——T3CON 和 T5CON 控制寄存器

R/W-0	U-0	R/W-0	U-0	U-0	U-0	U-0	U-0
TON	—	TSIDL	—	—	—	—	—
bit 15							bit 8

U-0	R/W-0	R/W-0	R/W-0	U-0	U-0	R/W-0	U-0
—	TGATE	TCKPS1	TCKPS0	—	—	TCS	—
bit 7							bit 0

bit 15——TON：Timery 使能位。1 = 启动 16 位 Timery；0 = 停止 16 位 Timery。

bit 14——未实现：读为 0。

bit 13——TSIDL：Timery 空闲模式停止位。

1=当器件进入空闲模式时，模块停止工作；0=在空闲模式下模块继续工作。

bit 12～bit 7——未实现：读为 0。

bit 6——TGATE：Timery 门控时间累加使能位。

当 TCS=1 时，该位被忽略；当 TCS=0 时，1=使能门控时间累加，0=禁止门控时间累加。

bit 5～bit 4——TCKPS<1:0>：Timery 输入时钟预分频比选择位。

11=预分频比为 1∶256；10=预分频比为 1∶64；01 = 预分频比为 1∶8；00 = 预

分频比为 1∶1。

bit 3～bit 2——未实现：读为 0。

bit 1——TCS：Timery 时钟源选择位。

1=来自 TxCK 引脚的外部时钟(上升沿触发计数)；0=内部时钟。

bit 0——未实现：读为 0。

9.1.4　定时器工作模式

定时器模块可以工作于以下模式之一：

- 定时器模式；
- 门控定时器模式；
- 同步计数器模式；
- 异步计数器模式(仅适用于 A 类定时器)。

在定时器和门控定时器模式下，输入时钟来自于内部指令周期时钟(F_{CY})。在同步和异步计数器模式下，输入时钟来自于 T1CK 引脚上的外部时钟输入。定时器模式由以下位决定：

- 定时器时钟源控制位(TCS)：T1CON<1>；
- 定时器同步控制位(TSYNC)：T1CON<2>；
- 定时器门控控制位(TGATE)：T1CON<6>。

表 9-4 给出了不同工作模式的定时器控制位的设置。

表 9-4　定时器模式设置

模式	TCS	TGATE	TSYNC
定时器	0	0	x
门控定时器	0	1	x
同步计数器	1	X	1
异步计数器	1	X	0

所有 16 位定时器的 F_{CY} 或 TxCK 都具有预分频选项 1∶1、1∶8、1∶64 和 1∶256。可以使用定时器控制寄存器中的定时器时钟预分频比位 TCKPS<1:0>(TxCON<5:4>)选择时钟预分频比。当发生以下任一事件时，预分频器计数器被清零：

(1) 对 TMRx 寄存器或 TxCON 寄存器进行写操作；

(2) 清零 TxCON 寄存器中的定时器使能位 TON(TxCON<15>)；

(3) 任何器件复位。

定时器模块可以使用 TON 位(TxCON<15>)使能或禁止，并可由其他 dsPIC33EV 系列器件模块使用，如输入捕捉、输出比较和实时时钟。

1. 定时器模式

在定时器模式下，定时器的输入时钟来自 F_{CY}，并由可编程预分频器分频。当使能定时器时，其在输入时钟的每个上升沿递增 1 并在周期匹配时产生中断。定时器配置分为以下两种模式：

- 清零 TCS 控制位(TxCON<11>)以选择内部时钟源；

• 清零 TGATE 控制位(TxCON<6>)以禁止门控定时器工作模式。

2. 门控定时器模式

当定时器模块采用内部时钟(TCS = 0)工作时，可以使用门控定时器模式来测量外部门控信号的持续时间。在该模式下，只要 TxCK 引脚上的外部门控信号为高电平，定时器就会在输入时钟的每个上升沿递增 1。定时器中断在 TxCK 引脚的下降沿产生。门控定时器配置分为以下两种模式：

• 将 TGATE 控制位(TxCON<6>)置 1 以使能门控定时器操作；

• 清零 TCS 控制位(TxCON<11>)以选择内部时钟源。

3. 同步计数器模式

在同步计数器模式下，定时器的输入时钟来自于 TxCK，并由可编程预分频器分频。在该模式下，外部时钟输入与内部器件时钟同步。当使能定时器时，它在输入时钟的每个上升沿递增 1 并在周期匹配时产生中断。

同步计数器配置分为以下两种模式：

• 对于 A 类定时器，将 TSYNC 控制位(TxCON<2>)置 1 以使能时钟同步；对于 B 类或 C 类定时器，TxCK 总是同步的。

• 将 TCS 控制位(TxCON<1>)置 1 以选择外部时钟源。

4. 异步计数器模式(仅适用于 A 类定时器)

A 类定时器能在异步计数模式下工作。在异步计数器模式下，定时器的输入时钟来自于 TxCK，并由可编程预分频器分频。在该模式下，外部时钟输入与内部器件时钟不同步。当使能定时器时，它在输入时钟的每个上升沿递增 1 并在周期匹配时产生中断。异步计数器配置分为以下两种模式：

• 清零 TSYNC 控制位(TxCON<2>)以禁止时钟同步；

• 将 TCS 控制位(TxCON<11>)置 1 以选择外部时钟源。

9.2　节能模式与看门狗定时器

9.2.1　节能模式

dsPIC33EV 器件通过有选择地管理 CPU 和外设的时钟，从而具有管理功耗的功能。一般来说，较低的时钟频率以及减少时钟所驱动外设的数目可降低功耗。dsPIC33EV 系列器件可通过以下 4 种方式管理功耗：

(1) 时钟频率；

(2) 基于指令的休眠模式和空闲模式；

(3) 软件控制的打盹模式；

(4) 用软件有选择地进行外设控制。

上述方式也可以组合使用，以在保证关键应用特性(如对于时序敏感的通信)的情况下有选择地调节应用的功耗。

1. 时钟频率和时钟切换

dsPIC33EV 系列器件的时钟频率范围较宽，用户可根据应用需要进行选择。如果未锁定系统时钟配置，用户只需更改 NOSCx 位(OSCCON<10:8>)，即可选择低功耗或高精度振荡器。

2. 基于指令的节能模式

dsPIC33EV 系列器件有两种特殊的节能模式，即休眠模式和空闲模式。通过执行特殊的 PWRSAV 指令可以进入这两种模式。休眠模式下时钟停止工作并暂停所有代码执行；空闲模式下 CPU 暂停工作并暂停代码执行，但是允许外设模块继续工作。PWRSAV 指令的汇编语法如下例所示：

```
PWRSAV # SLEEP_MODE        ；使器件进入休眠模式
PWRSAV # IDLE_MODE         ；使器件进入空闲模式
```

其中，SLEEP_MODE 和 IDLE_MODE 是在所选器件的汇编器包含文件中定义的常量。在被允许的中断产生、WDT 超时或器件复位时，器件会退出休眠和空闲模式。器件退出这两种模式的操作被称为“唤醒”。

1) 休眠模式

休眠模式下将发生以下事件：

(1) 系统时钟源关闭(包括片上振荡器)。

(2) 如果没有 I/O 引脚消耗电流，则器件电流消耗将降至最低。

(3) 因为系统时钟源被禁止，所以故障保护时钟监视器在休眠模式下不工作。

(4) 如果 WDT 被使能，则低功耗 RC(Low-Power RC, LPRC)时钟将在休眠模式下继续运行。

(5) 如果 WDT 被使能，则在进入休眠模式之前被自动清零。

(6) 有些器件功能或外设能在休眠模式下继续工作，包括 I/O 端口上的输入电平变化通知功能或使用 TxCK 的外设等。

(7) 任何需要使用系统时钟源来工作的外设在休眠模式下将被禁止。

当发生以下任一事件时，器件将被从休眠模式唤醒：

(1) 产生任何已被单独允许的中断。

(2) 任何形式的器件复位。

(3) WDT 超时。

从休眠模式唤醒时，处理器将使用在进入休眠模式时处于工作状态的时钟源重新开始工作。为了实现最佳的节能效果，可以通过清零 VREGS(RCON<8>)和 VREGSF(RCON <11>)位，将内部稳压器和闪存稳压器配置为在休眠模式下进入待机状态(默认配置)。如果应用需要更快的唤醒速度并允许更高的电流，可以将 VREGS(RCON<8>)和 VREGSF(RCON<11>)位置 1，使内部稳压器和闪存稳压器在休眠模式下保持工作状态。

2) 空闲模式

空闲模式下将发生以下事件：

(1) CPU 停止执行指令。

(2) WDT 被自动清零。

(3) 系统时钟源保持工作状态。在默认情况下，所有外设模块将继续使用系统时钟源正常工作，也可以有选择地禁止它们。

(4) 如果看门狗定时器或故障保护时钟监视器被使能，则 LPRC 也将保持工作状态。

当发生以下任一事件时，器件将被从空闲模式中唤醒：

(1) 产生任何已被单独允许的中断。

(2) 任何器件复位。

(3) WDT 超时。

从空闲模式唤醒时，定时器模块重新为 CPU 提供时钟并开始执行指令(2～4 个时钟周期后)，且从 PWRSAV 指令之后的下一条指令或中断服务程序中的第一条指令开始执行。此外，为了提高节能效果，所有外设都具有在进入空闲模式时停止工作的选项。该选项可在每个外设的控制寄存器中进行选择。例如，Timer1 控制寄存器中的 TSIDL 位(T1CON<13>)。

3) 在节能指令执行期间的中断

在执行 PWRSAV 指令时产生的任何中断都将延迟到进入休眠或空闲模式后才起作用，并将器件从休眠模式或空闲模式唤醒。

3. 打盹模式

尽管更改时钟速度和使用节能模式是降低功耗的首选策略，但在某些情况下仍有可能不可行。例如，某些应用可能在任何情况下都必须保持不间断的同步通信。此时，降低系统时钟速度可能会带来通信错误，而使用节能模式可能会完全停止通信。打盹模式是另一种简单有效的节能方法，它可以在器件执行代码的情况下降低功耗。在该模式下，系统时钟以相同的时钟源和速度继续工作。外设模块时钟速度保持不变，但 CPU 时钟速度降低。若保持这两个时钟域同步，则可以保持外设访问特殊功能寄存器(Special Function Register, SFR)的能力，此时 CPU 以较慢的速度执行代码。通过将 DOZEN 位(CLKDIV<11>)置 1 可使能打盹模式，而外设与内核的时钟速度之比是由 DOZE<2:0>位(CLKDIV<14:12>)决定的。此外，共有 8 种可选配置，即从 1∶1 至 1∶128，其中 1∶1 是默认设置。

在事件驱动的应用中，程序可以使用打盹模式有选择地降低功耗。这样既可实现不间断地运行对时序敏感的功能(如同步通信)，又能够让 CPU 保持空闲等待事件调用中断服务程序。通过将 ROI 位(CLKDIV<15>)置 1，可以使器件在产生中断时自动返回到全速 CPU 工作模式。在默认情况下，中断事件对打盹模式工作没有影响。例如，假设器件的工作速度为 20 MIPS，并已基于这一工作速度将 CAN 模块的速度配置为 500 KBPS。如果现在将器件置于时钟频率比为 1∶4 的打盹模式，那么 CAN 模块仍将继续按 500 KBPS 通信，而 CPU 则以 5 MIPS 的速度开始执行指令。

4. 外设模块禁止

外设模块禁止(Peripheral Module Disable, PMD)寄存器通过停止所有模块的时钟源来提供一种禁止外设模块的方法。当通过相应的 PMDx 控制位禁止外设时，外设就进入最低功耗状态。与外设相关的控制和状态寄存器也会被禁止，因此写入这些寄存器将不起任何作用，且读取值无效。

只有 PMDx 寄存器中的相应位被清零并且外设为特定的 dsPIC DSC 器件支持时，才能使能相应的外设模块。如果将 PMDx 位置 1，则对应的模块将在一个指令周期的延时后被禁止。类似地，如果 PMDx 位清零，则对应的模块将在一个指令周期的延时后被使能(假设已将模块控制寄存器配置为使能模块的工作)。

9.2.2　看门狗定时器

对于 dsPIC33EV 系列器件，WDT 由 LPRC 振荡器驱动。当使能 WDT 时，时钟源也将使能。WDT 具有以下特性：

(1) 16 种可配置的超时周期；

(2) 5 位或 7 位预分频器；

(3) 16 位后分频器；

(4) 硬件和软件使能；

(5) 加速测试接口；

(6) 窗口 WDT 选项。

WDT 是自由运行的定时器，其主要功能是在发生软件故障时复位器件，并将器件从休眠或空闲模式唤醒。WDT 由一个可配置的 5 位或 7 位预分频器和一个可配置的后分频器组成，由 LPRC 振荡器提供时钟，并可通过配置预分频器和后分频器的分频比来选择 WDT 超时周期。图 9-5 给出了 WDT 的结构框图。

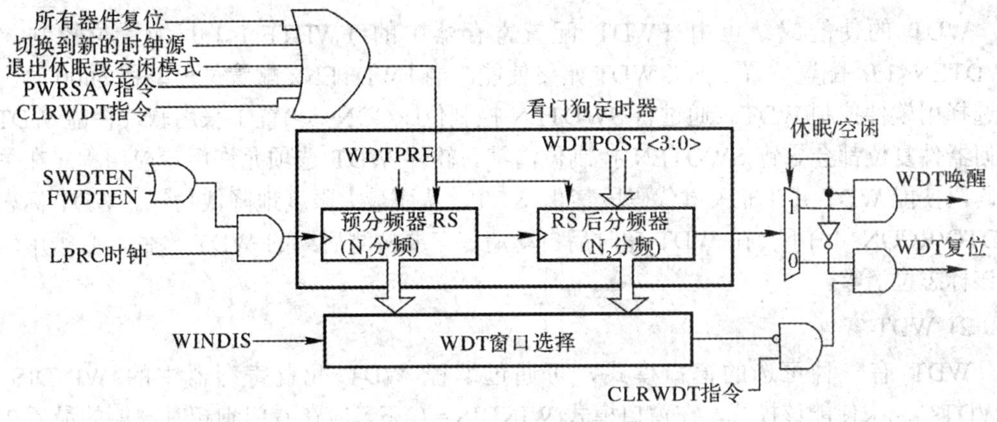

图 9-5　WDT 结构框图

1. 预分频器/后分频器

由 LPRC 提供的 WDT 时钟源的频率为 32 kHz 的时钟信号，可配置至 5 位(32 分频)或 7 位(128 分频)的预分频器。预分频比由 WDTPRE 配置位设置。使用 32 kHz 输入时，预分频器将产生 WDT 超时周期，并采用分频比可变的后分频器对 WDT 预分频器的输出进行分频，以获得范围较宽的超时周期。后分频比由 WDTPOST<3:0>配置位(FWDT<3:0>)控制，这些配置位允许选择 16 种设置，即从 1∶1 至 1∶32 768。此外，使用预分频器和后分频器可以使超时周期的范围扩展到 1 ms～131 s。WDT、预分频器和后分频器在以下条件下复位：

(1) 任何器件复位时；

(2) 在完成时钟切换时，无论时钟切换是由软件(即在更改 NOSCx 位后将 OSWEN 位置 1)引起还是由硬件(即故障保护时钟监视器)引起；

(3) 执行 PWRSAV 指令时(即进入休眠或空闲模式)；

(4) 当器件退出休眠或空闲模式恢复正常工作时；

(5) 当在正常执行过程中执行 CLRWDT 指令时。

执行 CLRWDT 和 PWRSAV 指令会将预分频器和后分频器的计数值清零。

2. 休眠和空闲模式

如果使能了 WDT，它将在休眠或空闲模式下继续运行。如果发生 WDT 超时，将唤醒器件并且将从执行 PWRSAV 指令处继续执行代码。在器件被唤醒后，需要用软件将相应的 SLEEP 或 IDLE 位(RCON<3:2>)清零。

3. WDT 操作

当使能 WDT 时，它将进行递增计数直到溢出或超时。除休眠或空闲模式外，WDT 超时都会强制器件复位。若要防止 WDT 超时复位，软件必须使用 CLRWDT 指令周期性地清零 WDT。执行 PWRSAV 指令后，当器件进入休眠或空闲模式时，WDT 也会被清零。如果在休眠或空闲模式下发生 WDT 超时，则器件将被唤醒并从执行 PWRSAV 指令处继续执行代码。在任何一种情况下，复位控制寄存器中的看门狗超时标志位 WDTO(RCON<4>)都会被置 1，表示器件复位或唤醒事件是由 WDT 超时引起的。

1) 使能 WDT

WDT 的使能或禁止由 FWDT 配置寄存器中的 FWDTEN<1:0>配置位控制。当 FWDTEN<1:0>配置位置 1 时，WDT 始终使能。当 FWDTENx 配置位已编程为 00 时，可以选择用软件控制 WDT。通过将 SWDTEN 控制位(RCON<5>)置 1 来用软件使能 WDT。任何器件复位都会导致 SWDTEN 控制位清零。软件 WDT 选项允许用户应用程序在关键代码段使能 WDT 并在非关键代码段禁止 WDT，从而最大限度地降低功耗。WDT 标志位 WDTO(RCON<4>)不会在 WDT 超时后自动清零。要检测后续的 WDT 事件，必须用软件将该标志位清零。

2) WDT 窗口

WDT 有一种可选的窗口模式，可通过编程 WDT 配置寄存器中的 WINDIS 位(FWDT<7>)来使能该模式。在窗口模式(WINDIS = 0)下，应在看门狗超时周期的最后 25%周期内清零 WDT。一些器件还具有可编程 WDT 窗口选项，在这些器件中，WDT 将基于可编程看门狗窗口选择位(WDTWIN<1:0>)的设置来进行清零操作：

- 11 = WDT 窗口为 WDT 周期的 25%；
- 10 = WDT 窗口为 WDT 周期的 37.5%；
- 01 = WDT 窗口为 WDT 周期的 50%；
- 00 = WDT 窗口为 WDT 周期的 75%。

如果 WDT 在允许的窗口之前被清零，将立即发生系统复位。窗口模式对于在代码关键部分以外的快速或慢速执行期间复位器件非常有用。

4. WDT 超时周期选择

WDT 超时周期可通过编程预分频器和后分频器的分频比来选择，并通过 WDT 配置寄存器中的预分频比选择位 WDTPRE(FWDT<4>)来选择预分频比。分频比可变的后分频器对 WDT 预分频器的输出进行分频，以获得范围较宽的超时周期。此外，还可通过 WDT 配置寄存器中的后分频比选择位 WDTPOST<3:0>(FWDT<3:0>)来选择后分频比，并提供 16 种后分频比设置(1∶1～1∶32 768)。

5. WDT 定时器复位

WDT 定时器在以下情况下被复位：

(1) 任何器件复位时；

(2) 当执行 PWRSAV 指令时(即进入休眠或空闲模式)；

(3) 当用软件使能 WDT 时；

(4) 完成时钟切换时；

(5) 在正常执行期间或当 WINDIS 为 0 时在 WDT 超时周期的最后 25%周期内执行 CLRWDT 指令。

6. 休眠和空闲模式下的 WDT 操作

如果使能了 WDT，其将在休眠或空闲模式下继续运行。若发生 WDT 超时，将唤醒器件并从执行 PWRSAV 指令处继续执行代码。WDT 对于低功耗系统设计非常有用，利用 SWDTEN 位(RCON<5>)，它可在需要时周期性地将器件从休眠模式唤醒来检查系统状态并进行相应操作。如果在正常工作期间 WDT 被禁止(FWDTEN = 0)，则可使用 SWDTEN 位在即将进入休眠模式之前开启 WDT。

9.3 程序监控定时器

9.3.1 简介

DMT 的主要功能是在软件故障时复位处理器。基于系统时钟工作的 DMT 是一个自由运行的取指定时器，该定时器在每次取指时进行计数，直到发生计数匹配时停止。当处理器处于休眠模式时不会取指。

通过配置熔丝或用软件将 DMTCON 寄存器中的 ON 位置 1 可使能 DMT。DMT 由具有超时计数匹配值(由两个 16 位配置熔丝寄存器 FDMTCNTL 和 FDMTCNTH 指定)的 32 位计数器组成。DMT 通常用于任务关键型和安全关键型应用，在这类应用中，必须检测到软件功能和执行顺序上的任何故障。DMT 最大计数由 FDMTCNTL 和 FDMTCNTH 配置寄存器的初始值控制。DMT 窗口间隔由 FDMTINTVL 和 FDMTINTVH 配置寄存器的值控制。图 9-6 给出了 DMT 模块的结构框图。

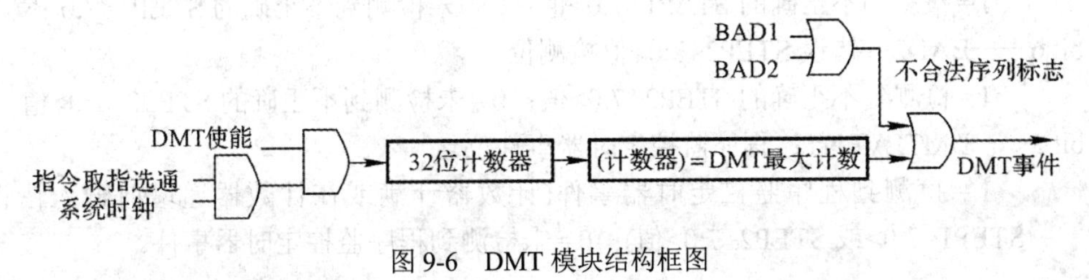

图 9-6　DMT 模块结构框图

9.3.2 DMT 寄存器

DMT 模块由以下特殊功能寄存器(SFR)组成。

1. DMTCON(程序监控定时器控制寄存器)

DMTCON 用于使能或禁止 DMT。bit 15 是 DMT 模块使能位 ON，1 = 使能 DMT 模块；0 = 不使能 DMT 模块。bit 14～bit 0 未实现。

2. DMTPRECLR(程序监控定时器预清零寄存器)

DMTPRECLR 用于写入一个预清零关键字，以最终清零 DMT。bit 15～bit 8 是预清零使能位 STEP1<7:0>。01000000 = 使能程序监控定时器预清零；所有其他写模式表示将 BAD1 标志位置 1；这些位在发生 DMT 复位事件时清零。如果 STEP2<7:0>位以正确顺序装入了正确的值，则 STEP1<7:0>位也将清零。bit 7～bit 0 未实现。

3. DMTCLR(程序监控定时器清零寄存器)

DMTCLR 用于在预清零字写入 DMTPRECLR 寄存器之后写入清零关键字。写入清零关键字后，DMT 将清零。bit 15～bit 8 未实现；bit 7～bit 0 是清零定时器位 STEP2<7:0>。00001000 = 如果之前以正确顺序装入 STEP1<7:0>位，则将 STEP1<7:0>、STEP2<7:0>和 DMT 清零。可通过读取 DMTCNTL/H 寄存器并查看正在被复位的计数器来验证对这些位的写入操作。所有其他写模式表示将 BAD2 位置 1。STEP1<7:0>值保持不变，并将捕捉正在写入 STEP2<7:0>的新值。这些位在发生 DMT 复位事件时清零。

4. DMTSTAT(程序监控定时器状态寄存器)

DMTSTAT 提供错误关键字值或序列、程序监控定时器事件以及 DMT 清零窗口是否开启的状态，具体内容如表 9-5 所示。

表 9-5　DMTSTAT——程序监控定时器状态寄存器

U-0	U-0	U-0	U-0	U-0	U-0	U-0	U-0
—	—	—	—	—	—	—	—
bit 15							bit 8
R-0, HC	R-0, HC	R-0, HC	U-0	U-0	U-0	U-0	R-0
BAD1	BAD2	DMTEVENT	—	—	—	—	WINOPN
bit 7							bit 0

bit 15～bit 8——未实现：读为 0。

bit 7——BAD1：错误 STEP1<7:0>值检测位。

1 = 检测到不正确的 STEP1<7:0>值；0 = 未检测到不正确的 STEP1<7:0>值。

bit 6——BAD2：错误 STEP2<7:0>值检测位。

1 = 检测到不正确的 STEP2<7:0>值；0 = 未检测到不正确的 STEP2<7:0>值。

bit 5——DMTEVENT：程序监控定时器事件位。

1 = 检测到程序监控定时器事件(计数器计满或在计数器递增前输入错误的 STEP1<7:0>或 STEP2<7:0>值)；0 = 未检测到程序监控定时器事件。

bi t 4～bit 1——未实现：读为0。

bit 0——WINOPN：程序监控定时器清零窗口位。

1=程序监控定时器清零窗口已打开；0=程序监控定时器清零窗口未打开。

5. DMTCNTL(程序监控定时器计数低位字寄存器)和 DMTCNTH(程序监控定时器计数高位字寄存器)

这两个低位字和高位字计数寄存器共同组成一个32位计数器寄存器，允许用户软件读取DMT计数器的内容。DMTCNTL的所有位(bit 15～bit 0)均是COUNTER<15:0>，表示读取DMT计数器低位字的当前内容；DMTCNTH的所有位(bit 15～bit 0)均是COUNTER<31:16>，表示读取DMT计数器高位字的当前内容。

6. DMTPSCNTL(状态配置后的DMT计数状态低位字寄存器)和DMTPSCNTH(状态配置后的DMT计数状态高位字寄存器)

这两个低位字和高位字寄存器分别提供FDMTCNTL和FDMTCNTH寄存器中DMTCNTx配置位的值。DMTPSCNTL的所有位(bit 15～bit 0)均是PSCNT<15:0>，表示DMT指令计数值配置状态低位字始终为FDMTCNTL配置寄存器的值；DMTPSCNTH的所有位(bit 15～bit 0)均是PSCNT<31:16>，表示DMT指令计数值配置状态高位字始终为FDMTCNTH配置寄存器的值。

7. DMTPSINTVL(状态配置后的DMT间隔状态低位字寄存器)和DMTPSINTVH(状态配置后的DMT间隔状态高位字寄存器)

这两个低位字和高位字寄存器分别提供FDMTINTVL和FDMTINTVH寄存器中DMTIVTx配置位的值。DMTPSINTVL的所有位(bit 15～bit 0)均是PSINTV<15:0>，表示DMT窗口间隔配置状态低位字始终为FDMTINTVL配置寄存器的值；DMTPSINTVH的所有位(bit 15～bit 0)均是PSINTV<31:16>，表示DMT窗口间隔配置状态高位字始终为FDMTINTVH配置寄存器的值。

8. DMTHOLDREG(DMT保持寄存器)

读取DMTCNTH和DMTCNTL寄存器时，该寄存器用于保存最后一次从DMTCNTH寄存器读取的值。其所有位(bit 15～bit 0)均是UPRCNT<15:0>，表示当最后一次读取DMTCNTL和DMTCNTH寄存器时，包含DMTCNTH寄存器的值。

9.3.3 DMT操作

1. 工作模式

DMT模块的主要功能是在发生软件故障时使处理器中断。DMT模块是一个基于系统时钟自由运行的取指操作定时器，它在每次发生取指操作时产生计数，直到计数匹配为止。当处理器处于休眠模式时，不会产生取指操作。DMT模块由一个32位计数器(即只读DMTCNTL和DMTCNTH寄存器)组成，其超时计数匹配值由两个外部16位配置熔丝寄存器FDMTCNTL和FDMTCNTH指定。每当计数匹配时，便会发生DMT事件(仅仅是一个软陷阱)。DMT模块通常用于必须检测软件功能和时序方面故障的任务关键型和安全关键型应用。

2. 使能和禁止 DMT 模块

DMT 模块可以通过器件配置使能或禁止，也可通过软件写入 DMTCON 寄存器的方式使能。如果 FDMT 寄存器中的 DMTEN 配置位置 1，则 DMT 始终使能。ON 控制位(DMTCON<15>)将通过读取 1 来反映该状态。在该模式下，ON 位无法通过软件清零。要禁止 DMT，必须将配置重新写入器件。如果熔丝中的 DMTEN 设置为 0，则会以硬件方式禁止 DMT。软件可以通过将 DMTCON 寄存器中的 ON 位置 1 来使能 DMT。但是，对于软件控制，FDMT 寄存器中的 DMTEN 配置位应设置为 0，且无法以软件方式禁止 DMT。

3. DMT 计数窗口间隔

DMT 模块具有窗口工作模式。FDMTINTVL 和 FDMTINTVH 寄存器中的 DMTIVT<15:0>和 DMTIVT<31:16>配置位分别设置窗口间隔值。在窗口模式下，软件只能在计数器处于发生计数匹配前的最终窗口中时清零 DMT。也就是说，只有 DMT 计数器值大于或等于写入窗口间隔值的值时，才能将清零序列插入 DMT 模块。此外，如果在允许的窗口之前清零 DMT，则会立即产生程序监控定时器软陷阱。

4. 节能模式下的 DMT 操作

由于 DMT 模块仅通过取指操作递增，因此当内核处于非活动状态时，计数值将不会更改。DMT 模块在休眠和空闲模式下保持非活动状态。当器件从休眠或空闲模式被唤醒后，DMT 计数器会再次开始递增。

5. 复位 DMT

可以通过使用系统复位或将有序序列写入 DMTPRECLR 和 DMTCLR 寄存器这两种方式复位 DMT。清零 DMT 计数器值时需要特殊的操作序列：

(1) 必须向 DMTPRECLR 寄存器中的 STEP1<7:0>位写入 01000000(0x40)。

(2) 必须向 DMTCLR 寄存器中的 STEP2<7:0>位写入 00001000(0x08)。仅当在步骤 1 之后且 DMT 处于开启窗口间隔中时，才能执行此操作。

6. DMT 计数选择

DMT 计数分别由 FDMTCNTL 和 FDMTCNTH 寄存器中的 DMTCNTL<15:0>和 DMTCNTH<31:16>寄存器位设置。当前的 DMT 计数值可以通过读取 DMTCNTL 和 DMTCNTH 寄存器来获得。

DMTPSCNTL 和 DMTPSCNTH 寄存器中的 PSCNT<15:0>和 PSCNT<31:16>位分别允许软件读取为 DMT 选择的最大计数。这意味着这些 PSCNTx 位值仅仅是最初写入配置熔丝寄存器 FDMTCNTL 和 FDMTCNTH 中的 DMTCNTx 位的值。无论何时发生 DMT 事件，用户始终都可以进行比较以查看 DMTCNTL 和 DMTCNTH 寄存器中的当前计数器值是否等于保存最大计数值的 DMTPSCNTL 和 DMTPSCNTH 寄存器的值。DMTPSINTVL 和 DMTPSINTVH 寄存器中的 PSINTV<15:0>和 PSINTV<31:16>位分别允许软件读取 DMT 窗口间隔值，意味着这两个寄存器会读取写入 FDMTINTVL 和 FDMTINTVH 寄存器的值。因此，只要 DMTCNTL 和 DMTCNTH 中的 DMT 当前计数器值达到 DMTPSINTVL 和 DMTPSINTVH 寄存器的值，窗口间隔便会开启，以便用户将清零序列插入 STEP2x 位，并将导致 DMT 复位。每当读取 DMTCNTL 和 DMTCNTH 时，DMTHOLDREG 寄存器中的 UPRCNT<15:0>位便将保留最后一次读取的 DMT 计数值高位字寄存器(DMTCNTH)的值。

9.4 输入捕捉

9.4.1 简介

输入捕捉模块主要用于需要频率(周期)和脉冲测量的应用。dsPIC33EV 系列器件支持 4 个输入捕捉通道。图 9-7 给出了输入捕捉模块框图。

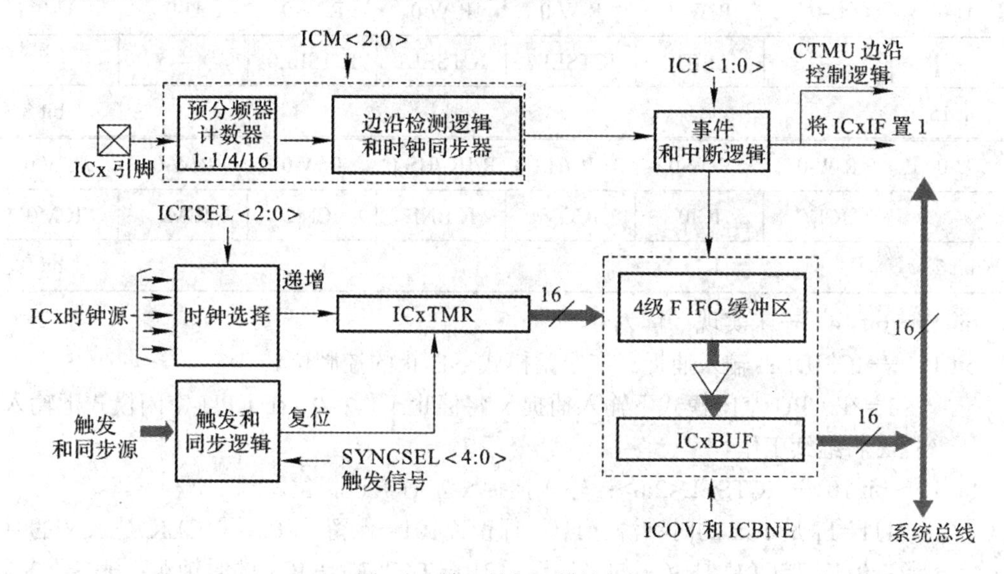

图 9-7　输入捕捉 x 模块框图

输入捕捉模块的主要特性包括：

(1) 硬件可配置，可通过级联两个相邻的模块，在所有模式下配置为 32 位工作模式。

(2) 输出比较操作有同步和触发两种模式，最多有 31 个用户可选择的触发/同步源可供使用。

(3) 用于捕捉和保存几个事件的定时器值的 4 级先入先出队列(First Input First Output, FIFO)缓冲区。

(4) 中断产生可配置。

(5) 每个模块最多有 6 个时钟源可供使用，可驱动一个单独的内部 16 位计数器。

输入捕捉模块具有多种工作模式，且可通过 ICxCON1 寄存器进行选择。输入捕捉模块的工作模式包括：

(1) 每当 ICx 引脚上的输入信号出现下降沿时捕捉定时器值；

(2) 每当 ICx 引脚上的输入信号出现上升沿时捕捉定时器值；

(3) ICx 引脚上的输入信号每出现 4 个上升沿捕捉一次定时器值；

(4) ICx 引脚上的输入信号每出现 16 个上升沿捕捉一次定时器值；

(5) 每当 ICx 引脚上的输入信号出现上升沿和下降沿时都捕捉定时器值；

(6) 当 CPU 在休眠和空闲模式时通过捕捉引脚上的信号将器件唤醒。

9.4.2　输入捕捉控制寄存器

dsPIC33EV 系列器件提供的每个捕捉通道都具有以下寄存器，其中“x”表示捕捉外设的编号。

1. ICxCON1(输入捕捉 x 控制寄存器 1)

ICxCON1 的具体内容如表 9-6 所示。

表 9-6　ICxCON1——输入捕捉 x 控制寄存器 1

U-0	U-0	R/W-0	R/W-0	R/W-0	R/W-0	U-0	U-0
—	—	ICSIDL	ICTSEL2	ICTSEL1	ICTSEL0	—	—
bit 15							bit 8
U-0	R/W-0	R/W-0	R/HC/HS-0	R/HC/HS-0	R/W-0	R/W-0	R/W-0
—	ICI1	ICI0	ICOV	ICBNE	ICM2	ICM1	ICM0
bit 7							bit 0

bit 15～bit 14——未实现：读为 0。

bit 13——ICSIDL：输入捕捉 x 在空闲模式下停止的控制位。

1＝在 CPU 空闲模式下输入捕捉 x 将停止工作；0＝在 CPU 空闲模式下输入捕捉 x 将继续工作。

bit 12～bit 10——ICTSEL<2:0>：输入捕捉 x 定时器选择位。

111＝F_P 是 ICx 的时钟源；110＝保留；101＝保留；100＝T1CLK 是 ICx 的时钟源；011＝T5CLK 是 ICx 的时钟源；010＝T4CLK 是 ICx 的时钟源；001＝T2CLK 是 ICx 的时钟源；000＝T3CLK 是 ICx 的时钟源。

bit 9～bit 7——未实现：读为 0。

bit 6～bit 5——ICI<1:0>：每次中断的捕捉次数选择位。(如果 ICM<2:0>＝001 或 111，则不使用该位域。)

11＝每 4 个捕捉事件产生一次中断；10＝每 3 个捕捉事件产生一次中断；01＝每 2 个捕捉事件产生一次中断；00＝每次捕捉事件产生一次中断。

bit 4——ICOV：输入捕捉 x 溢出状态标志位(只读)。

1＝发生了输入捕捉缓冲区溢；0＝未发生输入捕捉缓冲区溢出。

bit 3——ICBNE：输入捕捉 x 缓冲区非空状态位(只读)。

1＝输入捕捉缓冲区非空，至少可以再读一个捕捉值；0＝输入捕捉缓冲区为空。

bit 2～bit 0——ICM<2:0>：输入捕捉 x 模式选择位。

111＝处于 CPU 休眠和空闲模式时，输入捕捉仅用作中断引脚(只检测上升沿，所有其他控制位都不适用)。

110=未使用(模块被禁止)。

101=捕捉模式，每 16 个上升沿捕捉一次(预分频捕捉模式)。

100=捕捉模式，每 4 个上升沿捕捉一次(预分频捕捉模式)。

011=捕捉模式，每个上升沿捕捉一次(简单捕捉模式)。

010=捕捉模式，每个下降沿捕捉一次(简单捕捉模式)。

001=捕捉模式，每个边沿(上升沿和下降沿)捕捉一次(边沿检测模式，在该模式下不使用 ICI<1:0>)。

000=输入捕捉 x 模块关闭。

2. ICxCON2(输入捕捉 x 控制寄存器 2)

ICxCON2 的具体内容如表 9-7 所示。

表 9-7　ICxCON2——输入捕捉 x 控制寄存器 2

U-0	U-0	U-0	U-0	U-0	U-0	U-0	R/W-0
—	—	—	—	—	—	—	IC32
bit 15							bit 8
R/W-0	R/W/HS-0	U-0	R/W-0	R/W-1	R/W-1	R/W-0	R/W-1
ICTRIG	TRIGSTAT	—	SYNCSEL4	SYNCSEL3	SYNCSEL2	SYNCSEL1	SYNCSEL0
bit 7							bit 0

bit 15～bit 9——未实现：读为 0。

bit 8——IC32：输入捕捉 x32 位定时器模式选择位(级联模式)。

1=奇编号 ICx 和偶编号 ICx 构成一个 32 位输入捕捉模块；0 = 禁止级联模块操作。

bit 7——ICTRIG：输入捕捉 x 触发操作选择位。

1=输入源用于触发输入捕捉定时器(触发模式)；0 = 输入源用于将输入捕捉定时器与其他模块的定时器同步(同步模式)。

bit 6——TRIGSTAT：定时器触发状态位。

1=ICxTMR 已触发并正在运行；0=ICxTMR 未触发并保持清零。

bit 5——未实现：读为 0。

bit 4～bit 0——SYNCSEL<4:0>：同步和触发操作的输入源选择位。

00001～00100 表示输出比较 1～4 是捕捉定时器同步源；

00101～01000 表示输入捕捉 1～4 是捕捉定时器同步源；

01011～01111 表示 GP Timer1～GP Timer5 是捕捉定时器同步源；

10000～10011 表示输入捕捉 1～4 中断是捕捉定时器同步源；

10110=模拟比较器 4 是捕捉定时器同步源；

10111=模拟比较器 5 是捕捉定时器同步源；

11000=模拟比较器 1 是捕捉定时器同步源；

11001=模拟比较器 2 是捕捉定时器同步源；

11010=模拟比较器 3 是捕捉定时器同步源；

11011＝ADC1 中断是捕捉定时器同步源；
11100＝CTMU 触发信号是捕捉定时器同步源；
其余位均保留。

3. ICxBUF(输入捕捉 x 缓冲区寄存器)和 ICxTMR(输入捕捉 x 定时器寄存器)

使用 Timer1 同步或触发 ICx 模块时，Timer1 时钟源的速率必须大于等于 ICx 时钟源，以保证 ICx 模块可以正常工作。

9.4.3 输入捕捉模块主要特性

1. 初始化

当输入捕捉模块被复位或处于“关闭”模式(ICM<2:0> = 000)时，输入捕捉逻辑将：
(1) 将溢出条件标志复位为逻辑 0；
(2) 将接收捕捉 FIFO 复位为空状态；
(3) 复位预分频计数值。

2. 输入捕捉定时器

1) 输入捕捉定时器时钟源的选择

dsPIC33EV 系列器件可能有一个或多个输入捕捉通道。通过使用 ICTSEL<12:10>位，每个通道可以选择 6 个时钟源之一作为其时基。应在使能模块之前选择时钟，且工作期间不能更改时钟，但可通过 ICTSEL 控制位(ICxCON1<12:10>)实现定时器时钟源的选择。在使能定时器的同步模式时，定时器可被设置为使用内部时钟源($F_{OSC}/2$)，或使用在 TxCK 引脚上外接的时钟源。

2) 输入捕捉定时器功能

输入捕捉模块包含一个用于捕捉功能的 16 位同步递增计数定时器。该定时器具有以下功能：

① 同步操作：当定时器达到 FFFFh 或同步/触发输入使能时，定时器会计满返回。

② 触发操作(硬件或软件)：定时器基于硬件或软件触发信号开始工作，并可用软件清零或停止。

③ 级联操作(32 位定时器模式)：当关联的奇编号定时器计满返回时，偶编号定时器将递增 1；在使能时，奇编号定时器在每个定时器时钟周期均递增 1。

3. 输入捕捉事件模式

当 ICx 引脚上有事件发生时，输入捕捉模块捕捉其定时器值的 16 位值。捕捉事件可分为以下三类：

① 简单捕捉事件模式：每当 ICx 引脚上的输入信号出现下降沿和上升沿时分别捕捉定时器值。

② 在每个边沿(上升沿和下降沿)都捕捉定时器值。

③ 预分频捕捉事件模式：ICx 引脚上的输入信号每出现 4 个上升沿和 16 个上升沿时分别捕捉一次定时器值。

这些输入捕捉模式通过设置 ICxCON1 寄存器中相应的输入捕捉模式位 ICM<2:0>

(ICxCON1<2:0>)来配置。

4. 输入捕捉中断

输入捕捉模块可以根据选定的捕捉事件数来产生中断。捕捉事件定义为将时基值写入捕捉缓冲区中。该设置通过控制位 ICI<1:0>(ICxCON1<6:5>)进行配置。除非 ICI<1:0> = 00 或 ICM<2:0> = 001，否则在缓冲区溢出条件清除前不产生中断。当捕捉缓冲区通过复位条件或读操作被清空时，中断计数值将会被复位。这使得中断计数与 FIFO 状态重新同步，每个输入捕捉通道都有输入捕捉中断标志位(ICxIF)、输入捕捉中断允许位(ICxIE)和输入捕捉中断优先级位(ICxIP<2:0>)。

5. I/O 引脚控制

当捕捉模块使能时，用户必须通过将相关的 TRIS 位置 1 来确保 I/O 引脚方向被配置为输入。使能该捕捉模块时不会设置引脚方向，且必须禁止与该输入引脚复用的所有其他外设。

9.4.4　输入捕捉缓冲区操作

每个捕捉通道都具有与其关联的 FIFO 缓冲区。ICxBUF 寄存器是用于访问 FIFO 的存储器映射。当输入捕捉模块被复位(ICxCON1<2:0> = 000)时，输入捕捉逻辑将执行以下任务：

(1) 清零溢出条件标志(即清零 ICOV(ICxCON1<4>))。

(2) 将捕捉缓冲区复位为空状态(清零 ICBNE(ICxCON1<3>))，在以下条件下读 FIFO 缓冲区将导致不确定的结果：

• 在输入捕捉模块先被禁止，一段时间以后重新被使能时；
• 在 FIFO 缓冲区为空时对其执行读操作；
• 在器件复位之后，在发生捕捉事件之前。

有两个状态标志提供 FIFO 缓冲区的状态：

• ICBNE(ICxCON1<3>)：输入捕捉缓冲区非空；
• ICOV(ICxCON1<4>)：输入捕捉缓冲区溢出。

9.5　输 出 比 较

9.5.1　比较模块工作原理

dsPIC33EV 系列器件支持最多 4 个输出比较模块。输出比较模块可以选择 8 个可用时钟源之一作为其时基。该模块将定时器的值与一个或两个比较寄存器的值(取决于所选的工作模式)作比较。当定时器值与比较寄存器值匹配时，输出引脚的状态将发生改变。输出比较模块通过在发生比较匹配事件时改变输出引脚的状态，产生单个输出脉冲或连续输出脉冲。输出比较模块还能在发生比较匹配事件时产生中断，并触发 DMA 数据传输。图 9-8 给出了输出比较模块的框图。

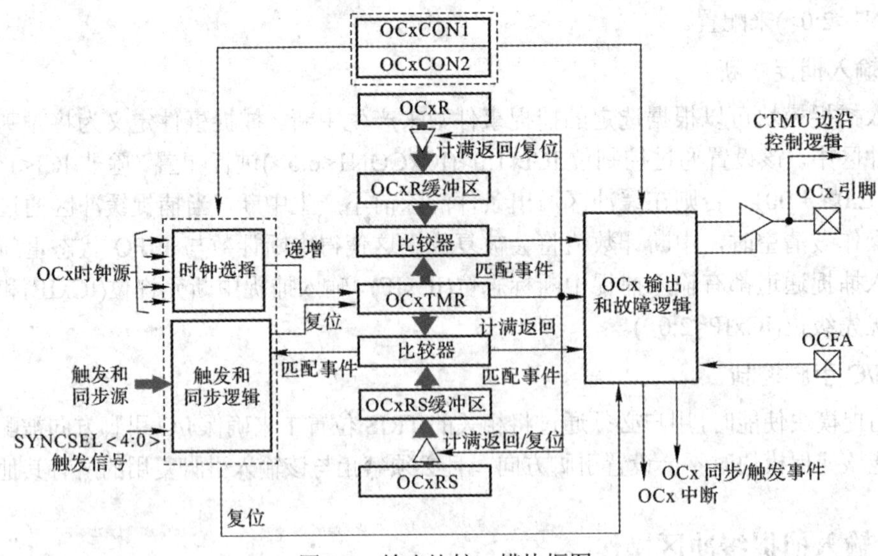

图 9-8　输出比较 x 模块框图

9.5.2　输出比较控制寄存器

每个输出比较通道均有以下寄存器：OCxCON1(输出比较 x 控制寄存器 1)和 OCxCON2(输出比较 x 控制寄存器 2)。

5 个输出比较通道的控制寄存器被命名为OC1CON～OC5CON。所有 5 个控制寄存器具有相同的位定义，表示为以下公共寄存器定义。OCxCON 中的“x”表示输出比较通道的编号，具体内容分别如表 9-8 和表 9-9 所示。

表 9-8　OCxCON1——输出比较 x 控制寄存器 1

U-0	U-0	R/W-0	R/W-0	R/W-0	R/W-0	U-0	U-0
—	—	OCSIDL	OCTSEL2	OCTSEL1	OCTSEL0	—	—
bit 15							bit 8
R/W-0	U-0	U-0	R/W-0, HSC	R/W-0	R/W-0	R/W-0	R/W-0
ENFLTA	—	—	OCFLTA	TRIGMODE	OCM2	OCM1	OCM0
bit 7							bit 0

bit 15～bit 14——未实现：读为 0。

bit 13——OCSIDL：输出比较 x 在空闲模式下停止的控制位。

1=输出比较 x 在 CPU 空闲模式下暂停；0 = 输出比较 x 在 CPU 空闲模式下继续工作。

bit 12～bit 10——OCTSEL<2:0>：输出比较 x 时钟选择位。

111=F_P；110=保留；101=保留；100=T1CLK 是 OCx 的时钟源；011=T5CLK 是 OCx 的时钟源；010=T4CLK 是 OCx 的时钟源；001=T3CLK 是 OCx 的时钟源；000=T2CLK 是 OCx 的时钟源。

bit 9～bit 8——未实现：读为 0。

bit 7——ENFLTA：输出比较 x 故障 A 输入使能位。

1＝使能输出比较故障 A 输入；0＝禁止输出比较故障 A 输入。

bit 6～bit 5——未实现：读为 0。

bit 4——OCFLTA：脉冲宽度调制(PWM)故障 A 条件状态位。

1＝OCFA 引脚上产生了 PWM 故障 A 条件；0＝OCFA 引脚上未产生 PWM 故障 A 条件。

bit 3——TRIGMODE：触发状态模式选择位。

1＝TRIGSTAT(OCxCON2<6>)在 OCxRS＝OCxTMR 时清零或者用软件清零；0＝TRIGSTAT 只能用软件清零。

bit 2～bit 0——OCM<2:0>：输出比较 x 模式选择位。

111＝中心对齐 PWM 模式：当 OCxTMR＝OCxR 时输出设置为高电平，当 OCxTMR＝OCxRS 时输出设置为低电平。

110＝边沿对齐 PWM 模式：当 OCxTMR＝0 时输出设置为高电平，当 OCxTMR＝OCxR 时输出设置为低电平。

101＝双比较连续脉冲模式：将 OCx 引脚初始化为低电平，在 OCxTMR 与 OCxR 和 OCxRS 交替匹配时连续翻转 OCx 状态。

100＝双比较单脉冲模式：将 OCx 引脚初始化为低电平，在一个周期内 OCxTMR 分别与 OCxR 和 OCxRS 匹配时翻转 OCx 状态。

011＝单比较模式：与 OCxR 匹配的比较事件使 OCx 引脚的电平连续翻转。

010＝单比较单脉冲模式：将 OCx 引脚初始化为高电平，与 OCxR 匹配的比较事件强制 OCx 引脚为低电平。

001＝单比较单脉冲模式：将 OCx 引脚初始化为低电平，与 OCxR 匹配的比较事件强制 OCx 引脚为高电平。

000＝禁止输出比较通道。

表 9-9　OCxCON2——输出比较 x 控制寄存器 2

R/W-0	R/W-0	R/W-0	R/W-0	U-0	U-0	U-0	R/W-0
FLTMD	FLTOUT	FLTTRIEN	OCINV	—	—	—	OC32
bit 15							bit 8
R/W-0	R/W-0, HS	R/W-0	R/W-0	R/W-1	R/W-1	R/W-0	R/W-0
OCTRIG	TRIGSTAT	OCTRIS	SYNCSEL4	SYNCSEL3	SYNCSEL2	SYNCSEL1	SYNCSEL0
bit 7							bit 0

bit 15——FLTMD：故障模式选择位。

1＝故障模式将保持到故障源消除；OCFLTA 位用软件清零并且新的 PWM 周期开始。0＝故障模式将保持到故障源消除，并且新的 PWM 周期开始。

bit 14——FLTOUT：故障输出位。

1＝PWM 输出在发生故障时被驱动为高电平；0＝PWM 输出在发生故障时被驱动为低电平。

bit 13——FLTTRIEN：故障输出状态选择位。

1＝发生故障时 OCx 引脚为三态；0＝发生故障时 OCx 引脚的 I/O 状态由 FLTOUT 位定义。

bit 12——OCINV：输出比较 x 反相位。

1＝OCx 输出反相；0＝OCx 输出不反相。

bit 11～bit 9——未实现：读为 0。

bit 8——OC32：级联两个 OCx 模块使能位(32 位操作)。

1＝使能级联模块操作；0＝禁止级联模块操作。

bit 7——OCTRIG：输出比较 x 触发/同步选择位。

1＝OCx 由 SYNCSELx 位指定的触发源触发；0＝将 OCx 与 SYNCSELx 位指定的同步源同步。

bit 6——TRIGSTAT：定时器触发状态位。

1＝定时器源已触发并正在运行；0＝定时器源未触发并保持清零。

bit 5——OCTRIS：输出比较 x 输出引脚方向选择位。

1＝输出比较 x 为三态；0＝输出比较 x 模块驱动 OCx 引脚。

bit 4～bit 0——SYNCSEL<4:0>：触发/同步源选择位。

00000 表示比较定时器不同步；

00001～00100 表示输出比较 1～4 是比较定时器同步源；

00101、01001 和 01010 表示比较定时器不同步；

01000 表示捕捉定时器不同步；

01011～01111 表示 GP Timer1～GP Timer5 是比较定时器同步源；

10000～10011 表示输入捕捉 1～4 中断是比较定时器同步源；

10100 和 10101 表示捕捉定时器不同步；

10110＝模拟比较器 4 是比较定时器同步源；

10111＝模拟比较器 5 是比较定时器同步源；

11000＝模拟比较器 1 是比较定时器同步源；

11001＝模拟比较器 2 是比较定时器同步源；

11010＝模拟比较器 3 是比较定时器同步源；

11011＝ADC1 中断是比较定时器同步源；

11100＝CTMU 触发器是比较定时器同步源；

11101＝INT1 是比较定时器同步源；

11110＝INT2 是比较定时器同步源；

11111＝OCxRS 比较事件用于同步。

9.5.3 工作模式

每个输出比较模块均有以下工作模式：

- 单比较匹配模式；
- 双比较匹配模式产生：单输出脉冲模式和连续输出脉冲模式；
- 简单脉宽调制模式：带有故障保护输入和不带故障保护输入。

1. 单比较匹配模式

当控制位 OCM<2:0>(OCxCON<2:0>)被设置为 001、010 或 011 时，所选的输出比较通道被配置为 3 种单比较匹配模式中的一种。在单比较匹配模式下，将一个值装入 OCxR 寄存器，并将该值与所选的递增定时器寄存器(TMRy)的值作比较。当比较匹配事件发生时，将发生以下事件之一：

(1) 当 OCx 引脚的初始状态为低电平时，比较匹配事件强制该引脚为高电平。在发生单个比较匹配事件时产生中断(低电平有效单事件模式)。

(2) 当 OCx 引脚的初始状态为高电平时，比较匹配事件强制该引脚为低电平。在发生单个比较匹配事件时产生中断(高电平有效单事件模式)。

(3) 比较匹配事件使 OCx 引脚的电平交替翻转。翻转事件是连续的，且每次翻转事件都会产生一次中断(翻转模式)。

2. 双比较匹配模式

当控制位 OCM<2:0>(OCxCON<2:0>) = 100 或 101 时，所选的输出比较通道被配置为以下两种双比较匹配模式之一：

- 单输出脉冲模式(延时单事件模式)；
- 连续输出脉冲模式。

在双比较模式下，该模块使用 OCxR 和 OCxRS 寄存器处理比较匹配事件。将 OCxR 寄存器的值与 TMRy 的值作比较，当比较匹配事件发生时，在 OCx 引脚上产生脉冲的前(上升)沿。然后 OCxRS 寄存器的值与同一个 TMRy 的值作比较，并且在比较匹配事件发生时，在 OCx 引脚上产生脉冲的后(下降)沿。

3. 简单 PWM 模式

当控制位 OCM<2:0>(OCxCON<2:0>)被设置为 110 或 111 时，所选的输出比较通道被配置为简单 PWM 工作模式。有以下两种 PWM 模式可以使用：

- 不带故障保护输入的 PWM；
- 带故障保护输入的 PWM。

第二种 PWM 模式需使用 OCFA 或 OCFB 故障输入引脚。在该模式下，OCFx 引脚上的异步逻辑电平 0 会使选定的 PWM 通道关闭。通过写入 OCxRS 寄存器来指定 PWM 占空比。占空比值可在任何时候写入，但只有在周期匹配和发生定时器复位时，才能被锁存到 OCxR 寄存器中。这可以为 PWM 占空比提供双重缓冲，对于 PWM 的无毛刺操作是极其重要的。在 PWM 模式下，OCxR 是只读寄存器。在每次定时器与周期寄存器匹配事件(PWM 周期结束)时：

- TMRy 复位为 0 并重新开始计数；
- 除非 OCxRS = 0，否则 OCx 被置 1；
- 占空比从 OCxRS 传送到 OCxR；
- TyIF 在 TMRy 与 OCxR 匹配时置 1，OCx 驱动为低电平。

当将输出比较模块配置为 PWM 操作时，需要遵循以下步骤：

(1) 通过写所选的定时器周期寄存器(PRy)设置 PWM 周期。

(2) 通过写 OCxRS 寄存器设置 PWM 占空比。

(3) 向 OCxR 寄存器中写入初始占空比。

(4) 如果需要，应允许定时器和输出比较模块的中断。使用 PWM 故障引脚时需要输出比较中断。

(5) 通过写入输出比较模式位 OCM<2:0>(OCxCON<2:0>)配置 PWM 工作模式。

(6) 设置 TMRy 预分频值，并通过设置 TON(TxCON<15>) = 1 使能时基。

在第一次使能输出比较模块之前，必须先初始化 OCxR 寄存器。当模块工作于 PWM 模式时，OCxR 寄存器变为只读的占空比寄存器。OCxR 中保存的值成为第一个 PWM 周期的 PWM 占空比。占空比缓冲寄存器 OCxRS 中的值在发生时基周期匹配之后才会被传送到 OCxR。

9.5.4 输出比较特性

1. 使用 DMA 的输出比较操作

DMA 模块可以将数据从数据存储器传输到输出比较模块而无须 CPU 干预。必须使用以下步骤初始化 DMA 通道：

(1) 使用输出比较 x 寄存器(OCxR)或输出比较 x 辅助寄存器(OCxRS)的地址初始化 DMAx 通道外设地址寄存器(DMAxPAD)。

(2) 将 DMA 控制寄存器中的传输方向位 DIR(DMAxCON<13>)置 1。在该情形下，数据从双端口 DMA 存储器读出，写入外设的特殊功能寄存器。

(3) DMA 请求寄存器中的 DMA 请求源选择位 IRQSEL<6:0>(DMAxREQ<6:0>)必须选择 DMA 传输请求源。

2. 节能状态下的输出比较

1) 休眠模式下的输出比较操作

当器件进入休眠模式时，系统时钟被禁止。在休眠期间，输出比较通道会将引脚驱动，使其有效状态与在进入休眠模式之前相同，然后模块将停止在该状态。例如，如果引脚原先为高电平，则在 CPU 进入休眠状态后，引脚保持高电平。类似地，如果引脚原先为低电平，则在 CPU 进入休眠状态后，引脚保持低电平。在这两种情况下，当器件被唤醒时，输出比较模块将继续工作。

2) PWM 故障模式时的状态分析

当模块处于 PWM 故障模式时，故障保护电路的异步部分将保持工作状态。如果检测到故障，OCx 引脚将为三态，OCFLT 位将被置 1。在发生故障时将不会产生中断，但其将被排入队列，在器件唤醒时发生中断。

3) 空闲模式下的输出比较操作

当器件进入空闲模式时，系统时钟源保持工作，但 CPU 停止执行代码。OCSIDL(OCxCON<13>)位用于选择输出捕捉模块是在空闲模式下停止工作还是继续工作。

如果 OCSIDL = 1，则在空闲模式下模块将停止工作。在空闲模式下停止(OCSIDL = 1)时，模块将执行与休眠模式相同的过程。如果 OCSIDL = 0，则只有设置所选的时基在空闲模式下，模块才会继续工作，如果 OCSIDL 位为逻辑 0，则输出比较通道将在 CPU 空闲模式期间工作。并且还必须将相应的 TSIDL 位设为逻辑 0，以使能时基。

4) 打盹模式下的输出比较操作

打盹模式下的输出比较操作和正常模式下的一样。当器件进入打盹模式时，系统时钟源保持工作，但 CPU 可能以较低时钟速率运行。

5) 选择性外设模块控制

PMD 寄存器可通过停止向其供应的所有时钟源来禁止输出比较模块。当通过相应的 PMD 控制位禁止模块后，模块处于最低功耗状态。与模块相关的控制和状态寄存器也将被禁止，因此对这些寄存器的写操作不起作用，读取的值也无效并返回零。

3. 定时器选择

输出比较模块可以选择 Timer2 或 Timer3 作为其时基。通过配置 OCxCON 中的输出比较 x 定时器选择位 OCTSEL(OCxCON<3>)来选择定时器源。所选定时器从 0 开始，在每个时钟递增，直至达到周期寄存器(PRy)中的值。达到周期值时，定时器被复位为 0，重新开始递增。可以使用内部时钟源(F_{OSC}/2)或施加在 TxCK 引脚上的同步外部时钟源为定时器提供时钟。

4. I/O 引脚控制

当使能输出比较模块时，I/O 引脚方向由输出比较模块控制。当禁止输出比较模块时，它会将 I/O 引脚控制权归还给相应的 LATx 和 TRISx 控制位。当使能具有故障保护输入模式的简单 PWM 时，必须通过将相应的 TRISx 位置 1 以将 OCFx 故障引脚配置为输入。使能此特殊 PWM 模式并不会将 OCFx 故障引脚配置为输入。

第 10 章　高速脉宽调制模块

dsPIC33EV 5V 系列高温 DSC 器件中的高速脉宽调制器(PWM)模块支持多种工作模式，是电源转换和电机控制应用的理想选择。一些常见应用包括：交流/直流转换器(AC/DC)、直流/直流转换器(DC/DC)、交流和直流电机(BLDC、PMSM、ACIM 和 SRM 等)、逆变器、电池充电器、数字照明、不间断电源以及功率因数校正等。下面将从 PWM 的主要特性、模块说明、发生器以及故障等方面进行详细介绍。

10.1　PWM 的主要特性

10.1.1　特性

dsPIC33EV 系列器件支持最多具有 6 个输出的专用 PWM 模块，并具有以下主要特性：

- 有 3 个具有独立时基的 PWM 发生器，且每个 PWM 发生器具有两个 PWM 输出；
- 每个 PWM 具有独立的周期和占空比；
- 具有占空比、死区、相移和频率的分辨率与系统时钟源(T_{OSC})；
- 6 个 PWM 输出具有独立的故障输入和限流输入；
- 具有冗余输出模式；
- 具有推挽输出模式；
- 具有互补输出模式；
- 具有中心对齐 PWM 模式；
- 具有输出改写控制；
- 具有斩波模式；
- 具有特殊事件触发器；
- 具有输入时钟预分频器；
- 可使用 PWM 进行 ADC 触发；
- PWMxL 和 PWMxH 输出引脚可交换；
- 具有独立的 PWM 频率、占空比和相移更改；
- 具有死区补偿；
- 具有前沿消隐(Leading-Edge Blanking, LEB)功能；
- 具有输出时钟斩波以及 PWM 捕捉功能等。

图 10-1 给出了高速 PWM 模块及其与 CPU 和其他外设相互连接的架构框图。

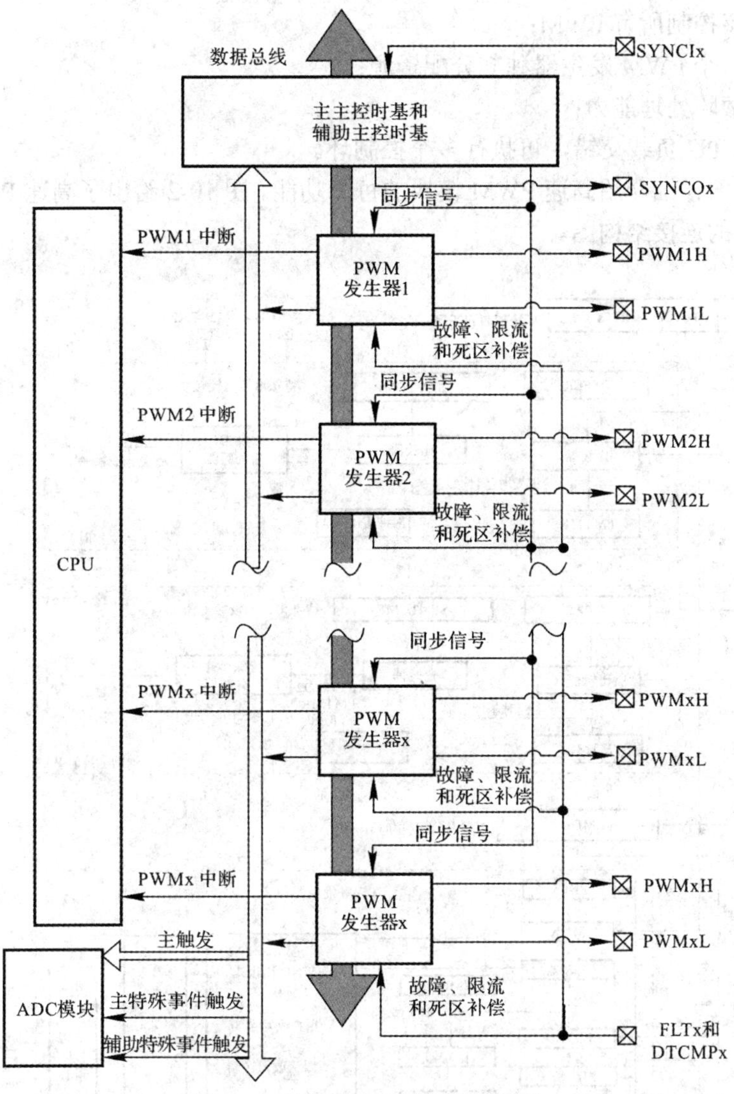

图 10-1　高速 PWM 模块结构框图

高速 PWMx 模块最多包含 3 个 PWM 发生器，每个 PWM 发生器都提供了两路 PWM 输出，即 PWMxH 和 PWMxL。主控时基发生器提供同步信号，作为同步各种 PWM 输出的公共时基。各个 PWM 输出均可在器件输出引脚上提供，输入故障信号和限流信号(在使能时)可以通过将 PWM 输出置为已知的“安全”状态来监视并保护系统。每个 PWMx 都可以向 ADC 模块产生触发信号，使其在 PWM 周期中的特定时刻对模拟信号进行采样。此外，高速 PWMx 模块还可以根据主控时基向 ADC 模块产生特殊事件触发信号。高速 PWMx 模块可以将自身与外部信号进行同步，也可以用作任意外部器件的同步源，利用支持功能重映射的外设引脚选择的 SYNCI1 输入引脚可以将高速 PWMx 模块与外部信号同步，SYNCO1 引脚是向外部器件提供同步信号的输出引脚。

高速 PWM 模块可用于以下电源转换/电机控制场合：

- 高工作频率与高分辨率；
- 可动态控制 PWM 参数且可独立控制每个 PWM；

- 可同步控制所有 PWM；
- 可为每个 PWM 发生器独立分配资源；
- 具有故障处理能力；
- 支持 CPU 负载交错，可执行多个控制环。

后面几节将详细介绍高速 PWM 模块的每个功能。图 10-2 给出了高速 PWM 模块中各个寄存器之间的连接结构图。

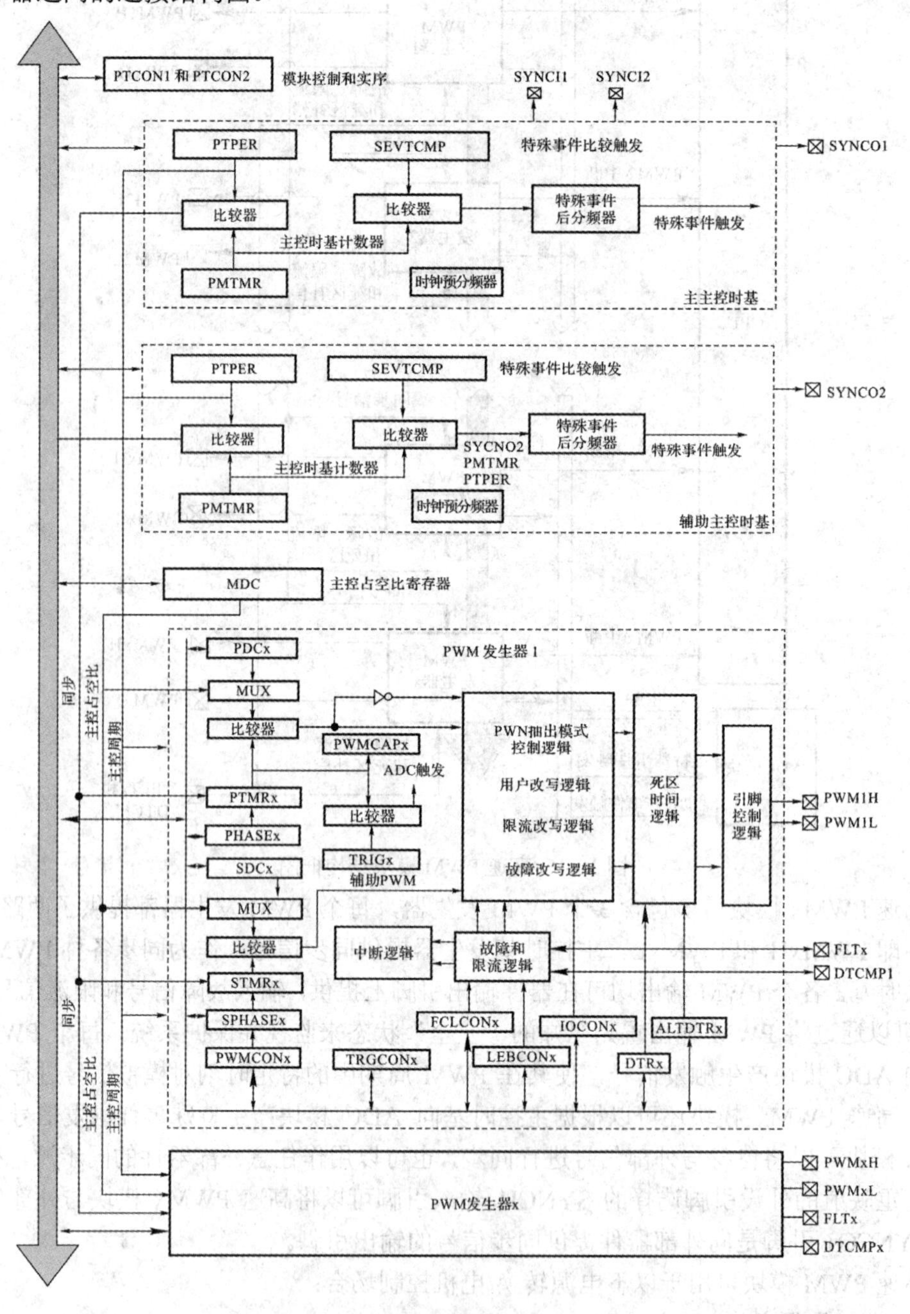

图 10-2　高速 PWM 模块寄存器互连图

10.1.2　控制寄存器

本节主要介绍 dsPIC33EV 系列高速 PWM 控制寄存器中各位的功能。

1. PTCON(PWM 时基控制寄存器)

PTCON 的主要功能有：使能或禁止高速 PWM 模块；设置用于 ADC 的特殊事件触发；使能或禁止立即周期更新；选择主控时基的同步源以及指定同步设置。其具体内容如表 10-1 所示。

表 10-1　PTCON——PWM 时基控制寄存器

<table>
<tr><td>R/W-0</td><td>U-0</td><td>R/W-0</td><td>HS/HC-0</td><td>R/W-0</td><td>R/W-0</td><td>R/W-0</td><td>R/W-0</td></tr>
<tr><td>PTEN</td><td>—</td><td>PTSIDL</td><td>SESTAT</td><td>SEIEN</td><td>EIPU</td><td>SYNCPOL</td><td>SYNCOEN</td></tr>
<tr><td>bit 15</td><td></td><td></td><td></td><td></td><td></td><td></td><td>bit 8</td></tr>
<tr><td>R/W-0</td><td>R/W-0</td><td>R/W-0</td><td>R/W-0</td><td>R/W-0</td><td>R/W-0</td><td>R/W-0</td><td>R/W-0</td></tr>
<tr><td>SYNCEN</td><td colspan="3">SYNCSRC<2:0></td><td colspan="4">SEVTPS<3:0></td></tr>
<tr><td>bit 7</td><td colspan="3"></td><td colspan="4">bit 0</td></tr>
</table>

bit 15——PTEN：PWM 模块使能位。

1 = 使能 PWM 模块；0 = 禁止 PWM 模块。

bit 14——未实现：读为 0。

bit 13——PTSIDL：PWM 时基空闲模式停止位。

1 = PWM 时基在 CPU 空闲模式下暂停； 0 = PWM 时基在 CPU 空闲模式下运行。

bit 12——SESTAT：特殊事件中断状态位。

1 = 特殊事件中断处于待处理状态；0 = 特殊事件中断不处于待处理状态。

bit 11——SEIEN：特殊事件中断允许位。

1 = 允许特殊事件中断；0 = 禁止特殊事件中断。

bit 10——EIPU：使能立即周期更新位。

1 = 立即更新有效周期寄存器；0 = 在 PWM 周期边界处更新有效周期寄存器。

bit 9——SYNCPOL：同步输入和输出极性位。

1 = SYNCIx/SYNCO 极性反相，低电平有效；0 = SYNCIx/SYNCO 极性同相，高电平有效。

bit 8——SYNCOEN：主时基同步使能位。

1 = 使能 SYNCO 输出；0 = 禁止 SYNCO 输出。

bit 7——SYNCEN：外部时基同步使能位。

1 = 使能主时基的外部同步；0 = 禁止主时基的外部同步。

bit 6～bit 4——SYNCSRC<2:0>：同步源选择位，这些位选择 SYNCIx 或 PTGOx 输入为同步源。

bit 3～bit 0——SEVTPS<3:0>：PWM 特殊事件触发信号输出后分频比选择位。

1111=1∶16，后分频器在每发生 16 个比较匹配事件时产生特殊事件触发信号；
⋮
0001=1∶2，后分频器在每发生两个比较匹配事件时产生特殊事件触发信号；
0000=1∶1，后分频器在每次发生比较匹配事件时产生特殊事件触发信号。

应该注意的是，只有当 PTEN = 0 时，才能更改这些位。此外，在使用 SYNCIx 功能时，用户应用程序必须使用稍大于外部同步输入信号期望周期的值来设定周期寄存器。

2. PTCON2(PWM 时钟分频比选择寄存器)

PTCON2 提供 PWM 主控时基的时钟预分频比。其中，bit 15～bit 3 为未实现，读为 0；bit 2～bit 0 为 PWM 输入时钟预分频比选择位 PCLKDIV<2:0>，其中 111 = 保留；110 = 64 分频；101 = 32 分频；100 = 16 分频；011 = 8 分频；010 = 4 分频；001 = 2 分频；000 = 1 分频，为最大 PWM 时序分辨率(上电默认值)。

3. PTPER(主主控时基周期寄存器)

PTPER 提供 PWM 时间周期值。

4. STCON(PWM 辅助主控时基控制寄存器)

STCON 的主要功能有使能或禁止辅助主控时基的立即周期更新、选择辅助主控时基的同步源以及指定辅助主控时基控制的同步设置。其具体内容如表 10-2 所示。

表 10-2　STCON——PWM 辅助主控时基控制寄存器

U-0	U-0	U-0	HS/HC-0	R/W-0	R/W-0	R/W-0	R/W-0
—	—	—	SESTAT	SEIEN	EIPU	SYNCPOL	SYNCOEN
bit 15							bit 8
R/W-0	R/W-0	R/W-0	R/W-0	R/W-0	R/W-0	R/W-0	R/W-0
SYNCEN	SYNCSRC<2:0>			SEVTPS<3:0>			
bit 7							bit 0

bit 15～bit 13——未实现：读为 0。

bit 12——SESTAT：特殊事件中断状态位。

1 = 辅助特殊事件中断处于待处理状态；0 = 辅助特殊事件中断不处于待处理状态。

bit 11——SEIEN：特殊事件中断允许位。

1 = 允许辅助特殊事件中断；0 = 禁止辅助特殊事件中断。

bit 10——EIPU：使能立即周期更新位。

1 = 立即更新有效辅助周期寄存器；0 = 在 PWM 周期边界处更新有效辅助周期寄存器。

bit 9——SYNCPOL：同步输入和输出极性位。

1 = SYNCO2 输出为低电平有效；0 = SYNCO2 输出为高电平有效。

bit 8——SYNCOEN：辅助主控时基同步使能位。

1 = 使能 SYNCO2 输出；0 = 禁止 SYNCO2 输出。

bit 7——SYNCEN：外部辅助主控时基同步使能位。

1＝使能辅助时基的外部同步；0＝禁止辅助时基的外部同步。

bit 6～bit 4——SYNCSRC<2:0>：辅助时基同步源选择位，这些位选择 SYNCIx 或 PTGOx 输入为同步源。

bit 3～bit 0——SEVTPS<3:0>：PWM 辅助特殊事件触发信号输出后分频比选择位。

注：该位仅适用于辅助主控时基周期。

5. STCON2(PWM 辅助时钟分频比选择寄存器)

STCON2 提供 PWM 辅助主控时基的时钟预分频比，该寄存器并非在所有器件上都可用。bit 15～bit 3 为未实现，读为 0；

bit 2～bit 0 为 PWM 输入时钟预分频比选择位 PCLKDIV<2:0>。

其中 111 = 保留；110 = 64 分频；101 = 32 分频；100 = 16 分频；011 = 8 分频；010 = 4 分频；001 = 2 分频；000 = 1 分频，为最大 PWM 时序分辨率(上电默认值)。

6. STPER(辅助主控时基周期寄存器)

STPER 提供辅助主控时基周期值。

7. MDC(PWM 主控占空比寄存器)

MDC 提供 PWM 主控占空比值。

8. SEVTCMP(PWM 特殊事件比较寄存器)

SEVTCMP 提供用于触发 ADC 模块的比较值。

9. SSEVTCMP(PWM 辅助特殊事件比较寄存器)

SSEVTCMP 提供用于触发 ADC 模块的辅助主控时基的比较值，可选的 SSEVTCMP 寄存器和可选的辅助主控时基用于提供一个额外的特殊事件触发信号。辅助特殊事件触发信号也具有自己的后分频器，它由 STCON 寄存器中的 SEVTPS<3:0>位控制。注意该寄存器并非在所有器件上都可用。

10 CHOP(PWM 斩波时钟发生器寄存器)

CHOP 可提供斩波时钟频率、使能或禁止斩波时钟发生器。其中，bit 15 位为 CHPCLKEN 使能斩波时钟发生器位，1 代表使能，0 代表禁止；bit 14～bit 10 位未实现，读为 0；bit 9～bit 0 位为 CHOPCLK<9:0>斩波时钟分频比位，其斩波频率=(F_P/PLKDIV)/(CHOPCLK<9:0> + 1)。

11. PWMKEY(PWM 解锁寄存器)

写解锁序列以允许写入 IOCONx 和 FCLCONx 寄存器。如果 PWMLOCK 配置位置为有效(PWMLOCK = 1)，则只有向 PWMKEY 寄存器中写入正确序列之后，IOCONx 和 FCLCONx 寄存器才可写；如果 PWMLOCK 配置位置为无效(PWMLOCK = 0)，则 IOCONx 和 FCLCONx 寄存器总是可写。

12. PWMCONx(PWM 控制寄存器)

PWMCONx 的具体内容如表 10-3 所示。

表 10-3　PWMCONx——PWM 控制寄存器

HS/HC-0	HS/HC-0	HS/HC-0	R/W-0	R/W-0	R/W-0	R/W-0	R/W-0
FLTSTAT	CLSTAT	TRGSTAT	FLTIEN	CLIEN	TRGIEN	ITB	MDCS
bit 15							bit 8

R/W-0	R/W-0	R/W-0	U-0	R/W-0	R/W-0	R/W-0	R/W-0
DTC<1:0>		DTCP	—	MTBS	CAM	XPRES	IUE
bit 7							bit 0

bit 15——FLTSTAT：故障中断状态位，该位通过设置 FLTIEN = 0 进行清零。

1=故障中断处于待处理状态；0=没有故障中断处于待处理状态。

bit 14——CLSTAT：限流中断状态位，该位通过设置 CLIEN = 0 进行清零。

1=限流中断处于待处理状态；0=没有限流中断处于待处理状态。

bit 13——TRGSTAT：触发中断状态位，该位通过设置 TRGIEN = 0 进行清零。

1=触发中断处于待处理状态；0=没有触发中断处于待处理状态。

bit 12——FLTIEN：故障中断允许位。

1=允许故障中断；0=禁止故障中断，并且 FLTSTAT 位清零。

bit 11——CLIEN：限流中断允许位。

1=允许限流中断；0=禁止限流中断，并且 CLSTAT 位清零。

bit 10——TRGIEN：触发中断允许位。

1=触发事件产生中断请求；0=禁止触发事件中断，并且 TRGSTAT 位清零。

bit 9 ——ITB：独立时基模式位。

1=PHASEx/SPHASEx 寄存器为该 PWM 发生器提供时基周期；0=PTPER 为该 PWM 发生器提供时序。

bit 8——MDCS：主控占空比寄存器选择位。

1=MDC 寄存器为该 PWM 发生器提供占空比信息；0 = PDCx 和 SDCx 寄存器为该 PWM 发生器提供占空比信息。

bit 7～bit 6——DTC<1:0>：死区控制位。

11=使能死区补偿模式；10=禁止死区功能；01=对于互补输出模式施加负死区；00=对于所有输出模式施加正死区。

bit 5——DTCP：死区补偿极性位。

1=如果 DTCMPx 引脚为 0，则缩短 PWMxL，延长 PWMxH；如果 DTCMPx 引脚为 1，则缩短 PWMxH，延长 PWMxL。0 = 如果 DTCMPx 引脚为 0，则缩短 PWMxH，延长 PWMxL；如果 DTCMPx 引脚为 1，则缩短 PWMxL，延长 PWMxH。

bit 4——未实现：读为 0。

bit 3——MTBS：主控时基选择位。

1=PWM 发生器使用辅助主控时基进行同步，并使用它作为 PWM 发生逻辑的时钟源(如果辅助时基可用)；0 = PWM 发生器使用主主控时基进行同步，并使用它作为 PWM 发生逻辑的时钟源。

bit 2——CAM：中心对齐模式使能位。

1＝使能中心对齐模式；0＝使能边沿对齐模式。

bit 1——XPRES：外部 PWM 复位控制位。

1＝如果该 PWM 发生器处于独立时基模式，则限流源复位该 PWM 发生器的主本地时基；0＝外部引脚不影响 PW 时基。

bit 0——IUE：立即更新使能位。

1＝立即更新有效 MDC/PDCx/SDCx/DTRx/ALTDTRx/PHASEx/SPHASEx 寄存器；0＝更新有效 MDC/PDCx/SDCx/DTRx/ALTDTRx/PHASEx/SPHASEx 寄存器与 PWM 时基同步。

在使用 PWMCONx 时，必须用软件清零相应的中断状态，以及中断控制器中对应的 IFS 位。当使能独立时基模式(ITB = 1)时，才能使用中心对齐模式；如果 ITB = 0，则 CAM 位会被忽略。在外部周期复位模式下工作时，ITB 位必须设置为 1，FCLCONx 寄存器中的 CLMOD 位必须设置为 0。在使能 PWM(PTEN = 1)之后，不应更改这些位，为使 DTCP 生效，DTC<1:0>必须设置为 11；否则，DTCP 会被忽略。负死区仅对于边沿对齐模式(CAM = 0)实现。

13. IOCONx(PWM I/O 控制寄存器)

IOCONx 的具体内容如表 10-4 所示。

表 10-4　IOCONx——PWM I/O 控制寄存器

R/W-0	R/W-0	R/W-0	R/W-0	R/W-0	R/W-0	R/W-0	R/W-0
PENH	PENL	POLH	POLL	PMOD<1:0>		OVRENH	OVRENL
bit 15							bit 8

R/W-0	R/W-0	R/W-0	R/W-0	R/W-0	R/W-0	R/W-0	R/W-0
OVRDAT<1:0>		FLTDAT<1:0>		CLDAT<1:0>		SWAP	OSYNC
bit 7							bit 0

bit 15——PENH：PWMxH 输出引脚所有权位。

1＝PWM 模块控制 PWMxH 引脚；0＝GPIO 模块控制 PWMxH 引脚。

bit 14——PENL：PWMxL 输出引脚所有权位。

1＝PWM 模块控制 PWMxL 引脚；0＝GPIO 模块控制 PWMxL 引脚。

bit 13——POLH：PWMxH 输出引脚极性位。

1＝PWMxH 引脚为低电平有效；0＝PWMxH 引脚为高电平有效。

bit 12——POLL：PWMxL 输出引脚极性位。

1＝PWMxL 引脚为低电平有效；0＝PWMxL 引脚为高电平有效。

bit 11～bit 10——PMOD<1:0>：PWM # I/O 引脚模式位。

11＝PWM I/O 引脚对处于真正独立 PWM 输出模式；10＝PWM I/O 引脚对处于推挽输出模式；01＝PWM I/O 引脚对处于冗余输出模式；00＝PWM I/O 引脚对处于互补输出模式。

bit 9——OVRENH：PWMxH 引脚改写使能位。

1 = OVRDAT<1>为 PWMxH 引脚上的输出提供数据；0 = PWM 发生器为 PWMxH 引脚提供数据。

bit 8——OVRENL：PWMxL 引脚改写使能位。

1 = OVRDAT<0>为 PWMxL 引脚上的输出提供数据；0 = PWM 发生器为 PWMxL 引脚提供数据。

bit 7～bit 6——OVRDAT<1:0>：使能改写时 PWMxH 和 PWMxL 引脚状态位。

如果 OVERENH = 1，则 OVRDAT<1>提供 PWMxH 的数据；如果 OVERENL = 1，则 OVRDAT<0>提供 PWMxL 的数据。

bit 5～bit 4——FLTDAT<1:0>：使能 FLTMOD 时 PWMxH 和 PWMxL 引脚状态位。

FLTMOD(FCLCONx<15>) = 0，正常故障模式：如果故障有效，则 FLTDAT<1>提供 PWMxH 的状态；如果故障无效，则 FLTDAT<0>提供 PWMxL 的状态。

IFLTMOD(FCLCONx<15>) = 1，独立故障模式：如果限流有效，则 FLTDAT<1>提供 PWMxH 的状态；如果故障有效，则 FLTDAT<0>提供 PWMxL 的状态。

bit 3～bit 2——CLDAT<1:0>：使能 CLMOD 时 PWMxH 和 PWMxL 引脚状态。

IFLTMOD(FCLCONx<15>) = 0，正常故障模式：如果限流有效，则 CLDAT<1>提供 PWMxH 的状态；如果限流有效，则 CLDAT<0>提供 PWMxL 的状态。

IFLTMOD(FCLCONx<15>) = 1，独立故障模式：CLDAT<1:0>位被忽略。

bit 1——SWAP：交换 PWMxH 和 PWMxL 引脚位。

1 = PWMxH 输出信号连接到 PWMxL 引脚，PWMxL 输出信号连接 PWMxH 引脚；0 = PWMxH 和 PWMxL 输出信号引脚映射到它们各自对应的引脚。

bit 0——OSYNC：输出改写同步位。

1 = 通过 OVRDAT<1:0>位进行的输出改写与 PWM 时基同步；0 = 通过 OVRDAT<1:0>位进行的输出改写在下一个 CPU 时钟边界发生。

当使能 PWM 模块(PTEN = 1)之后，不得更改这些位。状态代表 PWM 的有效/无效状态，具体取决于 POLH 和 POLL 位的设置。例如，如果 FLTDAT<1>设置为 1，POLH 设置为 1，则在发生故障时 PWMxH 引脚将为逻辑电平 0(有效电平)。此外，要注意该特性并非在所有器件上都可用。

14. FCLCONx(PWM 故障限流控制寄存器)

FCLCONx 的具体内容如表 10-5 所示。

表 10-5　FCLCONx—PWM 故障限流控制寄存器

R/W-0	R/W-0	R/W-0	R/W-0	R/W-0	R/W-0	R/W-0	R/W-0
IFLTMOD	CLSRC<4:0>					CLPOL	CLMOD
bit 15							bit 8

R/W-0	R/W-0	R/W-0	R/W-0	R/W-0	R/W-0	R/W-0	R/W-0
FLTSRC<4:0>					FLTPOL	FLTMOD<1:0>	
bit 7							bit 0

bit 15——IFLTMOD：独立故障模式使能位。

1＝独立故障模式，限流输入将 FLTDAT<1>映射到 PWMxH 输出，故障输入将 FLTDAT<0>映射到 PWMxL 输出，且 CLDAT<1:0>位不用于改写功能；

0＝正常故障模式，限流输入和故障输入分别将 CLDAT<1:0>和 FLTDAT<1:0>映射到 PWMxH 和 PWMxL 输出。

bit 14～bit 10——CLSRC<4:0>：PWM 发生器的限流控制信号源选择位，指定限流控制信号源。

bit 9——CLPOL：PWM 发生器的限流极性位。

1＝选定的限流源为低电平有效；0＝选定的限流源为高电平有效。

bit 8——CLMOD：PWM 发生器的限流模式使能位。

1＝使能限流模式；0＝禁止限流模式。

bit 7～bit 3——FLTSRC<4:0>：PWM 发生器的故障控制信号源选择位，指定故障控制信号源。

bit 2——FLTPOL：PWM 发生器的故障极性位。

1＝选定的故障源为低电平有效；0＝选定的故障源为高电平有效。

bit 1～bit 0——FLTMOD<1:0>：PWM 发生器的故障模式位。

11＝禁止故障输入；10＝保留；01＝选定的故障源将 PWMxH 和 PWMxL 引脚强制为 FLTDAT 值(周期)；00＝选定的故障源将 PWMxH 和 PWMxL 引脚强制为 FLTDAT 值(锁定状态)。

与之前不同的是，只有 PTEN＝0 时，才能更改这些位，在工作期间改变极性选择会产生不可预测的结果。使能独立故障模式(IFLTMOD＝1)，并对故障模式使用故障 1(FLTSRC<4:0>＝b0000)时，限流控制源选择位(CLSRC<4:0>)应设置为未用的限流源，以防止限流源禁止 PWMxH 和 PWMxL 输出。使能独立故障模式(IFLTMOD＝1)，并对限流模式使用故障 1(CLSRC<4:0>＝b0000)时，故障控制源选择位(FLTSRC<4:0>)应设置为未用的故障源，以防止故障 1 禁止 PWMxL 和 PWMxH 输出。此外，要注意该特性并非在所有器件上都可用。

15. PDCx(PWM 发生器占空比寄存器)

PDCx 在选择主控时基的情况下提供 PWMxH 和 PWMxL 输出的占空比值，在选择独立时基的情况下提供 PWMxH 输出的占空比值。

16. PHASEx(PWM 主相移寄存器)

PHASEx 在选择主控时基的情况下提供 PWMxH 和 PWMxL 输出的相移值，在选择独立时基的情况下提供 PWMxH 输出的独立时基周期。

17. SDCx(PWM 辅助占空比寄存器)

SDCx 在选择独立时基的情况下提供 PWMxL 输出的占空比值。

18. SPHASEx(PWM 辅助相移寄存器)

SPHASEx 在选择主控时基的情况下提供 PWMxL 输出的相移，在选择独立时基的情况下提供 PWMxL 输出的独立时基周期值。

19. DTRx(PWM 死区寄存器)

DTRx 在选择正死区的情况下提供 PWMxH 输出的死区值，在选择负死区的情况下提供 PWMxL 输出的死区值。其中，bit 15～bit 14 未实现，读为 0；bit 13～bit 0 位为 DTRx<13:0>，表示 PMWx 死区单元的无符号 14 位死区值位。

20. ALTDTRx(PWM 备用死区寄存器)

ALTDTRx 在选择正死区的情况下提供 PWMxL 输出的死区值，在选择负死区的情况下提供 PWMxH 输出的死区值。其中，bit 15～bit 14 未实现，读为 0；bit 13～bit 0 为 ALTDTRx<13:0>，表示 PMWx 死区单元的无符号 14 位死区值位。

21. TRIGx(PWM 主触发比较值寄存器)

TRIGx 提供用于产生 PWM 触发的比较值。

22. TRGCONx(PWM 触发控制寄存器)

TRGCONx 使能 PWMx 触发后分频比开始事件，指定在产生第一次触发之前跳过的 PWM 周期数。TRGDIV<3:0>代表触发器输出分频比位，TRGSTRT<5:0>代表触发后分频比开始使能选择位，其中 111111-000000 分别代表使能模块之后，在产生第一个触发事件之前先等待 0～63 个 PWM 周期。

23. LEBCONx(前沿消隐控制寄存器)

LEBCONx 的具体内容如表 10-6 所示。

表 10-6　LEBCONx——前沿消隐控制寄存器

R/W-0	R/W-0	R/W-0	R/W-0	R/W-0	R/W-0	U-0	U-0
PHR	PHF	PLR	PLF	FLTLEBEN	CLLEBEN	—	—
bit 15							bit 8
U-0	U-0	R/W-0	R/W-0	R/W-0	R/W-0	R/W-0	R/W-0
—	—	BCH	BCL	BPHH	BPHL	BPLH	BPLL
bit 7							bit 0

bit 15——PHR：PWMxH 上升沿触发使能位。

1=PWMxH 的上升沿将触发前沿消隐计数器；0=前沿消隐忽略 PWMxH 的上升沿。

bit 14——PHF：PWMxH 下降沿触发使能位。

1=PWMxH 的下降沿将触发前沿消隐计数器；0=前沿消隐忽略 PWMxH 的下降沿。

bit 13——PLR：PWMxL 上升沿触发使能位，同 PHR。

bit 12——PLF：PWMxL 下降沿触发使能位，同 PHF。

bit 11——FLTLEBEN：故障输入前沿消隐使能位。

1=对选定故障输入应用前沿消隐；0=不对选定故障输入应用前沿消隐。

bit 10——CLLEBEN：限流前沿消隐使能位。

1＝对选定限流输入应用前沿消隐；0＝不对选定限流输入应用前沿消隐。

bit 9～bit 6——未实现：读为 0。

bit 5——BCH：选定消隐信号高电平消隐使能位。

1＝当选定消隐信号为高电平时进行状态消隐；0＝当选定消隐信号为低电平时进行状态消隐。

bit 4——BCL：选定消隐信号低电平消隐使能位。

bit 3——BPHH：PWMxH 高电平消隐使能位。

1＝当 PWMxH 输出为高电平时进行状态消隐；0＝当 PWMxH 输出为高电平时不进行状态消隐。

bit 2——BPHL：PWMxH 低电平消隐使能位。

bit 1——BPLH：PWMxL 高电平消隐使能位。

1＝当 PWMxL 输出为高电平时进行状态消隐；0＝当 PWMxL 输出为高电平时不进行状态消隐。

bit 0——BPLL：PWMxL 低电平消隐使能位。

注：消隐信号通过 BLANKSEL<3:0>位(AUXCONx<11:8>)进行选择。

24. LEBDLYx(前沿消隐延时寄存器)

LEBDLYx 提供故障输入和限流输入的前沿消隐延时。

25. PWMCAPx(主 PWM 时基捕捉寄存器)

在限流输入上检测到前沿，并且对限流输入信号的 LEB 处理已完成时，该寄存器提供捕捉的独立时基值。不过，捕捉功能仅对于主输出(PWMxH)可用，只有限流输入信号的 LEB 处理完成后，该功能才有效。

26. AUXCONx(PWM 附属控制寄存器)

AUXCONx 的具体内容如表 10-7 所示。

表 10-7　AUXCONx——PWM 附属控制寄存器

U-0	U-0	U-0	U-0	R/W-0	R/W-0	R/W-0	R/W-0
—	—	—	—	BLANKSEL<3:0>			
bit 15							bit 8
U-0	U-0	R/W-0	R/W-0	R/W-0	R/W-0	R/W-0	R/W-0
—	—	CHOPSEL<3:0>				CHOPHEN	CHOPLEN
bit 7							bit 0

bit 15～bit 12——未实现：读为 0。

bit 11～bit 8——BLANKSEL<3:0>：PWM 状态消隐源选择位。

选定的状态消隐信号将阻止限流和故障输入信号(如果通过 LEBCONx 寄存器中的 BCH 和 BCL 位使能)，1111～0001 代表选择 PWMxH 作为状态消隐源；0000 代表不进行状态消隐。

bit 7～bit 6——未实现：读为 0。

bit 5～bit 2——CHOPSEL<3:0>：PWM 斩波时钟源选择位。

选定信号将使能和禁止(斩波)选定的 PWM 输出，1111～0001 代表选择 PWMxH 作为斩波时钟源；0000 代表选择斩波时钟发生器作为斩波时钟源。

bit1——CHOPHEN：PWMxH 输出斩波使能位。

1＝使能 PWMxH 斩波功能；0＝禁止 PWMxH 斩波功能。

bit 0——CHOPLEN：PWMxL 输出斩波使能位。

1＝使能 PWMxL 斩波功能；0＝禁止 PWMxL 斩波功能。

10.1.3 PWM 输出引脚控制

如果使能了高速 PWM 模块，则 PWMxH/PWMxL 引脚所有权的优先级由低到高依次为：PWM 发生器(最低优先级)、交换功能、PWM 输出改写逻辑、限流改写逻辑、故障改写逻辑、PTEN(GPIO/PWM)所有权(最高优先级)。如果禁止了高速 PWM 模块，则 GPIO 模块将控制 PWMx 引脚。

1. PWM 输出改写逻辑

PWM 输出改写功能是将各个 PWM 输出驱动为所需的状态，输出可以驱动为有效状态，也可以驱动为无效状态。同时，高速 PWM 模块改写功能具有上面所述的优先级关系。所有与 PWM 输出改写功能相关的控制位都包含在 IOCONx 寄存器中，如果 PENH 位(IOCONx)和 PENL 位(IOCONx)置 1，则高速 PWM 模块将控制 PWMx 输出引脚。PWM 输出改写位允许用户应用程序手动将 PWM I/O 引脚驱动为指定逻辑状态，而不受占空比比较单元的影响。在 OVRENH 位(IOCONx)和 OVRENL 位(IOCONx)改写特定输出时，OVRDAT 位(IOCONx)可以决定 PWM I/O 引脚的状态，这两位均为高电平有效控制位。当这两位置 1 时，相应的 OVRDAT 位会改写 PWM 发生器的 PWM 输出。

2. 改写优先级

当 PENH 和 PENL 位置 1 时，将对 PWM 输出应用以下优先级：如果故障有效，故障改写数据位(FLTDAT)会优先于所有其他潜在信号源，并由它设置 PWM 输出；如果故障无效，但限流事件有效，则会选择 CLDAT 位(IOCONx)作为信号源来设置 PWM 输出；如果故障和限流事件均无效，则用户改写使能位设置为 OVRENH 和 OVRENL，关联的 OVRDAT(IOCONx)寄存器位将设置 PWM 输出；如果没有任何改写条件有效，则由时基和占空比比较器逻辑产生的 PWM 信号将作为用于设置 PWM 输出的信号源。

3. 改写同步

如果 PWM I/O 控制寄存器中的 OSYNC 位(IOCONx)置 1，由 OVRENH(IOCONx)、OVRENL(IOCONx)和 OVRDAT(IOCONx)位执行的输出改写会与 PWM 时基同步，同步输出改写在时基为 0 时发生；如果 PTEN＝0，则对 IOCONx 的写操作会在下一个 TCY 边界处生效。

4. 故障/限流改写和死区逻辑

在发生故障和限流条件时，FLTDAT 位(IOCONx)或 CLDAT 位(IOCONx)中的数据将决定 PWM I/O 引脚的状态。如果 FLTDAT 位(IOCONx)或 CLDAT 位(IOCONx)中的任意位为 0，则 PWMxH 和/或 PWMxL 输出会立即驱动为无效状态，将死区逻辑旁路。该行为会立即关断 PWM 输出，没有任何额外的延时。如果 FLTDAT 位(IOCONx)或 CLDAT 位(IOCONx)中的任意位为 1，则 PWMxH 和/或 PWMxL 输出立即驱动为有效状态，并通过死区逻辑，因而会被延迟一个指定的死区值。在这种情况下，即使发生故障或限流条件，也会插入死区。

5. 通过限流将输出置为有效

在响应限流事件时，CLDAT 位(IOCONx)可用于将 PWMxH 和 PWMxL 输出置为有效。这种行为可以用作一种电流强制功能，用于响应指示当电源转换器输出上的负载突然急剧上升时的外部电流或电压测量的具体情况。强制将 PWM 设为开启状态可以视为一种前馈操作，使系统可以快速响应意外的负载上升，而无须等待数字控制环进行响应。

6. PENx(GPIO/PWM)所有权

大多数 PWM 输出引脚通常都与其他 GPIO 引脚复用，当调试器暂停器件时，PWM 引脚将具有与该引脚复用的 GPIO 的特性。例如，如果 PWM1L 和 PWM1H 引脚与 RE0 和 RE1 复用，则 GPIO 引脚的配置将决定调试器暂停器件时的 PWM 输出状态。代码示例如下：

```
/*调试器暂停器件时，PWM 输出将拉至低电平*/
TRISE = 0x0000        ; RE0 和 RE1 配置为输出
LATE = 0x0000         ; RE0 和 RE1 配置为低输出

/*调试器暂停器件时，PWM 输出将拉至高电平*/
TRISE = 0x0000        ; RE0 和 RE1 配置为输出
LATE = 0x0003         ; RE0 和 RE1 配置为高输出

/*当调试器暂停器件时，PWM 输出将处于三态*/
TRISE = 0x0003        ; RE0 和 RE1 配置为输入
```

10.2　PWM 模块

10.2.1　模块说明

1. PWM 时钟选择

系统时钟是指用于在内部产生高速 PWM 模块的时钟，该模块的最大时间分辨率为 T_{OSC}。

2. 时基

PWM 发生器中的每个 PWM 输出都可以使用主控时基或独立时基，高速 PWM 模块的输入时钟具有 1∶1～1∶64 的预分频比选项，可以使用 PWM 时钟分频比选择寄存器中的 PWM 输入时钟预分频比选择位 PCLKDIV(PTCON2)进行选择。预分频后的值也会反映 PWM 的分辨率，可以帮助降低高速 PWM 模块的功耗。预分频后的时钟是 PWM 时钟控制逻辑模块的输入，其最大时钟速率决定了 T_{OSC} 的占空比和周期分辨率。此外，高速 PWM 模块可工作于标准边沿对齐或中心对齐时基模式。

3. 写保护

IOCONx 和 FCLCONx 寄存器的写保护功能可以防止对这些寄存器的任何意外写操作。该功能可以通过 PWMLOCK 配置位(FOSCSEL)进行控制，写保护功能的默认状态是使能(PWMLOCK = 1)。要对这些锁定的寄存器进行写访问，则用户应用程序必须向 PWMKEY 寄存器中连续写入两个值 0xABCD 和 0x4321。对 IOCONx 或 FCLCONx 寄存器的写访问必须是紧接在解锁序列之后的下一个特殊功能寄存器(Special Function Register, SFR)的访问，在解锁过程和后续写访问之间不能有任何其他 SFR 访问。要写入 IOCONx 和 FCLCONx 寄存器，需要两次解锁操作。正确的解锁序列如下所示：

```
；必须从外部将 FLT32 引脚拉高以清除和禁用故障
；写入 FCLCON1 寄存器需要解锁序列
mov # 0xabcd, w10      ；将第一个解锁密钥存入到 w10 寄存器
mov # 0x4321, w11      ；将第二个解锁密钥存入到 w11 寄存器
mov # 0x0000, w0       ；在 w0 中预存 FCLCON1 寄存器的值
mov w10, PWMKEY        ；将第一个解锁密钥写入 PWMKEY 寄存器
mov w11, PWMKEY        ；将第二个解锁密钥写入 PWMKEY 寄存器
mov w0, FCLCON1        ；将所需值写入 FCLCON1 寄存器

；使用 IOCON1 寄存器设置 PWM 所有权和极性
；写入 IOCON1 寄存器需要解锁序列
mov # 0xabcd, w10      ；将第一个解锁密钥存入到 w10 寄存器
mov # 0x4321, w11      ；将第二个解锁密钥存入到 w11 寄存器
mov # 0xF000, w0       ；在 w0 中预存 IOCON1 寄存器的值
mov w10, PWMKEY        ；将第一个解锁密钥写入 PWMKEY 寄存器
mov w11, PWMKEY        ；将第二个解锁密钥写入 PWMKEY 寄存器
mov w0, IOCON1         ；将所需值写入 IOCON1 寄存器
```

4. 标准边沿对齐的 PWM

要产生边沿对齐的 PWM，定时器或计数器电路需要从 0 开始递增计数至某个指定的最大值(即周期)。另一个寄存器中包含占空比值，该值被不断地与定时器值进行比较。当定时器或计数器值小于等于占空比值时，PWM 输出信号置为有效；当定时器值超出占空比值时，PWM 信号置为无效；当定时器值大于等于周期值时，定时器会复位自身，并且该过程会一直重复。图 10-3 给出了标准边沿对齐的 PWM 波形。

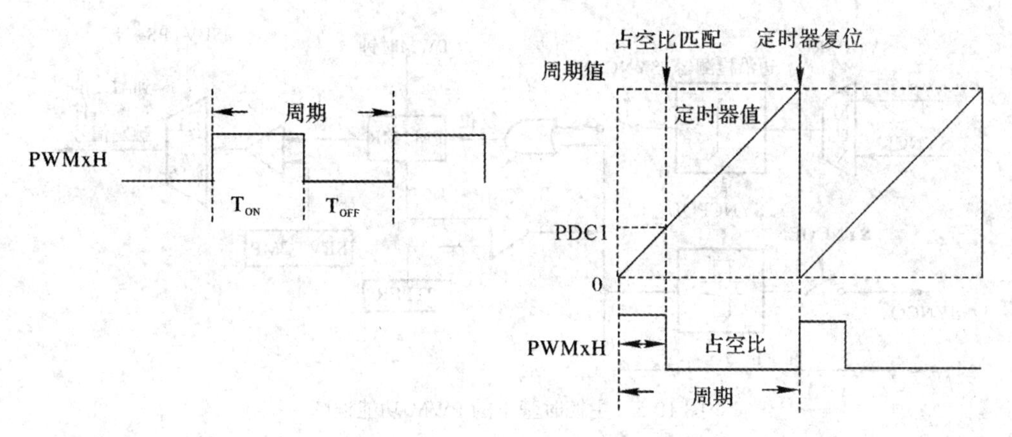

图 10-3　标准边沿对齐的 PWM 波形

5. 中心对齐的 PWM

中心对齐的 PWM 波形(如图 10-4 所示)根据一个参考点来对齐 PWM 信号，使 PWM 信号的一半出现在参考点之前，另一半出现在参考点之后。当 CAM 位(PWMCONx)置 1 时，将使能中心对齐模式。工作于中心对齐模式时，实际 PWM 周期是 PHASEx 寄存器指定值的两倍，因为在相应的周期中，PWM 发生器中的独立时基计数器先递增再递减。递增/递减计数序列会使实际 PWM 周期加倍，许多电机控制应用中都使用了该模式。需要注意的是，要使用中心对齐模式，必须使能独立时基模式(ITB = 1)。如果 ITB = 0，则 CAM 位会被忽略。

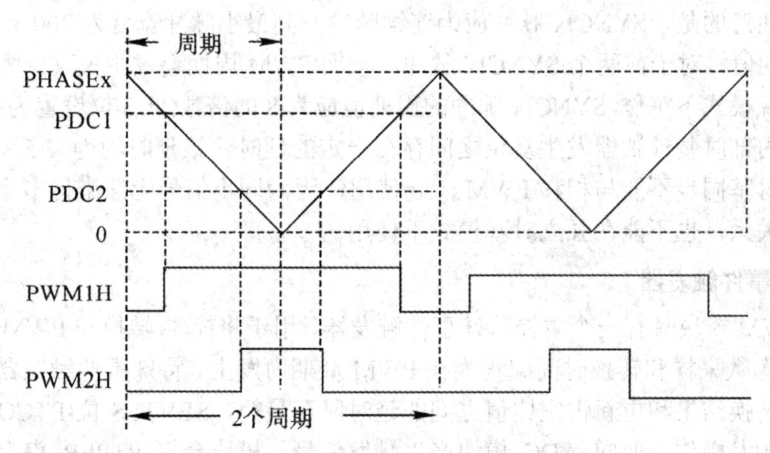

图 10-4　中心对齐的 PWM 波形

6. 主控时基/同步时基

主控时基的一些常见任务有：产生所有 PWM 发生器的时间参考、产生特殊事件 ADC 触发和中断以及支持与外部 SYNC 信号(SYNCIx)进行同步，支持使用 SYNCOx 信号与外部器件进行同步。PWM 发生器主控时基的设置方法是向主主控时基周期寄存器(PTPER)中装入一个 16 位值。在主控时基模式下，PHASEx 和 SPHASEx 寄存器中的值提供 PWM 输出之间的相移，PWM 定时器(PMTMR)的时钟基于系统时钟而产生。图 10-5 给出了主控时基模式下的 PWM 功能示意图。

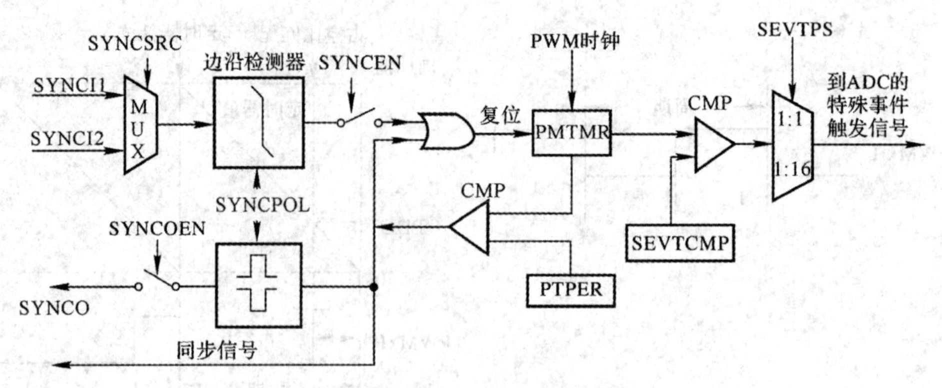

图 10-5　主控时基下的 PWM 功能框图

7. 时基同步

主控时基可以通过主控时基同步信号(SYNCIx)与外部同步信号进行同步，同步源(SYNCIx)可以使用 SYNCSRC 位(PTCON)进行选择，SYNCPOL 位(PTCON)用于选择复位定时器(PMTMR)的同步脉冲的上升沿或下降沿。外部同步功能可以使用 SYNCEN 位(PTCON)使能或禁止，外部同步信号(SYNCIx)的脉冲宽度必须大于经后分频的输入时钟的周期，以确保主控时基可以可靠地检测到它。此外，还可以通过使用同步输出(SYNCOx)信号，将外部器件与主控时基进行同步。为确保其他器件可靠地检测到信号，SYNCOx 信号在 PTPER 寄存器复位 PMTMR 定时器时产生，该信号的脉冲宽度为 $12 \times T_{CY}$。SYNCOx 信号的极性由 SYNCPOL 位(PTCON)决定，可以通过选择 SYNCOEN 位(PTCON)来使能或禁止。需要注意的是，SYNCIx 脉冲应为连续脉冲，其最小脉冲宽度为 200 ns，周期应大于 PWM 周期值，对于前两个 SYNCIx 脉冲，预期 PWM 周期会发生失真。为了让外部同步可以在推挽模式下工作，SYNCIx 脉冲的周期值应为 8 的倍数(低 3 位设置为 0)。从 SYNC 信号输入到内部时基计数器发生复位之间存在一定的延时，该延时约为 2.5 × 预分频时钟周期。外部时基同步不能与相移 PWM 一起使用，因为同步信号无法维持多个 PWM 通道之间的相位关系，也不能在独立时基模式下使用。

8. 特殊事件触发器

高速 PWM 模块具有一个主控特殊事件触发器，用于将模/数转换与 PWM 时基进行同步，可以将模/数采样和转换时间编程为在 PWM 周期内发生。特殊事件触发器使用户应用能够将采集转换结果和更新占空比值之间的延时降至最短，SEVTPS 位(PTCON)可用于控制特殊事件触发操作。要向 ADC 模块产生触发信号，模块会将 PTPER 寄存器中的值与 SEVTCMP 寄存器中的值进行比较。主控特殊事件触发器具有一个允许后分频比为 1∶1～1∶16 的后分频器。后分频比通过写入 SEVTPS 位(PTCON)来进行配置，在以下情况下，总是会产生特殊事件触发脉冲：一是在发生匹配条件时，无论特殊事件中断允许位(SEIEN)的状态如何；二是如果 SEVTCMP 寄存器中的比较值介于 0 和 PTPER 寄存器最大值之间。特殊事件触发信号输出后分频器在任何器件复位或当 PTEN = 0 时清零。

9. 独立 PWM 时基

图 10-6 给出了支持该特性的器件在独立时基模式下的 PWM 功能示意。每个 PWM 发生器都可以按以下方式工作：主输出(PWMxH)和辅助输出(PWMxL)共用时基，两个 PWM

输出(PWMxH 和 PWMxL)的独立时基周期通过 PWM 主相移寄存器(PHASEx)中的值提供；主输出(PWMxH)和辅助输出(PWMxL)使用各自的专用时基，PWMxH 输出的独立时基周期通过 PWM 主相移寄存器(PHASEx)中的值提供，PWMxL 输出的独立时基周期通过 PWM 辅助相移(SPHASEx)寄存器中的值提供。在独立时基模式下，PHASEx 和 SPHASEx 寄存器提供 PWMx 输出(PWMxH 和 PWMxL)的时间周期值。

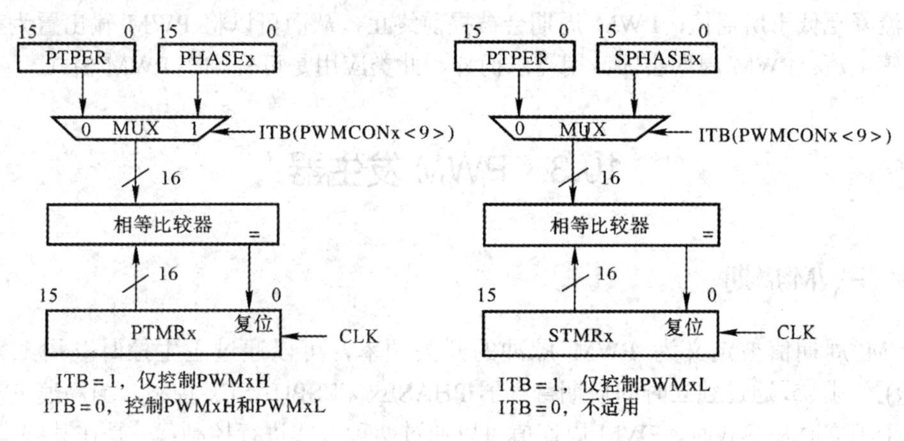

图 10-6　独立时基下的 PWM 功能框图

10.2.2　PWM 中断

高速 PWM 模块可以基于内部时序信号或通过限流和故障输入基于外部信号产生中断，主时基模块可以在发生指定事件时产生中断请求，每个 PWM 发生器模块都可以向中断控制器提供它自己的中断请求信号，其中断可以是触发事件中断请求、模块的限流输入事件或故障输入事件的布尔或。除了每个 PWM 发生器的一个中断请求信号之外，中断控制器还可以在发生特殊事件时从主时基接收中断请求信号。来自每个 PWM 发生器的中断请求被称为独立 PWM 中断，每个独立中断的中断请求(Interrupt Request, IRQ)可以来自 PWM 独立触发器、PWM 故障逻辑以及 PWM 限流逻辑，每个 PWM 发生器在 IFSx 寄存器中都具有 PWM 中断标志。当以上任意中断源产生中断请求时，与选定 PWM 发生器关联的 PWM 中断标志会置 1。

如果允许多个 IRQ 源，则用户应用程序可以通过检查 PWMCONx 寄存器中的 TRGSTAT、FLTSTAT 和 CLSTAT 位来确定中断源。要配置中断，应用软件应首先清零中断标志，允许中断、STCON 和 PWMCONx，最后再使能 PWM 模块。在每个 PWM 发生器中，高速 PWM 模块可以基于主控时基和独立时基产生中断，主时基特殊事件中断通过 SEIEN 位(PTCON)允许，独立时基中断则由触发逻辑产生，通过 TRGIEN 位(PWMCON)进行控制。当发生相应的匹配条件时，无论相应中断允许位的设置如何，总是会产生送到 ADC 的特殊事件触发信号和独立 PWM 触发脉冲。

10.2.3　独立时基的外部控制

如果 XPRES 位(PWMCONx)置 1，外部信号可以复位主专用时基，该工作模式被称为电流复位 PWM 模式。如果用户应用程序将 ITB 位置 1，则 PWM 发生器工作于独立时基模式；如果用户应用程序将 XPRES 位置 1，并且 PWM 发生器以主控时基模式工作，则结果可能不可预测。CLSRC 位(FCLCONx)指定的限流源信号会导致独立时基复位，选定限流信号的有效边沿由 CLPOL 位(FCLCONx)指定。在主独立时基模式下，一些功率因数校正应用需要将电感电流值维持在高于所需最小电流，这些应用会使用外部复位功能。如果电感电流降至低于所需值，PWM 周期会被提前终止，从而可以将 PWM 输出置为有效以增大电感电流。PWM 周期会因应用需求而异，此类应用是可变频率 PWM 模式。

10.3 PWM 发生器

10.3.1 PWM 周期

PWM 周期值被定义为 PWM 脉冲的开关频率，可以通过主主控时基周期寄存器(PTPER)控制，或通过独立时间周期寄存器 PHASEx 和 SPHASEx 控制。当高速 PWM 模块工作于独立时基模式时，PWM 周期值可以通过两种方式进行控制：一是在某些模式下，PHASEx 寄存器控制 PWM 输出信号(PWMxH 和 PWMxL)的 PWM 周期值；二是在真正独立输出模式下，PHASEx 寄存器控制 PWMxH 和 PWMxL 输出信号的 PWM 周期值。当高速 PWM 模块工作于主控时基模式时，PTPER 寄存器存放一个 16 位值，该值指定 PMTMR 定时器的计数周期。当高速 PWM 模块工作于独立时基模式时，PHASEx 和 SPHASEx 寄存器各存放一个 16 位值，分别指定了 PTMRx 和 STMRx 定时器的计数周期，用户应用程序可以在任意时刻更新定时器周期。

边沿对齐 PWM 模式下的 PWM 时间周期(PTPER)可以通过公式(10-1)确定，其中：F_{PWM} = 所需的 PWM 频率，F_{OSC} = 振荡器输出(60 MIPS 时为 120 MHz)，PWM 输入时钟预分频比 = PCLKDIV 位(PTCON2<2:0>)中定义的值。

$$\text{PTPER, PHASEx, SPHASEx} = \frac{F_{OSC}}{F_{PWM} \times \text{PWM输入时钟预分频比}} \tag{10-1}$$

中心对齐模式下的 PWM 时间周期(PHASEx 或 SPHASEx)可以通过公式(10-2)确定，其中，PTPER 寄存器并不代表中心对齐模式下的周期，因为该模式需要独立时基，且需要通过设置 ITB = 1 来使能。

$$\text{PHASEx, SPHASEx} = \frac{F_{OSC}}{F_{PWM} \times \text{PWM输入时钟预分频比} \times 2} \tag{10-2}$$

对于边沿对齐模式，可获得的最大 PWM 周期分辨率为 T_{OSC}；对于中心对齐模式，则为 $T_{OSC} \times 2$。PCLKDIV 位(PTCON2)用于决定 PWM 时钟的类型，可以通过置 1 或清零 PTEN 位(PTCON)来使能或禁止定时器/计数器，也可以使用 PTEN 位清零。如果 EIPU 位(PTCON)置 1，则会立即更新所使用的主控周期寄存器(内部影子寄存器)，而不是先等待 PWM 周期结束，EIPU 位会影响 PMTMR 主控时基。

10.3.2　PWM 占空比

占空比决定了 PWM 输出应保持有效状态的时间周期，每个占空比寄存器都允许指定一个 16 位的占空比值。通过将 IUE 位(PWMCONx<0>)置 1，可以在任意时刻更新占空比值；如果 IUE 位为 0，则所用寄存器在下一个 PWM 周期开始时更新。通过主控占空比寄存器(MDC)，多个 PWM 发生器可以共用一个公共的占空比寄存器。此外，每个 PWM 发生器具有一个主占空比寄存器(PDCx)，某些器件还具有一个辅助占空比寄存器(SDCx)，用于为每个 PWM 提供独立的占空比。

1. 主控占空比(MDC)

主控时基发生器用于控制主控占空比，MDCS 位(PWMCONx<8>)用于决定每个 PWMxH 和 PWMxL 输出的占空比是通过 PWM 主控占空比寄存器(MDC)，还是通过 PWM 主占空比(PDCx)和 PWM 辅助占空比(SDCx)寄存器进行控制。通过 MDC 寄存器，多个 PWM 发生器之间可以共用公共的占空比寄存器，并节省更新多个占空比寄存器所需的 CPU 开销。

2. 主占空比(PDCx)

当 ITB 位(PWMCONx<9>)设置为 1 时，独立时基用于控制主占空比。PDCx 寄存器为主 PWM 输出信号(PWMxH)提供占空比值。在独立输出模式下，主占空比中的 PDCx 只影响 PWMxH，而辅助占空比中的 SDCx 只影响 PWMxL，如图 10-7 所示。

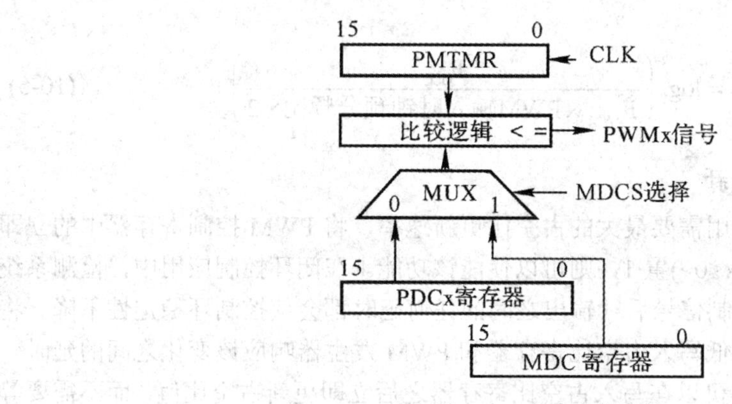

图 10-7　主占空比比较

3. 辅助占空比(SDCx)

可通过公式(10-3)确定辅助占空比，其中：F_{PWM} 为 PWM 频率，F_{OSC} 为系统振荡器输出，PWM 输入时钟预分频比为 PCLKDIV<2:0>位(PTCON<2:0>)中定义的值。

$$\text{MDC, PDCx, SDCx} = \frac{F_{OSC}}{F_{PWM} \times \text{PWM输入时钟预分频比}} \times \text{所需占空比} \qquad (10\text{-}3)$$

如果占空比值大于等于周期值，则信号的占空比将为 100%。当禁止死区补偿时，如果 PDCx 不满足 PDCx > (ALTDTRx/2 − 1)条件，则 PWMxH 将恒定为高电平。如果不满足

PDCx > (ALTDTRx + DTRx − 1)条件，将发生以下两种情况，或两种情况之一：一是死区丢失，二是 PWMxH 将恒定为高电平。根据公式(10-3)，在使用主控占空比、独立主占空比或独立辅助占空比时，寄存器值将被分别装入 MDC、PDCx 或 SDCx 寄存器中，如图 10-8 所示。

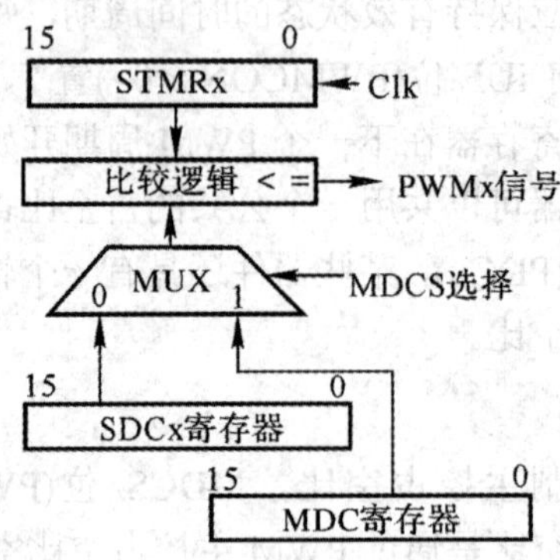

图 10-8　辅助占空比比较

4. 占空比位分辨率

通过公式(10-4)可确定边沿对齐模式的 PWM 占空比位分辨率，通过公式(10-5)可确定中心对齐模式的 PWM 占空比位分辨率。

$$\text{位分辨率} = \log_2\left(\frac{F_{OSC}}{F_{PWM} \times \text{PWM输入时钟预分频比}}\right) \tag{10-4}$$

$$\text{位分辨率} = \log_2\left(\frac{F_{OSC}}{F_{PWM} \times \text{PWM输入时钟预分频比} \times 2}\right) \tag{10-5}$$

5. PWM 占空比立即更新

高性能 PWM 控制环应用需要最大的占空比更新速率，将 PWM 控制寄存器中的立即更新使能位 IUE(PWMCONx<0>)置 1，则可以使能该功能。在闭环控制应用中，检测系统状态和驱动应用的 PWM 控制信号后续输出之间的任何延时都会使控制环稳定性下降。将 IUE 位置 1 可以最大程度降低写入占空比寄存器和 PWM 发生器响应该变化之间的延时。通过 IUE 位，用户应用程序可以在写入占空比寄存器之后立即更新占空比值，而不需要等待时基周期结束。如果 IUE 位置 1，则使能占空比立即更新；如果该位清零，则禁止占空比立即更新。使能立即更新功能时，可能会出现以下三种情况：

(1) 如果新占空比写入时 PWM 输出有效，且新占空比大于当前时基值，则 PWM 脉冲宽度将变宽。

(2) 如果新占空比写入时 PWM 输出有效，且新占空比小于当前时基值，则 PWM 脉冲宽度将变窄。

(3) 如果新占空比写入时 PWM 输出无效，且新占空比大于当前时基值，则 PWM 输出将立即变为有效，并对新写入的占空比值保持有效。如图 10-9 所示，在这种情形中，不会将死区加到有效 PWM 周期的第一个边沿。

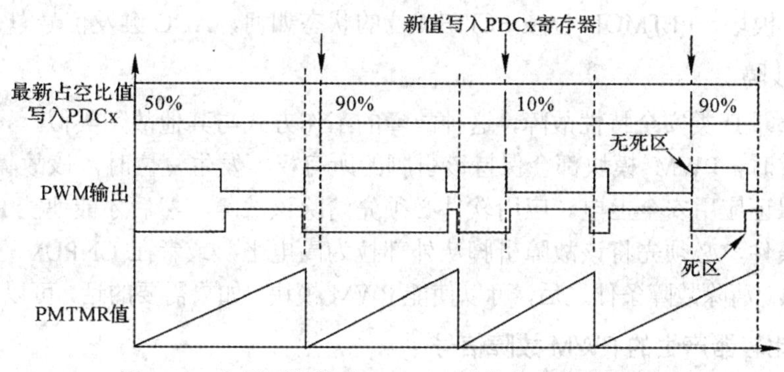

图 10-9　立即更新使能(IUE = 1)时的占空比更新时间

10.4　PWM 故障

PWM 故障控制模块结构如图 10-10 所示，PWM 输入引脚的关键功能如下：

- 每个 PWM 发生器都可以从最多 8 个故障和限流引脚中选择其对应的故障输入源；
- 每个 PWM 发生器都具有 FLTSRC<4:0>位，这些位指定其故障输入信号的来源；
- 每个 PWM 发生器都具有 FLTIEN 位，该位用于允许故障中断请求的产生；
- 每个 PWM 发生器都具有 FLTPOL 位，该位用于选择选定故障输入的有效状态。

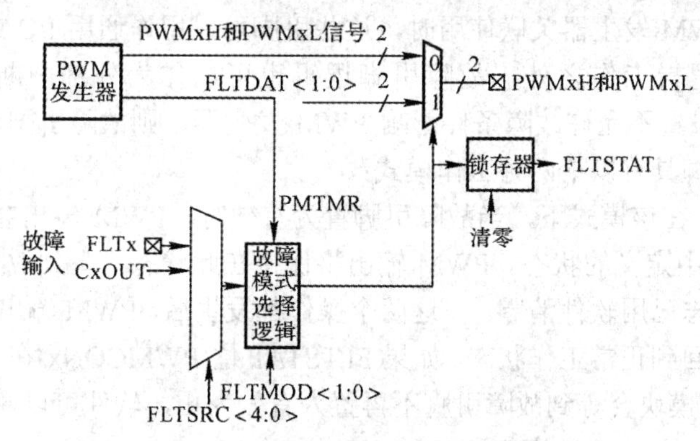

图 10-10　PWM 故障控制模块框图

此外，在发生故障条件时，可以将 PWMxH 和 PWMxL 输出强制为以下状态之一：如果使能了 IFLTMOD 位，则 FLTDAT<1:0>(高/低)位会提供要赋给 PWMxH 和 PWMxL 输出的数据值；在故障模式下，FLTDAT<1:0>(高/低)位会提供要赋给 PWMxH 和 PWMxL 输出的数据值。

故障输入引脚的主要功能包括：

(1) 故障可以改写 PWM 输出。如果 FLTDAT 设置为 0，则会对它进行异步处理，以便可以立即关闭应用电路中的相关功率晶体管；如果 FLTDAT 设置为 1，则死区逻辑会对它进行处理，然后再应用于 PWM 输出。

(2) 故障信号可以产生中断。FLTIEN 位(PWMCONx<12>)用于控制故障中断信号的产生，即使 FLTMOD 位禁止故障改写功能，用户应用程序也可以指定中断信号的产生，这使故障输入信号可以用作通用外部中断请求信号。

(3) 故障输入信号可以用作 ADC 的触发信号。触发信号可以启动 ADC 转换过程，无论高速 PWM 模块、FLTMOD 位或 FLTIEN 位的状态如何，ADC 触发信号总是有效。

1. B 类故障

B 类故障即 B 类安全特性故障，这种故障的工作方式与其他故障类似，只是在发生任何类型的复位时，PWM 模块都会保持该引脚的所有权。发生复位时，该故障均以锁定模式使能，以保证应用安全上电。应用软件必须先清除该故障，然后才能使能 PWM 模块。要清除故障条件，必须先将该故障引脚从外部拉为高电平，或者在 CNPUx 寄存器中使能内部上拉电阻。清除故障条件之后，可以使能 PWM 模块，如果需要的话，可以禁止该故障。

2. 模拟比较器产生的 PWM 故障信号

dsPIC33EV 系列器件支持与比较器模块输出 CxOUT 之间的虚拟(内部)连接，虚拟连接提供了一种简单方式来进行外设间的连接，而无须使用物理引脚。例如，通过将 RPINR12 寄存器的 FLT1R 位设置为值 b0000001，可以让模拟比较器的输出 C1OUT 与 PWM 故障 1 输入连接，这使模拟比较器无须使用器件上的实际物理引脚就可以触发 PWM 故障。

3. 故障中断

FLTIENx 位(PWMCONx)用于判断并决定在 FLTx 输入置为高电平时，是否要产生中断。在发生故障时，FLTDAT(高/低)位会提供相应的数据值给 PWMxH 和 PWMxL 引脚。PWM 故障状态在 FLTSTAT 位(PWMCONx)中提供，该位主要是为了指示故障 IRQ 锁定状态。如果不允许故障中断，FLTSTAT 位将以正逻辑形式指示选定 FLTx 输入的状态。当故障输入引脚不与 PWM 发生器关联使用时，这些引脚可以用作通用 I/O 或中断输入引脚。除了作为 PWM 逻辑工作之外，故障引脚逻辑也可以作为外部中断引脚工作。如果 FCLCONx 寄存器设置不允许故障条件影响 PWM 发生器，则故障引脚可以用作通用中断引脚。故障输入引脚具有以下两种工作模式：

(1) 锁定模式。在该模式下，当故障引脚置为有效时，PWM 输出会遵从 IOCONx 寄存器的 FLTDAT 位中定义的状态。PWM 输出将保持在此状态，直到故障引脚置为无效，并且相应的中断标志已用软件清零。在这两个操作都发生后，PWM 输出将在下一个 PWM 周期边界开始时返回到正常工作状态。如果 FLTSTAT 位(PWMCONx)在故障条件结束之前清零，高速 PWM 模块会等到故障引脚不再置为有效为止，软件可以通过向 PWMCONx 寄存器中的 FLTIEN 位写入 0 来清零 FLTSTAT 位。

(2) 逐周期模式。在该模式下，只要故障输入引脚保持为有效，PWM 输出就会保持在无效 PWM 状态。在互补 PWM 输出模式下，PWMxH 为低电平(无效)，PWMxL 为高电平(有效)。当故障引脚被驱动为高电平时，PWM 输出将在下一个 PWM 周期开始时返回到正常工作状态，每个故障输入引脚的工作模式都使用 FLTMOD 位(FCLCONx)进行选择。

4. 故障进入

对于故障输入引脚，PWM 引脚总是提供相对于器件时钟信号的异步响应。因此，如果 FLTDAT 位置为无效(0)，该位会立即将关联的 PWM 输出置为无效；如果指定的 FLTDAT 位置为有效(1)，则死区逻辑会先对 FLTDAT 位进行处理，然后再将其输出为 PWM 信号。

5. 故障退出

在故障条件结束之后，必须在 PWM 周期边界处恢复 PWM 信号，以保证正确地同步

PWM 信号边沿和手动信号改写，下一个 PWM 周期在 PTMR 值为 0 时开始。如果选择了逐周期故障模式，故障条件会在每个 PWM 周期自动复位，无须编写额外的代码来退出故障条件。但对于锁定故障模式，要退出故障条件，则必须遵循以下步骤：

(1) 查询 PWM 故障源来确定故障信号是否已置为无效。

(2) 如果不允许 PWM 故障中断，则跳过以下子步骤，并从步骤(3)处继续。如果允许 PWM 故障中断，则执行以下子步骤，然后从步骤(4)处继续：首先，完成 PWM 故障中断服务程序；其次，通过清零 FLTIEN 位(PWMCONx)，禁止 PWM 故障中断；最后，通过设置 FLTMOD(FCLCONx)= 0b00，允许 PWM 故障中断。

(3) 通过设置 FLTMOD(FCLCONx)= 0b11，禁止 PWM 故障。

(4) 通过设置 FLTMOD(FCLCONx)= 0b00，使能锁定 PWM 故障模式。

6. PMTMR 被禁止时的故障退出

在 PWM 时基被禁止(PTEN = 0)时退出故障条件，被视为一种特殊情形。当故障输入设定为逐周期模式时，PWM 输出会在故障输入引脚置为无效时立即恢复为正常操作，同时自身会恢复为它们的默认设定值。当故障输入设定为锁定模式时，PWM 输出会在故障输入引脚置为无效，并且 FSTAT 位会在软件中清零时立即恢复。

7. 故障引脚软件控制

由于故障输入与 GPIO 端口引脚共用，所以可以用软件对故障引脚进行手动控制，通过清零相应的 TRIS 位并将该引脚配置为输出。当端口引脚对应的 TRIS 位置 1 时，故障输入将被激活。

8. PWM 限流引脚

每个 PWM 发生器最多可以从 8 个故障和限流引脚中选择自己的限流输入源，且具有控制位 CLSRC(FCLCONx)、CLIEN 位(PWMCONx)和 CLPOL 位(FCLCONx)，如图 10-11 所示。在发生限流条件时，PWMxH 和 PWMxL 发生器的状态与 IFLTMOD 有关。此外，限流可以改写 PWM 输出并产生中断，限流输入信号可以用作 ADC 的触发信号，该触发信号可以启动 ADC 转换过程。在进行以下配置时，限流信号会复位且受 PWM 发生器时基的影响：一是 PWM 发生器的 CLMOD 位(FCLCONx)为 0；二是 XPRES 位(PWMCONx)为 1；三是 PWM 发生器处于独立时基模式(ITB = 1)，该行为被称为电流复位模式，一些功率因数校正应用中会使用该模式。

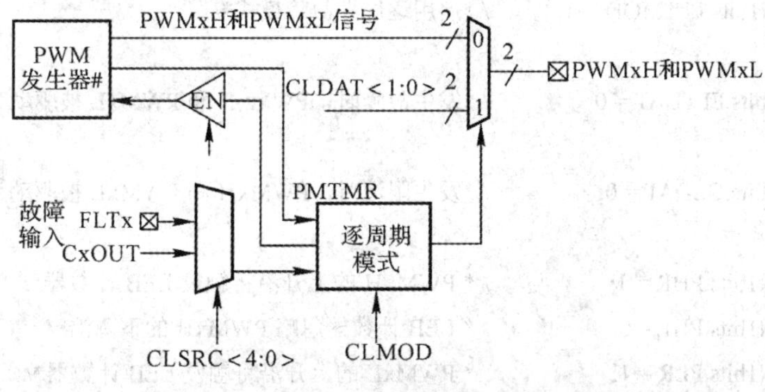

图 10-11　PWM 限流控制电路逻辑图

9. 限流中断

PWM 限流条件的状态在 CLSTAT 位(PWMCONx)中提供，CLSTAT 位指示限流 IRQ 标志状态(如果 CLIEN 位置 1)。如果不允许限流中断，则 CLSTAT 位以正逻辑形式指示选定限流输入的状态。当不使用与 PWM 发生器关联的限流输入引脚时，这些引脚可以用作通用 I/O 或中断输入引脚。限流引脚通常为高电平有效，如果 CLPOL 位(FCLCONx)设置为 1，则模块会将选定限流输入信号极性反相，将信号驱动为低电平有效状态。选定限流信号产生的中断将组合产生单个中断请求信号，该信号将送到中断控制器中，它具有与自己关联的中断向量、中断标志位、中断允许位和中断优先级位。在使能高速 PWM 模块时，故障引脚还可以通过端口 I/O 逻辑读取，该功能使用户应用程序可以在软件中查询故障引脚的状态。

10. 并发 PWM 故障和限流

除非故障功能使能并有效，否则限流改写功能(如果使能并有效)会强制 PWMxH 和 PWMxL 引脚读为由 CLDAT 位(IOCONx)指定的值。如果选定的故障输入有效，PWMxH 和 PWMxL 输出会读为由 FLTDAT 位(IOCONx)指定的值。

11. 到 ADC 的 PWM 故障和限流触发输出

限流和故障源选择位 CLSRC<4:0>(FCLCONx<14:10>)和 FLTSRC<4:0>(FCLCONx <7:3>)用于控制每个 PWM 发生器模块的故障选择，控制多路开关会为相应的模块选择所需的故障和限流信号。限流触发输出示例如下：

```
/ * PWM 故障，限流和前沿消隐配置* /


FCLCON1bits.IFLTMOD = 0;        / * CLDAT 位控制 PWMxH，FLTDAT 位控制 PWMxL */
FCLCON1bits.CLSRC = 8;          / *限流输入源是模拟比较器 1 */
FCLCON1bits.FLTSRC = 9;         / *故障输入源是模拟比较器 2 */

FCLCON1bits.CLPOL = 1;          / *限流源为低电平有效*/
FCLCON1bits.FLTPOL = 1;         / *故障输入源为低电平有效*/

FCLCON1bits.CLMOD = 1;          / *启用限流功能*/
FCLCON1bits.FLTMOD = 1;         / *启用逐周期故障模式*/

IOCON1bits.FLTDAT = 0;          / *发生故障时，PWMxH 和 PWMxL 被驱动为无效*/

IOCON1bits.CLDAT = 0;           / *发生限流时，PWMxH 和 PWMxL 被驱动为无效*/

LEBCON1bits.PHR = 1;            / * PWMxH 的上升沿将触发 LEB 计数器*/
LEBCON1bits.PHF = 0;            / * LEB 计数器忽略 PWMxH 的下降沿*/
LEBCON1bits.PLR = 1;            / * PWMxL 的上升沿将触发 LEB 计数器*/
LEBCON1bits.PLF = 0;            / * LEB 计数器忽略 PWMxL 的下降沿*/
```

```
LEBCON1bits.FLTLEBEN = 1;        /*为选定的源启用故障 LEB */
LEBCON1bits.CLLEBEN = 1;         /*为选定的源启用限流 LEB */
LEBDLY1bits.LEB = 8;             /*空白(8 × TOSC)*/

PWMCON1bits.XPRES = 0;           /*外部引脚不影响 PWM 时基复位*/
PWMCON1bits.FLTIEN = 1;          /*启用故障中断*/
PWMCON1bits.CLIEN = 1;           /*启用限流中断*/

while (PWMCON1bits.FLTSTAT == 1);  /*等待故障中断挂起时*/
```

第 11 章 通信接口

dsPIC33EV 5V 高温系列 DSC 具有多种通信方式，其中包括通用异步收发器(UART)模块、串行外设接口(SPI)模块、两线式串行总线(I^2C)模块、CAN 模块和单边沿半字节传输(SENT)模块等，本章将针对上述通信接口的基本原理和使用进行介绍。

11.1 UART 串口

11.1.1 UART 简介

UART 模块是 dsPIC33EV 系列器件的串行 I/O 模块之一，具有可以与外设或个人计算机(使用 RS-232、RS-485、LIN/J2602 和 IrDA 等协议)通信的全双工异步通信通道，主要通过 UxTX 和 UxRX 引脚进行全双工 8 位或 9 位数据传输，带有奇偶校验或无奇偶校验选项(对于 8 位数据)，拥有一个或两个停止位和硬件自动波特率特性，可通过 $\overline{\text{UxCTS}}$ 和 $\overline{\text{UxRTS}}$ 引脚进行硬件流控制。其集成的波特率发生器(Baud Rate Generator, BRG)具有 16 位预分频器，波特率最高为 17.5 Mbps，支持 4 级深先进先出(FIFO)发送/接收数据缓冲区和带地址检测的 9 位模式(第 9 位 = 1)，带有帧和缓冲区溢出错误检测。此外，允许发送/接收中断，可用于支持诊断的环回模式和支持外部 IrDA 编码器/解码器的 16x 波特率时钟输出，带有 IrDA 编码器和解码器逻辑、LIN/J2602 总线支持(v1.3 和 2.0)和可选的 ISO7816 智能卡支持。UARTx 的简化结构如图 11-1 所示。

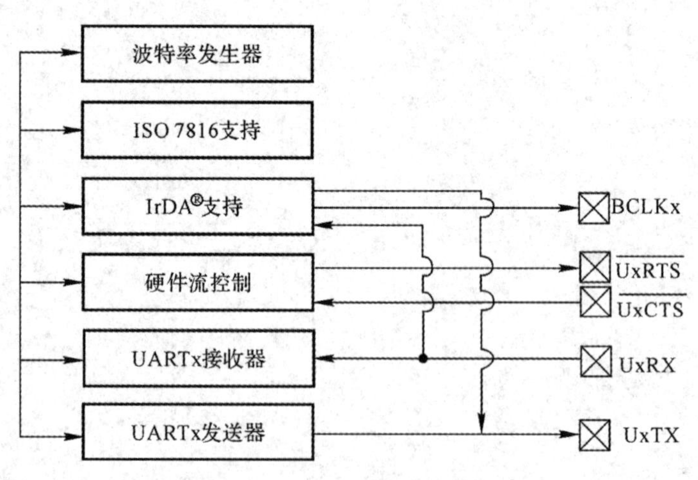

图 11-1 UARTx 的简化结构

接下来介绍 UART 控制寄存器。

1. UxMODE(UARTx 模式寄存器)

UxMODE 寄存器具体内容如表 11-1 所示。

表 11-1　UxMODE——UARTx 模式寄存器

R/W-0	U-0	R/W-0	R/W-0	R/W-0	R/W-0	R/W-0	R/W-0
UARTEN	—	USIDL	IREN	RTSMD	ALTIO	UEN1	UEN0
bit 15							bit 8
R/W-0	R/W-0	R/W-0	R/W-0	R/W-0	R/W-0	R/W-0	R/W-0
WAKE	LPBACK	ABAUD	URXINV	BRGH	PDSEL1	PDSEL0	STSEL
bit 7							bit 0

bit 15——UARTEN：UARTx 使能位。

1＝使能 UARTx，UARTx 根据 UEN<1:0>和 UTXEN 控制位的定义控制 UARTx 引脚；0＝禁止 UARTx，由相应的 PORTx、LATx 和 TRISx 位控制 UARTx 引脚。

bit 14——未实现：读为 0。

bit 13——USIDL：UARTx 在空闲模式停止位。

1＝当器件进入空闲模式时，模块停止工作；0＝在空闲模式下模块继续工作。

bit 12——IREN：IrDA 编码器和解码器使能位。

1＝使能 IrDA 编码器和解码器；0＝禁止 IrDA 编码器和解码器。

bit 11——RTSMD：$\overline{\text{UxRTS}}$引脚模式选择位。

1＝$\overline{\text{UxRTS}}$处于单工模式；0＝$\overline{\text{UxRTS}}$处于流控制模式。

bit 10——ALTIO：UARTx 备用 I/O 选择位。

1＝UARTx 采用 UxATX 和 UxARXI/O 引脚进行通信；0＝UARTx 采用 UxTX 和 UxRXI/O 引脚进行通信。

bit 9～bit 8——UEN<1:0>：UARTx 使能位。

11＝使能并使用 UxTX、UxRX 和 BCLKx 引脚，$\overline{\text{UxCTS}}$引脚由端口锁存器控制；10＝使能并使用 UxTX、UxRX、$\overline{\text{UxCTS}}$和$\overline{\text{UxCTS}}$引脚；01＝使能并使用 UxTX、UxRX 和$\overline{\text{UxRTS}}$引脚，$\overline{\text{UxCTS}}$引脚由端口锁存器控制；00＝使能并使用 UxTX 和 UxRX 引脚，$\overline{\text{UxCTS}}$、$\overline{\text{UxRTS}}$和 BCLKx 引脚由端口锁存器控制。

bit 7——WAKE：在休眠模式下检测到启动位唤醒使能位。

1＝使能唤醒；0＝禁止唤醒。

bit 6——LPBACK：UARTx 环回模式选择位。

1＝使能环回模式；0＝禁止环回模式。

bit 5——ABAUD：自动波特率使能位。

1＝使能对下一个字符的波特率测量，需要接收同步字段(0x55)，完成时由硬件清零；0＝禁止波特率测量或测量已完成。

bit 4——URXINV：接收极性翻转位。

1＝UxRX 空闲状态为 0；0＝UxRX 空闲状态为 1。

bit 3——BRGH：高波特率选择位。

1＝每个位周期 BRG 产生 4 个时钟(4x 波特率时钟，高速模式)；0＝每个位周期 BRG 产生 16 个时钟(16x 波特率时钟，标准速度模式)。

bit 2～bit 1——PDSEL<1:0>：奇偶校验和数据选择位。

11＝9 位数据，无奇偶校验；10＝8 位数据，奇校验；01＝8 位数据，偶校验；00＝8 位数据，无奇偶校验。

bit 0——STSEL：停止选择位。

1＝2 个停止位；0＝1 个停止位。

2. UxSTA(UARTx 状态和控制寄存器)

UxSTA 寄存器具体内容如表 11-2 所示。

表 11-2　UxSTA——UARTx 状态和控制寄存器

R/W-0	R/W-0	R/W-0	R/W-0	R/W-0	R/W-0	R-0	R-1
UTXISEL1	UTXINV	UTXISEL0	URXEN	UTXBRK	UTXEN	UTXBF	TRMT
bit 15							bit 8
R/W-0	R/W-0	R/W-0	R-1	R-0	R-0	R/C-0	R-0
URXISEL1	URXISEL0	ADDEN	RIDLE	PERR	FERR	OERR	URXDA
bit 7							bit 0

bit 15, bit 13——UTXISEL<1:0>：UARTx 发送中断模式选择位。

11＝保留；10＝当一个字符被传输到发送移位寄存器(Transmit Shift Register, TSR)并且发送缓冲区变为空时，产生中断；01＝当最后一次发送完成后，发送缓冲区为空(即最后一个字符被移出发送移位寄存器)并且所有发送操作均完成时，产生中断；00＝当任意字符被传送到发送移位寄存器并且发送缓冲区为空(这意味着发送缓冲区中至少有一个单元为空)时产生中断。

bit 14——UTXINV：UARTx 发送极性翻转位。

IREN＝0 时，1＝UxTX 空闲状态为 0；0＝UxTX 空闲状态为 1。

IREN＝1 时，1＝IrDA 已编码，UxTX 空闲状态为 1；0＝IrDA 已编码，UxTX 空闲状态为 0。

bit 12——URXEN：UARTx 接收使能位。

1＝使能接收，UxRX 引脚由 UARTx 控制；0＝禁止接收，UxRX 引脚由端口控制。

bit 11——UTXBRK：UARTx 发送间隔位。

1＝无论发送器状态如何，都将 UxTX 引脚驱动为低电平(同步间隔发送：启动位后跟随 12 个 0，之后跟随 1 个停止位)；0＝禁止或已完成同步间隔字符的发送。

bit 10——UTXEN：UARTx 发送使能位。

1＝使能 UARTx 发送器，由 UARTx 控制 UxTX 引脚(如果 UARTEN＝1)；0＝禁止 UARTx 发送器，中止所有等待的发送，缓冲区复位，由端口控制 UxTX 引脚。

bit 9——UTXBF：UARTx 发送缓冲区满状态位(只读)。

1＝发送缓冲区已满；0＝发送缓冲区未满，至少还可写入一个或多个数据字。

bit 8——TRMT：发送移位寄存器空位(只读)。

1＝发送移位寄存器为空，同时发送缓冲区为空(即上一次发送已完成)；0＝发送移位寄存器非空，发送在进行中或在发送缓冲区中排队。

bit 7～bit 6——URXISEL<1:0>：UARTx 接收中断模式选择位。

11＝当接收缓冲区满(即有 4 个数据字符)时，中断标志位置 1；10＝当接收缓冲区 3/4 满(即有 3 个数据字符)时，中断标志位置 1；0x＝当接收到一个字符时，中断标志位置 1。

bit 5——ADDEN：地址字符检测位(接收数据的 bit 8＝1)。

1＝使能地址检测模式。如果没有选择 9 位模式，该控制位无效；0＝禁止地址检测模式。

bit 4——RIDLE：接收器空闲位(只读)。

1＝接收器空闲；0＝正在接收数据。

bit 3——PERR：奇偶校验错误状态位(只读)。

1＝检测到当前字符的奇偶校验错误；0＝未检测到奇偶校验错误。

bit 2——FERR：帧错误状态位(只读)。

1＝检测到当前字符的帧错误；0＝未检测到帧错误。

bit 1——OERR：接收缓冲区溢出错误状态位(清零/只读)。

1＝接收缓冲区已溢出；0＝接收缓冲区未溢出。

(清零原来置 1 的 OERR 位将使接收缓冲区和 RSR 复位为空状态)。

bit 0——URXDA：UARTx 接收缓冲区中是否有数据标志位(只读)。

1＝接收缓冲区中有数据，有至少一个或多个字符可被读取；0＝接收缓冲区为空。

3. UxADMD(UARTx 地址掩码检测寄存器)

UxADMD 的 bit 15～bit 8 为地址掩码位 ADM_MASK<7:0>，用于掩码 ADM_ADDR<7:0>位。当 ADM_MASK<n>为 1 时用于检测地址匹配，当 ADM_ADDR<n>为 0 时表示不用于检测地址匹配。其 bit 7～bit 0 为地址检测任务卸载位 ADM_ADDR<7:0>，在地址检测模式下，与 ADM_MASK<7:0>位配合使用，可避免处理器检测地址字符的开销。

4. UxRXREG(UARTx 接收寄存器)

UxRXREG 的 bit 15～bit 9 未实现，bit 8 为 URX8，表示已接收字符的 bit 8 数据位(在 9 位模式下)，低 8 位为 URX<7:0>，表示已接收字符的 bit 7～bit 0 数据位。

5. UxTXREG(UARTx 发送寄存器(只写))

UxTXREG 最高位(bit 15)为智能卡支持功能的数据最末字节指示位 LAST，bit 14～bit 9 未实现，bit 8 为已发送字符的 bit 8 数据位(在 9 位模式下)UTX8，低 8 位为已发送字符的数据位 UTX<7:0>。

6. UxBRG(UARTx 波特率寄存器)

UxBRG 的 bit 15～bit 0 为波特率分频比位 BRG<15:0>。

11.1.2　UART 设置

UART 使用标准的不归零格式(1 个启动位、8 或 9 个数据位和 1 或 2 个停止位)，数据位数、停止位数以及奇偶校验均由 PDSEL<1:0>(UxMODE<2:1>)和 STSEL(UxMODE<0>)位设定，振荡器产生的标准波特率频率可由片上专用的 16 位波特率发生器提供。尽管 UART 模块的发送器/接收器在功能上是独立的，但都使用相同的数据格式和波特率，并且首先发送/接收最低有效位(LSB)。

1. 使能 UART

UART 模块使能需要将 UARTEN(UxMODE<15>)位和 UTXEN(UxSTA<10>)位置 1，一旦使能，UxTX 引脚将被配置为输出，UxRX 引脚被配置为输入，从而修改对应 I/O 端口引脚的 TRISx 和 PORTx 寄存器位配置。UxTX 引脚在不传输数据时处于逻辑 1，在 UARTEN 位置 1 之后还需要将 UTXEN 位置 1，否则 UART 将无法发送数据。

2. 禁止 UART

通过清零 UARTEN(UxMODE<15>)位可以禁止 UART 模块，这也是复位后的默认状态。如果禁止了 UART，则所有 UART 引脚将被对应的 PORTx 和 TRISx 位配置为通用端口引脚。禁止 UART 模块后缓冲区会被复位为空状态，缓冲区中的所有数据字符都将丢失，同时波特率计数器、所有与 UART 相关的错误和状态标志都将复位，UTXBRK、UTXEN、UTXBF、PERR、FERR、OERR 和 URXDA 位也将被清零，而 TRMT 和 RIDLE 位则会被置 1，其他控制位(包括 ADDEN、URXISEL<1:0>和 UTXISEL<1:0>)以及 UxMODE 和 UxBRG 寄存器则不会受到影响。

11.1.3　UART 发送与接收

1. UART 发送

图 11-2 给出了 UART 模块的发送器框图。UARTx 发送移位寄存器(UxTSR)是发送器的重要组成部分，该移位寄存器从发送 FIFO 缓冲区 UxTXREG 中获取数据，并通过软件将数据装入 UxTXREG 寄存器。在前一次装入数据的停止位发送前，不会向 UxTSR 寄存器装入新数据。一旦停止位发送完毕，就会将 UxTXREG 寄存器中的新数据(如果有)装入 UxTSR。

通过将 UTXEN 使能位(UxSTA<10>)置 1 来使能发送，但实际的发送要到 UxTXREG 寄存器装入数据并且波特率发生器(UxBRG)产生了移位时钟(图 11-2)后才发生。通常，第一次开始发送的时候，由于 UxTSR 寄存器为空，这样传输数据到 UxTXREG 寄存器会导致该数据立即传输到 UxTSR。发送期间如果清零 UTXEN 位，UART 将中止发送并复位发送器，并且 UxTX 引脚将恢复到高阻抗状态。若要选择 9 位发送，PDSEL<1:0>位(UxMODE<2:1>)应设置为 11，第 9 位应写入 UTX8 位(UxTXREG<8>)，并需要向 UxTXREG 执行一次字写操作，这样可以同时写入所有的 9 位数据，并且在 9 位数据发送的情况下不采用奇偶校验。

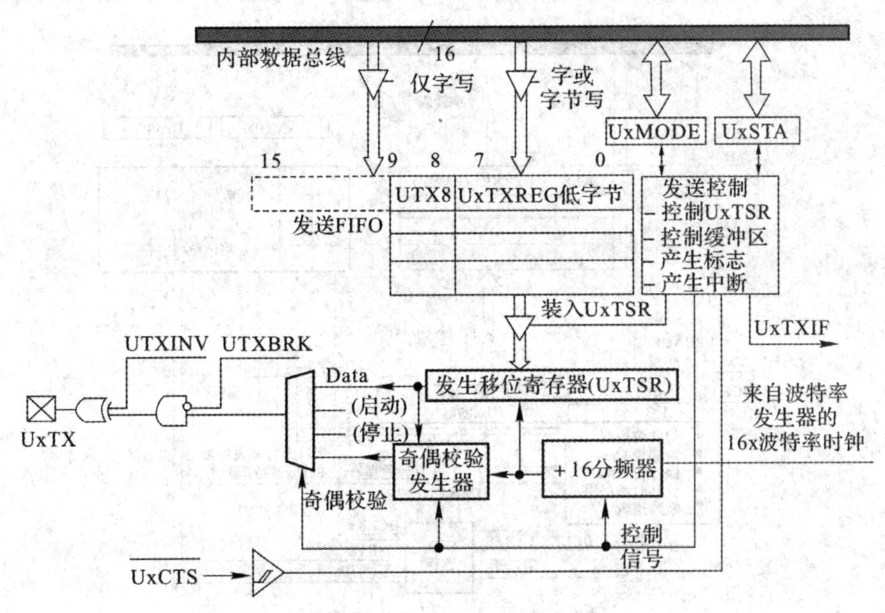

图 11-2　UARTx 发送器框图

器件被复位时，UxTX 引脚被配置为输入，UxTX 引脚的状态未定义。当 UART 模块使能时，发送引脚被配置为高电平，并保持该状态直到数据被写入发送缓冲区(UxTXREG)。第一个数据被写入 UxTXREG 寄存器时，发送引脚立即被配置为低电平。为确保启动位检测，需要在使能 UARTx(UARTEN = 1)和启动第一次发送之间留有一个延时，如图 11-3 所示。该延时与波特率有关，通常来说应该等于或大于发送一个数据位的时间。

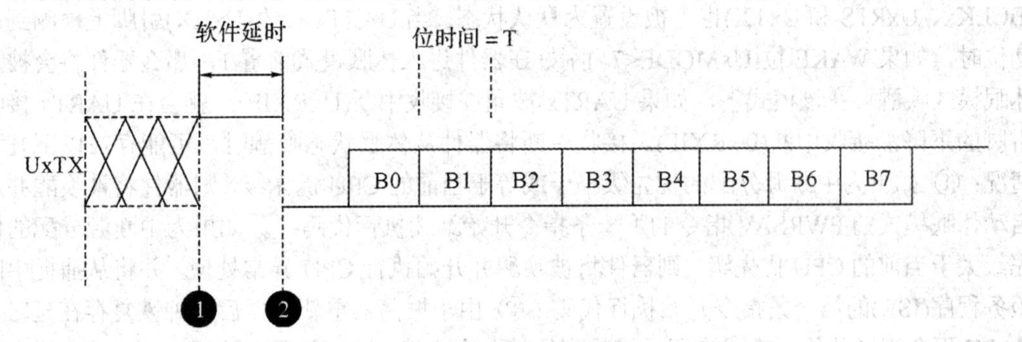

图 11-3　UARTx 发送时序图

2. UART 接收

图 11-4 给出了 UARTx 的接收器框图。UARTx 接收(串行)移位寄存器(UxRSR)是接收器的重要组成部分，在 UxRX 引脚上接收数据，并发送到数据恢复模块中。在接收到 UxRX 引脚上的停止位后，UxRSR 寄存器中接收到的数据将会被传输到接收 FIFO(如果为未满)。数据恢复模块以 16 倍波特率工作，而主接收串行移位器以波特率工作。需要注意的是，UxRSR 寄存器并未映射到数据存储器中，因此用户应用程序不能访问它。UART 接收器带有一个 4 级深、9 位宽的 FIFO 接收数据缓冲区。UxRXREG 是一个存储器映射的寄存器，可提供对 FIFO 输出的访问。在缓冲区溢出发生之前，可以将 4 个字的数据接收并传输到 FIFO，从第 5 个字开始将数据移入 UxRSR 寄存器中。

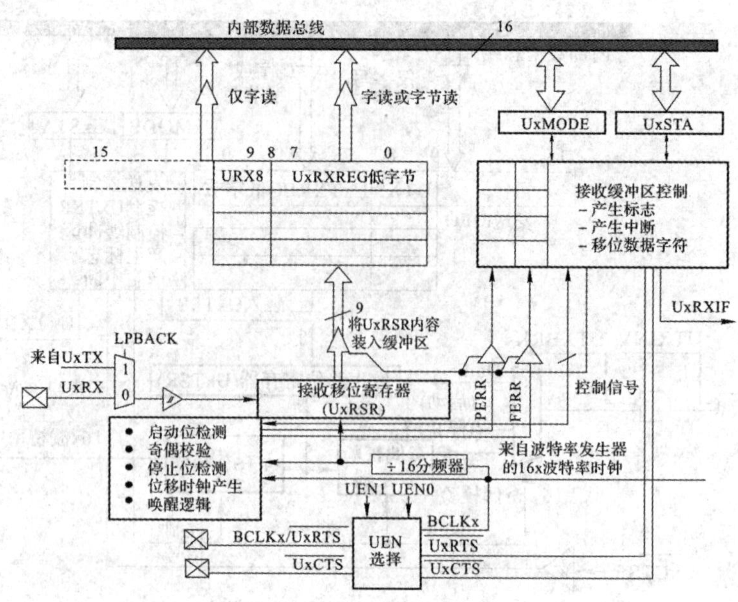

图 11-4　UARTx 接收器框图

11.1.4　CPU 休眠和空闲模式下的 UART 操作

1. 休眠模式下的 UART 操作

当器件进入休眠模式时，UART 模块的所有时钟源被关闭并保持逻辑 0 状态。如果器件在 UART 发送或接收操作过程中进入休眠模式，则当前操作将会被中止，UARTx 引脚(BCLKx、UxRTS 和 UxTX)也会被设置为默认状态。当 UARTx 接收(UxRX)引脚上检测到启动位时，如果 WAKE 位(UxMODE<7>)刚好在器件进入休眠模式前置 1，那么器件将会被从休眠模式唤醒。在该模式下，如果 UARTx 被允许接收中断(UxRXIE)，就会在 UARTx 接收引脚的下降沿接收中断(UxRXIF)。接收中断将器件从休眠状态唤醒时，可能存在以下几种情况：① 如果为中断源分配的优先级小于或等于当前的 CPU 优先级，则器件将被唤醒并从启动休眠模式的 PWRSAV 指令的下一条指令开始继续执行代码；② 如果为中断源分配的优先级大于当前的 CPU 优先级，则器件将被唤醒并开始执行 CPU 异常处理，并将从捕捉中断服务程序(ISR)的第一条指令开始执行代码；③ 由于振荡器重新起振后时钟恢复存在延时，UART 不会识别从休眠模式唤醒后接收到的第一个字符。发生唤醒事件后，在 UxRX 线上出现低电平到高电平跳变时，WAKE 位自动清零。

2. 空闲模式下的 UART 操作

当器件进入空闲模式时，系统时钟源仍然保持工作状态，但 CPU 不再工作。UARTx 模式寄存器中的 UART 空闲模式停止位 USIDL(UxMODE<13>)决定了模块在空闲模式下是停止工作还是继续工作。如果 USIDL = 0，则模块在空闲模式下继续工作，并且可使用它的全部功能；如果 USIDL = 1，则模块在空闲模式下停止工作。模块在空闲模式下停止工作时的功能与在休眠模式下的相同。

3. 接收到同步间隔字符时自动唤醒

使用 WAKE 位(UxMODE<7>)使能自动唤醒功能，一旦 WAKE 位有效，就会禁止 UxRX

上的接收功能。要执行唤醒，LPBACK 位(UxMODE<6>)必须等于 0，并且在唤醒事件后，模块会产生 UxRXIF 中断。唤醒事件为 UxRX 线上信号由高电平至低电平的跳变。对于 LIN/J2602 协议，这与同步间隔字符或唤醒信号字符的起始位(Start-Of-Frame, SOF)相同，且 WAKE 位有效时会检测 UxRX 线(与 CPU 模式无关)。在常规模式下，UxRXIF 中断将与 Q 时钟同步产生；若模块由于休眠或处于空闲模式被禁止，则 UxRXIF 中断的产生将与 Q 时钟异步，为确保不丢失数据，应在进入休眠模式前或是当 UART 模块处于空闲模式时将 WAKE 位置 1。唤醒事件发生后，一旦在 UxRX 线上检测到低电平至高电平的跳变，就会自动将 WAKE 位清零。此时，UART 模块处于空闲模式并开始正常工作，用户将收到同步间隔事件完成的信号。如果用户在跳变序列完成之前清零了 WAKE 位，则会导致意外情况发生。唤醒事件可以通过将 UxRXIF 位置 1 来产生接收中断，而 UARTx 接收中断选择模式位(URXISEL<1:0>)对该功能不起作用。只要 UxRXIF 中断标志位置 1，即可唤醒器件。

11.2　SPI 模块

11.2.1　SPI 简介

SPI 模块是用于同其他外设或单片机进行通信的同步串行接口，这些外设可以是串行 EEPROM、移位寄存器、显示驱动器和 A/D 转换器等，同时，dsPIC33EV 系列的 SPI 模块可以与 Motorola 的 SPI 和 SIOP 接口兼容。根据器件型号的不同，dsPIC33EV 系列器件系列在器件上提供 2 个或 4 个 SPI 模块，这些模块在功能上是相同的，都包含一个 8 字 FIFO 缓冲区，并支持直接存储器访问(DMA)总线连接。但需要注意的是，将 SPI 模块与 DMA 配合使用时，要禁止 FIFO 操作。SPIx 串行接口由串行数据输入(SDIx)/输出(SDOx)、移位时钟输入/输出(SCKx)、低电平有效从选择和帧同步 I/O 脉冲($\overline{\text{SSx}}$/FSYNCx)等 4 个引脚组成。SPIx 模块可配置为使用 2、3 或 4 个引脚进行工作：在 2 引脚模式下，不使用 SDOx 和 $\overline{\text{SSx}}$ 引脚；在 3 引脚模式下，不使用 $\overline{\text{SSx}}$ 引脚。图 11-5 和图 11-6 给出了标准模式和增强型模式下 SPI 模块的框图。

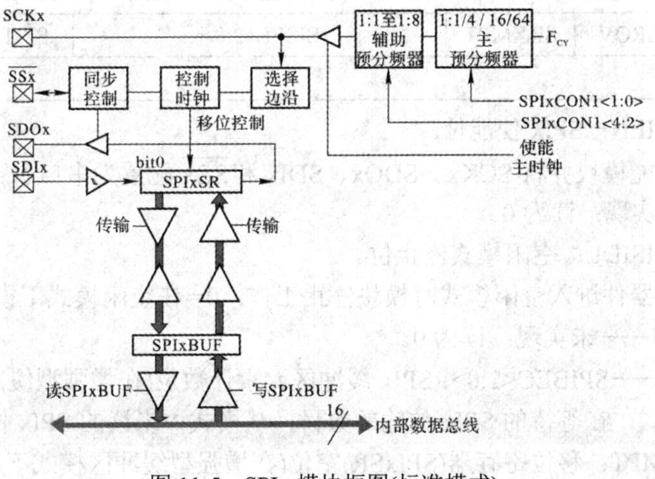

图 11-5　SPIx 模块框图(标准模式)

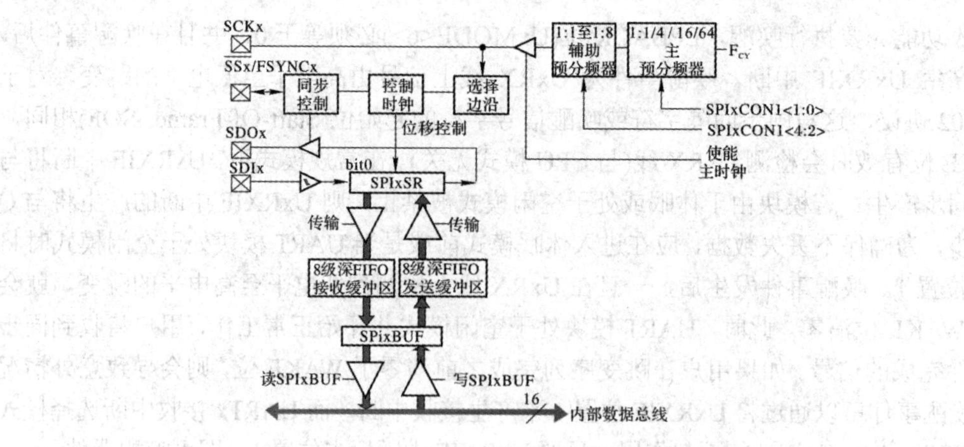

图 11-6　SPIx 模块框图(增强型模式)

11.2.2　SPI 寄存器

SPI 模块具有以下控制和状态寄存器：SPIxSTAT、SPIxCON1、SPIxCON2、SPIxBUF。通过双重缓冲发送/接收操作，模块可以在后台连续进行数据传输，并且发送和接收同时进行。此外，还有一个 16 位移位寄存器(SPIxSR)，该寄存器未被映射到存储空间，主要用于将数据移入和移出 SPI 端口。

1. SPIxSTAT(SPIx 状态和控制寄存器)

SPIxSTAT 用于指示各种状态条件，如接收溢出、发送缓冲区满以及接收缓冲区满。该寄存器还可用于指定空闲模式下模块的工作，它包含了一个可使能或禁止模块的位。其具体内容如表 11-3 所示。

表 11-3　SPIxSTAT——SPIx 状态和控制寄存器

R/W-0	U-0	R/W-0	U-0	U-0	R/W-0	R/W-0	R/W-0
SPIEN	—	SPISIDL	—	—	SPIBEC<2:0>		
bit 15							bit 8
R/W-0	R/C-0，HS	R/W-0	R/W-0	R/W-0	R/W-0	R-0, HS,HC	R-0, HS, HC
SRMPT	SPIROV	SRXMPT	SISEL<2:0>			SPITBF	SPIRBF
bit 7							bit 0

bit 15——SPIEN：SPIx 使能位。

1=使能模块并将 SCKx、SDOx、SDIx 和 $\overline{SSx}$ 配置为串口引脚；0=禁止模块。

bit 14——未实现：读为 0。

bit 13——SPISIDL：空闲模式停止位。

1=当器件进入空闲模式时模块停止工作；0=在空闲模式下模块继续工作。

bit 12～bit 11——未实现：读为 0。

bit 10～bit 8——SPIBEC<2:0>：SPIx 缓冲区元素计数位(在增强型缓冲区模式下有效)。

主模式：在等待的 SPIx 传输的数目；从模式：未读的 SPIx 传输的数目。

bit 7——SRMPT：移位寄存器(SPIxSR)空位(在增强型缓冲区模式下有效)。

1=SPIx 移位寄存器为空，准备发送或接收数据；0=SPIx 移位寄存器非空。

bit 6——SPIROV：接收溢出标志位。

1=一个新字节/字已完全接收并丢弃，在此之前用户应用程序还未读先前保存在 SPIxBUF 寄存器中的数据；0 = 未发生溢出。

bit 5——SRXMPT：接收 FIFO 空位(在增强型缓冲区模式下有效)。

1=接收 FIFO 为空；0=接收 FIFO 非空。

bit 4～bit 2——SISEL<2:0>：SPIx 缓冲区中断模式位(在增强型缓冲区模式下有效)。

111=当 SPIx 发送缓冲区已满时产生中断(SPIxTBF 位置 1)；110=当最后一位移入 SPIxSR 时产生中断，此时发送 FIFO 为空；101 = 当最后一位移出 SPIxSR 时产生中断，发送完成；100 = 当一个数据移入 SPIxSR 时产生中断，此时发送 FIFO 有一个空存储单元；011 = 当 SPIx 接收缓冲区已满时产生中断(SPIxRBF 位置 1)；010 = 当 SPIx 接收缓冲区为 3/4 满或更满时产生中断；001 = 当接收缓冲区中接收到数据时产生中断(SRMPT 位置 1)；000 = 当接收缓冲区中的最后一个数据被读取时产生中断，此时缓冲区为空(SRXMPT 位置 1)。

bit 1——SPITBF：SPIx 发送缓冲区满状态位。

1=发送尚未开始，SPIxTXB 为满；0=发送已开始，SPIxTXB 为空。

在标准缓冲区模式下，当内核通过写 SPIxBUF 存储单元装入 SPIxTXB 时，该位由硬件自动置 1；当 SPIx 模块将数据从 SPIxTXB 传输到 SPIxSR 时，该位由硬件自动清零。在增强型缓冲区模式下，当 CPU 通过写 SPIxBUF 存储单元装入最后的可用缓冲单元时，该位由硬件自动置 1；当有缓冲单元可用于 CPU 写操作时，该位由硬件自动清零。

bit 0——SPIRBF：SPIx 接收缓冲区满状态位。

1=接收完成，SPIxRXB 已满；0=接收未完成，SPIxRXB 为空。

在标准缓冲区模式下，当 SPIx 将数据从 SPIxSR 传输到 SPIxRXB 时，该位由硬件自动置 1；当内核通过读 SPIxBUF 存储单元读 SPIxRXB 时，该位由硬件自动清零。在增强型缓冲区模式下，当 SPIx 通过将数据从 SPIxSR 传送到缓冲区填充最后未读的缓冲单元时，该位由硬件自动置 1；当有缓冲单元可用于从 SPIxSR 进行传输时，该位由硬件自动清零。

2. SPIxCON1(SPIx 控制寄存器 1)

SPIxCON1 用于指定时钟预分频比、主/从模式、字/字节通信、时钟极性和时钟/数字引脚操作，具体内容如表 11-4 所示。

表 11-4　SPIxCON1——SPIx 控制寄存器 1

U-0	U-0	U-0	R/W-0	R/W-0	R/W-0	R/W-0	R/W-0
—	—	—	DISSCK	DISSDO	MODE16	SMP	CKE
bit 15							bit 8

R/W-0	R/W-0	R/W-0	R/W-0	R/W-0	R/W-0	R/W-0	R/W-0
SSEN	CKP	MSTEN	SPRE<2:0>			PPRE<1:0>	
bit 7							bit 0

bit 15～bit 13——未实现：读为 0。

bit 12——DISSCK：禁止 SCKx 引脚位(仅限 SPI 主模式)。

1＝禁止内部 SPI 时钟，引脚用作 I/O；0＝使能内部 SPI 时钟。

bit 11——DISSDO：禁止 SDOx 引脚位。

1＝模块不使用 SDOx 引脚，引脚用作 I/O；0＝SDOx 引脚由模块控制。

bit 10——MODE16：字/字节通信选择位。

1＝采用字宽(16 位)通信；0＝采用字节宽(8 位)通信。

bit 9——SMP：SPIx 数据输入采样阶段位主模式。

1＝在数据输出时间的末端采样输入数据；0＝在数据输出时间的中间采样输入数据。

当在从模式下使用 SPIx 模块时，必须将 SMP 位清零。

bit 8——CKE：SPIx 时钟边沿选择位。

1＝串行输出数据在时钟从工作状态转变为空闲状态时变化(见 bit 6)；0＝串行输出数据在时钟从空闲状态转变为工作状态时变化(见 bit 6)。

应当注意的是，ISR 在帧 SPI 模式下不使用 CKE 位。在帧 SPI 模式(FRMEN = 1)下，将该位编程为 0。

bit 7——SSEN：从选择使能位(从模式)。

1 =$\overline{SSx}$ 引脚用于从模式；0＝模块不使用$\overline{SSx}$ 引脚，引脚由端口功能控制。

bit 6——CKP：时钟极性选择位。

1＝空闲状态时时钟信号为高电平，工作状态时为低电平；0＝空闲状态时时钟信号为低电平，工作状态时为高电平。

bit 5——MSTEN：主模式使能位。

1＝主模式；0＝从模式。

bit 4～bit 2——SPRE<2:0>：辅助预分频比位(主模式)。

111 即保留，110～000 表示辅助预分频比从 2∶1 到 8∶1，000 代表辅助预分频比 8∶1。

bit 1～bit 0——PPRE<1:0>：主预分频比位(主模式)。

11＝保留；10＝主预分频比 4∶1；01＝主预分频比 16∶1；00＝主预分频比 64∶1。

3. SPIxCON2(SPIx 控制寄存器 2)

SPIxCON2 用于使能/禁止帧 SPI 操作，还可用于指定帧同步脉冲的方向、极性和边沿选择，具体内容如表 11-5 所示。

表 11-5 SPIxCON2——SPIx 控制寄存器 2

R/W-0	R/W-0	R/W-0	U-0	U-0	U-0	U-0	U-0
FRMEN	SPIFSD	FRMPOL	—	—	—	—	—
bit 15							bit 8

U-0	U-0	U-0	U-0	U-0	U-0	R/W-0	R/W-0
—	—	—	—	—	—	FRMDLY	SPIBEN
bit 7							bit 0

bit 15——FRMEN：帧 SPIx 支持位。

1＝使能帧 SPIx 支持($\overline{SSx}$ 引脚用作帧同步脉冲输入/输出)；0＝禁止帧 SPIx 支持。

bit 14——SPIFSD：帧同步脉冲方向控制位。

1＝帧同步脉冲输入(从器件)；0＝帧同步脉冲输出(主器件)。

bit 13——FRMPOL：帧同步脉冲极性位。

1＝帧同步脉冲为高电平有效；0＝帧同步脉冲为低电平有效。

bit 12～bit 2——未实现：读为 0。

bit 1——FRMDLY：帧同步脉冲边沿选择位。

1＝帧同步脉冲与第一个位时钟一致；0＝帧同步脉冲比第一个位时钟提前。

bit 0——SPIBEN：增强型缓冲区使能位。

1＝使能增强型缓冲区；0＝禁止增强型缓冲区(传统模式)。

4. SPIxBUF(SPIx 数据接收/发送缓冲寄存器)

在标准模式下，SPIx 数据接收/发送缓冲寄存器(SPIxBUF)包含两个独立的内部寄存器：发送缓冲寄存器(SPIxTXB)和接收缓冲寄存器(SPIxRXB)。这两个单向的 16 位寄存器共用 SPIxBUF 寄存器的特殊功能寄存器(SFR)地址。如果用户应用程序将待发送数据写入 SPIxBUF 寄存器，在内部该数据会被写入 SPIxTXB 寄存器。类似地，当用户应用程序从 SPIxBUF 寄存器读取已接收数据时，在内部会从 SPIxRXB 寄存器读取该数据。当使能增强型缓冲区时，SPIxBUF 寄存器会产生两个 8 级 FIFO 的数据接口，一个用于接收，另一个用于发送。每个缓冲区最多可以容纳 8 个待传输数据，当 CPU 将数据写入 SPIxBUF 寄存器时，数据会被送入下一个发送缓冲单元。SPIx 外设会在 CPU 向 SPIxBUF 寄存器写入第一个数据之后开始传输数据，直到所有待传输数据都完成传输为止。每次传输之后，SPIx 都会使用接收到的数据更新下一个接收缓冲单元，用来供 CPU 读取。在 CPU 读取之后，数据将从下一个接收缓冲单元读取。该寄存器的 bit 15～bit 0 为发送/接收缓冲区位。

11.2.3 SPI 工作模式

SPI 模块可以使用 8 位和 16 位数据发送/接收、主/从、增强型缓冲区主/从、帧 SPIx、SPIx 只接收操作和 SPIx 错误处理等工作模式。在帧 SPI 模式下，使用 SDIx、SDOx、SCKx 和 $\overline{SSx}$ 等 4 个引脚。如果使用标准 SPI，并且 CKE＝1，就必须使用从选择功能，并使用全部 4 个引脚。如果 DISSDO＝1，则仅需使用其中两个引脚，即 SDIx 和 SCKx(除非同时也使能了从选择)，其余情况则使用 SDIx、SDOx 和 SCKx 这 3 个引脚。

1. 8 位和 16 位数据发送/接收模式

SPIx 控制寄存器 1 中的字/字节通信选择位 MODE16(SPIxCON1<10>)允许模块在 8 位/16 位模式下进行通信，除了接收和发送的位数外，两种模式的功能相同。在本节中应注意以下几点：① 当 MODE16 位的值改变时，模块会被复位，因此在正常工作期间不应更改该位的值。② 在 8 位工作模式下，数据是从 SPIx 移位寄存器的 bit 7(SPIxSR<7>)发送出去的，而在 16 位工作模式下，则是从 bit 15(SPIxSR<15>)发送出去的。在这两种模式下，数据都会被移入 bit 0(SPIxSR<0>)。③ 在 8 位模式下发送或接收数据时，需要在 SCKx 引脚上出现 8 个时钟脉冲以移入/移出数据，同样在 16 位模式下，需要在 SCKx 引脚上出现 16 个时钟脉冲。

2. 主/从模式

数据的收/发可看作在一个模块的移位寄存器的 MSB 和另一个模块的移位寄存器的 LSB 之间建立了一条直接通路，然后将数据移到相应的发送或接收缓冲区。主模块根据需要为从器件提供串行时钟和同步信号，图 11-7 给出了主/从模块的连接图。需要注意的是，应用程序必须向 SPIxBUF 寄存器写入待发送数据，并从 SPIxBUF 寄存器读取已接收数据，SPIxTXB 和 SPIxRXB 寄存器被存储器映射到 SPIxBUF 寄存器。如果用户应用程序不更改 SPIxBUF 寄存器中的数据，则每次新的发送操作发送的将为 SPIxBUF 值，而不是在移位寄存器中接收到的值。

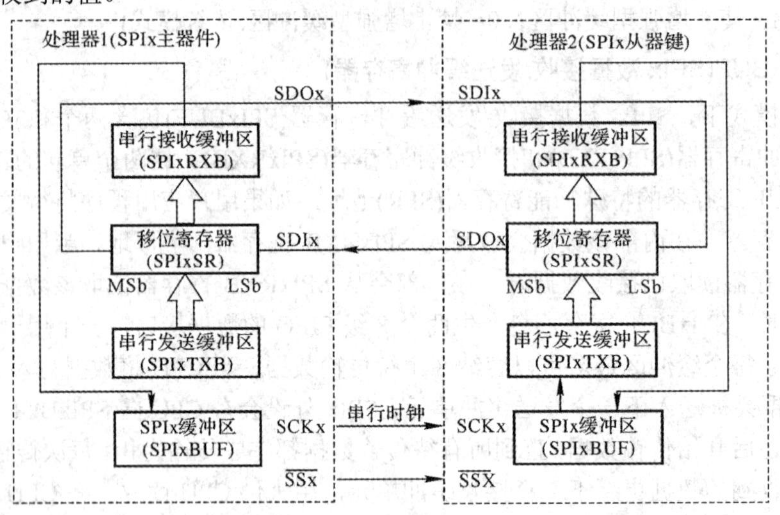

图 11-7　SPI 主/从模块的连接

1) 主模式

在主模式下，系统时钟被预分频后用作串行时钟，其中，预分频取决于 SPIx 控制寄存器 1(SPIxCON1)中主预分频比位(PPRE<1:0>)和辅助预分频比位(SPRE<2:0>)的设置。串行时钟通过 SCKx 引脚输出到从器件，当有待发送数据时就会产生时钟脉冲，CKP(SPIxCON1<6>)和 CKE(SPIxCON1<8>)位可以配置数据传输发生在时钟脉冲的哪个边沿。用户应用程序不能直接写入 SPIxSR 寄存器，只能通过 SPIxBUF 寄存器来执行。一旦被设置为主工作模式并使能，待发送数据就会被写入 SPIxBUF 寄存器，SPIx 状态和控制寄存器中的 SPIx 发送缓冲区满状态位 SPITBF(SPIxSTAT<1>)被置 1。SPIx 发送缓冲寄存器(SPIxTXB)中的内容被移到 SPIx 移位寄存器(SPIxSR)中，且 SPITBF 位(SPIxSTAT<1>)将被清零。然后，一组 8 或 16 个时钟脉冲将 8 或 16 位发送的数据从 SPIx 移位寄存器(SPIxSR)发送到 SDOx 引脚，同时将 SDIx 引脚的数据读入 SPIxSR 寄存器。当传输结束时，中断控制器中的相应中断标志位置 1，并且可以通过将相应的中断允许位置 1 来允许中断。

当正在进行的发送/接收操作结束后，SPIx 移位寄存器(SPIxSR)的内容就会被发送到 SPIx 接收缓冲区(SPIxRXB)。SPIx 状态和控制寄存器中的 SPIx 接收缓冲区满状态位 SPIRBF(SPIxSTAT<0>)置 1，则表示接收缓冲区已满。一旦用户应用程序读取了 SPIxBUF

寄存器，硬件就会将 SPIRBF 位清零。当 SPIx 模块需要从 SPIxSR 寄存器将数据发送到 SPIxRXB 寄存器时，如果 SPIRBF 位(SPIxSTAT<0>)置 1(接收缓冲区已满)，模块会将 SPIxSTAT 寄存器中的接收溢出标志位 SPIROV(SPIxSTAT<6>)置 1，表示产生了溢出条件。只要 SPITBF 位(SPIxSTAT<1>)清零，用户应用程序就可以将待发送数据写入 SPIxBUF 寄存器。因为写操作可以与 SPIxSR 寄存器传输之前写入的数据同时进行，从而实现了连续发送的功能。

如果使用中断，则需配置中断控制器，需要将中断控制器中相应中断标志状态寄存器的 SPIx 中断标志状态位 SPIxIF(IFS0<10>、IFS2<1>、IFS5<11>或 IFS7<11>)清零，并且将中断控制器中相应中断事件控制寄存器的 SPIx 事件中断允许位 SPIxIE(IEC0<10>、IEC2<1>、IEC5<11>或 IEC7<11>)置 1，然后通过写相应中断优先级控制寄存器中的 SPIx 事件中断优先级位 SPIxIP(IPC2<10:8>、IPC8<6:4>、IPC22<14:12>或 IPC30<6:4>)来设置中断优先级。将 SPIxCON1 寄存器中的主模式使能位(MSTEN)置 1(SPIxCON1<5> = 1)，SPIxSTAT 寄存器中的接收溢出标志位(SPIROV)将清零(SPIxSTAT<6> = 0)。SPIxSTAT 寄存器中的 SPIx 使能位(SPIEN)置 1(SPIxSTAT<15> = 1)将使能 SPIx。将待发送数据写入 SPIxBUF 寄存器，即可开始发送(和接收)数据。主模式时序图如图 11-8 所示，需要注意的是，如果没有待发送的数据，用户应用程序会将值写入 SPIxBUF 寄存器，SPIxTXB 寄存器中的数据就会发送到 SPIxSR 寄存器。

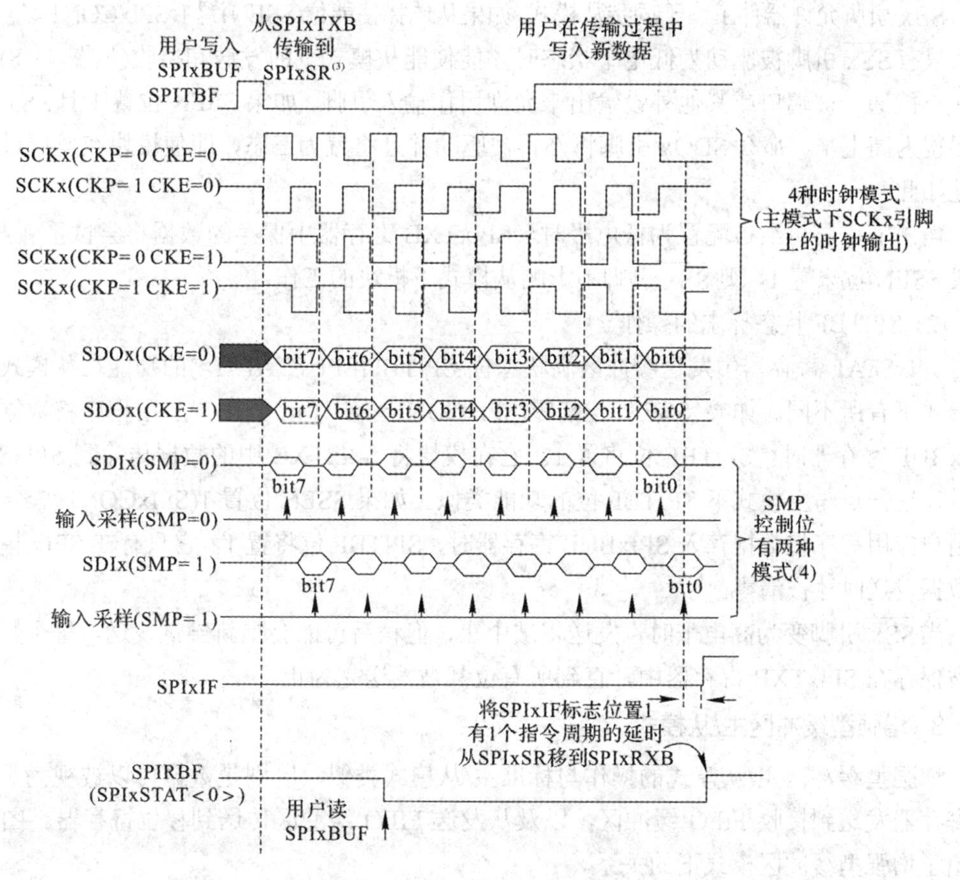

图 11-8　SPIx 主模式时序

2) 从模式

在从模式下，当 SCKx 引脚上出现外部时钟脉冲时将发送和接收数据。SPIx 时钟极性选择位 CKP(SPIxCON<6>)和 SPIx 时钟边沿选择位 CKE(SPIxCON<8>)决定数据传输发生在时钟脉冲的哪个边沿。

从模式下模块的其余操作与上述主模式下的操作相同。但需要注意的是，在从模式下，如果没有数据写入 SPIxBUF 寄存器，SPI 模块将在 SPI 主器件开始读操作时发送已写入 SPIxBUF 寄存器的上一个数据。将 SPIx 模块设置为从工作模式，需要将 SPIxBUF 寄存器清零，如果使用中断，就需要配置中断控制器，将相应 IFSx 寄存器中的 SPIx 中断标志状态位(SPIxIF)清零，相应 IECx 寄存器中的 SPIx 事件中断允许位(SPIxIE)置 1，然后通过写相应 IPCx 寄存器中的 SPIx 事件中断优先级位(SPIxIP)来设置中断优先级。

配置 SPIxCON1 寄存器时，需要先将主模式使能位(MSTEN)清零(SPIxCON1<5> = 0)，然后将数据输入采样阶段位(SMP)清零(SPIxCON1<9> = 0)。如果时钟边沿选择位(CKE)为 1，则需要将从选择使能位(SSEN)置 1(SPIxCON1<7> = 1)来使能 $\overline{\text{SSx}}$ 引脚。

配置 SPIxSTAT 寄存器时，首先需要将接收溢出标志位(SPIROV)清零(SPIxSTAT<6> = 0)，然后通过将 SPIx 使能位(SPIEN)置 1(SPIxSTAT<15> = 1)来使能 SPIx。

(1) 从选择同步。

$\overline{\text{SSx}}$ 引脚允许器件工作于同步从模式。如果从选择使能位(SSEN)置 1(SPIxCON1<7> = 1)，那么只有 $\overline{\text{SSx}}$ 引脚被驱动为低电平状态时才能使能从模式下的发送和接收(见图 11-8)，且 $\overline{\text{SSx}}$ 不能通过被端口或其他外设输出来允许用作输入引脚。如果 SSEN 位置 1 且 $\overline{\text{SSx}}$ 引脚被配置为高电平，那么 SDOx 引脚将不再被驱动并且将置为三态，即使模块在发送过程中也是如此。

当 $\overline{\text{SSx}}$ 引脚再次被配置为低电平时，SPIxTXB 寄存器中保存的数据将尝试重新发送。如果 SSEN 位未置 1，则 $\overline{\text{SSx}}$ 引脚不影响从模式下模块的工作。

(2) SPITBF 状态标志的操作。

SPIxSTAT 寄存器中发送缓冲区满状态位 SPITBF(SPIxSTAT<1>)的功能在从模式下与主模式下有所不同。如果 SSEN 位清零(SPIxCON1<7> = 0)，当用户应用程序将数据存入 SPIxBUF 寄存器时，SPITBF 位将置 1。它在模块将 SPIxTXB 中的数据传输到 SPIxSR 时清零，这一点与主模式下 SPITBF 位的功能类似。如果 SSEN 位置 1(SPIxCON1<7> = 1)，当用户应用程序将数据存入 SPIxBUF 寄存器时，SPITBF 位将置 1，它只有在 SPIx 模块完成数据发送时才被清零。

当 $\overline{\text{SSx}}$ 引脚变为高电平时，发送将被中止，但稍后可能会重新尝试发送，每个数据字都被保存在 SPIxTXB 寄存器中，直到所有位都被发送完为止。

3. 增强型缓冲区主/从模式

增强型缓冲区主/从模式的操作与标准主/从模式类似，区别是数据可以被视为是从移位寄存器发送到接收 FIFO 缓冲区，以及从发送 FIFO 缓冲区传送到移位寄存器。图 11-9 给出了增强型缓冲区模式下的关系。

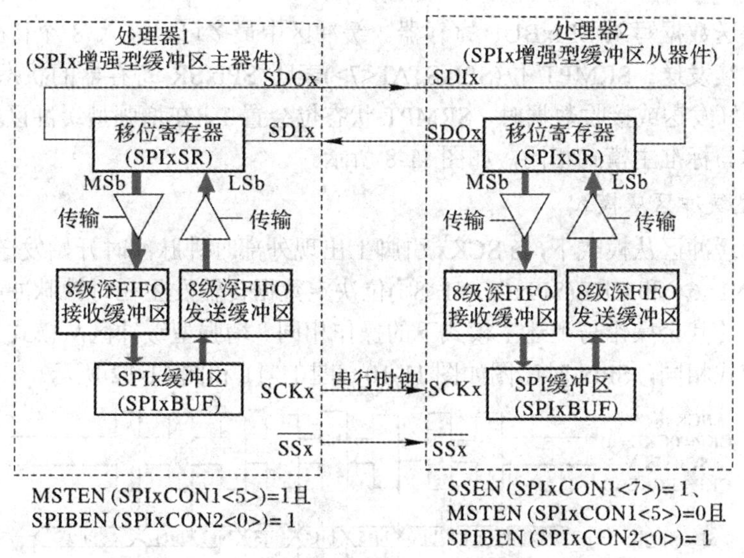

图 11-9　SPIx 主/从器件连接(增强型缓冲区模式)

1) 增强型缓冲区主/从模式

增强型缓冲区主模式与标准主模式类似，预分频基于 SPIx 控制寄存器 1(SPIxCON1)中主预分频比位(PPRE<1:0>)和辅助预分频比位(SPRE<1:0>)的设置。CPU 通过写入 SPIxBUF 寄存器将待发送数据装入发送缓冲区。在第一次写入缓冲区之后 SPIx 开始发送，最多可以装入 8 个数据元素。待传输数据的数量通过 SPIx 状态和控制寄存器中的缓冲区元素计数位 SPIBEC<2:0>(SPIxSTAT<10:8>)进行指示。在主模式下，缓冲区元素计数将反映发送缓冲区中待传输数据的数量。在从模式下，它反映接收缓冲区中未读接收数据的数量。如果移位寄存器为空，则第一次写操作会立即将数据装入移位寄存器，留下 8 个可用的发送缓冲单元。

完成 SPIx 传输之后，接收缓冲单元会将数据更新。CPU 通过读取 SPIxBUF 寄存器来访问接收到的数据。在每次 CPU 读取之后，SPIxBUF 将指向下一个缓冲单元，直到所有待传输数据都传输完成为止。在增强型缓冲区主模式下，模块设置为主工作模式并使能之后，待发送数据将被写入 SPIxBUF 寄存器，并存入下一个可用的发送缓冲单元。SPIxTBF 位(SPIxSTAT<1>)和 SPIxIF 位会在存入 8 个待传输数据之后置 1。当前缓冲单元的内容将传输到移位寄存器 SPIxSR，如果存在可进行 CPU 写操作的缓冲单元，SPIxTBF 位将被清零。

当传输结束时，SPIxSR 寄存器中的内容会被发送到接收缓冲区中的下一个可用单元；如果 SPIx 模块已经写入最后一个未读单元，模块就会将 SPIxRBF 位(SPIxSTAT<0>)置 1，表示所有缓冲单元都已满。SISEL<2:0>位(SPIxSTAT<4:2>)可以选择中断模式，将 SPIx 中断允许位(SPIxIE)置 1，SPIx 中断就会被打开，SPIxIF 的标志不能被硬件清零；在用户应用程序读取 SPIxBUF 寄存器之后，SPIxRBF 位将被硬件清零，并且 SPIxBUF 寄存器会继续到下一个未读的接收缓冲单元。如果 SPIxBUF 寄存器读操作已经超出最后一个未读单元，缓冲单元将不再增加，SRXMPT 位(SPIxSTAT<5>)表明 RXFIFO 的状态，如果 RXFIFO 为空，那么就会被置 1。当 SPIx 模块需要从 SPIxSR 寄存器传输数据到缓冲区时，如果 SPIxRBF 位置 1(接收缓冲区已满)，那么模块会将 SPIROV 位(SPIxSTAT<6>)置 1，表示产生了溢出条件，并将 SPIxIF 位置 1。如果 SPIxTBF 位(SPIxSTAT<1>)清零，用户应用程序就可以将待发送数据写入 SPIxBUF 寄存器。缓冲区中最多可以装入 8 个待传输数据，从而可以支持连续发送。SRMPT 位(SPIxSTAT<7>)表明 SPIxSR 寄存器的状态，当 SPIxSR 为空，并准备好发送或接收数据时，SRMPT 状态位会置 1。在增强型缓冲区主模式下，事件的时序基本与标准主模式相同，如图 11-8 所示。

2) 增强型缓冲区从模式

在增强型缓冲区从模式下，当 SCKx 引脚上出现外部时钟脉冲时开始发送和接收数据。CKP(SPIxCON1<6>)和 CKE(SPIxCON1<8>)位决定数据传输发生在时钟脉冲的哪个边沿。从模式下模块的其余操作与上述主模式下的操作相同。增强型缓冲区从模式工作的具体时序与标准从模式相同，SPIx 时序图如图 11-10、图 11-11 和图 11-12 所示。

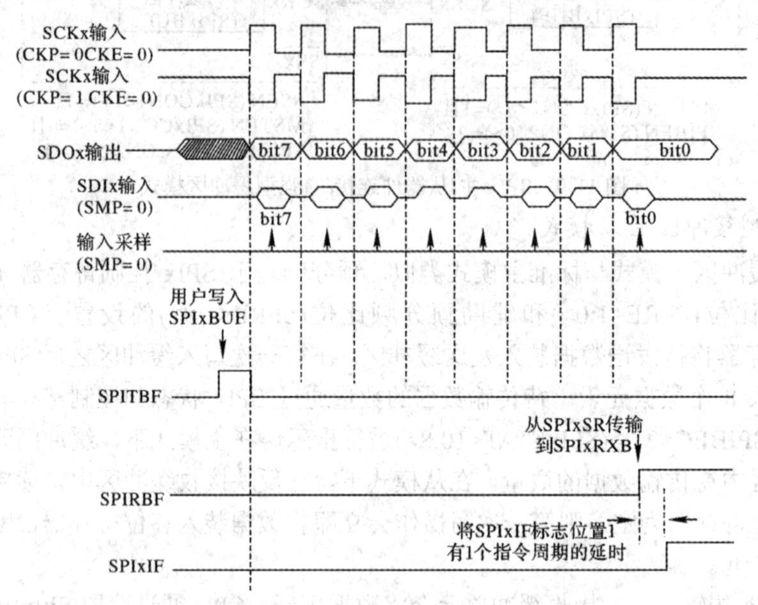

图 11-10　SPIx 从模式时序(禁止从选择引脚)

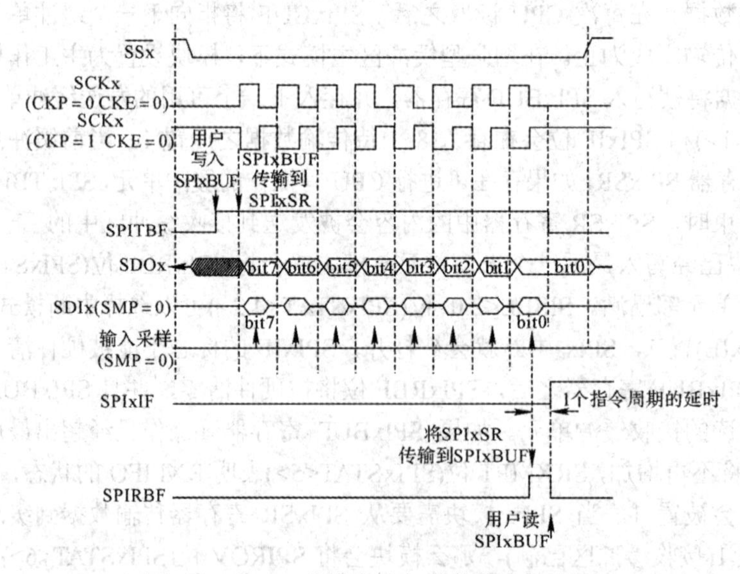

图 11-11　SPIx 从模式时序(使能从选择引脚)

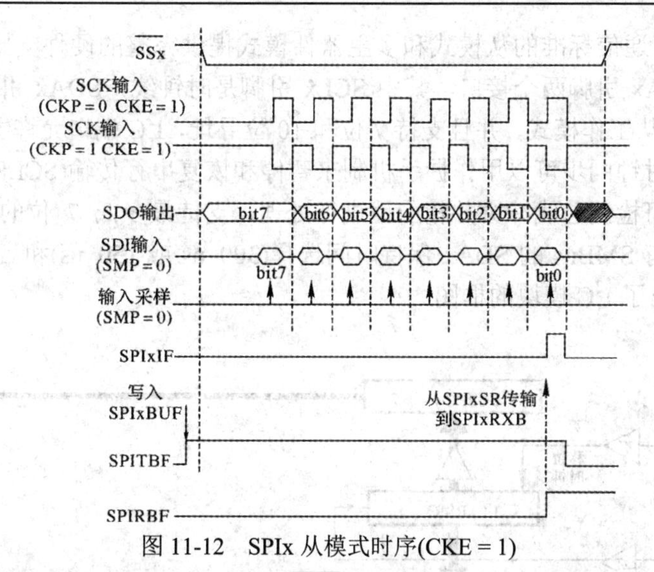

图 11-12 SPIx 从模式时序(CKE = 1)

应当注意的是，当 CKE = 1 时，$\overline{\text{SSx}}$ 引脚必须用于从模式工作。SSEN 位置1(SPIxCON1<7> = 1)时，$\overline{\text{SSx}}$ 引脚必须被配置为低电平，才能使能从模式下的发送和接收。因为发送数据被保存在 SPIxTXB 寄存器中，所以 SPITBF 需要保持置 1 直到发送完所有位。

11.2.4 SPI 使用技巧

在帧模式下，主器件在从器件之后初始化，因此，如果 FRMPOL(SPIxCON2<13>)= 1，就需要在$\overline{\text{SSx}}$上使用下拉电阻，如果 FRMPOL = 0，则需要在$\overline{\text{SSx}}$上使用上拉电阻。在非帧 3 线模式下，如果 CKP(SPIxCON1<6>) = 1，就需要在$\overline{\text{SSx}}$上放置一个上拉电阻；如果 CKP = 0，则需要在$\overline{\text{SSx}}$上放置一个下拉电阻。这样可以确保在上电和初始化期间，主器件/从器件不会由于错误的 SCKx 电平跳变而失去同步。因此，FRMEN(SPIxCON2<15>) = 1 且 SSEN(SPIxCON1<7>) = 1 是相互矛盾的，在帧模式下，SCKx 是连续的，$\overline{\text{SSx}}$ 引脚上的帧同步脉冲产生，表示数据帧的开始。SMP 位(SPIxCON1<9>)只能在主模式下置 1，从而实现最快的 SPI 数据速率。而在此之前应该首先将 MSTEN 位(SPIxCON1<5>)置 1。

为了避免主器件从从器件读取数据无效，主器件软件必须保证有足够的时间让从器件软件写入其写缓冲区，然后通过用户应用程序启动主器件读/写周期。应该注意的是，数据应在下一个主器件事务周期之前预先装入 SPIxBUF 发送寄存器，SPIxBUF 将数据传输到 SPIx 移位寄存器，并且在数据传输开始时为空。

11.3 I^2C 通信接口

11.3.1 I^2C 简介

I^2C 模块是用于同其他外设或 MCU 器件进行通信的串行接口，包括串行 EEPROM、显示驱动器和 ADC 等。dsPIC33EV 系列器件包含一个 I^2C 模块，即 I^2C1。I^2C 模块(16 位接口)为 I²C 串行通信标准的从模式和多主器件模式提供完整的硬件支持。I²C 模块具有 SCLx 引脚和 SDAx 引脚两个接口，其中 SCLx 引脚是时钟线，SDAx 引脚是数据线。I²C 模块接口支持主/从工作模式，并且支持 7 位和 10 位寻址，I²C 端口允许主、从器件之间的双向传输，串行时钟同步可以用作握手机制来暂停和恢复串行传输(SCLREL 控制)，支持多主器件工作，可检测总线冲突并相应地进行处理，支持最多低 7 位的地址位掩码。I²C 从模式增强功能有 SMBus 的 SDAx 保持时间选择(300 ns 或 150 ns)和启动/停止位中断允许。图 11-13 给出了 I²C 模块的框图。

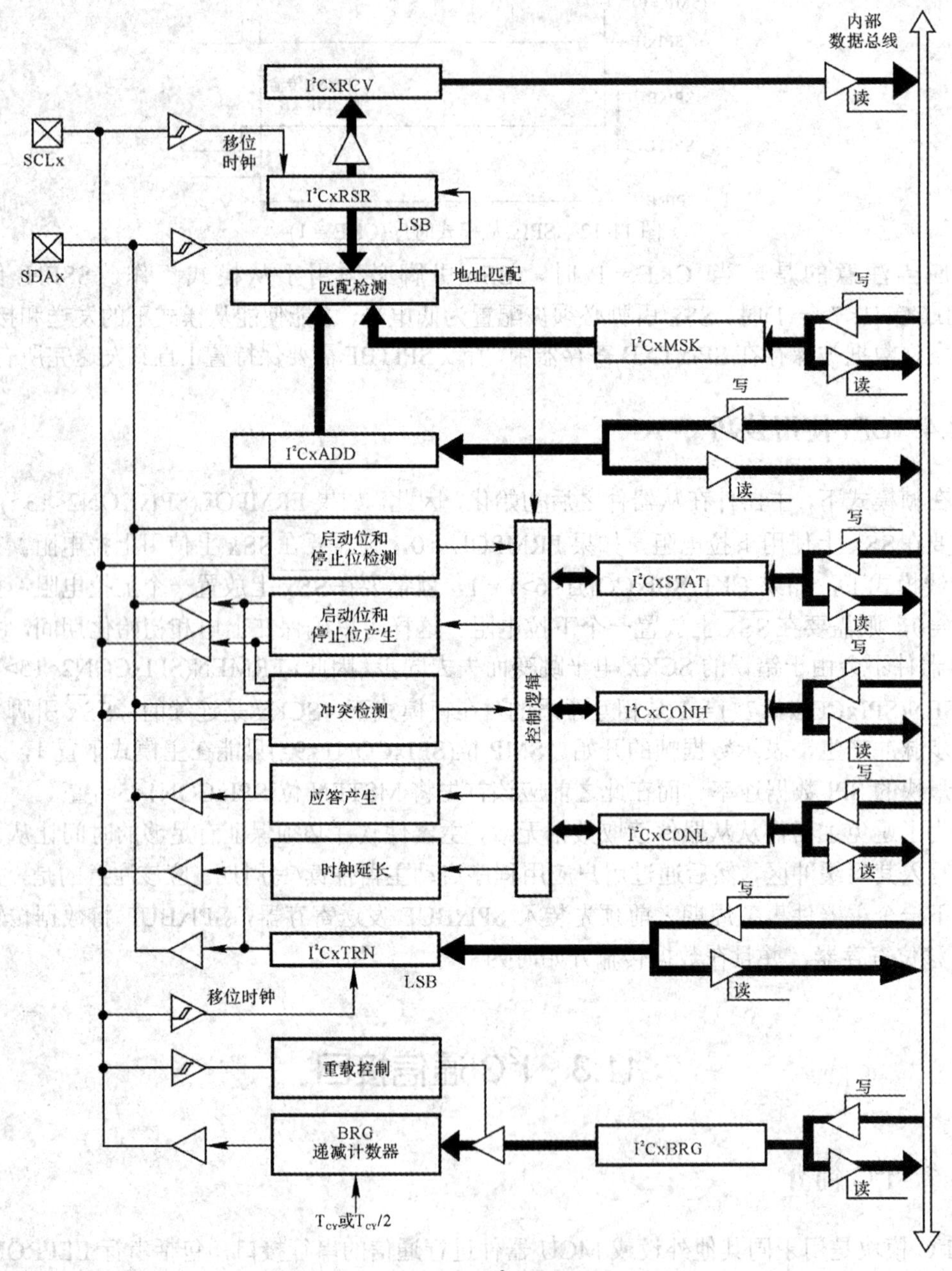

图 11-13　I²C 框图

11.3.2　I^2C 总线特性

I^2C 总线是二线制串行接口。I^2C 接口使用一个综合协议，以确保数据的可靠发送和接收。通信时，一个器件作为主器件启动总线上的数据传输，并产生时钟信号以允许传输，而另一些器件作为从器件，对数据传输作出响应。时钟线 SCLx 为主器件的输出、从器件的输入，但是从器件也可驱动 SCLx 线。数据线 SDAx 可以是主器件和从器件的输出和输入。因为 SDAx 和 SCLx 线是双向的，所以驱动 SDAx 和 SCLx 线的器件，输出必须为漏极开路，以便执行总线的线“与”功能。外接上拉电阻用于确保在没有设备将总线拉低时，总线保持高电平。

在 I^2C 接口协议中，每个器件都有一个地址，当某个主器件需要启动数据传输时，应首先发送要与其进行通信的器件的地址，与此同时，所有的器件均会检测，确认是否为自己的地址。在该地址中，bit 0 决定主器件是要从从器件读数据还是向从器件写数据。在数据传输期间，主器件和从器件始终处于相反的工作模式(发送器或接收器)，即主器件为发送器则从器件为接收器，或从器件为发送器而主器件为接收器这两种关系工作。在两种情况中，SCLx 时钟信号均由主器件产生。

11.3.3　I^2C 控制和状态寄存器

I^2C 模块寄存器均可以字节或字模式进行访问。

1. $I^2CxCON1$(I^2Cx 控制寄存器 1)

$I^2CxCON1$ 用于控制模块的操作，具体内容如表 11-6 所示。

表 11-6　$I^2CxCON1$——I^2Cx 控制寄存器 1

R/W-0	U-0	R/W-0	R/W-1	R/W-0	R/W-0	R/W-0	R/W-0
I^2CEN	—	I^2CSIDL	SCLREL	IPMIEN	A10M	DISSLW	SMEN
bit 15							bit 8
R/W-0	R/W-0	R/W-0	R/W-0, HC	R/W-0, HC	R/W-0, HC	R/W-0, HC	R/W-0, HC
GCEN	STREN	ACKDT	ACKEN	RCEN	PEN	RSEN	SEN
bit 7							bit 0

bit 15——I^2CEN：I^2Cx 使能位(只能通过软件写入)。

1＝使能 I^2Cx 模块，并将 SDAx 和 SCLx 引脚配置为串口引脚；0＝禁止 I^2Cx 模块，所有 I^2C 引脚由端口功能控制。

bit 14——未实现：读为 0。

bit 13——I^2CSIDL：I^2Cx 空闲模式停止位。

1＝当器件进入空闲模式时，模块停止工作；0＝在空闲模式下模块继续工作。

bit 12——SCLREL：SCLx 释放控制位(作为 I^2C 从器件工作时)。

1＝释放 SCLx 时钟；0=保持 SCLx 时钟为低电平(时钟延长)。

如果 STREN＝1：用户软件可以通过写入 0 来启动时钟延长，通过写入 1 来释放时钟。在每个从器件数据字节发送开始时由硬件清零。在每个从器件地址字节接收结束时由硬件清零。在每个从器件数据字节接收结束时由硬件清零。

如果 STREN＝0，用户软件只能通过写入 1 来释放时钟。在每个从器件数据字节发送开始时由硬件清零；在每个从器件地址字节接收结束时由硬件清零。

bit 11——IPMIEN：IPMI 使能位。

1＝使能 IPMI 支持模式，应答所有地址；0＝禁止 IPMI 支持模式。

应当注意的是，当 I^2C 模块作为主器件工作时，不应将 IPMIEN 位置 1。

bit 10——A10M：10 位从器件地址位。

1＝I^2CxADD 寄存器为 10 位从器件地址；0＝I^2CxADD 寄存器为 7 位从器件地址。

bit 9——DISSLW：禁止压摆率控制位。

1＝禁止压摆率控制；0＝使能压摆率控制。

bit 8——SMEN：SMBus 输入电平位。

1＝使能符合 SMBus 规范的 I/O 引脚门限值；0＝禁止 SMBus 输入门限值。

bit 7——GCEN：广播呼叫使能位(作为 I^2C 从器件工作时)。

1＝允许在 I^2CxRSR 寄存器中接收到广播呼叫地址时产生中断(已使能模块接收)；0＝禁止广播呼叫地址。

bit 6——STREN：SCLx 时钟延长使能位(仅适用于 I^2C 从模式，与 SCLREL 位配合使用)。

1＝使能用户软件或接收时钟延长；0＝禁止用户软件或接收时钟延长。

bit 5——ACKDT：应答数据位(I^2C 主模式，仅适用于接收操作)在用户软件启动应答序列时将发送的值。

1＝在应答时发送 NACK；0＝在应答时发送 $\overline{\text{ACK}}$。

bit 4——ACKEN：应答序列使能位(I^2C 主模式接收操作)。

1＝在 SDAx 和 SCLx 引脚上发出应答序列，并发送 ACKDT 数据位(在主器件应答序列结束时由硬件清零)；0＝应答序列不在进行中。

bit 3——RCEN：接收使能位(I^2C 主模式)。

1＝使能 I^2C 接收模式(在主器件接收完数据字节的第 8 位时由硬件清零)；0＝接收序列不在进行中。

bit 2——PEN：停止条件使能位(I^2C 主模式)。

1＝在 SDAx 和 SCLx 引脚上发出停止条件(在主器件停止序列结束时由硬件清零)；0＝停止条件不在进行中。

bit 1——RSEN：重复启动条件使能位(I^2C 主模式)。

1＝在 SDAx 和 SCLx 引脚上发出重复启动条件(在主器件重复启动序列结束时由硬件清零)；0＝重复启动条件不在进行中。

bit 0——SEN：启动条件使能位(I^2C 主模式)。

1＝在 SDAx 和 SCLx 引脚上发出启动条件(在主器件启动序列结束时由硬件清零)；0＝启动条件不在进行中。

2. I^{2}CxCON2(I^{2}Cx 控制寄存器 2)

I^{2}CxCON2 用于控制模块的操作，具体内容如表 11-7 所示。

表 11-7　I^{2}CxCON2——I^{2}Cx 控制寄存器 2

U-0	U-0	U-0	U-0	U-0	U-0	U-0	U-0
—	—	—	—	—	—	—	—
bit 15							bit 8
U-0	R/W-0	R/W-0	R/W-0	R/W-0	R/W-0	R/W-0	R/W-0
—	PCIE	SCIE	BOEN	SDAHT	SBCDE	AHEN	SEN
bit 7							bit 0

bit 15～bit 7——未实现：读为 0。

bit 6——PCIE：停止条件中断允许位(仅在 I^{2}C 从模式下)。

1＝允许在检测到停止条件时产生中断；0＝禁止在检测到停止条件时产生中断。

bit 5——SCIE：启动条件中断允许位(仅在 I^{2}C 从模式下)。

1＝允许在检测到启动或重复启动条件时中断；0＝禁止在检测到启动条件时产生中断。

bit 4——BOEN：缓冲区改写使能位(仅在 I^{2}C 从模式下)。

1＝仅当 RBF 位＝0 时，在接收到地址/数据字节时，更新 I^{2}CxRCV 寄存器位且产生 $\overline{ACK}$ 信号，并忽略 I^{2}COV 位的状态；0＝仅当 I^{2}COV 位清零时更新 I^{2}CxRCV 寄存器位。

bit 3——SDAHT：SDAx 保持时间选择位。

1＝在 SCLx 的下降沿之后在 SDAx 上至少保持 300 ns 的时间；0＝在 SCLx 的下降沿之后在 SDAx 上至少保持 100 ns 的时间。

bit 2——SBCDE：从模式总线冲突检测使能位(仅在 I^{2}C 从模式下)。

如果在 SCLx 的上升沿，模块输出为高电平状态时采样到 SDAx 为低电平，则 BCL 位置 1 且总线进入空闲状态，此检测模式仅在数据和 $\overline{ACK}$ 发送序列期间有效。1＝允许从总线冲突中断；0＝禁止从总线冲突中断。

bit 1——AHEN：地址保持使能位(仅在 I^{2}C 从模式下)。

1＝在接收匹配地址字节的 SCLx 的第 8 个下降沿之后，SCLREL 位(I^{2}CxCON1<12>)将清零且 SCLx 保持低电平；0＝禁止地址保持。

bit 0——SEN：启动条件使能位(仅在 I^{2}C 主模式下)。

1＝在接收数据字节的 SCLx 的第 8 个下降沿之后，从器件硬件清零 SCLREL 位(I^{2}CxCON1<12>)且 SCLx 保持低电平；0＝禁止数据保持。

3. I^{2}CxSTAT(I^{2}Cx 状态寄存器)

I^{2}CxSTAT 包含状态标志，指示模块在操作期间的状态，具体内容如表 11-8 所示。

表 11-8　I²CxSTAT——I²Cx 状态寄存器

R-0,HSC	R-0,HSC	R-0,HSC	U-0	U-0	R/C-0,HS	R-0,HSC	R-0,HSC
ACKSTAT	TRSTAT	ACKTIM	—	—	BCL	GCSTAT	ADD10
bit 15							bit 8
R/C-0,HS	R/C-0,HS	R-0,HSC	R-0,HSC	R-0,HSC	R-0,HSC	R-0,HSC	R-0,HSC
IWCOL	I²COV	D/A	P	S	R/W	RBF	TBF
bit 7							bit 0

bit 15——ACKSTAT：应答状态位。

1=收到来自从器件的 NACK；0=收到来自从器件的 $\overline{\text{ACK}}$。在从器件或主器件应答结束时由硬件置 1 或清零。

bit 14——TRSTAT：发送状态位(I²C 主模式发送操作)。

1=主器件正在进行发送(8 位+$\overline{\text{ACK}}$)；0=主器件不在进行发送。在主器件发送开始时由硬件置 1；在从器件应答结束时由硬件清零。

bit 13——ACKTIM：应答时间状态位(仅在 I²C 从模式下有效)。

1=指示 I²C 总线处于应答序列中，在第 8 个 SCLx 时钟下降沿置 1；0=不处于应答序列中，在 SCLx 时钟的第 9 个上升沿清零。在主器件发送开始时由硬件置 1；在从器件应答结束时由硬件清零。

bit 12～bit 11——未实现：读为 0。

bit 10——BCL：总线冲突检测位(主/从模式，禁止 I²C 模块(I²CEN = 0)时清零)。

1=在主器件或从器件工作期间检测到了总线冲突；0 = 未发生冲突。

bit 9——GCSTAT：广播呼叫状态位。

1=接收到广播呼叫地址；0=未接收到广播呼叫地址。当地址与广播呼叫地址匹配时由硬件置 1；在检测到停止条件时由硬件清零。

bit 8——ADD10：10 位地址状态位。

1=10 位地址匹配；0=10 位地址不匹配。在与匹配的 10 位地址的第二个字节匹配时由硬件置 1；在检测到停止条件时由硬件清零。

bit 7——IWCOL：I²Cx 写冲突检测位。

1=因为 I²C 模块忙，尝试写 I²CxTRN 寄存器失败；0=未发生冲突。当模块忙时写 I²CxTRN 寄存器会使硬件将该位置 1(用软件清零)。

bit 6——I²COV：I²Cx 接收溢出标志位。

1=当 I²CxRCV 寄存器仍然保存原先的字节时接收到了新字节；0=无溢出。尝试将数据从 I²CxRSR 寄存器传输到 I²CxRCV 寄存器时由硬件置 1(用软件清零)。

bit 5——D/A：数据/地址位(I²C 从模式)。

1=指示上次接收的字节为数据；0=指示上次接收的字节为器件地址。在器件地址匹配时由硬件清零；接收到从器件字节时由硬件置 1，或在发送完成后由硬件置 1 且 TBF 标志清零。

bit 4——P：停止位。

1＝指示上次检测到停止位；0＝上次未检测到停止位。当检测到启动、重复启动或停止条件时由硬件置 1 或清零。

bit 3——S：启动位。

1＝指示上次检测到启动位(或重复启动位)；0＝上次未检测到启动位。当检测到启动、重复启动或停止条件时由硬件置 1 或清零。

bit 2——R/W：读/写信息位(作为 I^{2}C 从器件工作时)。

1＝读，数据自从器件输出；0＝写，数据向从器件输入。接收到 I^{2}C 器件地址字节后由硬件置 1 或清零。

bit 1——RBF：接收缓冲区满状态位。

1＝接收完成，I^{2}CxRCV 寄存器为满；0＝接收未完成，I^{2}CxRCV 寄存器为空。用接收到的字节写 I^{2}CxRCV 寄存器时由硬件置 1；在用户软件读 I^{2}CxRCV 寄存器时由硬件清零。

bit 0——TBF：发送缓冲区满状态位。

1＝发送正在进行中，I^{2}CxTRN 寄存器为满；0＝发送完成，I^{2}CxTRN 寄存器为空。在用户软件写 I^{2}CxTRN 寄存器时由硬件置 1；数据发送完成时由硬件清零。

4. I^{2}CxMSK(I^{2}Cx 从模式地址掩码寄存器)

I^{2}CxMSK 用于控制 bit x 位的掩码选择，bit 15～bit 10 未实现，bit 9～bit 0 为 MSK<9:0>：I^{2}Cx 地址中 bit x 的掩码选择位，当 MSK<9:0>为 1 时，使能输入报文地址中 bit x 的掩码，在此位置上不需要位匹配；当 MSK<9:0>为 0 时，禁止 bit x 的掩码，在此位置上需要位匹配。

11.3.4　使能 I^{2}C

将 I^{2}C 使能位(I^{2}CxCON<15>或 I^{2}CxCONL<15>)置 1 可以使能 I^{2}C 模块，I^{2}C 模块具备所有主/从器件的功能。使能 I^{2}C 模块时，主器件和从器件同时开始工作，并根据用户软件或总线事件作出响应。当初始使能时，模块会复位 SDAx 和 SCLx 引脚，将总线置为空闲状态，除非用户软件将 SEN 控制位置 1 并将数据装入 I^{2}CxTRN 寄存器，否则主器件功能将保持在空闲状态。当主器件处于工作状态时，从器件也处于工作状态。因此，从器件功能将开始检测总线，如果从器件逻辑在总线上检测到启动事件和有效的地址，则从器件逻辑将开始从器件的工作。

1. I^{2}C I/O 引脚

总线操作使用 SCLx 引脚(时钟线)和 SDAx 引脚(数据线)。在模块使能时，如果没有更高优先级的模块在控制总线，那么模块将获得对 SDAx 和 SCLx 引脚的控制，并会自动改写端口状态和方向。在初始化时，引脚处于被复位状态。

2. I^{2}C 中断

I^{2}C 模块可产生 MI^{2}CxIF、SI^{2}CxIF 和 I^{2}CxBCIF 三种中断。MI^{2}CxIF 中断分配给主器件事件，SI^{2}CxIF 中断分配给从器件事件，I^{2}CxBCIF 分配给总线冲突中断。这三种中断会将相应的中断标志位置 1，并在相应的中断允许位置 1 且相应的中断优先级高于 CPU 中断优先级时产生中断。在启动条件、停止条件、数据传输字节发送或接收、应答发送和重复启动等主器件报文事件完成时，将产生 MI^2CxIF 中断。需要注意的是，在一些器件中，总线冲突中断不与 MI^2CxIF 中断相连。在检测到地址为从器件地址的报文时，会产生 SI^2CxIF 中断，包括检测到启动条件、检测到停止条件、检测到重复启动条件、在接收数据期间检测到有效的器件地址(包括广播呼叫)、请求数据发送($\overline{ACK}$)或停止数据发送(NACK)、接收到数据等事件。$I^2CxBCIF$ 中断在主/从器件发送操作中发生总线冲突事件时，会产生启动条件(主器件)、停止条件(主器件)、重复启动(主器件)、数据(主器件和从器件)和应答发送(主器件和从器件)等情况。

11.3.5 I^2C 总线的连接注意事项

因为 I^2C 总线为线与总线连接，所以在总线上需要接有上拉电阻(R_P)。串联电阻(R_S)用于改善抗静电放电能力，大小是可选的。电阻 R_P 和 R_S 的阻值取决于供电电压、总线电容、所连接器件的数量和输入电平选择(I^2C 或系统管理总线(SMBus))等参数。因为器件必须在电阻 R_P 存在的情况下将总线下拉为低电平，所以流过 R_P 的电流必须大于器件输出级 I/O 引脚的最小灌电流 I_{OL}(V_{OLMAX}时)。最小上拉电阻为

$$R_{PMIN} = \frac{V_{DDMAX} - V_{OLMAX}}{I_{OL}} \tag{11-1}$$

在 400 kHz 系统中，最小上升时间规定为 300 ns；在 100 kHz 系统中则规定为 1000 ns。因为总电容 C_B 的存在，故必须选择 R_P 在最大上升时间 300 ns 内将总线电压拉高到 $(V_{DD} - 0.7)$V，上拉电阻的最大阻抗(R_{PMAX})为

$$R_{PMAX} = \frac{-t_R}{C_B \times \left[\ln\left(1-\left(V_{DDMAX} - V_{ILMAX}\right)\right)\right]} \tag{11-2}$$

R_S 的最大阻值由对应于低电平的期望噪声容限决定。R_S 不能过多地降低电压，否则会使器件 V_{OL} 加 R_S 上的电压大于最大 V_{IL}。公式(11-3)给出了计算 R_S 最大值的公式。为确保正常工作，SCLx 时钟输入必须满足最小高电平和低电平的时间要求。

$$R_{SMAX} = \frac{V_{ILMAX} - V_{OLMAX}}{I_{OLMAX}} \tag{11-3}$$

SCLx 和 SDAx 引脚具有输入毛刺滤波功能，I^2C 总线在 100 kHz 和 400 kHz 系统中都需要该滤波器。在 400 kHz 总线中工作时，I^2C 总线规范要求对器件引脚输出进行压摆率控制。压摆率控制集成在器件中，如果 DISSLW 位(I^2CxCON<9>或 $I^2CxCONL$<9>)清零，则压摆率控制处于有效状态。对于其他总线速度，I^2C 总线规范不要求压摆率控制，只需要将 DISSLW 位置 1。一些实现 I^2C 总线的系统需要 V_{ILMAX} 和 V_{IHMIN} 具有不同的输入电平。在一般的 I^2C 系统中，V_{ILMAX} 为 $0.3V_{DD}$，V_{IHMIN} 为 $0.7V_{DD}$。与其不同的是，在 SMBus 系统中，V_{ILMAX} 设为 0.8 V，而 V_{IHMIN} 设为 2.1 V。SMEN 位(I^2CxCON<8>或 $I^2CxCONL$<8>)用于控制输入电平，将 SMEN 置 1 会使输入电平符合 SMBus 规范。

11.4　CAN 模块

11.4.1　CAN 简介

dsPIC33EV 系列 CAN 模块实现了 CAN 规范 2.0B，该规范主要用于工业和汽车应用。这种异步串行数据通信协议能在电气噪声环境下提供可靠的通信。CAN 模块符合 CAN 2.0B 协议和最高 1 Mbps 的可编程比特率，32 个报文缓冲区全都可以用于接收，16 个用于报文过滤的接收过滤器，3 个用于报文过滤的接收过滤屏蔽寄存器和响应远程帧，最多可容纳 32 个报文的先进先出 FIFO 缓冲区，并且支持 Device Net 寻址和报文接收的直接存储器访问 DMA 接口，拥有 8 个可配置用于报文发送的报文缓冲区，支持为用于发送的报文缓冲区定义优先级并且可用于报文发送的 DMA 接口。图 11-14 给出了 CANx 模块框图。

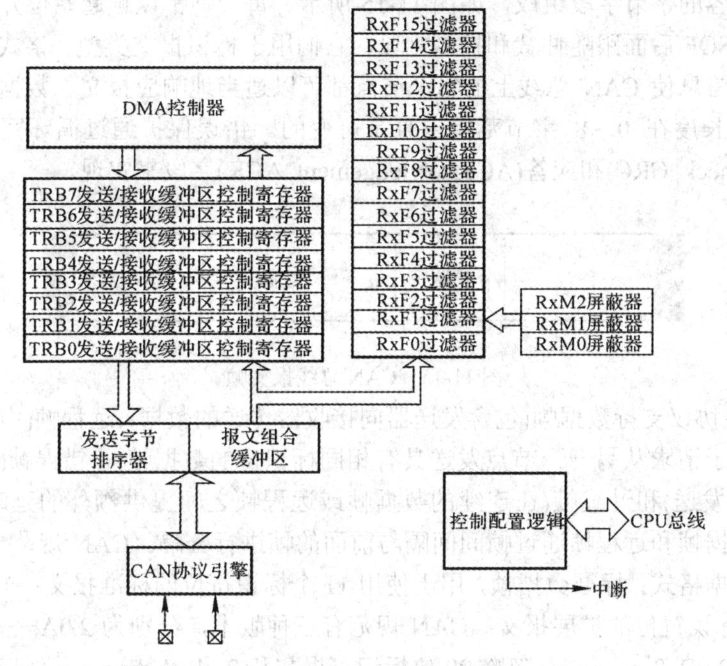

图 11-14　CANx 模块框图

1. CAN 模块

CAN 模块由协议引擎、报文接收过滤器和独立的发送与接收 DMA 接口组成。协议引擎通过 CAN 总线发送和接收报文。CAN 模块使用用户可配置的接收过滤器来检查接收到的报文，并确定是将它存储在 DMA 报文缓冲区中还是丢弃。对于接收到的报文，接收 DMA 接口会产生接收数据中断来启动 DMA 周期。接收 DMA 通道会从 CiRXD 寄存器读取数据并将它写入报文缓冲区。对于发送的报文，发送 DMA 接口会产生发送数据中断来启动 DMA 周期。发送 DMA 通道会从报文缓冲区中读取数据，并写入 CiTXD 寄存器，以进行报文发送。

2. 报文缓冲区

CAN 模块最多可支持 32 个报文缓冲区，用于存储 CAN 总线上发送或接收的数据。这些缓冲区可以位于器件 RAM 中的任何位置(缓冲区起始地址可能需要对齐到地址边界处)。报文缓冲区 0～7 可以配置为用于发送或接收操作；报文缓冲区 8～31 是仅接收缓冲区，不能用于报文发送。

3. DMA 控制器

DMA 控制器可以用作报文缓冲区和 CAN 之间的接口，无须 CPU 控制即可来回传输数据。DMA 控制器最多可支持 15 个通道运行，用于在器件 RAM 和外设之间传输数据。CAN 报文的发送和接收需要两个独立的 DMA 通道，每个 DMA 通道都具有 DMA 请求寄存器(DMAxREQ)，用户应用程序可以用它来分配中断事件，以触发基于 DMA 的报文传输。

4. CAN 报文格式

CAN 总线协议使用异步通信。信息以数据帧的形式从发送器传递到接收器，数据帧由定义数据帧内容的字节字段组成，如图 11-15 所示。每一帧都以帧起始位开始，以帧结束位字段结束。SOF 后面跟随仲裁和控制字段，它们用于标识报文类型、格式、长度和优先级等信息。该信息使 CAN 总线上的每个节点都可以适当地响应报文。数据字段用于传送报文内容，其长度在 0～8 字节范围内且是可变的。错误保护通过循环冗余校验(Cyclic Redundancy Check, CRC)和应答(ACKnowledgement, ACK)字段来实现。

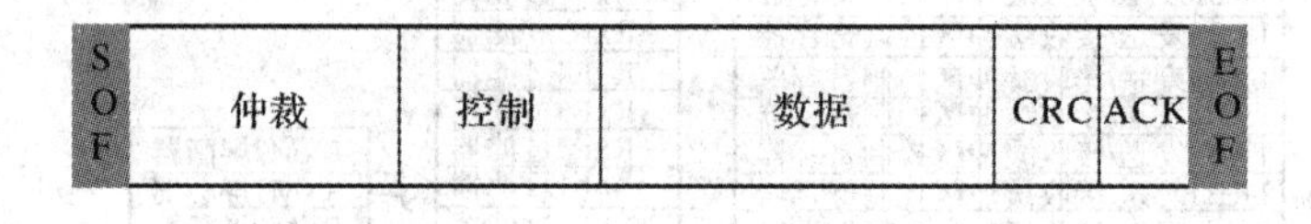

图 11-15　CAN 总线报文帧

CAN 总线协议支持数据帧(包含发送器向接收器传送的数据)、远程帧(由总线上的某个节点发送，用于请求从另一个节点发送具有相同标识符的数据帧)、错误帧(由任意节点在检测到错误时发送)和过载帧(在连续的数据帧或远程帧之间提供额外的延时)等四种帧类型。其中，数据帧和远程帧通过帧间间隔与前面的帧进行分隔。CAN 规范 2.0B 还定义了两种额外的数据格式：标准数据帧，用于使用 11 个标识符位的标准报文；扩展数据帧，用于使用 29 个标识符位的扩展报文。CAN 规范有三种版本，分别为 2.0A——将 29 位标识符视为错误、2.0B Passive——忽略 29 位标识符报文和 2.0B Active——处理 11 位和 29 位标识符。dsPIC33EV 系列 CAN 模块符合 CAN 规范 2.0B，同时增强了报文过滤功能。

11.4.2　CAN 工作模式

用户应用程序可以选择 CAN 模块的工作模式，这些模式包括配置模式、正常工作模式、监听模式、监听所有报文模式、环回模式和禁止模式等。用户应用程序通过写入 CAN 控制寄存器 1 中的请求工作模式位 REQOP<2:0>(CiCTRL1<10:8>)来请求所需的工作模式。CAN 模块通过 OPMODE<2:0>位(CiCTRL1<7:5>)确认进入所请求的模式。模式转换与 CAN 网络同步执行，即 CAN 模块会持续等待状态，直到它检测到总线空闲序列(11 个隐性位)

时，才会更改模式。

(1) 配置模式：在硬件复位之后，CAN 模块处于配置模式(OPMODE<2:0> = 100)。错误计数器被清零，所有寄存器均包含复位值。CAN 模块必须在配置模式下才能配置 CAN 位时间控制寄存器(CiCFG1 和 CiCFG2)。

(2) 正常工作模式：在该模式下，CAN 模块可以发送和接收 CAN 报文。初始化之后可以配置正常工作模式，配置方法是将 REQOP<2:0>位(CiCTRL1<10:8>)编程为 000。当 OPMODE<2:0> = 000 时，模块开始正常工作。

(3) 监听模式：该模式主要用于总线监视，而不会参与发送过程。处于监听模式的节点不会产生应答帧或错误帧，而其他节点必须进行该操作。监听模式可以用于检测 CAN 总线上的波特率。

(4) 监听所有报文模式：该模式用于进行系统调试。基本上，无论报文的标识符如何，即使存在错误，也会接收所有报文。如果监听所有报文模式被激活，则发送和接收操作与正常工作模式下相同，只是在接收到带有错误的报文时，仍然会将它传输到报文缓冲区中。

(5) 环回模式：该模式用于自检，让 CAN 模块接收它自己的报文。在该模式下，CAN 发送路径在内部与发送路径相连接。该模式下会提供“假”应答，从而不需要另一个节点来回应。

(6) 禁止模式：该模式用于在将器件置为休眠或空闲模式之前确保安全关闭，即 CAN 模块会等待到它检测到总线空闲序列(11 个隐性位)时，才会更改模式。当模块处于禁止模式时，它会停止时钟，并且不会对 CPU 或其他模块产生任何影响。在发生总线活动或在 CPU 将 OPMODE<2:0>位设置为 000 时，模块会被唤醒。在模块处于禁止模式时，CiTX 引脚保持在隐性状态。

11.4.3　CAN 控制寄存器

本节介绍波特率配置寄存器、CAN 中断允许寄存器、FIFO 控制寄存器等 26 种 CAN 总线控制寄存器类型。

1. CxCTRL1(CANx 控制寄存器 1)

CxCTRL1 的具体内容如表 11-9 所示。

表 11-9　CxCTRL1——CANx 控制寄存器 1

U-0	U-0	R/W-0	R/W-0	R/W-0	R/W-1	R/W-0	R/W-0
—	—	CSIDL	ABAT	CANCKS	REQOP2	REQOP1	REQOP0
bit 15							bit 8
R-1	R-0	R-0	U-0	R/W-0	U-0	U-0	R/W-0
OPMODE2	OPMODE1	OPMODE0	—	CANCAP	—	—	WIN
bit 7							bit 0

bit 15～bit 14——未实现：读为 0。

bit 13——CSIDL：CANx 空闲模式停止位。

1 = 当器件进入空闲模式时，模块停止工作；0 = 在空闲模式下模块继续工作。

bit 12——ABAT：中止所有等待发送的位。

1＝通知所有发送缓冲区中止发送；0＝模块将在所有发送中止时清零该位。

bit 11——CANCKS：CANx 模块时钟(FCAN)源选择位。

1＝FCAN 等于 2×FP；0＝FCAN 等于 FP。

bit 10～bit 8——REQOP<2:0>：请求工作模式位。

111＝设置为监听所有报文模式；110＝保留；101＝保留；100＝设置为配置模式；011＝设置为仅监听模式；010＝设置为环回模式；001＝设置为禁止模式；000＝设置为正常工作模式。

bit 7～bit 5——OPMODE<2:0>：工作模式位。

111＝模块处于监听所有报文模式；110＝保留；101＝保留；100＝模块处于配置模式；011＝模块处于仅监听模式；010＝模块处于环回模式；001＝模块处于禁止模式；000＝模块处于正常工作模式。

bit 4——未实现：读为 0。

bit 3——CANCAP：CANx 报文接收定时器捕捉事件使能位。

1＝使能基于 CAN 报文接收的输入捕捉；0＝禁止 CAN 捕捉。

bit 2～bit 1——未实现：读为 0。

bit 0——WIN：SFR 映射窗口选择位。

1＝使用过滤器窗口；0＝使用缓冲区窗口。

2 . CxCTRL2(CANx 控制寄存器 2)

CxCTRL2 的 bit 15～bit 5 位未实现，bit 4～bit 0 位为 DeviceNet 过滤器位编号位 DNCNT<4:0>，其中 10010～11111 为无效选择，10001～00001 分别表示最多可将数据字节 3 的 bit 6 与 EID<17>作比较到最多可将数据字节 1 的 bit 7 与 EID<0>作比较，例如 10001 表示最多可将数据字节 3 的 bit 6 与 EID<17>作比较；00001 表示最多可将数据字节 1 的 bit 7 与 EID<0>作比较。00000 表示不比较数据字节。

3. CxVEC(CANx 中断编码寄存器)

CxVEC 用于选择过滤器编号和中断标志编码位，具体内容如表 11-10 所示。

表 11-10　CxVEC——CANx 中断编码寄存器

U-0	U-0	U-0	R-0	R-0	R-0	R-0	R-0
—	—	—	FILHIT4	FILHIT3	FILHIT2	FILHIT1	FILHIT0
bit 15							bit 8

U-0	R-1	R-0	R-0	R-0	R-0	R-0	R-0
—	ICODE6	ICODE5	ICODE4	ICODE3	ICODE2	ICODE1	ICODE0
bit 7							bit 0

bit 15～bit 13——未实现：读为 0。

bit 12～bit 8——FILHIT<4:0>：选中过滤器的编号位。

10000～11111＝保留，01111～00000 分别表示过滤器 15 到过滤器 0。例如

01111 = 过滤器 15，00000 = 过滤器 0。

bit 7——未实现：读为 0。

bit 6～bit 0——ICODE<6:0>：中断标志编码位。

1000101～1111111=保留；1000100=FIFO 几乎满中断；1000011=接收器溢出中断；1000010 = 唤醒中断；1000001 = 错误中断；1000000 = 无中断；……；0010000～0111111=保留；0001111=RB15 缓冲区中断；……，0001001=RB9 缓冲区中断；0001000=RB8 缓冲区中断；0000111=TRB7 缓冲区中断；0000110=TRB6 缓冲区中断；0000101=TRB5 缓冲区中断；0000100=TRB4 缓冲区中断；0000011=TRB3 缓冲区中断；0000010=TRB2 缓冲区中断；0000001=TRB1 缓冲区中断；0000000=TRB0 缓冲区中断。

4. CxFCTRL(CANxFIFO 控制寄存器)

CxFCTRL 的具体内容如表 11-11 所示。

表 11-11 CxFCTRL——CANxFIFO 控制寄存器

R/W-0	R/W-0	R/W-0	U-0	U-0	U-0	U-0	U-0
DMABS2	DMABS1	DMABS0	—	—	—	—	—
bit 15							bit 8
U-0	U-0	R/W-0	R/W-0	R/W-0	R/W-0	R/W-0	R/W-0
—	—	FSA5	FSA4	FSA3	FSA2	FSA1	FSA0
bit 7							bit 0

bit 15～bit 13——DMABS<2:0>：DMA 缓冲区大小位。

111=保留；110=RAM 中有 32 个缓冲区；101=RAM 中有 24 个缓冲区；100=RAM 中有 16 个缓冲区；011=RAM 中有 12 个缓冲区；010=RAM 中有 8 个缓冲区；001=RAM 中有 6 个缓冲区；000=RAM 中有 4 个缓冲区。

bit 12～bit 6——未实现：读为 0。

bit 5～bit 0——FSA<5:0>：FIFO 区域从哪个缓冲区开始位。

11111=接收缓冲区 RB31，11110=接收缓冲区 RB30，……，

00001=发送/接收缓冲区 TRB1，00000=发送/接收缓冲区 TRB0。

5. CxFIFO(CANxFIFO 状态寄存器)

CxFIFO 的具体内容如表 11-12 所示。

表 11-12 CxFIFO——CANxFIFO 状态寄存器

U-0	U-0	R-0	R-0	R-0	R-0	R-0	R-0
—	—	FBP5	FBP4	FBP3	FBP2	FBP1	FBP0
bit 15							bit 8
U-0	U-0	R-0	R-0	R-0	R-0	R-0	R-0
—	—	FNRB5	FNRB4	FNRB3	FNRB2	FNRB1	FNRB0
bit 7							bit 0

bit 15～bit 14——未实现：读为 0。

bit 13～bit 8——FBP<5:0>：FIFO 缓冲区指针位。

011111=RB31 缓冲区；011110=RB30 缓冲区，……，000001 = TRB1 缓冲区；000000 = TRB0 缓冲区。

bit 7～bit 6——未实现：读为 0。

bit 5～bit 0——FNRB<5:0>：FIFO 下一个读缓冲区指针位。

011111=RB31 缓冲区；011110=RB30 缓冲区，……，000001 = TRB1 缓冲区；000000 = TRB0 缓冲区。

6. CxINTF(CANx 中断标志寄存器)

CxINTF 的具体内容如表 11-13 所示。

表 11-13　CxINTF——CANx 中断标志寄存器

U-0	U-0	R-0	R-0	R-0	R-0	R-0	R-0
—	—	TXBO	TXBP	RXBP	TXWAR	RXWAR	EWARN
bit 15							bit 8
R/C-0	R/C-0	R/C-0	U-0	R/C-0	R/C-0	R/C-0	R/C-0
IVRIF	WAKIF	ERRIF	—	FIFOIF	RBOVIF	RBIF	TBIF
bit 7							bit 0

bit 15～bit 14——未实现：读为 0。

bit 13——TXBO：发送器处于错误状态总线关闭位。

1=发送器处于总线关闭状态；0=发送器未处于总线关闭状态。

bit 12——TXBP：发送器处于错误状态总线被动位。

1=发送器处于总线被动状态；0=发送器未处于总线被动状态。

bit 11——RXBP：接收器处于错误状态总线被动位。

1=接收器处于总线被动状态；0=接收器未处于总线被动状态。

bit 10——TXWAR：发送器处于错误状态警告位。

1=发送器处于错误警告状态；0=发送器未处于错误警告状态。

bit 9——RXWAR：接收器处于错误状态警告位。

1=接收器处于错误警告状态；0=接收器未处于错误警告状态。

bit 8——EWARN：发送器或接收器处于错误状态警告位。

1 = 发送器或接收器处于错误警告状态；0 = 发送器或接收器未处于错误警告状态。

bit 7——IVRIF：无效报文中断标志位。

1=产生了中断请求；0=未产生中断请求。

bit 6——WAKIF：总线唤醒活动中断标志位。

1=产生了中断请求；0=未产生中断请求。

bit 5——ERRIF：错误中断标志位(CxINTF<13:8>寄存器中的多个中断源)。

1=产生了中断请求；0=未产生中断请求。

bit 4——未实现：读为 0。

bit 3——FIFOIF：FIFO 几乎满中断标志位。

1=产生了中断请求；0=未产生中断请求。

bit 2——RBOVIF：接收缓冲区溢出中断标志位。

1 = 产生了中断请求；0 = 未产生中断请求。

bit 1——RBIF：接收缓冲区中断标志位。

1=产生了中断请求；0=未产生中断请求。

bit 0——TBIF：发送缓冲区中断标志位。

1=产生了中断请求；0=未产生中断请求。

7. CxINTE(CANx 中断允许寄存器)

CxINTE 用于选择中断允许请求，具体内容如表 11-14 所示。

表 11-14　CxINTE——CANx 中断允许寄存器

U-0	U-0	U-0	U-0	U-0	U-0	U-0	U-0
—	—	—	—	—	—	—	—
bit15							bit8
R/W-0	R/W-0	R/W-0	U-0	R/W-0	R/W-0	R/W-0	R/W-0
IVRIE	WAKIE	ERRIE	—	FIFOIE	RBOVIE	RBIE	TBIE
bit 7							bit0

bit 15～bit 8——未实现：读为 0。

bit 7——IVRIE：无效报文中断允许位。

1=允许中断请求；0=禁止中断请求。

bit 6——WAKIE：总线唤醒活动中断允许位。

1=允许中断请求；0=禁止中断请求。

bit 5——ERRIE：错误中断允许位。

1=允许中断请求；0=禁止中断请求。

bit 4——未实现：读为 0。

bit 3——FIFOIE：FIFO 几乎满中断允许位。

1=允许中断请求；0=禁止中断请求。

bit 2——RBOVIE：接收缓冲区溢出中断允许位。

1=允许中断请求；0=禁止中断请求。

bit 1——RBIE：接收缓冲区中断允许位。

1=允许中断请求；0=禁止中断请求。

bit 0——TBIE：发送缓冲区中断允许位。

1=允许中断请求；0=禁止中断请求。

8. CxEC(CANx 发送/接收错误计数寄存器)

CxEC 用于接收和发送错误计数位，其 bit 15～bit 8 为发送错误计数位 TERRCNT<7:0>，bit 7～bit 0 为接收错误计数位 RERRCNT<7:0>。

9. CxCFG1(CANx 波特率配置寄存器 1)

CxCFG1 用于配置波特率，具体内容如表 11-15 所示。

表 11-15　CxCFG1——CANx 波特率配置寄存器 1

U-0	U-0	U-0	U-0	U-0	U-0	U-0	U-0
—	—	—	—	—	—	—	—
bit 15							bit 8
R/W-0	R/W-0	R/W-0	R/W-0	R/W-0	R/W-0	R/W-0	R/W-0
SJW1	SJW0	BRP5	BRP4	BRP3	BRP2	BRP1	BRP0
bit 7							bit 0

bit 15～bit 8——未实现：读为 0。

bit 7～bit 6——SJW<1:0>：同步跳转宽度位。

11＝长度为 4xTQ；10＝长度为 3xTQ；01＝长度为 2xTQ；00＝长度为 1xTQ。

bit 5～bit 0——BRP<5:0>：波特率预分频比位。

111111＝TQ＝；……；000010＝TQ＝2x3x1/FCAN；000001 = TQ = 2x2x1/FCAN；000000 = TQ = 2x1x1/FCAN。

10. CxCFG2(CANx 波特率配置寄存器 2)

CxCFG2 用于配置波特率，具体内容如表 11-16 所示。

表 11-16　CxCFG2——CANx 波特率配置寄存器 2

U-0	R/W-x	U-0	U-0	U-0	R/W-x	R/W-x	R/W-x
—	WAKFIL	—	—	—	SEG2PH2	SEG2PH1	SEG2PH0
bit 15							bit 8
R/W-x	R/W-x	R/W-x	R/W-x	R/W-x	R/W-x	R/W-x	R/W-x
SEG2PHTS	SAM	SEG1PH2	SEG1PH1	SEG1PH0	PRSEG2	PRSEG1	PRSEG0
bit 7							bit 0

bit 15——未实现：读为 0。

bit 14——WAKFIL：选择是否使用 CAN 总线线路滤波器唤醒的位。

1＝使用 CAN 总线线路滤波器来唤醒；0 = 不使用 CAN 总线线路滤波器来唤醒。

bit 13～bit 11——未实现：读为 0。

bit 10～bit 8——SEG2PH<2:0>：相位缓冲段 2 位。

111＝长度为 8xTQ；……；000＝长度为 1xTQ。

bit 7——SEG2PHTS：相位缓冲段 2 时间选择位。

1＝可自由编程；0＝SEG1PH<2:0>位的最大值与信息处理时间中的较大值。

bit 6——SAM：CAN 总线线路采样位。

1＝在采样点对总线线路采样三次；0＝在采样点对总线线路采样一次。

bit 5～bit 3——SEG1PH<2:0>：相位缓冲段 1 位。111～000 代表 8xTQ～1xTQ。

bit 2～bit 0——PRSEG<2:0>：传播时间段位。111～000 分别代表 8xxx～0xxxx。

11. CxFEN1(CANx 接收过滤器使能寄存器 1)

CxFEN1 的 bit 15～bit 0 为 FLTEN<15:0>，使能过滤器 n 接收报文位。当 FLTEN<15:0>为 1 时表示使能过滤器 n，当 FLTEN<15:0>为 0 时表示禁止过滤器 n。

12. CxBUFPNT1(CANx 过滤器 0～3 缓冲区指针寄存器 1)

CxBUFPNT1 的具体内容如表 11-17 所示。

表 11-17 CxBUFPNT1——CANx 过滤器 0～3 缓冲区指针寄存器 1

R/W-0	R/W-0	R/W-0	R/W-0	R/W-0	R/W-0	R/W-0	R/W-0
F3BP3	F3BP2	F3BP1	F3BP0	F2BP3	F2BP2	F2BP1	F2BP0
bit15							bit8
R/W-0	R/W-0	R/W-0	R/W-0	R/W-0	R/W-0	R/W-0	R/W-0
F1BP3	F1BP2	F1BP1	F1BP0	F0BP3	F0BP2	F0BP1	F0BP0
bit 7							bit0

bit 15～bit 12——F3BP<3:0>：过滤器 3 的接收缓冲区屏蔽位。

1111＝满足过滤条件的数据被接收到接收 FIFO 缓冲区中；

1110＝满足过滤条件的数据被接收到接收缓冲区 14 中；……；

0001＝满足过滤条件的数据被接收到接收缓冲区 1 中；

0000＝满足过滤条件的数据被接收到接收缓冲区 0 中。

bit 11～bit 8——F2BP<3:0>：过滤器 2 的接收缓冲区屏蔽位(与 bit 15～bit 12 的值相同)。

bit 7～bit 4——F1BP<3:0>：过滤器 1 的接收缓冲区屏蔽位(与 bit 15～bit 12 的值相同)。

bit 3～bit 0——F0BP<3:0>：过滤器 0 的接收缓冲区屏蔽位(与 bit 15～bit 12 的值相同)。

13. CxBUFPNT2(CANx 过滤器 4～7 缓冲区指针寄存器 2)

CxBUFPNT2 的具体内容如表 11-18 所示。

表 11-18 CxBUFPNT2——CANx 过滤器 4～7 缓冲区指针寄存器 2

R/W-0	R/W-0	R/W-0	R/W-0	R/W-0	R/W-0	R/W-0	R/W-0
F7BP3	F7BP2	F7BP1	F7BP0	F6BP3	F6BP2	F6BP1	F6BP0
bit 15							bit 8
R/W-0	R/W-0	R/W-0	R/W-0	R/W-0	R/W-0	R/W-0	R/W-0
F5BP3	F5BP2	F5BP1	F5BP0	F4BP3	F4BP2	F4BP1	F4BP0
bit 7							bit 0

bit 15～bit 12——F7BP<3:0>：过滤器 7 的接收缓冲区屏蔽位。

1111＝满足过滤条件的数据被接收到接收 FIFO 缓冲区中；

1110＝满足过滤条件的数据被接收到接收缓冲区 14 中；……；

0001＝满足过滤条件的数据被接收到接收缓冲区 1 中；

0000＝满足过滤条件的数据被接收到接收缓冲区 0 中。

bit 11～bit 8——F6BP<3:0>：过滤器 6 的接收缓冲区屏蔽位(与 bit 15～bit 12 的值相同)。

bit 7～bit 4——F5BP<3:0>：过滤器 5 的接收缓冲区屏蔽位(与 bit 15～bit 12 的值相同)。

bit 3～bit 0——F4BP<3:0>：过滤器 4 的接收缓冲区屏蔽位(与 bit 15～bit 12 的值相同)。

14. CxBUFPNT3(CANx 过滤器 8～11 缓冲区指针寄存器 3)

CxBUFPNT3 的具体内容如表 11-19 所示。

表 11-19　CxBUFPNT3——CANx 过滤器 8～11 缓冲区指针寄存器 3

R/W-0	R/W-0	R/W-0	R/W-0	R/W-0	R/W-0	R/W-0	R/W-0
F11BP3	F11BP2	F11BP1	F11BP0	F10BP3	F10BP2	F10BP1	F10BP0
bit15							bit8
R/W-0	R/W-0	R/W-0	R/W-0	R/W-0	R/W-0	R/W-0	R/W-0
F9BP3	F9BP2	F9BP1	F9BP0	F8BP3	F8BP2	F8BP1	F8BP0
bit 7							bit0

bit 15～bit 12——F11BP<3:0>：过滤器 11 的接收缓冲区屏蔽位。

1111＝满足过滤条件的数据被接收到接收 FIFO 缓冲区中；

1110＝满足过滤条件的数据被接收到接收缓冲区 14 中；……；

0001＝满足过滤条件的数据被接收到接收缓冲区 1 中；

0000＝满足过滤条件的数据被接收到接收缓冲区 0 中。

bit 11～bit 8——F10BP<3:0>：过滤器 10 的接收缓冲区屏蔽位(与 bit 15～bit 12 的值相同)。

bit 7～bit 4——F9BP<3:0>：过滤器 9 的接收缓冲区屏蔽位(与 bit 15～bit 12 的值相同)。

bit 3～bit 0——F8BP<3:0>：过滤器 8 的接收缓冲区屏蔽位(与 bit 15～bit 12 的值相同)。

15. CxBUFPNT4(CANx 过滤器 12～15 缓冲区指针寄存器 4)

CxBUFPNT4 的具体内容如表 11-20 所示。

表 11-20　CxBUFPNT4——CANx 过滤器 12～15 缓冲区指针寄存器 4

R/W-0	R/W-0	R/W-0	R/W-0	R/W-0	R/W-0	R/W-0	R/W-0
F15BP3	F15BP2	F15BP1	F15BP0	F14BP3	F14BP2	F14BP1	F14BP0
bit 15							bit 8
R/W-0	R/W-0	R/W-0	R/W-0	R/W-0	R/W-0	R/W-0	R/W-0
F13BP3	F13BP2	F13BP1	F13BP0	F12BP3	F12BP2	F12BP1	F12BP0
bit 7							bit 0

bit 15～bit 12——F15BP<3:0>：过滤器 15 的接收缓冲区屏蔽位。

1111＝满足过滤条件的数据被接收到接收 FIFO 缓冲区中；

1110＝满足过滤条件的数据被接收到接收缓冲区 14 中；……；

0001＝满足过滤条件的数据被接收到接收缓冲区 1 中；

0000＝满足过滤条件的数据被接收到接收缓冲区 0 中。

bit 11～bit 8——F14BP<3:0>：过滤器 14 的接收缓冲区屏蔽位(与 bit 15～bit 12 的值相同)。

bit 7～bit 4——F13BP<3:0>：过滤器 13 的接收缓冲区屏蔽位(与 bit 15～bit 12 的值相同)。

bit 3～bit 0——F12BP<3:0>：过滤器 12 的接收缓冲区屏蔽位(与 bit 15～bit 12 的值相同)。

16. CxRXFnSID(CANx 接收过滤器 n 标准标识符寄存器(n = 0～15))

CxRXFnSID 的具体内容如表 11-21 所示。

表 11-21 CxRXFnSID——CANx 接收过滤器 n 标准标识符寄存器(n = 0～15)

R/W-x	R/W-x	R/W-x	R/W-x	R/W-x	R/W-x	R/W-x	R/W-x
SID10	SID9	SID8	SID7	SID6	SID5	SID4	SID3
bit 15							bit 8
R/W-x	R/W-x	R/W-x	U-0	R/W-x	U-0	R/W-x	R/W-x
SID2	SID1	SID0	—	EXIDE	—	EID17	EID16
bit 7							bit 0

bit 15～bit 5——SID<10:0>：标准标识符位。

1＝报文地址位 SIDx 必须为 1 以匹配过滤器；0＝报文地址位 SIDx 必须为 0 以匹配过滤器。

bit 4～bit 2——未实现：读为 0。

bit 3——EXIDE：扩展标识符使能位。

如果 MIDE＝1，1＝仅匹配带扩展标识符地址的报文；0＝仅匹配带标准标识符地址的报文。如果 MIDE＝0，则忽略 EXIDE 位。

bit 1～bit 0——EID<17:16>：扩展标识符位。

1＝报文地址位 EIDx 必须为 1 以匹配过滤器；0＝报文地址位 EIDx 必须为 0 以匹配过滤器。

17. CxRXFnEID(CANx 接收过滤器 n 扩展标识符寄存器(n = 0～15))

CxRXFnEID 的 bit 15～bit 0 为扩展标识符位 EID<15:0>，1 表示报文地址位 EIDx 必须为 1 以匹配过滤器，0 表示报文地址位 EIDx 必须为 0 以匹配过滤器。

18. CxFMSKSEL1(CANx 过滤器 7～0 屏蔽选择寄存器 1)

CxFMSKSEL1 用于过滤器的屏蔽选择，具体内容如表 11-22 所示。

表 11-22 CxFMSKSEL1——CANx 过滤器 7～0 屏蔽选择寄存器 1

R/W-0	R/W-0	R/W-0	R/W-0	R/W-0	R/W-0	R/W-0	R/W-0
F7MSK1	F7MSK0	F6MSK1	F6MSK0	F5MSK1	F5MSK0	F4MSK1	F4MSK0
bit 15							bit 8
R/W-0	R/W-0	R/W-0	R/W-0	R/W-0	R/W-0	R/W-0	R/W-0
F3MSK1	F3MSK0	F2MSK1	F2MSK0	F1MSK1	F1MSK0	F0MSK1	F0MSK0
bit 7							bit 0

bit 15～bit 14——F7MSK<1:0>：过滤器 7 的屏蔽源位。

11＝保留；10＝接收屏蔽 2 寄存器包含屏蔽值；01＝接收屏蔽 1 寄存器包含屏蔽值；00＝接收屏蔽 0 寄存器包含屏蔽值。

bit 13～bit 12——F6MSK<1:0>：过滤器 6 的屏蔽源位(与 bit 15～bit 14 的值相同)。

bit 11～bit 10——F5MSK<1:0>：过滤器 5 的屏蔽源位(与 bit 15～bit 14 的值相同)。

bit 9～bit 8——F4MSK<1:0>：过滤器 4 的屏蔽源位(与 bit 15～bit 14 的值相同)。

bit 7～bit 6——F3MSK<1:0>：过滤器 3 的屏蔽源位(与 bit 15～bit 14 的值相同)。

bit 5～bit 4——F2MSK<1:0>：过滤器 2 的屏蔽源位(与 bit 15～bit 14 的值相同)。

bit 3～bit 2——F1MSK<1:0>：过滤器 1 的屏蔽源位(与 bit 15～bit 14 的值相同)。

bit 1～bit 0——F0MSK<1:0>：过滤器 0 的屏蔽源位(与 bit 15～bit 14 的值相同)。

19. CxFMSKSEL2(CANx 过滤器 15～8 屏蔽选择寄存器 2)

CxFMSKSEL2 用于过滤器的屏蔽选择，具体内容如表 11-23 所示。

表 11-23　CxFMSKSEL2——CANx 过滤器 15～8 屏蔽选择寄存器 2

R/W-0	R/W-0	R/W-0	R/W-0	R/W-0	R/W-0	R/W-0	R/W-0
F15MSK1	F15MSK0	F14MSK1	F14MSK0	F13MSK1	F13MSK0	F12MSK1	F12MSK0
bit 15							bit 8
R/W-0	R/W-0	R/W-0	R/W-0	R/W-0	R/W-0	R/W-0	R/W-0
F11MSK1	F11MSK0	F10MSK1	F10MSK0	F9MSK1	F9MSK0	F8MSK1	F8MSK0
bit 7							bit 0

bit 15～bit 14——F15MSK<1:0>：过滤器 15 的屏蔽源位。

11=保留；10=接收屏蔽 2 寄存器包含屏蔽值；01 = 接收屏蔽 1 寄存器包含屏蔽值；00 = 接收屏蔽 0 寄存器包含屏蔽值。

bit 13～bit 12——F14MSK<1:0>：过滤器 14 的屏蔽源位(与 bit 15～bit 14 的值相同)。

bit 11～bit 10——F13MSK<1:0>：过滤器 13 的屏蔽源位(与 bit 15～bit 14 的值相同)。

bit 9～bit 8——F12MSK<1:0>：过滤器 12 的屏蔽源位(与 bit 15～bit 14 的值相同)。

bit 7～bit 6——F11MSK<1:0>：过滤器 11 的屏蔽源位(与 bit 15～bit 14 的值相同)。

bit 5～bit 4——F10MSK<1:0>：过滤器 10 的屏蔽源位(与 bit 15～bit 14 的值相同)。

bit 3～bit 2——F9MSK<1:0>：过滤器 9 的屏蔽源位(与 bit 15～bit 14 的值相同)。

bit 1～bit 0——F8MSK<1:0>：过滤器 8 的屏蔽源位(与 bit 15～bit 14 的值相同)。

20. CxRXMnSID(CANx 接收过滤器屏蔽器 n 标准标识符寄存器(n=0～2))

CxRXMnSID 的具体内容如表 11-24 所示。

表 11-24　CxRXMnSID——CANx 接收过滤器屏蔽器 n 标准标识符寄存器(n = 0～2)

R/W-x	R/W-x	R/W-x	R/W-x	R/W-x	R/W-x	R/W-x	R/W-x
SID10	SID9	SID8	SID7	SID6	SID5	SID4	SID3
bit 15							bit 8
R/W-x	R/W-x	R/W-x	U-0	R/W-x	U-0	R/W-x	R/W-x
SID2	SID1	SID0	—	MIDE	—	EID17	EID16
bit 7							bit 0

bit 15～bit 5——SID<10:0>：标准标识符位。

1=过滤器比较操作包含 SIDx 位；0=过滤器比较操作与 SIDx 位无关。

bit 4——未实现：读为 0。

bit 3——MIDE：标识符接收模式位。

1＝只匹配与过滤器中 EXIDE 位对应的报文类型(标准或扩展地址)；0＝如果过滤器匹配则与标准或扩展地址报文匹配(即，如果(过滤器 SID)＝(报文 SID)或(过滤器 SID/EID)＝(报 SID/EID))。

bit 2——未实现：读为 0。

bit 1～bit 0——EID<17:16>：扩展标识符位。

1＝过滤器比较操作包含 EIDx 位；0＝过滤器比较操作与 EIDx 位无关。

21. CxRXMnEID(CANx 接收过滤器屏蔽器 n 扩展标识符寄存器(n = 0～2))

CxRXMnEID 的 bit 15～bit 0 为 EID<15:0>：扩展标识符位，当 EID<15:0>为 1 时表示过滤器比较操作包含 EIDx 位；当 EID<15:0>为 0 时表示过滤器比较操作与 EIDx 位无关。

22. CxRXFUL1(CANx 接收缓冲区满寄存器 1)

CxRXFUL1 的 bit 15～bit 0 为接收缓冲区 n 满位 RXFUL<15:0>，当 RXFUL<15:0>为 1 时表示缓冲区已满(由模块置 1)；当 RXFUL<15:0>为 0 时表示缓冲区为空(由用户软件清零)。

23. CxRXFUL2(CANx 接收缓冲区满寄存器 2)

CxRXFUL2 的 bit 15～bit 0 为接收缓冲区 n 满位 RXFUL<31:16>，当 RXFUL<31:16>为 1 时，缓冲区已满(由模块置 1)；当 RXFUL<31:16>为 0 时表示缓冲区为空(由用户软件清零)。

24. CxRXOVF1(CANx 接收缓冲区溢出寄存器 1)

CxRXOVF1 的 bit 15～bit 0 为接收缓冲区 n 溢出位 RXOVF<15:0>，当 RXOVF<15:0>为 1 时表示模块尝试对一个已满的缓冲区执行写操作(由模块置 1)；当 RXOVF<15:0>为 0 时表示无溢出条件(由用户软件清零)。

25. CxRXOVF2(CANx 接收缓冲区溢出寄存器 2)

CxRXOVF2 的 bit 15～bit 0 为接收缓冲区 n 溢出位 RXOVF<31:16>，当 RXOVF<31:16>为 1 时表示模块尝试对一个已满的缓冲区执行写操作(由模块置 1)；当 RXOVF<31:16>为 0 时，无溢出条件(由用户软件清零)。

26. CxTRmnCON(CANxTX/RX 缓冲区 mn 控制寄存器(m = 0,2,4,6；n = 1,3,5,7))

CxTRmnCON 的具体内容如表 11-25 所示。

表 11-25　CxTRmnCON——CANxTX/RX 缓冲区 mn 控制寄存器 (m = 0,2,4,6；n = 1,3,5,7)

R/W-0	R-0	R-0	R-0	R/W-0	R/W-0	R/W-0	R/W-0
TXENn	TXABTn	TXLARBn	TXERRn	TXREQn	RTRENn	TXnPRI1	TXnPRI0
bit 15							bit 8
R/W-0	R-0	R-0	R-0	R/W-0	R/W-0	R/W-0	R/W-0
TXENm	TXABTm	TXLARBm	TXERRm	TXREQm	RTRENm	TXmPRI1	TXmPRI0
bit 7							bit 0

bit 15～bit 8——请参见本寄存器中 bit 7～bit 0 的定义，bit 15～bit 8 控制缓冲区 n。

bit 7——TXENm：发送/接收缓冲区选择位。

1＝缓冲区 TRBm 是发送缓冲区；0＝缓冲区 TRBm 是接收缓冲区。

bit 6——TXABTm：报文中止位。

1＝中止报文；0＝报文发送成功完成。

bit 5——TXLARBm：报文仲裁失败位。

1＝报文发送期间仲裁失败；0＝报文发送期间仲裁未失败。

bit 4——TXERRm：在发送过程中检测到错误位。

1＝报文发送时发生总线错误；0＝报文发送时未发生总线错误。

bit 3——TXREQm：报文发送请求位。

1＝请求发送报文，当报文发送成功时，该位会自动清零；0＝清零该位将请求中止报文。

bit 2——RTRENm：自动远程发送使能位。

1＝当接收到远程发送时，TXREQ 置 1；0＝当接收到远程发送时，TXREQ 不受影响。

bit 1～bit 0——TXmPRI<1:0>：报文发送优先级位。

11＝最高报文优先级；10＝中高报文优先级；01＝中低报文优先级；00＝最低报文优先级。

11.4.4　CAN 报文缓冲区

CAN 报文缓冲区是 RAM 存储器的一部分，它们不是 CAN 特殊功能寄存器。用户应用程序必须直接写入配置为 CAN 报文缓冲区的 RAM 区。缓冲区的位置和大小由用户应用程序定义。

1. CANx 报文缓冲区字 0

CANx 报文缓冲区字 0 的具体内容如表 11-26 所示。

表 11-26　CANx 报文缓冲区字 0

U-0	U-0	U-0	R/W-x	R/W-x	R/W-x	R/W-x	R/W-x
—	—	—	SID10	SID9	SID8	SID7	SID6
bit 15							bit 8
R/W-x	R/W-x	R/W-x	R/W-x	R/W-x	R/W-x	R/W-x	R/W-x
SID5	SID4	SID3	SID2	SID1	SID0	SRR	IDE
bit 7							bit 0

bit 15～bit 13——未实现：读为 0。

bit 12～bit 2——SID<10:0>：标准标识符位。

bit 1——SRR：替代远程请求位。

当 IDE＝0 时，1＝报文将请求远程发送，0=正常报文；当 IDE＝1 时，SRR 位必须设置为 1。

bit 0——IDE：扩展标识符位。

1＝报文将发送扩展标识符；0＝报文将发送标准标识符。

2. CANx 报文缓冲区字 1

CANx 报文缓冲区字 1 的 15～bit 12 未实现，bit 11～bit 0 为扩展标识符位 EID<17:6>。

3. CANx 报文缓冲区字 2

CANx 报文缓冲区字 2 的具体内容如表 11-27 所示。

表 11-27 CANx 报文缓冲区字 2

R/W-x	R/W-x	R/W-x	R/W-x	R/W-x	R/W-x	R/W-x	R/W-x
EID5	EID4	EID3	EID2	EID1	EID0	RTR	RB1
bit 15							bit 8
U-x	U-x	U-x	R/W-x	R/W-x	R/W-x	R/W-x	R/W-x
—	—	—	RB0	DLC3	DLC2	DLC1	DLC0
bit 7							bit 0

bit 15～bit 10——EID<5:0>：扩展标识符位。

bit 9——RTR：远程发送请求位。

当 IDE＝1 时，1＝报文将请求远程发送；0＝正常报文。

当 IDE＝0 时，RTR 位被忽略。

bit 8——RB1：保留位 1，用户必须按 CAN 协议将该位设置为 0。

bit 7～bit 5——未实现：读为 0。

bit 4——RB0：保留位 0，用户必须按 CAN 协议将该位设置为 0。

bit 3～bit 0——DLC<3:0>：数据长度编码位。

4. CANx 报文缓冲区字 3

CANx 报文缓冲区字 3 的 bit 15～bit 8 为字节 1<15:8>，是 CANx 报文字节 1 的位；bit 7～bit 0 为字节 0<7:0>，是 CANx 报文字节 0 的位。

5. CANx 报文缓冲区字 4

CANx 报文缓冲区字 4 的 bit 15～bit 8 为字节 3<15:8>，是 CANx 报文字节 3 的位；bit 7～bit 0 为字节 2<7:0>，是 CANx 报文字节 2 的位。

6. CANx 报文缓冲区字 5

CANx 报文缓冲区字 5 的 bit 15～bit 8 为字节 5<15:8>，是 CANx 报文字节 5 的位；bit 7～bit 0 为字节 4<7:0>，是 CANx 报文字节 4 的位。

7. CANx 报文缓冲区字 6

CANx 报文缓冲区字 6 的 bit 15～bit 8 为字节 7<15:8>，是 CANx 报文字节 7 的位；bit 7～bit 0 为字节 6<7:0>，是 CANx 报文字节 6 的位。

8. CANx 报文缓冲区字 7

CANx 报文缓冲区字 7 的 bit 15～bit 13 未实现；bit 12～bit 8 为 FILHIT<4:0>，即选中

过滤器的编码位，对导致写入该缓冲区的过滤器的编号进行编码；bit 7～bit 0 未实现。

11.5 SENT 模块

11.5.1 SENT 模块简介

SENT 模块采用 SAEJ2716 协议，该协议是一种基于连续下降沿的单向单线时间调制型串行通信协议，专门用于需要从传感器向引擎控制单元传送高分辨率传感器数据的应用。SENTx 模块具有如下特性：可选的发送/接收模式和同步/异步发送模式，允许自动数据速率同步，支持(可选)接收模式下自动检测 CRC 错误，(可选)发送模式下通过硬件计算 CRC 和可选的暂停脉冲周期，带有 1 个报文帧的数据缓冲，发送/接收数据长度可在 3～6 个半字节之间选择，自动检测帧错误等。

SENT 协议的时序基于一个预先确定的时间单位 TTICK。必须预先配置发送器和接收器的 TTICK，其范围为 3～90 μs。SENT 报文帧以同步脉冲开始，同步脉冲的作用是使接收器能够计算发送器所编码的报文的数据速率。SENT 规范允许 TTICK 有最高 20%的偏差，在此范围内报文均可通过验证。这使发送器和接收器可以使用可能不精确的、会随时间和温度而漂移的不同时钟运行。这些数据半字节的长度为 4 位，其编码为数据值再加上 12 个时标。其产生的 0 值为 12 个时标，产生的最大值 0xF 为 27 个时标。SENT 报文包含同步/校准周期(56 个时标时间)、状态半字节(12～27 个时标时间)、最多 6 个数据半字节(12～27 个时标时间)、CRC 半字节(12～27 个时标时间)和可选的暂停脉冲周期(12～768 个时标时间)。图 11-16 给出了 SENTx 模块的结构框图，图 11-17 给出了典型 6 个半字节数据帧的构成，数字代表每个部分的最小或最大时标数量。

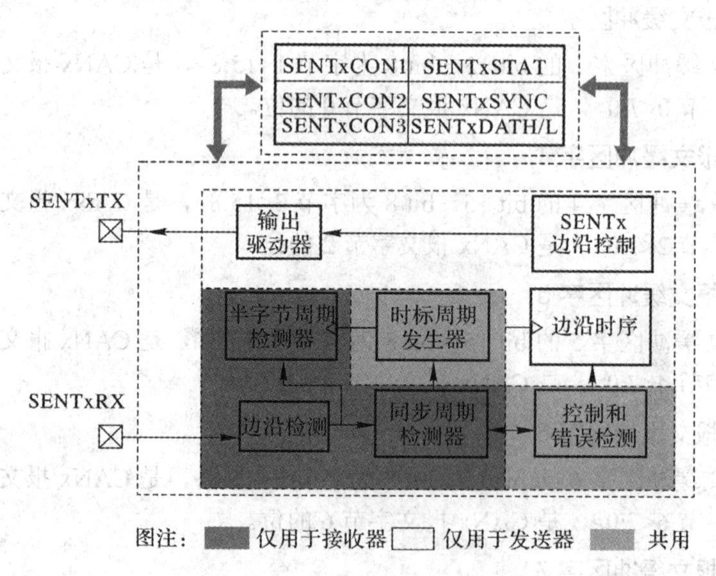

图 11-16　SENTx 模块的结构框图

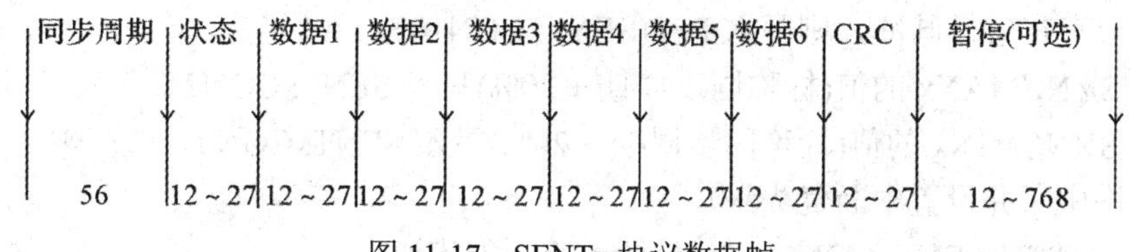

图 11-17　SENTx 协议数据帧

11.5.2　发送模式

默认情况下，SENTx 模块配置为发送操作。该模块可配置为连续异步报文帧发送，也可配置为软件触发的同步模式。使能后，发送器将发送同步脉冲，接着是适当数量的数据半字节、可选的 CRC 和可选的暂停脉冲。SENTx 发送器所使用的时标周期通过向 TICKTIME<15:0>(SENTxCON2<15:0>)位写入值进行设置。

SENTx 模块发送模式初始化需要执行以下步骤：

(1) 写入 RCVEN(SENTxCON1<11>)= 0 以配置为发送模式。

(2) 写入 TXM(SENTxCON1<10>)= 0 以配置为异步发送模式，或写入 TXM = 1 以配置为同步发送模式。

(3) 向 NIBCNT<2:0>(SENTxCON1<2:0>)写入相应的值以配置所需数据帧长度。

(4) 写入 CRCEN(SENTxCON1<8>)以配置为硬件或软件 CRC 计算。

(5) 写入 PPP(SENTxCON1<7>)以配置可选暂停脉冲。

(6) 如果 PPP = 1，则将 TFRAME 写入 SENTxCON3。

(7) 向 SENTxCON2 写入相应的值以配置所需时标周期。

(8) 允许中断并设置中断优先级。

(9) 将初始状态和数据值写入 SENTxDATH/L。

(10) 如果 CRCEN = 0 则会计算 CRC，并将得到的值写入 CRC<3:0>(SENTx DATL<3:0>)。

(11) 将 SNTEN(SENTxCON1<15>)位置 1 来使能模块。

用户软件对 SENTxDATH/L 的更新必须在 CRC 完成之后和下一个报文帧的状态半字节之前执行，通常使用报文帧完成中断来触发数据写入。

11.5.3　接收模式

通过将 RCVEN(SENTxCON1<11>)位置 1 可将 SENT 模块配置为接收操作。各下降沿之间的时间将与 SYNCMIN<15:0>(SENTxCON3<15:0>) 和 SYNCMAX<15:0>(SENTxCON2<15:0>)进行比较。如果测量时间值位于上下限值之间，SENT 模块就会开始接收数据。经验证的同步时间在 SENTxSYNC 寄存器中捕捉，然后计算时标时间。后续下降沿经验证属于有效数据宽度范围之后，会将数据存储在 SENTxDATH/L 寄存器中。报文完成时会产生中断事件，用户软件则需要在接收下一个半字节前读取 SENTx 数据寄存器。

SENTx 模块接收模式初始化模块需要执行以下步骤：

(1) 写入 RCVEN(SENTxCON1<11>) = 1 以配置为接收模式。

(2) 向 NIBCNT<2:0>(SENTxCON1<2:0>)写入相应的值以配置所需数据帧长度。

(3) 写入 CRCEN(SENTxCON1<8>)以配置为硬件或软件 CRC 校验。

(4) 如果存在暂停脉冲，则写入 PPP(SENTxCON1<7>) = 1。

(5) 将 SYNCMAXx 的值(标称同步周期 + 20%)写入 SENTxCON2。

(6) 将 SYNCMINx 的值(标称同步周期 − 20%)写入 SENTxCON3。

(7) 允许中断并设置中断优先级。

(8) 将 SNTEN(SENTxCON1<15>)位置 1 来使能模块。

应在 CRC 完成之后到下一个报文帧的状态半字节之前从 SENTxDATH/L 寄存器中读取数据。通常使用报文帧完成中断触发，SENT 模块主要寄存器如下。

1. SENTxCON1(SENTx 控制寄存器 1)

SENTxCON1 用于控制 SENT，具体信息如表 11-28 所示。

表 11-28　SENTxCON1——SENTx 控制寄存器 1

R/W-0	U-0	R/W-0	U-0	R/W-0	R/W-0	R/W-0	R/W-0
SNTEN	—	SNTSIDL	—	RCVEN	TXM	TXPOL	CRCEN
bit 15							bit 8

R/W-0	R/W-0	U-0	R/W-0	U-0	R/W-0	R/W-0	R/W-0
PPP	SPCEN	—	PS	—	NIBCNT2	NIBCNT1	NIBCNT0
bit 7							bit 0

bit 15——SNTEN：SENTx 使能位，1 = 使能 SENTx；0 = 禁止 SENTx。

bit 14——未实现：读为 0。

bit 13——SNTSIDL：SENTx 空闲模式停止位。

1 = 当器件进入空闲模式时，模块停止工作；0 = 在空闲模式下模块继续工作。

bit 12——未实现：读为 0。

bit 11——RCVEN：SENTx 接收使能位。

1 = SENTx 作为接收器工作；0 = SENTx 作为发送器(传感器)工作。

bit 10——TXM：SENTx 发送模式位。

1 = 只有在使用 SYNCTXEN 状态位触发时 SENTx 才发送数据帧；0 = SNTEN = 1 时 SENTx 连续发送数据帧。

bit 9——TXPOL：SENTx 发送极性位。

1 = SENTx 数据输出引脚在空闲状态下为低电平；0 = SENTx 数据输出引脚在空闲状态下为高电平。

bit 8——CRCEN：CRC 使能位。

模块处于接收模式(RCVEN = 1)时：1 = SENTx 使用首选的 J2716 方法对接收的数据执行 CRC 校验；0 = SENTx 不对接收的数据执行 CRC 校验。

模块处于发送模式(RCVEN = 0)时：1 = SENTx 使用首选的 J2716 方法自动计算 CRC，0 = SENTx 不计算 CRC。

bit 7——PPP：暂停脉冲存在位。

1 = SENTx 配置为发送/接收带有暂停脉冲的 SENT 报文；0 = SENTx 配置为发送/接收不带暂停脉冲的 SENT 报文。

bit 6——SPCEN：短 PWM 代码使能位。

1＝使能外部源进行 SPC 控制；0＝禁止外部源进行 SPC 控制。

bit 5——未实现：读为 0。

bit 4——PS：SENTx 模块时钟预分频比位。

1＝4 分频；0＝1 分频。

bit 3——未实现：读为 0。

bit 2～bit 0——NIBCNT<2:0>：半字节数控制位。

111＝保留，不要使用；

110＝单个 SENT 数据包中，模块发送/接收 6 个数据半字节；

101＝单个 SENT 数据包中，模块发送/接收 5 个数据半字节；

100＝单个 SENT 数据包中，模块发送/接收 4 个数据半字节；

011＝单个 SENT 数据包中，模块发送/接收 3 个数据半字节；

010＝单个 SENT 数据包中，模块发送/接收 2 个数据半字节；

001＝单个 SENT 数据包中，模块发送/接收 1 个数据半字节；

000＝保留，不要使用。

应当注意的是，此位在接收模式(RCVEN＝1)和发送模式(RCVEN = 0)下不起任何作用。

2. SENTxSTAT(SENTx 状态寄存器)

SENTxSTAT 的具体信息如表 11-29 所示。

表 11-29　SENTxSTAT——SENTx 状态寄存器

U-0	U-0	U-0	U-0	U-0	U-0	U-0	U-0
—	—	—	—	—	—	—	—
bit 15							bit 8
R-0	R-0	R-0	R-0	R-0	R/C-0	R-0	R/W-0, HC
PAUSE	NIB2	NIB1	NIB0	CRCERR	FRMERR	RXIDLE	SYNCTXEN
bit 7							bit 0

bit 15～bit 8——未实现：读为 0。

bit 7——PAUSE：暂停周期状态位。

1＝模块正在发送/接收暂停周期；0＝模块未在发送/接收暂停周期。

bit 6～bit 4——NIB<2:0>：半字节状态位。

模块处于发送模式(RCVEN＝0)时：

111＝模块正在发送 CRC 半字节；110＝模块正在发送数据半字节 6；

101＝模块正在发送数据半字节 5；100＝模块正在发送数据半字节 4；

011＝模块正在发送数据半字节 3；010＝模块正在发送数据半字节 2；

001＝模块正在发送数据半字节 1；000 = 模块正在发送状态半字节或暂停周期。

或未在发送模块处于接收模式(RCVEN = 1)时：

111＝模块正在接收 CRC 半字节或先前在接收该半字节时出现错误；

110=模块正在接收数据半字节 6 或先前在接收该半字节时出现错误；

101=模块正在接收数据半字节 5 或先前在接收该半字节时出现错误；

100=模块正在接收数据半字节 4 或先前在接收该半字节时出现错误；

011=模块正在接收数据半字节 3 或先前在接收该半字节时出现错误；

010=模块正在接收数据半字节 2 或先前在接收该半字节时出现错误；

001=模块正在接收数据半字节 1 或先前在接收该半字节时出现错误；

000=模块正在接收状态半字节或等待同步。

bit 3——CRCERR：CRC 状态位(仅适用于接收模式)。

1=对于 SENTxDATH/L 中的 1～6 数据半字节，发生了 CRC 错误；0 = 未发生 CRC 错误。

bit 2——FRMERR：帧错误状态位(仅适用于接收模式)。

1=接收到的数据半字节少于 12 个时标周期或大于 27 个时标周期；0 = 未发生帧错误。

bit 1——RXIDLE：SENTx 接收器空闲状态位(仅适用于接收模式)。

1=SENTx 数据总线处于空闲状态(高电平)的时间大于等于 SYNCMAX<15:0>；0 = SENTx 数据总线不处于空闲状态。在接收模式下(RCVEN = 1)，SYNCTXEN 位是只读位。

bit 0——SYNCTXEN：SENTx 同步周期状态/发送使能位。

模块处于接收模式(RCVEN = 1)时：

1=已检测到有效的同步周期，模块正在接收半字节数据；0=未检测到同步周期，模块未在接收半字节数据。

模块处于异步发送模式(RCVEN = 0，TXM = 0)时：

使能模块后该位始终读为 1，指示模块连续发送 SENTx 数据帧，禁止模块后该位读为 0。

模块处于同步发送模式(RCVEN = 0, TXM = 1)时：

1=模块正在发送 SENTx 数据帧；0=模块未在发送数据帧，用户软件可以通过将 SYNCTXEN 位置 1 来启动另一次数据帧发送。

3. SENTxDATL(SENTx 接收数据寄存器低位字)

SENTxDATL 的 bit 15～bit 12 为数据半字节 4 数据位 DATA4<3:0>，bit 11～bit 8 为数据半字节 5 数据位 DATA5<3:0>，bit 7～bit 4 为数据半字节 6 数据位 DATA6<3:0>，bit 3～bit 0 为 CRC 半字节数据位 CRC<3:0>。应当注意的是，接收模式下(RCVEN = 1)，寄存器位为只读位；发送模式下，如果使能了自动 CRC 计算(RCVEN = 0，CRCEN = 1)，则 CRC<3:0>位为只读位。

4. SENTxDATH(SENTx 接收数据寄存器高位字)

SENTxDATH 的 bit 15～bit 12 为 STAT<3:0>，是状态半字节数据位；bit 11～bit 8 为 DATA1<3:0>，是数据半字节 1 数据位；bit 7～bit 4 为 DATA2<3:0>，是数据半字节 2 数据位，bit 3～bit 0 为 DATA3<3:0>，是数据半字节 3 数据位。

第 12 章　高级模拟特性

dsPIC33EV 5V 高温 DSC 系列器件可以将 ADC 模块配置为 10 位 4 通道采样&保持(Sample-and-Hold, S&H)ADC(默认配置)和 12 位单通道 S&H ADC 两种方式。该系列器件具有较高的采样速率和转换速率，且支持多种转换方式；同时，也可采用直接存储器访问(Direct Memory Access, DMA)方式提高采样速率。ADC 模块最多支持 36 个模拟输入通道，此外，还可以灵活应用复用端口。本章主要介绍 dsPIC33EV 5V 高温 DSC 系列的模/数转换器、运放/比较器和充电时间测量单元(Charge Time Measurement Unit, CTMU)等内容。

12.1　模/数转换器

12.1.1　简介

本节主要介绍 dsPIC33EV 系列器件上提供的一种逐次逼近型(Successive Approximation Register, SAR)ADC 模块的特性及相关工作模式。在具有 DMA 模块的器件上，该 ADC 模块可以被配置为使用 DMA 或不使用 DMA，使用专用的 16 字存储器映射缓冲区。图 12-1 给出了具有连接选项的 ADCx 模块框图。图 12-2 给出了 ADC 转换时钟周期框图。

1. 10 位 ADC 配置的特性

10 位 ADC 配置具有以下主要特性：

- SAR 转换；
- 转换速率最高可达 1.1 Msps；
- 最多 36 个模拟输入引脚；
- 可连接 4 个内部运放；
- 可连接 CTMU 和温度测量二极管；
- 可同时采样最多 4 个模拟输入引脚和 4 个运放输出；
- 模拟输入和运放输出组合；
- 自动通道扫描模式；
- 可选择转换触发源；
- 可选择缓冲区填充模式；
- 4 个结果对齐选项(有符号/无符号，小数/整数)；
- 可在 CPU 休眠和空闲模式下工作。

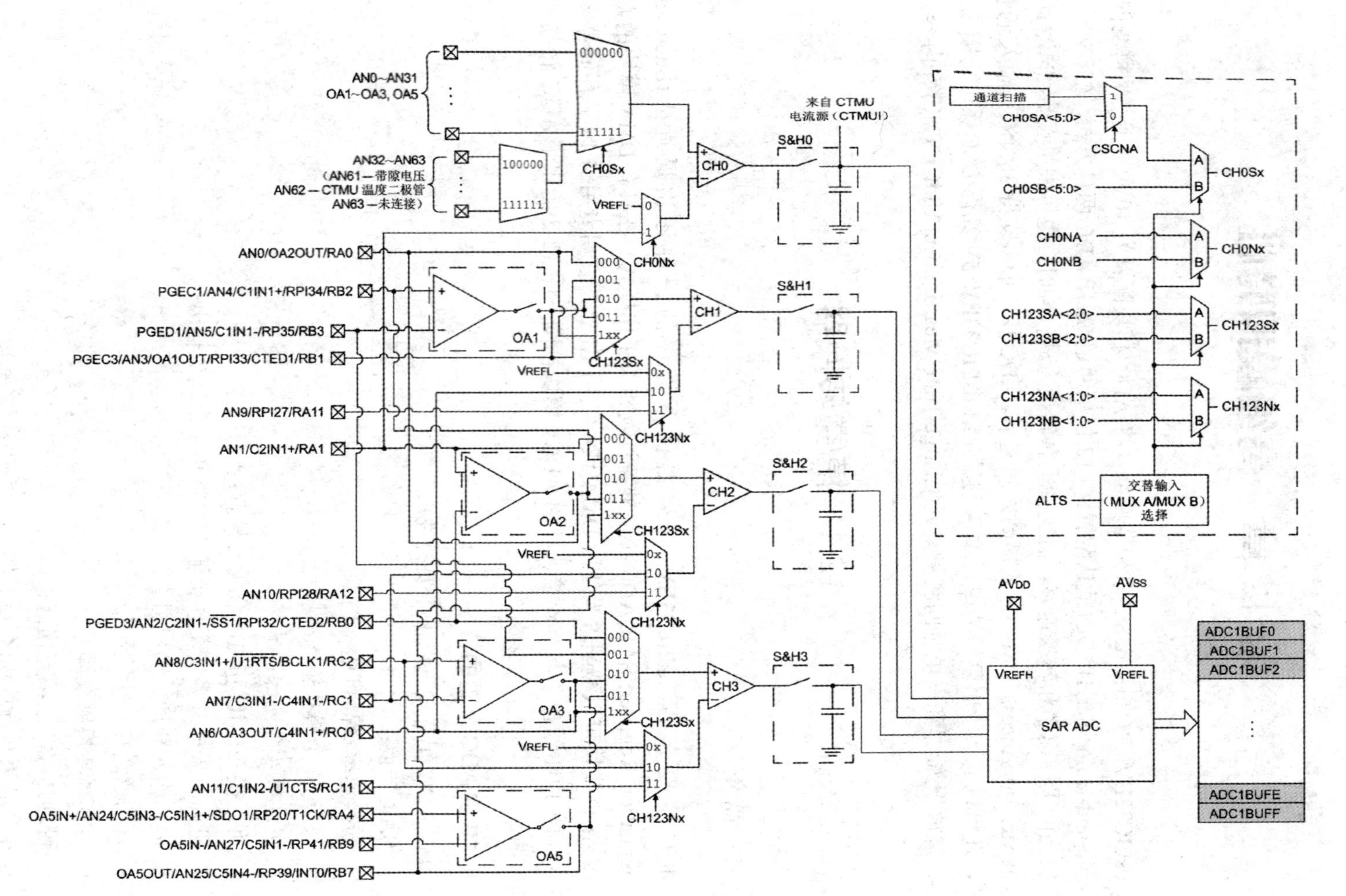

图 12-1 具有 ANx 引脚和运放连接选项的 ADCx 模块框图

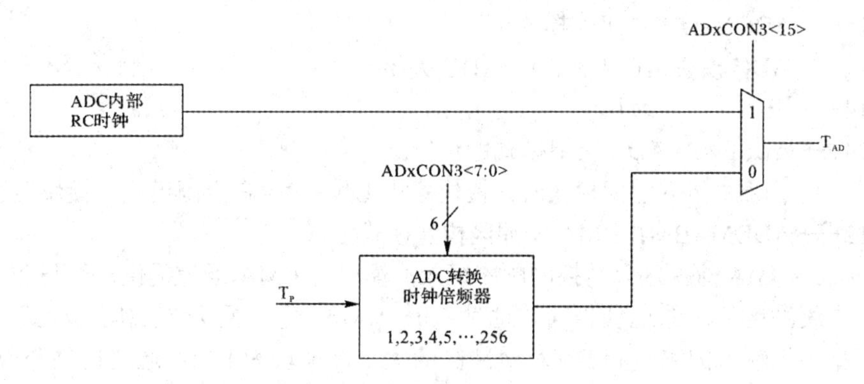

图 12-2　ADCx 转换时钟周期框图

2. 12 位 ADC 配置的特性

12 位 ADC 配置支持上述所有特性，但以下特性例外：

- 在 12 位配置中，支持最高 500 Ksps 的转换速率；
- 在 12 位配置中只有一个 S&H 放大器，不支持多通道同时采样。

ADC 最多具有 36 个模拟输入。其中，与 AN0～AN31 模拟输入不同，模拟输入 AN32～AN63 是复用的，可灵活使用。但是对于复用模拟输入，不能同时使用这些输入通道中的两个通道，否则会导致模块产生错误输出。这些模拟输入与运放输入和输出、比较器输入以及外部参考电压复用。当使能运放/比较器功能时，共用该引脚的模拟输入不再可用。实际的模拟输入引脚数和运放数取决于具体器件。

图 12-1 说明了 4 个 S&H 放大器(称为 CH0、CH1、CH2 和 CH3)的所有可用 ADC 连接选项。ANx 模拟引脚或运放输出由特殊功能寄存器(SFR)控制位(CH0Sx、CH0Nx、CH123Sx 和 CH123Nx)控制。

12.1.2　ADC 控制寄存器

ADC 模块有 9 个控制和状态寄存器：

1. ADxCON1(ADCx 控制寄存器)、ADxCON2(ADCx 控制寄存器 2)和 ADxCON3 (ADCx 控制寄存器 3)

ADxCON1、ADxCON2 和 ADxCON3 用于控制 ADC 模块的操作，其具体内容分别如表 12-1、表 12-2 和表 12-3 所示。

表 12-1　ADxCON1——ADCx 控制寄存器 1

R/W-0	U-0	R/W-0	R/W-0	U-0	R/W-0	R/W-0	R/W-0
ADON	—	ADSIDL	ADDMABM	—	AD12B	FORM<1:0>	
bit 15							bit 8
R/W-0	R/W-0	R/W-0	R/W-0	R/W-0	R/W-0	R/W-0,HC,HS	R/C-0,HC,HS
SSRC<2:0>			SSRCG	SIMSAM	ASAM	SAMP	DONE
bit 7							bit 0

bit 15——ADON：ADC 工作模式位。

1=ADC 模块正在工作；0=ADC 关闭。

bit 14——未实现：读为 0。

bit 13——ADSIDL：ADC 空闲模式停止位。

1=当器件进入空闲模式时，模块停止工作；0=在空闲模式下模块继续工作。

bit 12——ADDMABM：DMA 缓冲区构建模式位。

1=DMA 缓冲区以转换的顺序写入，模块为 DMA 通道提供一个与非 DMA 独立缓冲区使用的地址相同的地址；0=DMA 缓冲区以分散/集中模式写入，根据模拟输入的编号和 DMA 缓冲区的大小，模块为 DMA 通道提供分散/集中模式地址。

bit 11——未实现：读为 0。

bit 10——AD12B：ADC10 位或 12 位工作模式位。

1=12 位 1 通道 ADC 工作；0=10 位 4 通道 ADC 工作。

bit 9～bit 8——FORM<1:0>：数据输出格式位。

对于 10 位工作：

11=有符号小数(D_{OUT}=sddddddddd000000，其中 s=符号，d=数据)；10=小数(D_{OUT}=dddddddddd000000)；01=有符号整数(D_{OUT}=ssssssdddddddddd)；00=整数(D_{OUT}=000000dddddddddd)。

对于 12 位工作：

11=有符号小数(D_{OUT}=sddddddddddd0000，其中 s=符号，d=数据)；10=小数(D_{OUT}=dddddddddddd0000)；01=有符号整数(D_{OUT}=ssssdddddddddddd)；00=整数(D_{OUT}=0000dddddddddddd)。

bit 7～bit 5——SSRC<2:0>：采样时钟源选择位。

bit 4——SSRCG：采样时钟源组位。

bit 3——SIMSAM：同时采样选择位(仅当 CHPS<1:0>=01 或 1x 时适用)。

在 12 位模式(AD12B=1)下，SIMSAM 位未实现，读为 0。

1=同时采样 CH0、CH1、CH2 和 CH3(当 CHPS<1:0>=1x 时)或同时采样 CH0 和 CH1(当 CHPS<1:0>=01 时)；0=按顺序依次采样多个通道中的每一个通道。

bit 2——ASAM：ADC 采样自动启动位。

1=上一次转换结束后立即开始采样，SAMP 位自动置 1；0=SAMP 位置 1 时开始采样。

bit 1——SAMP：ADC 采样使能位。

1=ADC 采样/保持放大器正在采样；0=ADC 采样/保持放大器在保持采样结果。

如果 ASAM=0，由软件写入 1 开始采样；如果 ASAM=1，该位由硬件自动置 1。如果 SSRC<2:0>=000 且 SSRCG=0，由软件写入 0 结束采样并启动转换；如果 SSRC<2:0>≠000，由硬件自动清零来结束采样并启动转换。

bit 0——DONE：ADC 转换状态位。

1=ADC 转换周期完成；0=ADC 转换尚未开始或在进行中。

当模/数转换完成时，由硬件自动置 1。可由软件写入 0 来清零 DONE 状态位(不允许由软件写入 1)。清零该位不会影响进行中的任何操作。在新的转换开始时由硬件自动清零。

表 12-2　ADxCON2——ADCx 控制寄存器 2

R/W-0	R/W-0	R/W-0	U-0	U-0	R/W-0	R/W-0	R/W-0
VCFG<2:0>			—	—	CSCNA	CHPS<1:0>	
bit 15							bit 8

R-0	R/W-0	R/W-0	R/W-0	R/W-0	R/W-0	R/W-0	R/W-0
BUFS	SMPI<4:0>					BUFM	ALTS
bit 7							bit 0

bit 15～bit 13——VCFG<2:0>：ADC 转换器参考电压配置位。

bit 12～bit 11——未实现：读为 0。

bit 10——CSCNA：输入扫描选择位。

1＝扫描采样多路开关 A 选择的 CH0+输入；0＝不扫描输入。

bit 9～bit 8——CHPS<1:0>：通道选择位。

当 AD12B＝1 时，CHPS<1:0>为：U-0(未实现，读为 0)。

1x＝转换 CH0、CH1、CH2 和 CH3，01＝转换 CH0 和 CH1，00＝转换 CH0。

bit 7——BUFS：缓冲区填充状态位(仅当 BUFM＝1 时有效)。

1＝ADC 当前正在填充缓冲区的后半部分，用户应用程序应访问缓冲区前半部分中的数据；0＝ADC 当前正在填充缓冲区的前半部分，用户应用程序应访问缓冲区后半部分中的数据。

bit 6～bit 2——SMPI<4:0>：采样和转换操作位。

对于具有 DMA 且 ADC DMA 使能位(ADDMAEN)置 1 的器件：

x0000＝每完成 1 次采样/转换操作后递增 DMA 地址；

x0001＝每完成 2 次采样/转换操作后递增 DMA 地址；

依次递增 1，以此类推，直至 x1111＝每完成 16 次采样/转换操作后递增 DMA 地址。

对于不具有 DMA 的器件以及具有 DMA 但 ADDMAEN 清零的器件：

00000＝每完成 1 次采样/转换操作后产生 ADC 中断；

00001＝每完成 2 次采样/转换操作后产生 ADC 中断；

依次递增 1，以此类推，直至 11111＝每完成 32 次采样/转换操作后产生 ADC 中断。

bit 1——BUFM：缓冲区填充模式选择位。

1＝在第一次中断发生时从缓冲区的前半部分开始填充，而在下一次中断发生时从缓冲区的后半部分开始填充；0＝总是从起始地址开始填充缓冲区。

bit 0——ALTS：交替输入采样模式选择位。

1＝在第一次采样时使用采样 MUXA 选择的输入通道，而在下一次采样时使用采样 MUXB 选择的输入通道；0＝总是使用采样 MUXA 选择的输入通道。

表 12-3 ADxCON3——ADCx 控制寄存器 3

R/W-0	U-0	U-0	R/W-0	R/W-0	R/W-0	R/W-0	R/W-0
ADRC	—	—	SAMC<4:0>				
bit 15							bit 8
R/W-0	R/W-0	R/W-0	R/W-0	R/W-0	R/W-0	R/W-0	R/W-0
ADCS<7:0>							
bit 7							bit 0

bit 15——ADRC：ADC 转换时钟源位。

1＝ADC 内部 RC 时钟；0＝时钟由系统时钟产生。

bit 14～bit 13——未实现：读为 0。

bit 12～bit 8——SAMC<4:0>：自动采样时间位。

00000＝0T_{AD}；00001＝1T_{AD}；

依次递增 1，以此类推，直至 11111＝31 T_{AD}。(T_{AD}：ADC 时钟周期)

bit 7～bit 0——ADCS<7:0>：ADC 转换时钟选择位。

00000000＝$T_{CY} \times (ADCS<7:0>+1) = 1 \times T_{CY} = T_{AD}$；

00000001＝$T_{CY} \times (ADCS<7:0>+1) = 2 \times T_{CY} = T_{AD}$；

依次递增 1，以此类推，直至 11111111＝$T_{CY} \times (ADCS<7:0>+1) = 256 \times T_{CY} = T_{AD}$。($T_{CY}$：指令周期时钟)

2. ADxCON4(ADCx 控制寄存器 4)

对于具有 DMA 的器件，ADxCON4 用于设置对于分散/集中模式下的每个模拟输入在 DMA 缓冲区中存储的转换结果的数量，具体内容如表 12-4 所示。

表 12-4 ADxCON4——ADCx 控制寄存器 4

U-0	U-0	U-0	U-0	U-0	U-0	U-0	R/W-0
—	—	—	—	—	—	—	ADDMAEN
bit 15							bit 8
U-0	U-0	U-0	U-0	U-0	R/W-0	R/W-0	R/W-0
—	—	—	—	—	DMABL<2:0>		
bit 7							bit 0

bit 15～bit 9——未实现：读为 0。

bit 8——ADDMAEN：ADC DMA 使能位。

1＝转换结果存储在 ADCxBUF0 寄存器中，通过 DMA 传输到随机存取存储器(RAM)中；0＝转换结果存储在 ADCxBUF0～ADCxBUFF 寄存器中，不使用 DMA。

bit 7～bit 3——未实现：读为 0。

bit 2～bit 0——DMABL<2:0>：选择每个模拟输入的 DMA 缓冲单元数量的位。

000＝为每个模拟输入分配 1 字的缓冲区；001＝为每个模拟输入分配 2 字的缓冲区；依次递乘 2，以此类推，直至 111＝为每个模拟输入分配 128 字的缓冲区。

3. ADxCHS123(ADCx 输入通道 1、2 和 3 选择寄存器)和 ADxCHS0(ADCx 输入通道 0 选择寄存器)

ADxCHS123 和 ADxCHS0 寄存器用于选择要连接到 S&H 放大器的输入引脚，其具体内容分别如表 12-5 和表 12-6 所示。

表 12-5　ADxCHS123——ADCx 输入通道 1、2 和 3 选择寄存器

U-0	U-0	U-0	R/W-0	R/W-0	R/W-0	R/W-0	R/W-0
—	—	—	CH123SB<2:1>		CH123NB<1:0>		CH123SB0
bit 15							bit 8
U-0	U-0	U-0	R/W-0	R/W-0	R/W-0	R/W-0	R/W-0
—	—	—	CH123SA<2:1>		CH123NA<1:0>		CH123SA0
bit 7							bit 0

bit 15～bit 13——未实现：读为 0。

bit 12～bit 11——CH123SB<2:1>：采样多路开关 B 的通道 1、2 和 3 的同相输入选择位。

bit 10～bit 9——CH123NB<1:0>：采样多路开关 B 的通道 1、2 和 3 的反相输入选择位。

bit 8——CH123SB0：采样多路开关 B 的通道 1、2 和 3 的同相输入选择位。

bit 7～bit 5——未实现：读为 0。

bit 4～bit 3——CH123SA<2:1>：采样多路开关 A 的通道 1、2 和 3 的同相输入选择位。

bit 2～bit 1——CH123NA<1:0>：采样多路开关 A 的通道 1、2 和 3 的反相输入选择位。

bit 0——CH123SA0：采样多路开关 A 的通道 1、2 和 3 的同相输入选择位。

表 12-6　ADxCHS0——ADCx 输入通道 0 选择寄存器

R/W-0	U-0	U-0	R/W-0	R/W-0	R/W-0	R/W-0	R/W-0
CH0NB	—	—	CH0SB<5:0>				
bit 15							bit 8
R/W-0	U-0	U-0	R/W-0	R/W-0	R/W-0	R/W-0	R/W-0
CH0NA	—	—	CH0SA<5:0>				
bit 7							bit 0

bit 15——CH0NB：采样多路开关 B 的通道 0 的反相输入选择位。

bit 14——未实现：读为 0。

bit 13～bit 8——CH0SB<5:0>：采样多路开关 B 的通道 0 的同相输入选择位。

bit 7——CH0NA：采样多路开关 A 的通道 0 的反相输入选择位。

bit 6——未实现：读为 0。

bit 5～bit 0——CH0SA<5:0>：采样多路开关 A 的通道 0 的同相输入选择位。

4. ADxCSSH(ADCx 输入扫描选择寄存器的高位字)和 ADxCSSL(ADCx 输入扫描选择寄存器的低位字)

ADCSSH/L 用于选择要顺序扫描的输入，ADxCSSH 的所有位(bit 15～bit 0)均是 ADC 输入扫描选择位 CSS<31:16>。1 = 选择对 ANx 进行输入扫描；0 = 输入扫描时跳过 ANx。

ADxCSSL的所有位(bit 15～bit 0)均是 ADC 输入扫描选择位 CSS<15:0>。1 = 选择对 ANx 进行输入扫描；0 = 输入扫描时跳过 ANx。

5. ANSELy(模拟/数字引脚选择寄存器)

ANSELy 寄存器与并行 I/O 端口模块中的数据方向寄存器(TRISx)一起控制 ADC 引脚的操作。其所有位(bit 15～bit 0)均是模拟/数字引脚选择位 ANSy<15:0>。1 = 引脚被配置为模拟输入；0 = 引脚被配置为数字 I/O 引脚。

对于具有 DMA 且 ADDMAEN 置 1 的器件，ADC 模块包含一个单字结果缓冲区 ADC1BUF0。对于不具有 DMA 的器件以及具有 DMA 但 ADDMAEN 清零的器件，ADC 模块包含一个 16 字双端口 RAM，用于缓冲结果。16 个缓冲单元分别为 ADC1BUF0～ADC1BUFF。在器件被复位后，ADC 缓冲寄存器将包含未知数据。

12.1.3 ADC 模块配置

1. ADC 配置

1) 对 ADC 模块禁止使用 DMA

当 ADDMAEN 位(ADxCON4<8>)为 1(默认)时，ADC 模块可以使用 DMA 将转换结果从 ADCxBUF0 寄存器传输到 DMA RAM。当 ADDMAEN 位为 0 时，ADC 模块不能使用 DMA，DMABL<2:0>和 ADDMABM 位不起任何作用。此外，转换结果被存储在 ADCxBUF0～ADCxBUFF 寄存器中。ADDMAEN 位仅在具有 DMA 的器件上可用。

2) ADC 工作模式选择

ADCx 控制寄存器 1 中的 12 位 ADC 工作模式位 AD12B(ADxCON1<10>)允许将 ADC 模块用作 10 位 4 通道 ADC(默认配置)或 12 位单通道 ADC，但在修改 AD12B 位前必须禁止 ADC 模块。表 12-7 列出了不同位设置选择的选项。

表 12-7 ADC 工作模式

AD12B	通道选择
0	10 位 4 通道 ADC
1	12 位单通道 ADC

3) ADC 通道选择

在 10 位模式(AD12B=0)下，用户应用程序可通过 ADCx 控制寄存器 2 中的通道选择位 CHPS<1:0>(ADxCON2<9:8>)选择 1 通道(CH0)、2 通道(CH0 和 CH1)或 4 通道(CH0～CH3)模式。在 12 位模式下，用户应用程序只能使用 CH0。此外，ADC2 只能在 10 位模式下工作。表 12-8 列出了不同位设置选择的通道数。

表 12-8 10 位 ADC 通道选择

CHPS<1:0>	通道选择
00	CH0
01	双通道(CH0 和 CH1)
1x	多通道(CH0～CH3)

4) 参考电压选择

可以通过 ADCx 控制寄存器 2 中的参考电压配置位 VCFG<2:0>(ADxCON2<15:13>)来选择模/数转换的参考电压。表 12-9 列出了不同位设置的参考电压选择。ADC 模块的参考电压高电压(V_{REFH})和参考电压低电压(V_{REFL})可分别由内部 AV_{DD} 和 AV_{SS} 电压轨提供，或分别由外部 $V_{REF}+$ 和 $V_{REF}-$ 输入引脚提供。在低引脚数器件上，外部参考电压引脚可与 AN0 和 AN1 输入复用。当这些引脚与 $V_{REF}+$ 和 $V_{REF}-$ 输入引脚复用时，ADC 模块仍然可以对这些引脚执行转换。加到外部参考电压引脚上的电压必须符合特定的规范。

表 12-9　参考电压选择

VCFG<2:0>	V_{REFH}	V_{REFL}
000	AV_{DD}	AV_{SS}
001	V_{REF+}	AV_{SS}
010	AV_{DD}	V_{REF-}
011	V_{REF+}	V_{REF-}
1xx	AV_{DD}	AV_{SS}

5) ADC 时钟选择

ADC 模块可由指令周期时钟或专用的内部 RC 时钟提供时钟源(见图 12-3)，其中 $T_P = 1/F_P$。当使用指令周期时钟时，可通过时钟分频器驱动指令周期时钟并可选择较低的频率。时钟分频比由 ADCx 控制寄存器 3 中的 ADC 转换时钟选择位 ADCS<7:0>(ADxCON3<7:0>)控制，可选择从 1∶1～1∶256 共 256 种设置。如式(12-1)所示，T_{AD} 由 ADCSx 控制位和器件 T_{CY} 决定。

$$\begin{cases} \text{如果}ADRC = 0,\ ADC\text{时钟周期}T_{AD} = T_{CY}\left(ADCS\langle 7:0\rangle + 1\right) \\ \text{如果}ADRC = 1,\ ADC\text{时钟周期}T_{AD} = T_{ADRC} \end{cases} \tag{12-1}$$

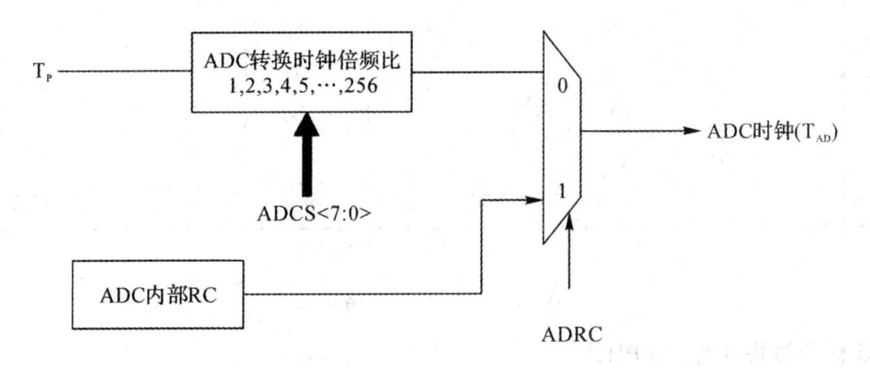

图 12-3　ADC 时钟产生

ADC 模块有一个专用的内部 RC 时钟源，可在休眠模式时执行模/数转换。通过将 ADCx 控制寄存器 3 中的 ADC 转换时钟源位 ADRC(ADxCON3<15>)置 1 来选择内部 RC 振荡器。

此时，ADCS<7:0>位对 ADC 操作没有影响。

6) 输出数据格式选择

图 12-4 给出了 4 种不同数字格式的 ADC 结果。ADCx 控制寄存器 1 中的数据输出格式位 FORM<1:0>(ADxCON1<9:8>)用于选择输出数据格式。11 表示有符号小数格式，10 表示无符号小数格式，01 表示有符号整数格式，00 表示无符号整数格式。

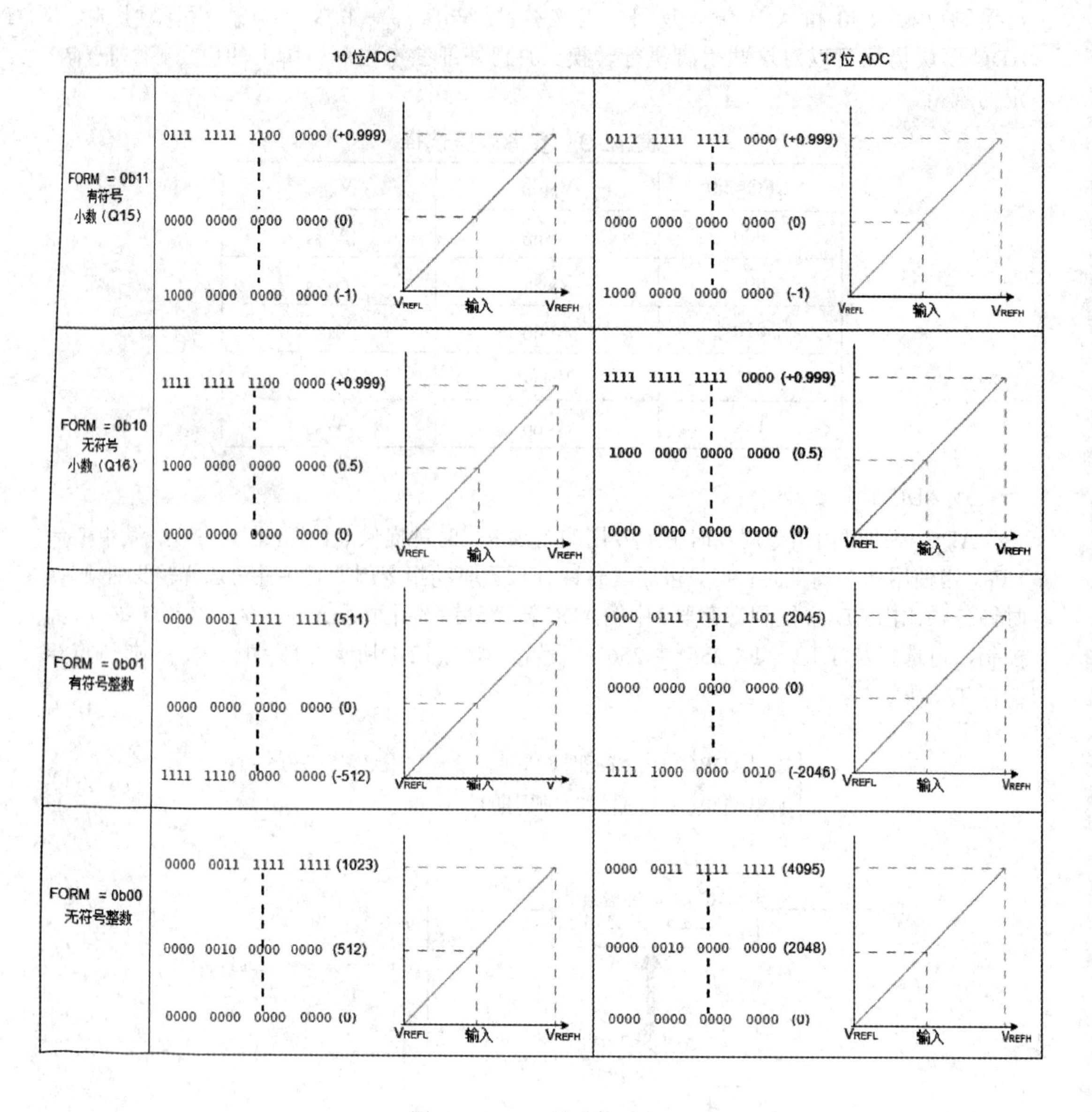

图 12-4　ADC 输出格式

7) 采样和转换操作(SMPI)位

ADCx 控制寄存器 2 中的每次中断采样数控制位 SMPI<4:0>(ADxCON2<6:2>)的功能，对于具有 DMA 的器件、不具有 DMA 的器件以及具有 DMA 但 ADDMAEN 清零的器件是完全不同的。

对于不具有 DMA 或 ADDMAEN 清零的器件，SMPI<4:0>位被称为“每次中断采样数选择”位。对于具有 DMA 且 ADDMAEN 位置 1 的器件，SMPI<4:0>位被称为“DMA 地址递增速率选择”位。

8) 转换触发源

通常需要将采样结束和转换启动与某个其他时间事件同步。ADC 模块可以使用以下触发源之一作为转换触发信号：

(1) 外部中断触发信号(仅限 INT0)；

(2) 定时器中断触发信号；

(3) 电机控制高精度脉冲宽度调制(PWM)特殊事件触发信号；

(4) PTG 触发信号。

9) 配置模拟端口引脚

模拟/数字引脚选择寄存器(ANSELy；y = PORTA、PORTB 和 PORTC 等)用于将引脚配置为模拟输入或数字 I/O。这些寄存器与并行 I/O 端口模块中的数据方向寄存器(TRISx)一起控制 ADC 引脚的操作。

当对应的 ANSy<n>位(ANSELy<n>)置 1 时，引脚被配置为模拟输入。ANSELy 寄存器在复位时置 1，在默认情况下，这使得 ADC 输入引脚复位时被配置为模拟输入。此时，相关的端口 I/O 数字输入缓冲器被禁止，因此不消耗电流。对于作为模拟输入的端口引脚，其对应的 TRIS 位必须置 1，以指定端口引脚为输入。如果与模/数转换输入关联的 I/O 引脚被配置为输出，则 TRIS 位被清零，且端口的数字输出电平(V_{OH}或V_{OL})将被转换。在器件复位后，所有 TRIS 位均置 1。当对应的 ANSy<n>位清零时，引脚被配置为数字 I/O。在该配置中，模拟多路开关的输入连接到 AV_{SS}。当读 ADC 端口寄存器时，任何配置为模拟输入的引脚都读为 0。此时，定义为数字输入的任何引脚上的模拟电压都可能导致输入缓冲器消耗的电流超出器件规范。

10) 使能 ADC 模块

当 ADON 位(ADxCON1<15>)为 1 时，模块处于工作模式，即完全供电、全功能状态。此时写入 SSRCG、SSRC<2:0>、SIMSAM、ASAM、CHPS<1:0>、SMPI<4:0>、BUFM 和 ALTS 位，以及 ADCON3 和 ADCSSL 寄存器，会产生不确定的结果。当 ADON 为 0 时，模块被禁止。电路的数字和模拟部分被关闭，以最大限度节省电流消耗，且必须等待模拟级稳定下来后才能从关闭模式返回工作模式。

11) 关闭 ADC 模块

清零 ADON 位会禁止 ADC 模块(停止所有扫描、采样和转换过程)且会消耗一定量的电流。此时，将 PMD 寄存器中的 ADxMD 位置 1 可以禁止 ADC 模块并停止 ADC 时钟源，从而降低器件的电流消耗。将 ADxMD 位置 1 然后清零会将 ADC 模块寄存器复位为默认状态。此外，任何与 ADC 输入引脚共用其功能的数字引脚都会恢复为模拟功能。当 ADxMD 位置 1 时，这些引脚会被设置为数字功能。在转换期间清零 ADON 位将中止当前的模/数转换，不会用部分完成的转换样本来更新 ADC 缓冲区。

2. ADC 中断产生

使能 DMA 时，SMPI<4:0>位(ADxCON2<6:2>)决定每次 DMA 地址/指针递增，每个通

道(CH0/CH1/CH2/CH3)的采样/转换操作次数。当 ADC 模块进行相应设置，从而使 DMA 缓冲区以转换顺序模式进行写入时，SMPI<4:0>位不起任何作用。如果使能了 DMA 传输，则除非是使用通道扫描或交替采样，否则必须将 SMPI<4:0>位清零。当 SIMSAM 位(ADxCON1<3>)指定顺序采样时，无论 CHPS<1:0>位(ADxCON2<9:8>)指定的通道数如何，ADC 模块对于每次转换和缓冲区中的每个数据样本都会进行一次采样。DMAxCNT 寄存器为所使用的 DMA 通道指定的值对应于缓冲区中数据样本的数量。

对于具有 DMA 且 ADDMAEN 置 1 的器件，在每次转换之后都会产生中断，并将反映 ADCx 中断标志(ADxIF)设置的 DONE 位置 1。对于不具有 DMA 或 ADDMAEN 清零的器件，在转换完成时，ADC 模块会将转换结果写入模/数转换结果缓冲区。ADC 结果缓冲区为 16 字的阵列，可通过 SFR 空间进行访问。用户应用程序会在产生每个模/数转换结果时尝试读取，但会占用较多 CPU 时间。通常，为了简化代码，模块可以将结果填入缓冲区，并在缓冲区填满时产生中断。由于 ADC 模块支持 16 个结果缓冲区，每次中断的最大转换次数不得超过 16。每次 ADC 中断的转换次数(1～16 次)取决于以下参数：

- 选定的 S&H 通道数；
- 顺序或同时采样；
- 每次中断的采样转换序列数位(SMPI<4:0>)设置。

表 12-10 列出了不同配置模式下每次 ADC 中断的转换次数。在 2 通道同时采样模式下，SMPI<4:0>位的设置必须小于 8，在 4 通道同时采样模式下，SMPI<4:0>位的设置必须小于 4。

表 12-10　交替采样模式下每次中断的采样数

CHPS<1:0>	SIMSAM	SMPI<4:0>	转换次数/中断	说明
00	x	N-1	N	1 通道模式
01	0	N-1	N	2 通道顺序采样模式
1x	0	N-1	N	4 通道顺序采样模式
01	1	N-1	2 × N	2 通道同时采样模式
1x	1	N-1	4 × N	4 通道同时采样模式

DONE 位(ADxCON1<0>)会在产生 ADC 中断时置 1，指示所需的采样/转换序列已完成。该位在下个采样/转换序列开始时由硬件自动清零。在不具有 DMA 和 ADDMAEN 清零的器件上，中断的产生基于 SMPI<4:0>和 CHPS 位，因此 DONE 位不是在每次转换后置 1，而是在 ADCx 中断标志(ADxIF)置 1 时置 1。

1) 缓冲区填充模式

当 ADC 控制寄存器 2 中的缓冲区填充模式位 BUFM(ADxCON2<1>)为 1 时，16 字结果缓冲区被分为两个 8 字组：低位字组(ADC1BUF0～ADC1BUF7)和高位字组(ADC1BUF8～ADC1BUFF)。8 字缓冲区在每个 ADC 中断事件后交替接收转换结果。当 BUFM 位置 1 时，每个缓冲区大小都等于 8。因此，每次中断的最大转换次数不得超过 8。当 BUFM 位为 0 时，对于所有转换序列都使用全部 16 字缓冲区。而发生中断后可用于传送缓冲区内容的时间决定是否使用分拆的缓冲区(时间由应用程序决定)。

如果应用程序可以在采样和转换一个通道的时间内快速地卸载整个缓冲区，则 BUFM 位可以为 0，而每次中断最多可以进行 16 次转换。在第一个缓冲单元被覆盖之前，应用程序有一个采样/转换时间。如果处理器不能在采样和转换时间内卸载缓冲区，则 BUFM 位必须为 1。例如，如果每 8 次转换产生一个 ADC 中断，则处理器拥有两次中断之间的全部时间来将 8 次转换移出缓冲区。

2) *缓冲区填充状态*

当使用 BUFM 控制位将转换结果缓冲区分拆时，BUFS 状态位(ADxCON2<7>)指示 ADC 模块当前正在写缓冲区的那一半。如果 BUFS = 0，则说明 ADC 模块正在填充低位字组，用户应用程序应从高位字组读取转换值。如果 BUFS = 1，则说明情况相反，用户应用程序必须从低位字组读取转换值。

3. 为具有 DMA 且 ADDMAEN 置 1 的器件指定转换结果缓冲

ADC 模块包含一个单字只读双端口寄存器(ADCxBUF0)，用于存储模/数转换结果。在触发一个中断之前，可以使用 DMA 数据传输缓冲多个转换结果。两个 ADC 通道(ADC1 和 ADC2)都能触发 DMA 数据传输。此时，应确保 ADDMAEN 位置 1，以使 ADC 模块使用 DMA。根据作为 DMAIRQ 源的 ADC 通道，当采样转换序列使中断模块中的中断标志状态寄存器 x(分别为 IFS0 和 IFS1)中的 ADCx 转换完成中断标志状态位(AD1IF 或 AD2IF)置 1 时，就会发生 DMA 传输。

每次模/数转换的结果都被存储在 ADCxBUF0 寄存器中。如果未为 ADC 模块使能 DMA 通道，则用户应用程序必须在每个结果被下一个转换结果覆盖之前读取。但如果使能了 DMA，则多个转换结果可以自动从 ADCxBUF0 传输到 DMA RAM 区域中的用户定义缓冲区。因此，应用程序可以以最小的软件开销处理若干个转换结果。ADCx 控制寄存器 1 中的 DMA 缓冲区构建模式位 ADDMABM(ADxCON1<12>)决定转换结果填充到 ADC 所使用的 DMA RAM 缓冲区中的方式。如果该位置 1(ADDMABM = 1)，则将数据以转换的顺序写入 DMA 缓冲区。ADC 模块为 DMA 通道提供一个与非 DMA 独立缓冲区相同的地址。如果 ADDMABM 位清零，则 DMA 缓冲区以分散/集中模式写入数据。根据模拟输入的编号和 DMA 缓冲区的大小，ADC 模块为 DMA 通道提供分散/集中模式地址。

当 SIMSAM 位指定同时采样时，缓冲区中数据采样的数量与 CHPS<1:0>位相关。从算法上来说，每次采样的通道数(CH/S)乘以采样次数就是缓冲区中数据采样的数量。为了避免缓冲区溢出而丢失数据，DMAxCNT 寄存器必须设置为所需的缓冲区大小。图 12-5 给出了分散/集中模式下的 DMA 缓冲区，其 AN0、AN1 和 AN2 输入的转换结果按顺序存储，它们的对应存储块中没有任何未用单元。但是，对于通过 CH0 扫描的 4 个模拟输入(AN4、AN5、AN6 和 AN7)，AN5 存储块中的第一个单元、AN6 存储块中的前两个单元、AN7 存储块中的前三个单元均未用，导致 DMA 缓冲区中的数据分配效率比较低。图 12-6 给出了一个与图 12-5 中的配置相同但使用转换顺序模式的示例。在本示例中，DMAxCNT 寄存器配置为在获得 16 个转换结果后产生 DMA 中断。

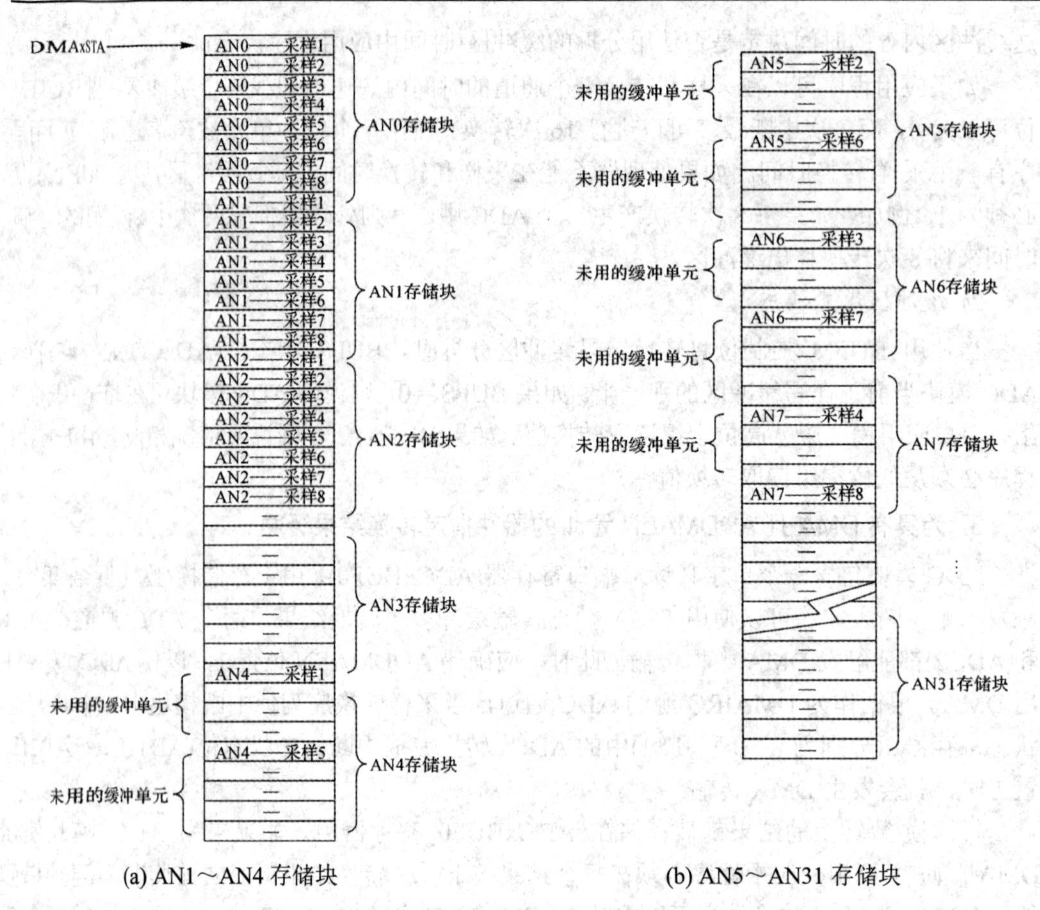

(a) AN1～AN4 存储块　　　　(b) AN5～AN31 存储块

图 12-5　分散/集中模式下的 DMA 缓冲区

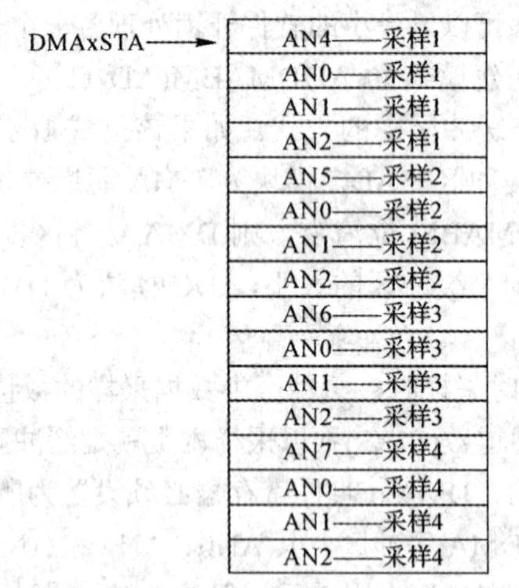

图 12-6　转换顺序模式下的 DMA 缓冲区

4. 读取 ADC 结果缓冲区

RAM 为 10 位或 12 位宽，当对缓冲区执行读操作时，数据自动格式化为由 FORM<1:0>位(ADxCON1<9:8>)选择的 4 种格式之一。格式化硬件在数据总线上为所有数据格式提供一个 16 位结果。图 12-7 和图 12-8 给出了使用 FORM<1:0>控制位选择的数据输出格式。

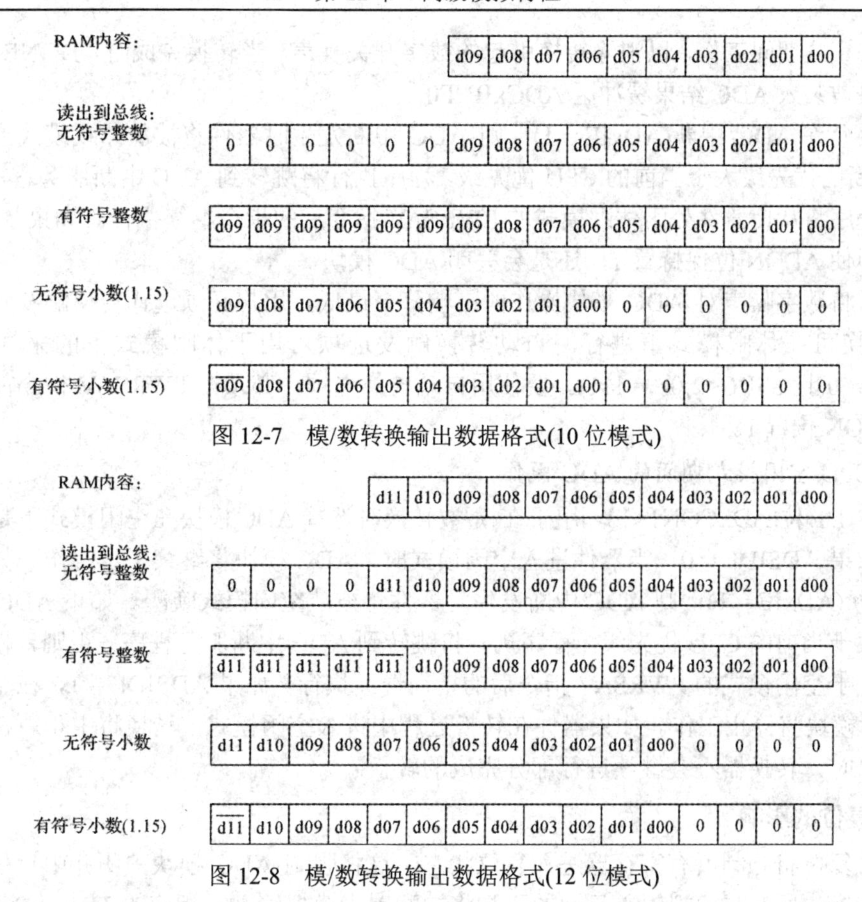

图 12-7　模/数转换输出数据格式(10 位模式)

图 12-8　模/数转换输出数据格式(12 位模式)

5. 连接注意事项

因为模拟输入采用静电释放保护，它们通过二极管连接到 V_{DD} 和 V_{SS}，因此要求模拟输入电压必须介于 V_{DD} 和 V_{SS} 之间。如果输入电压超出此范围即 0.3 V 以上(任一方向上)，就会有一个二极管正向偏置；如果超出输入电流规范可能损坏器件。

输入信号可以通过外接一个 RC 滤波器进行抗混叠滤波，且必须选择合适的 R 元件以确保满足采样时间要求。此外，任何通过高阻抗连接到模拟输入引脚上的外部元件(如电容和齐纳二极管等)在引脚上的泄漏电流都必须非常小。

6. 休眠和空闲模式期间的操作

休眠和空闲模式可将 CPU、总线和其他外设的数字活动减到最少，从而有助于将转换噪声降至最小。

1) 不使用 RC 模/数转换时钟的 CPU 休眠模式

当器件进入休眠模式时，ADC 模块的所有时钟源被关闭并保持逻辑 0 状态。若在转换过程中进入休眠状态，除非 ADC 将其内部 RC 时钟发生器作为时钟源，否则转换会中止。在从休眠模式退出时，转换器不会继续进行部分完成的转换。器件进入或退出休眠模式不会影响寄存器的内容。

2) 使用 RC 模/数转换时钟的 CPU 休眠模式

如果将内部模/数转换 RC 振荡器设置为模/数转换时钟源(ADRC = 1)，ADC 模块就可以在休眠模式期间工作，以消除转换引起的数字开关噪声。当转换完成时，DONE 位置 1，转换结果被装入 ADC 结果缓冲区 ADCxBUF0。

如果允许 ADC 中断(ADxIE = 1)，则 ADC 中断发生时器件将被从休眠模式唤醒。若 ADC 中断的优先级大于当前的 CPU 优先级，程序执行将跳转到 ADC 中断服务程序(ISR)；否则，程序将从使器件处于休眠模式的 PWRSAV 指令后的指令继续执行。如果禁止 ADC 中断，即使 ADON 位保持置 1，还是会关闭 ADC 模块。

为了将数字噪声对 ADC 模块操作的影响降至最低，用户必须选择转换触发源以确保模/数转换可在休眠模式下进行。自动转换触发选项可用于休眠模式下的采样和转换(SSRCG = 0 且 SSRC<2:0> = 111)。要使用自动转换选项，必须在 PWRSAV 指令前的指令中将 ADON 位置 1。

3) CPU 空闲模式期间的 ADC 操作

ADSIDL 位(ADxCON1<13>)用于在模/数转换时选择 ADC 模块在空闲模式下是否继续工作。如果 ADSIDL = 0，当器件进入空闲模式时，ADC 模块将继续正常工作。如果允许 ADC 中断(ADxIE = 1)，则 ADC 中断发生时器件将被从空闲模式唤醒。如果 ADC 中断的优先级大于当前的 CPU 优先级，程序执行将跳转到 ADC 中断服务程序；否则，程序将从使器件处于空闲模式的 PWRSAV 指令后的指令继续执行。如果 ADSIDL = 1，在空闲模式下 ADC 模块将停止工作。如果器件在转换过程中进入空闲模式，转换将中止。在从空闲模式退出时，转换器不会继续进行部分完成的转换。

7. 复位的影响

器件复位将强制所有寄存器进入复位状态。这将强制 ADC 模块关闭并中止任何正在进行的转换。所有与模拟输入复用的引脚将被配置为模拟输入。相应的 TRIS 位将被置 1。复位时，由于 ADCxBUF0～ADCxBUFF 寄存器包含不确定的数据，因此上述寄存器不会初始化。

12.1.4 采样和转换

1. 采样和转换序列概述

采样和转换是独立控制的。图 12-9 给出了模/数转换过程包含的三个步骤：

(1) 输入电压信号连接到采样电容；

(2) 采样电容断开与输入的连接；

(3) 存储的电压被转换为等值的数字位。

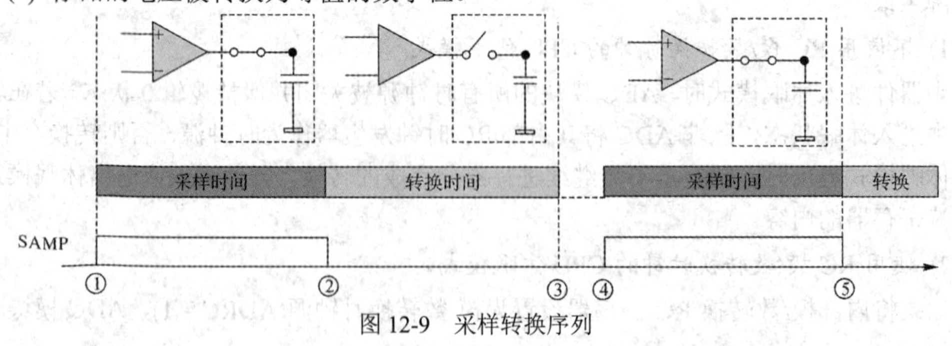

图 12-9　采样转换序列

1) 采样时间

采样时间是选定的模拟输入连接到采样电容的时间。通常要求有一个最小采样时间，以确保 S&H 放大器为模/数转换提供所需的精度，在接收到转换触发信号或结束采样过程之后，ADC 模块需要经过一定数量的模/数转换时钟周期才会开始转换。采样阶段可设置为在转换时自动启动，或通过手动将 ADC 控制寄存器 1 中的采样位 SAMP(ADxCON1<1>)置 1 来启动。采样阶段由 ADC 控制寄存器 1 中的自动采样位 ASAM(ADxCON1<2>)控制。当 ASAM = 0 时，手动采样；当 ASAM = 1 时，自动采样。如果使能了自动采样，则 ADC 模块花费的采样时间(T_{SMP})等于由 SAMC<4:0>位(ADxCON3<12:8>)定义的 T_{AD} 周期数：

$$T_{SMP} = SAMC\langle 4:0\rangle \times T_{AD} \tag{12-2}$$

其中：T_{AD} 为 ADC 时钟周期。

如果需要进行手动采样，则用户软件必须提供足够的时间，以确保有足够的采样时间。

2) 转换时间

转换启动(Start Of Conversion, SOC)用于触发信号结束采样时间并开始模/数转换。在转换周期期间，采样电容断开与多路开关的连接，存储的电压被转换为等值的数字位。10 位和 12 位模式的转换时间分别如式(12-3)和式(12-4)所示。采样时间和模/数转换时间之和就是总转换时间。为了正确进行模/数转换，必须选择模/数转换时钟，以确保最小 T_{AD} 时间。

$$T_{CONV} = 12 \times T_{AD} \tag{12-3}$$

$$T_{CONV} = 14 \times T_{AD} \tag{12-4}$$

其中：T_{CONV} 为转换时间。

SOC 可以由多种硬件源触发，或通过用户软件以手动方式控制。启动转换的触发源由 ADCx 控制寄存器 1 中的 SOC 触发源选择位 SSRC<2:0>(ADxCON1<7:5>)选择。采样时钟源组位 SSRCG(ADxCON1<4>)用于在两组之间进行选择。SSRCx 位根据所选择的组来提供不同的采样时钟源。

3) 手动采样和手动转换序列

在手动采样和手动转换序列中，将 ADCx 控制寄存器 1 中的采样位 SAMP(ADxCON1<1>)置 1 会启动采样，而将 SAMP 位清零则会终止采样并启动转换(见图 12-10)。用户应用程序必须对置 1 和清零 SAMP 位定时，以确保有足够的采样时间对输入信号进行采样。

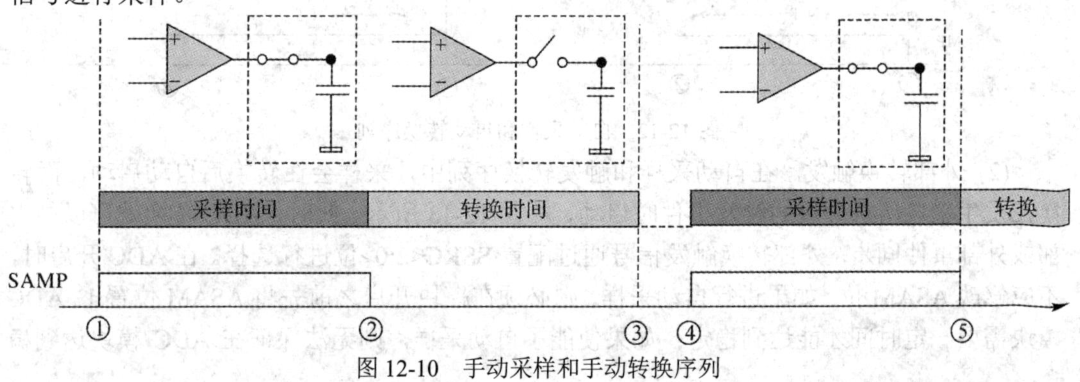

图 12-10　手动采样和手动转换序列

图中序号①表示通过软件将 SAMP 位(ADxCON1<1>)置 1 启动采样，序号②表示将 SAMP 位清零启动转换，序号③表示转换完成，序号④表示通过软件将 SAMP 位置 1 启动采样，序号⑤表示将 SAMP 位清零以启动转换。

4) 自动采样和手动转换序列

在自动采样和手动转换序列下，采样将在前一个采样的转换完成之后自动开始。在清零 SAMP 位(ADxCON1<1>)之前，用户应用程序必须先为采样分配足够的时间，然后通过清零 SAMP 位启动转换，如图 12-11 所示。

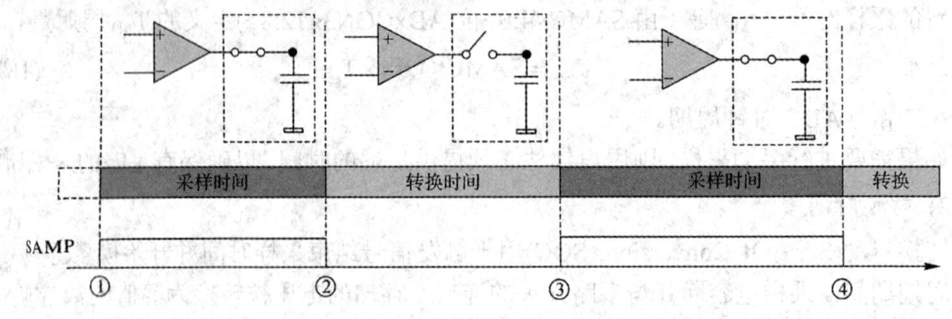

图 12-11　自动采样和手动转换序列

图中序号①表示采样将在前一个采样的转换完成之后自动开始，序号②表示通过软件将 SAMP 位(ADxCON1<1>)清零启动转换，序号③表示转换完成，采样将在前一个采样的转换完成之后自动开始，序号④表示通过软件将 SAMP 位清零以启动转换。

5) 自动采样和自动转换序列

(1) 对转换触发计时。自动转换方法提供了采样和转换模拟输入的更为自动化的过程，如图 12-12 所示。采样周期是自定时的，转换会在自定时采样周期终止时自动启动。ADxCON3 寄存器中的自动采样时间位 SAMC<4:0>(ADxCON3<12:8>)为采样周期选择 0～31 个 ADC 的 T_{AD}。SSRCG 位设置为 0，SSRC<2:0>位设置为 111，以选择内部计数器作为采样时钟源，并用于结束采样并启动转换。

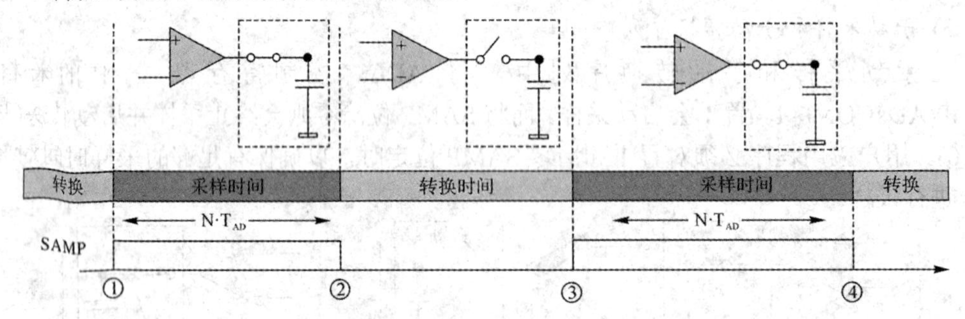

图 12-12　自动采样和自动转换序列

(2) 外部转换触发。在自动采样和触发转换序列中，采样会在转换后自动启动，而转换在发生来自所选外设的触发事件时启动，如图 12-13 所示。此时，ADC 转换就可以与内部或外部事件同步。外部转换触发信号通过配置 SSRC<2:0>位进行选择。在 ADC 开启时，不应修改 ASAM 位。如果进行自动采样，则必须在模块开启之前先将 ASAM 位置 1。ADC 模块需要一定时间才能达到稳定；如果使能了自动采样，则无法保证在 ADC 模块达到稳定之前，最初的 ADC 结果是正确的。所以需要根据模/数转换时钟速度，丢弃前几个 ADC 结果。

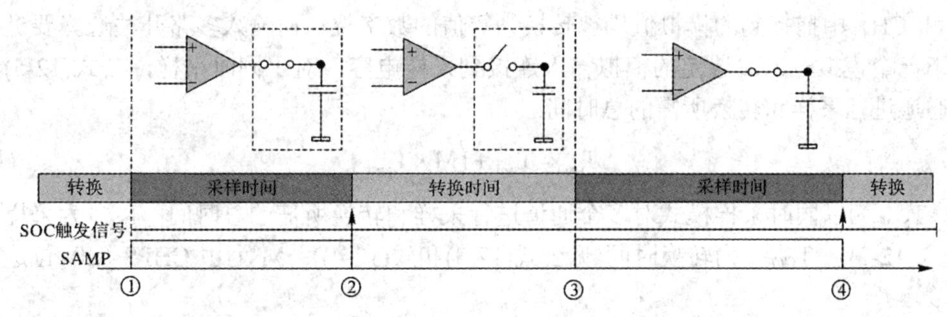

图 12-13 自动采样和触发转换序列

6) 多通道采样转换序列

多通道模/数转换器通常使用输入多路开关按顺序转换每个输入通道，同时采样多个信号以确保所有的模拟输入的快照在同一时间发生，尤其对于不同通道之间存在相位信息的情况。顺序采样在每个模拟输入的转换开始之前获得输入的快照，如图 12-14 所示。多个输入的采样之间没有任何关系。例如，电机控制和电源监视需要测量电压和电流，以及它们之间的相位角。

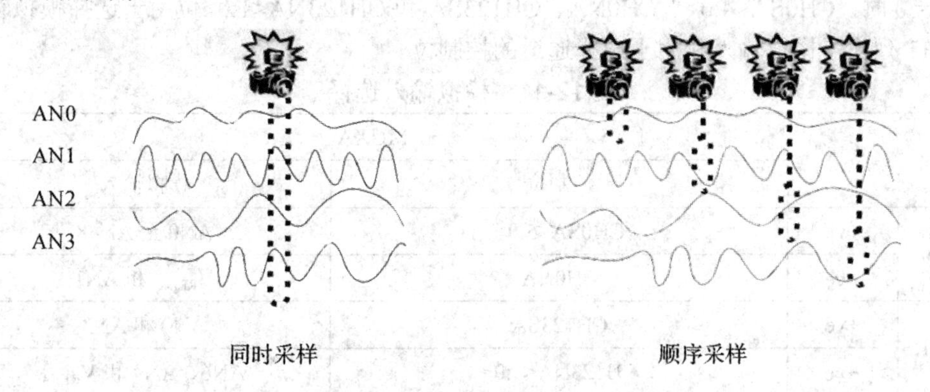

图 12-14 同时采样和顺序采样

图 12-15 给出了 ADC 模块同时采样流程，通过使用 2 个 S&H 通道同时对输入进行采样，然后按顺序对每个通道执行转换。同时采样模式通过将 ADCx 控制寄存器 1 中的同时采样位 SIMSAM(ADxCON1<3>)置 1 来选择。默认情况下，会顺序采样和转换通道。当 SIMSAM = 时，启动顺序采样；当 SIMSAM = 1 时，启动同时采样。

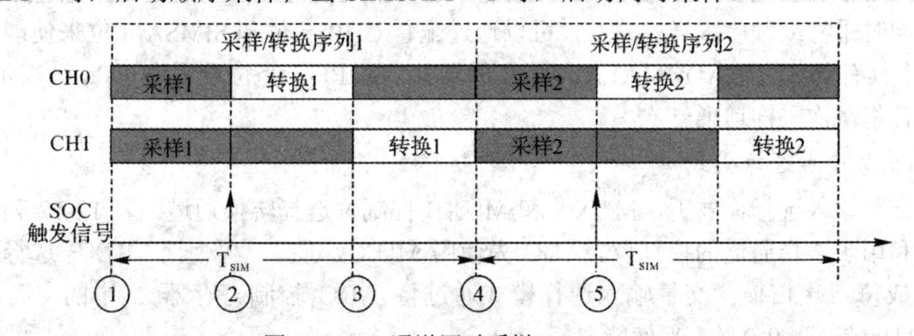

图 12-15 2 通道同时采样(ASAM = 1)

CH0～CH1 输入多路开关选择要进行采样的模拟输入，选定的模拟输入连接到采样电容。发生 SOC 触发时，CH0～CH1 采样电容从多路开关断开，以便同时采样模拟输入。CH0 和 CH1 中捕捉到的模拟值均被转换为等值的数字位。而输入多路开关选择要进行采样的下一个模拟输入。选定的模拟输入连接到采样电容。对于同时采样，公式(12-5)给出了对通道进行采样和转换所需的总时间：

$$T_{SIM} = T_{SMP} + \left(M \times T_{CONV}\right) \tag{12-5}$$

其中：T_{SIM} 为以同时采样模式对多个通道进行采样和转换所需的总时间；T_{SMP} 为采样时间(见公式(12-2))；T_{CONV} 为转换时间(见公式(12-3)和式(12-4))；M 为由 CHPS<1:0>位选择的通道数。

2. 转换的模拟输入选择

ADC 模块提供了为转换选择模拟输入的灵活机制：固定输入选择、交替输入选择和通道扫描(仅限 CH0)。

1) 固定输入选择

10 位 ADC 配置可以使用最多 4 个 S&H 通道，指定为 CH0～CH3；而 12 位 ADC 配置只能使用 1 个 S&H 通道 CH0。S&H 通道通过模拟多路开关连接到模拟输入引脚。当 ALTS = 0 时，CH0SA<4:0>、CH0NA、CH123SA 和 CH123NA<1:0>位用于选择模拟输入。表 12-11 列出了模拟输入和用于选择通道的控制位。

表 12-11 模拟输入选择

		MUXA	
		控制位	模拟输入
CH0	+ve	CH0SA<5:0>	AN0 至 AN48
	−ve	CH0NA	V_{REF-} 和 AN1
CH1	+ve	CH123SA	AN0 和 AN3
	−ve	CH123NA<1:0>	AN6、AN9 和 V_{REF-}
CH2	+ve	CH123SA	AN0、AN1、AN4 和 AN25
	−ve	CH123NA<1:0>	AN7、AN10 和 V_{REF-}
CH3	+ve	CH123SA	AN2、AN5、AN6 和 AN25
	−ve	CH123NA<1:0>	AN8、AN11 和 V_{REF-}

在同时采样或顺序采样模式下，可以通过配置 CHPSx 位和 SIMSAM 位来使能全部通道。对于具有 DMA 且 ADDMAEN 位置 1 的器件，SMPI<4:0>位设置为 00000，表示 DMA 地址指针将每次采样递增一次。

2) 交替输入选择模式

在交替输入选择模式下，MUXA 和 MUXB 控制位选择转换通道。表 12-12 列出了模拟输入和用于选择通道的控制位。ADC 先使用 MUXA 选择，再使用 MUXB 选择，两者交替完成每一次扫描。交替输入选择模式通过将 ADC 控制寄存器 2 中的交替采样位 ALTS(ADxCON2<0>)置 1 来使能。

表 12-12　模拟输入选择

		MUXA		MUXB	
		控制位	模拟输入	控制位	模拟输入
CH0	+ve	CH0SA<5:0>	AN0 至 AN48	CH0SB<5:0>	AN0～AN48
	−ve	CH0NA	V_{REF-} 和 AN1	CH0NB	AN0～AN12
CH1	+ve	CH123SA	AN0 和 AN3	CH123SB	AN0 和 AN3
	−ve	CH123NA<1:0>	AN6、AN9 和 V_{REF-}	CH123NB<1:0>	AN6、AN9 和 V_{REF-}
CH2	+ve	CH123SA	AN0、AN1、AN4 和 AN25	CH123SB	AN0、AN1、AN4 和 AN25
	−ve	CH123NA<1:0>	AN7、AN10 和 V_{REF-}	CH123NB<1:0>	AN7、AN10 和 V_{REF-}
CH3	+ve	CH123SA	AN2、AN5、AN6 和 AN25	CH123SB	AN2、AN5、AN6 和 AN25
	−ve	CH123NA<1:0>	AN8、AN11 和 V_{REF-}	CH123NB<1:0>	AN8、AN11 和 V_{REF-}

模拟输入多路开关由 AD1CHS123 和 AD1CHS0 寄存器控制。两组指定为 MUXA(CHySA/CHyNA)和 MUXB(CHySB/CHyNB)的控制位用于选择转换的特定输入源。其中，MUXB 控制位用于交替输入选择模式。

3) 通道扫描

ADC 模块支持使用 CH0(S&H 通道 0)的通道扫描模式。扫描的输入数可由软件选择，且可以为转换选择模拟输入(AN0～AN31，取决于具体器件上存在的模拟输入数量)的任何子集，选定输入按升序转换。例如，如果输入选择包括 AN4、AN1 和 AN3，转换序列将是 AN1、AN3 和 AN4。转换序列选择是通过对 ADCx 通道选择寄存器(ADxCSSL)进行编程实现的。ADCx 通道选择寄存器中的逻辑 1，标识要包含在转换序列中的相关模拟输入通道。通道扫描模式将 ADCx 控制寄存器 2 中的通道扫描位 CSCNA(ADxCON2<10>)置 1 来使能。在此模式下，MUXA 软件控制被忽略，ADC 模块对使能的通道按顺序进行扫描。

3. 模/数转换采样要求

模/数转换的总采样时间与内部放大器稳定时间和保持电容充电时间有关。为了使 ADC 模块达到规定的精度，必须让充电保持电容(C_{HOLD})充分充电至模拟输入引脚上的电压。模拟输出源阻抗(R_S)、片内走线等效电阻(R_{IC})和内部采样开关阻抗(R_{SS})共同影响着电容 C_{HOLD} 充电所需的时间。因此合并的源阻抗必须足够小，以便在选择的采样时间内对保持电容进行充分充电。为了将引脚泄漏电流对 ADC 模块精度的影响降到最低，建议使用的最大信号源阻抗 R_S 为 200 Ω。选择了模拟输入通道后，采样工作必须在启动转换前完成。在每次采样操作前，内部保持电容处于放电状态。两次转换之间必须留出最小时间段作为采样时间。图 12-16 和图 12-17 分别给出了 10 位和 12 位 ADC 模式的模拟输入模型。(C_{PIN} 值(输入电容)取决于器件封装，但未经测试。如果 $R_s \leq 500\ \Omega$，C_{PIN} 的影响可忽略；V_T 为阈值电压，$I_{LEAKAGE}$ 为各连接点在引脚上产生的泄漏电流。

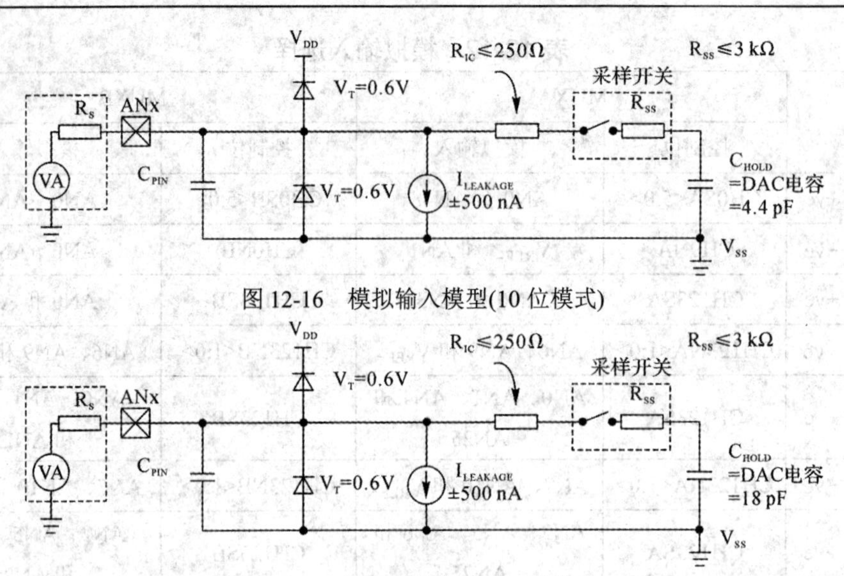

图 12-16　模拟输入模型(10 位模式)

图 12-17　模拟输入模型(12 位模式)

4. 传递函数

图 12-18 给出了 ADC 模块的理想传递函数。输入电压差($V_{INH} - V_{INL}$)与参考电压差($V_{REFH} - V_{REFL}$)进行比较。

- 输入电压为(($V_{EFH} - V_{EFL}$) / 2048)或 0.5 LSb 时，发生第一个代码转换(A)；
- 0000000001 代码中点位于(($V_{EFH} - V_{REFL}$) / 1024)或 1.0 LSb(B)；
- 1000000000 代码中点位于(512 × ($V_{REFH} - V_{REFL}$) / 1024)(C)；
- 小于(1 × ($V_{REFH} - V_{REFL}$) / 2048)的输入电压被转换为 0000000000(D)；
- 大于(2045 × ($V_{REFH} - V_{REFL}$) / 2048)的输入电压被转换为 1111111111(E)。

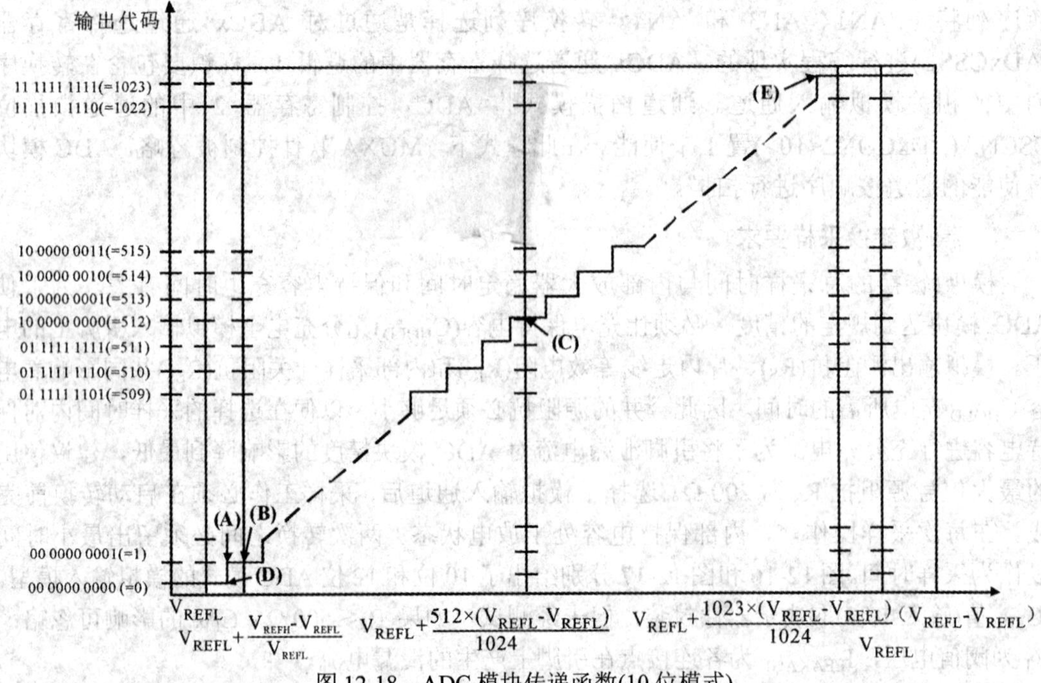

图 12-18　ADC 模块传递函数(10 位模式)

12.2　运放/比较器模块

12.2.1　简介

dsPIC33EV 系列器件最多包含 5 个比较器，可以用不同方式对其进行配置。其中，CMP1、CMP2、CMP3 和 CMP5 还可以选择配置为运放，将输出送到外部引脚来进行增益/滤波连接。如图 12-19 所示，各比较器选项都通过比较器模块的 SFR 控制位指定。通过这些选项，用户可以：

- 选择触发信号和中断产生边沿；
- 配置比较器参考电压；
- 配置带隙；
- 配置输出消隐和屏蔽；
- 配置为比较器或运放。

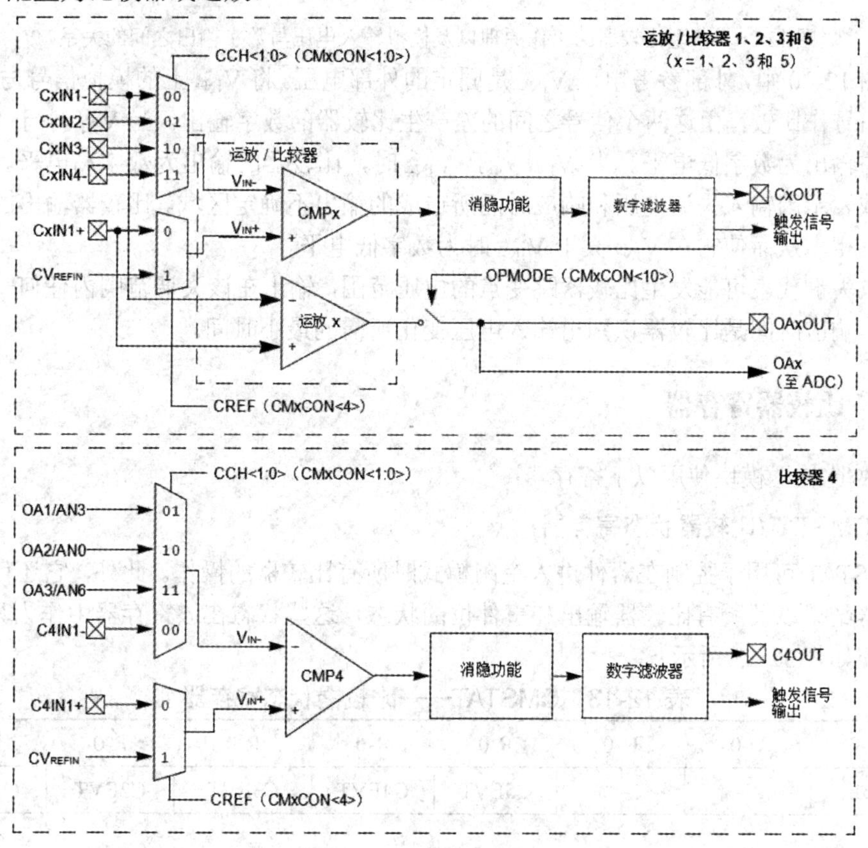

图 12-19　运放/比较器 x 模块框图

运放/比较器和比较器工作模式通过 CMxCON 寄存器进行配置。其中包括运放或比较器模式、比较器极性选择和反相/同相比较器极性以及输入选择选项。此外，还提供了由比较器参考电压控制(CVRCON)寄存器配置的梯形电阻网络生成的内部参考电压的选项。

图 12-20 给出了典型比较器的工作原理以及模拟输入电压与数字输出之间的关系。根据比较器的工作模式，被监视的模拟信号与外部参考电压或内部参考电压相比较，任意一个比较器均可配置为使用相同或不同的参考源。例如，可以让一个比较器使用外部参考电压，而其他比较器使用内部参考电压。

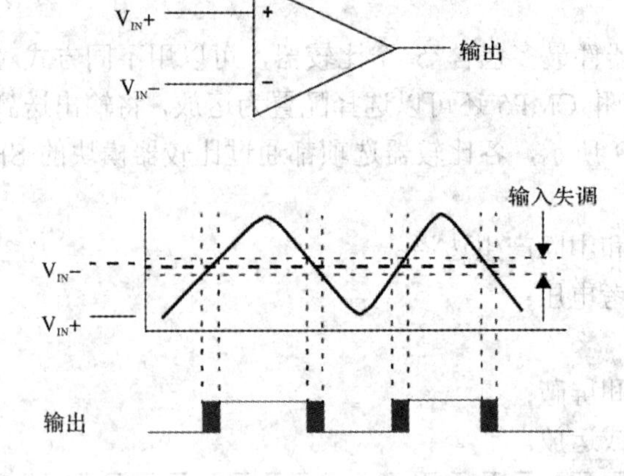

图 12-20　典型比较器的工作原理以及模拟输入电压与数字输出之间的关系

在图 12-20 中，外部参考电压 V_{IN-} 是固定的外部电压。将 V_{IN+} 上的模拟信号与 V_{IN-} 上的参考信号作比较，由这两个信号之间的差产生比较器的数字输出。当 V_{IN+} 小于 V_{IN-} 时，比较器的输出为数字低电平。当 V_{IN+} 大于 V_{IN-} 时，比较器的输出为数字高电平。输出的阴影区域表示因输入失调电压和响应时间所造成的输出不确定区域。比较器输出的极性可以进行反相，从而使它在 V_{IN+} 大于 V_{IN-} 时为数字低电平。

输入失调代表可能发生比较器跳变点的电压范围，输出在该失调范围内任何一点都可能跳变。响应时间是比较器识别出输入电压变化所需的最小时间。

12.2.2　比较器寄存器

运放/比较器模块使用以下寄存器：

1. CMSTAT(比较器状态寄存器)

CMSTAT 可用于控制在器件进入空闲模式时所有比较器的操作。此外，它还可提供所有比较器结果以及所有比较器输出和事件位的状态，这些状态在该寄存器中作为只读位，具体内容如表 12-13 所示。

表 12-13　CMSTAT——比较器状态寄存器

R/W-0	U-0	U-0	R-0	R-0	R-0	R-0	R-0
PSIDL	—	—	C5EVT	C4EVT	C3EVT	C2EVT	C1EVT
bit 15							bit 8

U-0	U-0	U-0	R-0	R-0	R-0	R-0	R-0
—	—	—	C5OUT	C4OUT	C3OUT	C2OUT	C1OUT
bit 7							bit 0

bit 15——PSIDL：比较器空闲模式停止位。

1 = 当器件进入空闲模式时，所有比较器停止工作；0 = 在空闲模式下所有比较器继续工作。

bit 14～bit 13——未实现：读为 0。

bit 12～bit 8——CxEVT：比较器 x 事件状态位。

1 = 发生了比较器事件；0 = 未发生比较器事件。

bit 7～bit 5——未实现：读为 0。

bit 4～bit 0——CxOUT：比较器 x 输出状态位。

当 CPOL = 0 时，$1 = V_{IN+} > V_{IN-}$，$0 = V_{IN+} < V_{IN-}$；

当 CPOL = 1 时，$1 = V_{IN+} < V_{IN-}$，$0 = V_{IN+} > V_{IN-}$。

2. CMxCON(运放/比较器 x 控制寄存器(x = 1、2、3 或 5))

应用程序可以通过 CMxCON 使能、配置并操作各个比较器/运放(x = 1、2、3 或 5)，具体内容如表 12-14 所示。

表 12-14 CMxCON——比较器 x 控制寄存器(x = 1、2、3 或 5)

R/W-0	R/W-0	R/W-0	U-0	U-0	R/W-0	R/W-0	R-0
CON	COE	CPOL	—	—	OPAEN	CEVT	COUT
bit 15							bit 8

R/W-0	R/W-0	U-0	R/W-0	U-0	U-0	R/W-0	R/W-0
EVPOL1	EVPOL0	—	CREF	—	—	CCH1	CCH0
bit 7							bit 0

bit 15——CON：运放/比较器 x 使能位。

1 = 使能运放/比较器 x；0 = 禁止运放/比较器 x。

bit 14——COE：比较器 x 输出使能位。

1 = 比较器输出出现在 CxOUT 引脚上；0 = 比较器输出仅在内部有效。

bit 13——CPOL：比较器 x 输出极性选择位。

1 = 比较器输出反相；0 = 比较器输出不反相。

bit 12～bit 11——未实现：读为 0。

bit 10——OPAEN：运放 x 使能位。1 = 使能运放；0 = 禁止运放。

bit 9——CEVT：比较器 x 事件位。

1 = 根据 EVPOL<1:0>设置发生了比较器事件，禁止未来的触发和中断，直到该位清零为止。0 = 未发生比较器事件。

bit 8——COUT：比较器 x 输出位。

当 CPOL = 0 时(极性不反相)，$1 = V_{IN+} > V_{IN-}$，$0 = V_{IN+} < V_{IN-}$；

当 CPOL = 1 时(极性反相)，$1 = V_{IN+} < V_{IN-}$，$0 = V_{IN+} > V_{IN-}$。

bit 7～bit 6——EVPOL<1:0>：触发/事件/中断极性选择位。

11 = 在比较器输出发生任何变化时产生触发/事件/中断(当 CEVT = 0 时)。10 = 仅在极性选定的比较器输出从高电平跳变为低电平时产生触发/事件/中断(当 CEVT = 0 时)。如果 CPOL = 1(极性反相)，比较器输出从低电平跳变为高电平。如果 CPOL = 0(极性不反相)，比较器输出从高电平跳变为低电平。01 = 仅在极性选定的比较器输出从低电平跳变为高电平时产生触发/事件/中断(当 CEVT = 0 时)。如果 CPOL = 1(极性反相)，比较器输出从高电平跳变为低电平。如果 CPOL = 0(极性不反相)，比较器输出从低电平跳变为高电平。00 = 禁止产生触发/事件/中断。

bit 5——未实现：读为 0。

bit 4——CREF：比较器 x 参考电压选择位(V_{IN+} 输入)。

1 = V_{IN+} 输入连接到内部 CV_{REFIN} 电压；0 = V_{IN+} 输入连接到 CxIN1+ 引脚。

bit 3～bit 2——未实现：读为 0。

bit 1～bit 0——CCH<1:0>：运放/比较器 x 通道选择位。

11 = 运放/比较器的反相输入连接到 CxIN4− 引脚；10 = 运放/比较器的反相输入连接到 CxIN3− 引脚；01 = 运放/比较器的反相输入连接到 CxIN2− 引脚；00 = 运放/比较器的反相输入连接到 CxIN1− 引脚。

3. CM4CON(比较器 4 控制寄存器)

CM4CON 的具体内容如表 12-15 所示。

表 12-15　CM4CON——比较器 4 控制寄存器

R/W-0	R/W-0	R/W-0	U-0	U-0	U-0	R/W-0	R-0
CON	COE	CPOL	—	—	—	CEVT	COUT
bit 15							bit 8
R/W-0	R/W-0	U-0	R/W-0	U-0	U-0	R/W-0	R/W-0
EVPOL1	EVPOL0	—	CREF	—	—	CCH1	CCH0
bit 7							bit 0

bit 15——CON：运放/比较器 4 使能位。1 = 使能比较器；0 = 禁止比较器。

bit 14——COE：比较器 4 输出使能位。

1 = 比较器输出出现在 C4OUT 引脚上；0 = 比较器输出仅在内部有效。

bit 13——CPOL：比较器 4 输出极性选择位。1 = 比较器输出反相；

0 = 比较器输出不反相。

bit 12～bit 10——未实现：读为 0。

bit 9——CEVT：比较器 4 事件位。

1 = 根据 EVPOL<1:0>设置发生了比较器事件；禁止未来的触发和中断，直到该位清零为止。0 = 未发生比较器事件。

bit 8——COUT：比较器 4 输出位。

当 CPOL = 0 时(极性不反相)，1 = $V_{IN+} > V_{IN-}$，0 = $V_{IN+} < V_{IN-}$；

当 CPOL = 1 时(极性反相)：1 = $V_{IN+} < V_{IN-}$，0 = $V_{IN+} > V_{IN-}$。

bit 7～bit 6——EVPOL<1:0>：触发/事件/中断极性选择位。

11＝在比较器输出发生任何变化时产生触发/事件/中断(当 CEVT＝0 时)。10＝仅在极性选定的比较器输出从高电平跳变为低电平时产生触发/事件/中断(当 CEVT＝0 时)。

如果 CPOL＝1(极性反相)，比较器输出从低电平跳变为高电平。

如果 CPOL＝0(极性不反相)，比较器输出从高电平跳变为低电平。

01＝仅在极性选定的比较器输出从低电平跳变为高电平时产生触发/事件/中断(当 CEVT＝0 时)。如果 CPOL＝1(极性反相)，比较器输出从高电平跳变为低电平。如果 CPOL＝0(极性不反相)，比较器输出从低电平跳变为高电平。

00＝禁止产生触发/事件/中断。

bit 5——未实现：读为 0。

bit 4——CREF：比较器 4 参考电压选择位(V_{IN+}输入)。

1＝U_{IN+} 输入连接到内部 CV_{REFIN} 电压；0＝U_{IN+} 输入连接到 C4IN1+ 引脚。

bit 3～bit 2——未实现：读为 0。

bit 1～bit 0——CCH<1:0>：比较器 4 通道选择位。

11＝比较器的 V_{IN-} 输入连接到 C4IN4－引脚；10＝比较器的 V_{IN-} 输入连接到 C4IN3－引脚；01＝比较器的 V_{IN-} 输入连接到 C4IN2－引脚；00＝比较器的 V_{IN-} 输入连接到 C4IN1－引脚。

4. CMxMSKSRC(比较器 x 屏蔽源选择控制寄存器)

应用程序可以通过该寄存器选择消隐功能的输入源，具体内容如表 12-16 所示。

表 12-16　CMxMSKSRC——比较器 x 屏蔽源选择控制寄存器

U-0	U-0	U-0	U-0	R/W-0	R/W-0	R/W-0	RW-0
—	—	—	—	SELSRCC<3:0>			
bit 15							bit 8

R/W-0	R/W-0	R/W-0	R/W-0	R/W-0	R/W-0	R/W-0	R/W-0
SELSRCB<3:0>				SELSRCA<3:0>			
bit 7							bit 0

bit 15～bit 12——未实现：读为 0。

bit 11～bit 8——SELSRCC<3:0>：屏蔽器 C 输入选择位。

这些位选择 FLTx、PTGx 和 PWMx 输入作为屏蔽源。

bit 7～bit 4——SELSRCB<3:0>：屏蔽器 B 输入选择位。

这些位选择 FLTx、PTGx 和 PWMx 输入作为屏蔽源。

bit 3～bit 0——SELSRCA<3:0>：屏蔽器 A 输入选择位。

这些位选择 FLTx、PTGx 和 PWMx 输入作为屏蔽源。

5. CMxMSKCON(比较器 x 屏蔽器门控寄存器)

应用程序可以通过 CMxMSKCON 指定消隐功能逻辑，具体内容如表 12-17 所示。

表 12-17　CMxMSKCON——比较器 x 屏蔽器门控寄存器

R/W-0	U-0	R/W-0	R/W-0	R/W-0	R/W-0	R/W-0	R/W-0
HLMS	—	OCEN	OCNEN	OBEN	OBNEN	OAEN	OANEN
bit 15							bit 8

R/W-0	R/W-0	R/W-0	R/W-0	R/W-0	R/W-0	R/W-0	R/W-0
NAGS	PAGS	ACEN	ACNEN	ABEN	ABNEN	AAEN	AANEN
bit 7							bit 0

bit 15——HLMS：高电平或低电平屏蔽选择位。

1 = 屏蔽(消隐)功能将阻止任何置为有效(0)的比较器信号的传递；0 = 屏蔽(消隐)功能将阻止任何置为有效(1)的比较器信号的传递。

bit 14——未实现：读为 0。

bit 13——OCEN：或门 C 输入使能位。

1=MCI 连接到或门；0=MCI 不连接到或门。

bit 12——OCNEN：反相或门 C 输入使能位。

1=反相 MCI 连接到或门；0=反相 MCI 不连接到或门。

bit 11——OBEN：或门 B 输入使能位。

1=MBI 连接到或门；0=MBI 不连接到或门。

bit 10——OBNEN：反相或门 B 输入使能位。

1=反相 MBI 连接到或门；0=反相 MBI 不连接到或门。

bit 9——OAEN：或门 A 输入使能位。

1=MAI 连接到或门；0=MAI 不连接到或门。

bit 8——OANEN：反相或门 A 输入使能位。

1=反相 MAI 连接到或门；0=反相 MAI 不连接到或门。

bit 7——NAGS：反相与门输出使能位。

1=反相 ANDI 连接到与门；0=反相 ANDI 不连接到与门。

bit 6——PAGS：与门输出使能位。

1=ANDI 连接到与门；0=ANDI 不连接到与门。

bit 5——ACEN：与门 C 输入使能位。

1=MCI 连接到与门；0=MCI 不连接到与门。

bit 4——ACNEN：反相与门 C 输入使能位。

1=反相 MCI 连接到与门；0=反相 MCI 不连接到与门。

bit 3——ABEN：与门 B 输入使能位。

1=MBI 连接到与门；0=MBI 不连接到与门。

bit 2——ABNEN：反相与门 B 输入使能位。

1=反相 MBI 连接到与门；0=反相 MBI 不连接到与门。

bit 1——AAEN：与门 A 输入使能位。

1=MAI 连接到与门；0=MAI 不连接到与门。

bit 0——AANEN：反相与门 A 输入使能位。

1=反相 MAI 连接到与门；0=反相 MAI 不连接到与门。

6. CMxFLTR(比较器 x 滤波器控制寄存器)

CMxFLTR 可用于配置比较器滤波器，具体内容如表 12-18 所示。

表 12-18 CMxFLTR——比较器 x 滤波器控制寄存器

U-0	U-0	U-0	U-0	U-0	U-0	U-0	U-0
—	—	—	—	—	—	—	—
bit 15							bit 8
U-0	R/W-0	R/W-0	R/W-0	R/W-0	R/W-0	R/W-0	R/W-0
—	CFSEL<2:0>			CFLTREN	CFDIV<2:0>		
bit 7							bit 0

bit 15～bit 7——未实现：读为 0。

bit 6～bit 4——CFSEL<2:0>：比较器滤波器输入时钟选择位。

111 = T5CLK；110 = T4CLK；

101 = T3CLK；100 = T2CLK；

011 = SYNCO2；010 = SYNCO1；

001 = FOSC；000 = FP。

bit 3——CFLTREN：比较器滤波器使能位。

1 = 使能数字滤波器；0 = 禁止数字滤波器。

bit 2～bit 0——CFDIV<2:0>：比较器滤波器时钟分频选择位。

111 = 1∶128 时钟分频；110 = 1∶64 时钟分频；

101 = 1∶32 时钟分频；100 = 1∶16 时钟分频；

011 = 1∶8 时钟分频；010 = 1∶4 时钟分频；

001 = 1∶2 时钟分频；000 = 1∶1 时钟分频。

12.2.3 模块配置

1. 比较器配置

比较器或运放/比较器模块中的每个比较器都可以通过寄存器中的各个控制位独立进行配置。

1) 比较器使能/禁止

要控制的比较器可以使用相应的 CON 位(CMxCON<15>)使能或禁止。禁止比较器时，相应的触发和中断产生在 CON = 0 时会被禁止。应先配置 CMxCON 寄存器，将所有位设置为所需的值，然后将 CON 位(CMxCON<15>)置 1。

2) 比较器输出消隐功能

在许多电源控制和电机控制应用中，事先已知模拟比较器的输入在一些时间段中是无效的。通过消隐(屏蔽)功能，用户可以忽略这些预定义时间段中的比较器输出。

图 12-21 给出了比较器消隐电路的框图。每个比较器都有一个与其关联的消隐电路。每个比较器的消隐功能都具有 3 个用户可选的输入：MAI(屏蔽器 A 输入)、MBI(屏蔽器 B 输入)和 MCI(屏蔽器 C 输入)。MAI、MBI 和 MCI 信号源通过 CMxMSKSRC 寄存器中的 SELSRCA<3:0>、SELSRCB<3:0>和 SELSRCC<3:0>位分别进行选择。MAI、MBI 和 MCI 信号会被送入一个“与-或”功能块，让用户可以基于这些输入构造消隐(屏蔽)信号。发生系统复位之后，消隐(屏蔽)功能会被禁止。

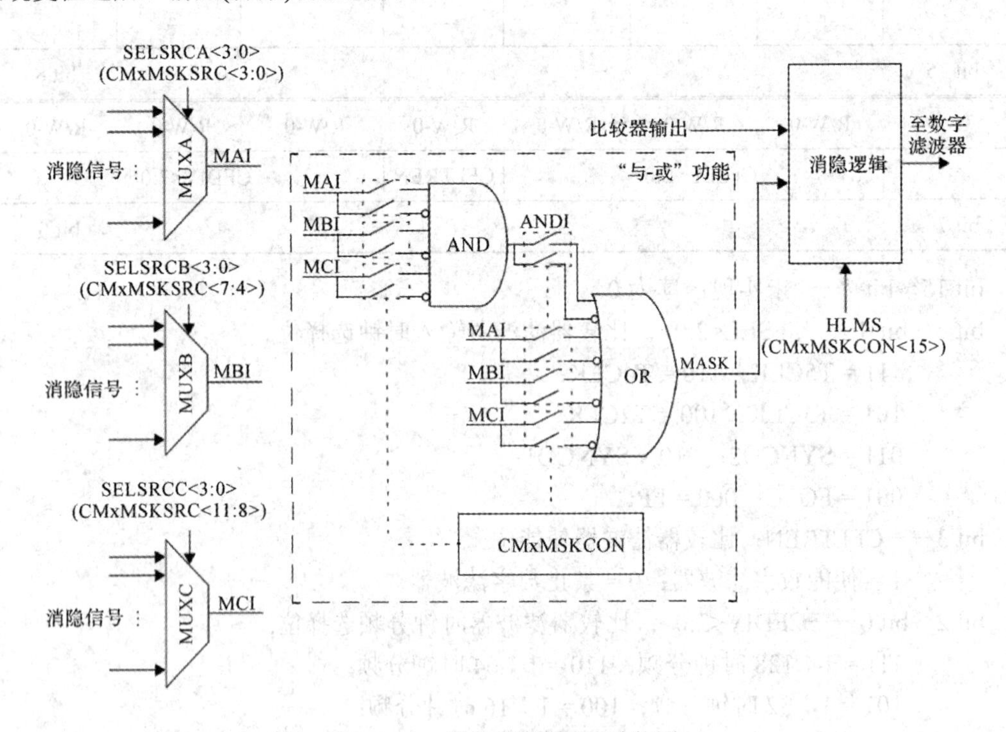

图 12-21　用户可编程消隐功能图

CMxMSKCON 寄存器中的 HLMS 位用于配置屏蔽逻辑，使其根据比较器的默认(无效)状态正确工作。如果比较器配置为“正逻辑”(此时 0 代表无效状态，比较器输出在置为有效时为 1)，则 HLMS 位(CMxMSKCON<15>)应设置为 0，此时消隐功能(假定消隐功能已激活)将会阻止比较器的 1 信号在模块中传递。如果比较器配置为“负逻辑”(此时 1 代表无效状态，比较器输出在置为有效时为 0)，则 HLMS 位应设置为 1，此时消隐功能(假定消隐功能已激活)将会阻止比较器的 0 信号在模块中传递。

3) 数字输出滤波器

在许多电机和电源控制应用中，关联的外部开关功率晶体管产生的强大电磁场可能会破坏比较器输入信号。比较器的模拟输入信号被破坏时，将会导致意外的比较器输出电平跳变。此时，可编程数字输出滤波器可以最大程度地降低输入信号受损的影响。

数字滤波器要求只有连续 3 个输入采样相似时，滤波器的输出才会改变状态。假设当前状态为 0，诸如 001010110111 的输入串只会在示例序列末尾处的连续 3 个 1 之后产生输出状态 1。类似地，只有出现连续 3 个 0 的序列后，输出才会变为状态 0。由于滤波器要求出现连续 3 个相似状态，所以选择的数字滤波器时钟周期必须小于等于所需的最大比较器响应时间的三分之一。

通过将 CFLTREN 位(CMxFLTR<3>)置 1 来使能数字滤波器，CFDIV<2:0>位(CMxFLTR<2:0>)用于选择数字滤波器模块的输入时钟信号的时钟分频比，CFSEL<2:0>位(CMxFLTR<6:4>)用于选择数字滤波器所需的时钟源。发生系统复位之后，数字滤波器会被禁止(旁路)。图 12-22 给出了数字滤波器互连框图。

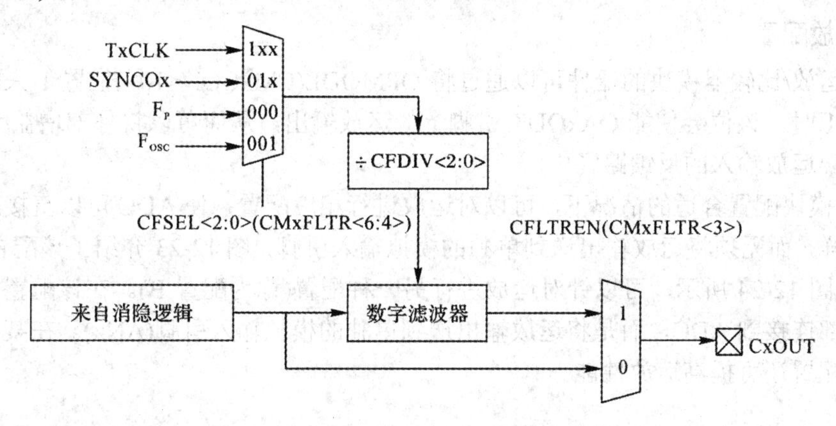

图 12-22　数字滤波器互连框图

4) 比较器极性选择

为了提高灵活性，比较器输出可以使用 CPOL 位(CMxCON<13>)进行反相。这在功能上等效于对特定模式颠倒比较器的反相和同相输入。只有在禁止比较器(CON = 0)时，才能更改 CPOL 位。此时，内部逻辑会阻止产生任何相应的触发或中断信号。该逻辑允许使用一条寄存器写操作将 CON 和 CPOL 位同时置 1。

5) 事件极性选择

除了可编程比较器输出极性之外，运放/比较器模块还允许软件通过相应 CMxCON 寄存器中的 EVPOL<1:0>位来选择触发/中断信号边沿极性。该功能让用户可以独立地控制比较器输出(在任意外部引脚上送出)和触发/中断信号产生。

6) 比较器事件状态位

比较器事件状态(CEVT)位(CMxCON<9>)会反映比较器是否已发生预先配置的事件。在该位置 1 之后，来自相应比较器的所有后续触发和中断信号都会被阻止，直到用户应用程序清零 CEVT 位为止。清零 CEVT 位会重新激活比较器触发。此时，比较器触发需要经过一个额外的 CPU 周期之后才会被完全重新激活。

7) STATUS 寄存器

为了提供所有比较器结果的概况，比较器输出位 COUT(CMxCON<8>)和比较器事件位 CEVT(CMxCON<9>)会被复制到 CMSTAT 寄存器中作为状态位。这两位是只读位，只能通过操作相应的 CMxCON 寄存器或比较器输入信号进行修改。

2. 比较器中断

比较器中断标志(CMPIF)位(IFS1<2>)会在任一比较器的同步输出值相对上一个读取

值改变时置 1。用户应用程序可以通过读取 CMSTAT 寄存器中的 CxEVT 位来检测事件。

用户软件可以通过读取 CEVT 和 COUT 位(CMxCON<9>和 CMxCON<8>)来确定已发生的变化。由于可以向该寄存器写入 1，因此可以通过软件产生模拟中断。CMPIF 和 CEVT 位都必须通过用软件清零来复位。这两位都可以在 ISR 中清零。产生中断所需的比较是基于当前比较器的状态和比较器输出的上一个读取值。读 CMxCON 寄存器中的 COUT 位时，将更新用于产生中断的值。

3. 运放配置

带有运放/比较器模块的器件可以通过将 OPMODE(CMxCON<10>)位置 1 来配置为运放。当置 1 时，该位会使能 OAxOUT 引脚上的运放输出，从而可以将外部增益/滤波元件添加到任一运放输入的反馈路径中。

ADC 模块配置合适的情况下，可以对运放进行相应配置，使 ADC 可以直接对运放输出进行采样，而无须将运放输出送到单独的模拟输入引脚，图 12-23 介绍了该配置(称为配置 A)。如图 12-24 所示，可以针对运放进行另一种配置(称为配置 B)。在该配置中，运放没有在内部连接到 ADC，而是将运放输出送到单独的模拟输入引脚(ANx)。在某些器件系列上，该配置还可提高运放性能。

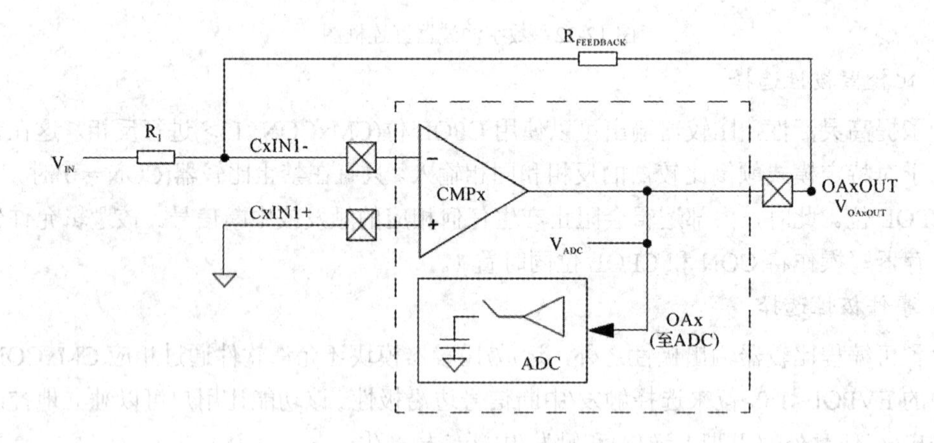

图 12-23　运放配置 A

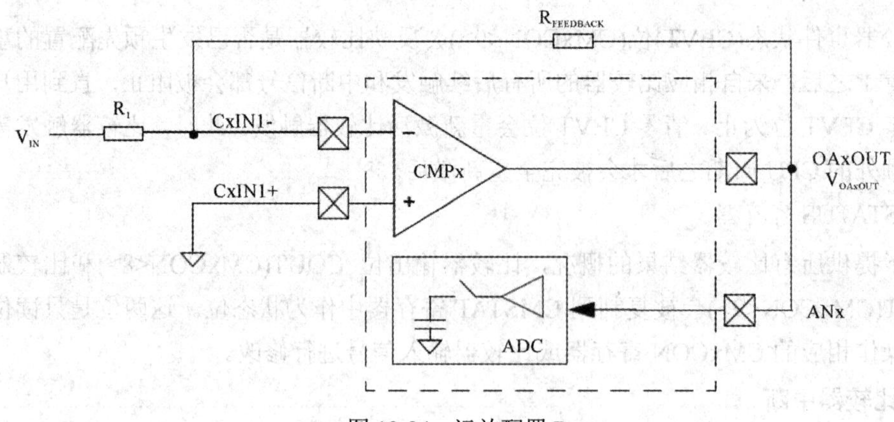

图 12-24　运放配置 B

12.2.4　比较器参考电压

1．简介

比较器参考电压模块通过 CVRxCON 寄存器(表 12-19 和表 12-20)进行控制。比较器参考电压提供了 128 种不同的输出电压。比较器参考电压源可以来自 V_{DD} 和 V_{SS}，也可以来自外部 CV_{REF+} 和 AV_{SS} 引脚。电压源通过 CVRSS 位(CVRxCON<11>)进行选择。更改 CV_{REF} 输出时，必须考虑比较器参考电压的稳定时间。图 12-25 给出了比较器参考电压框图。

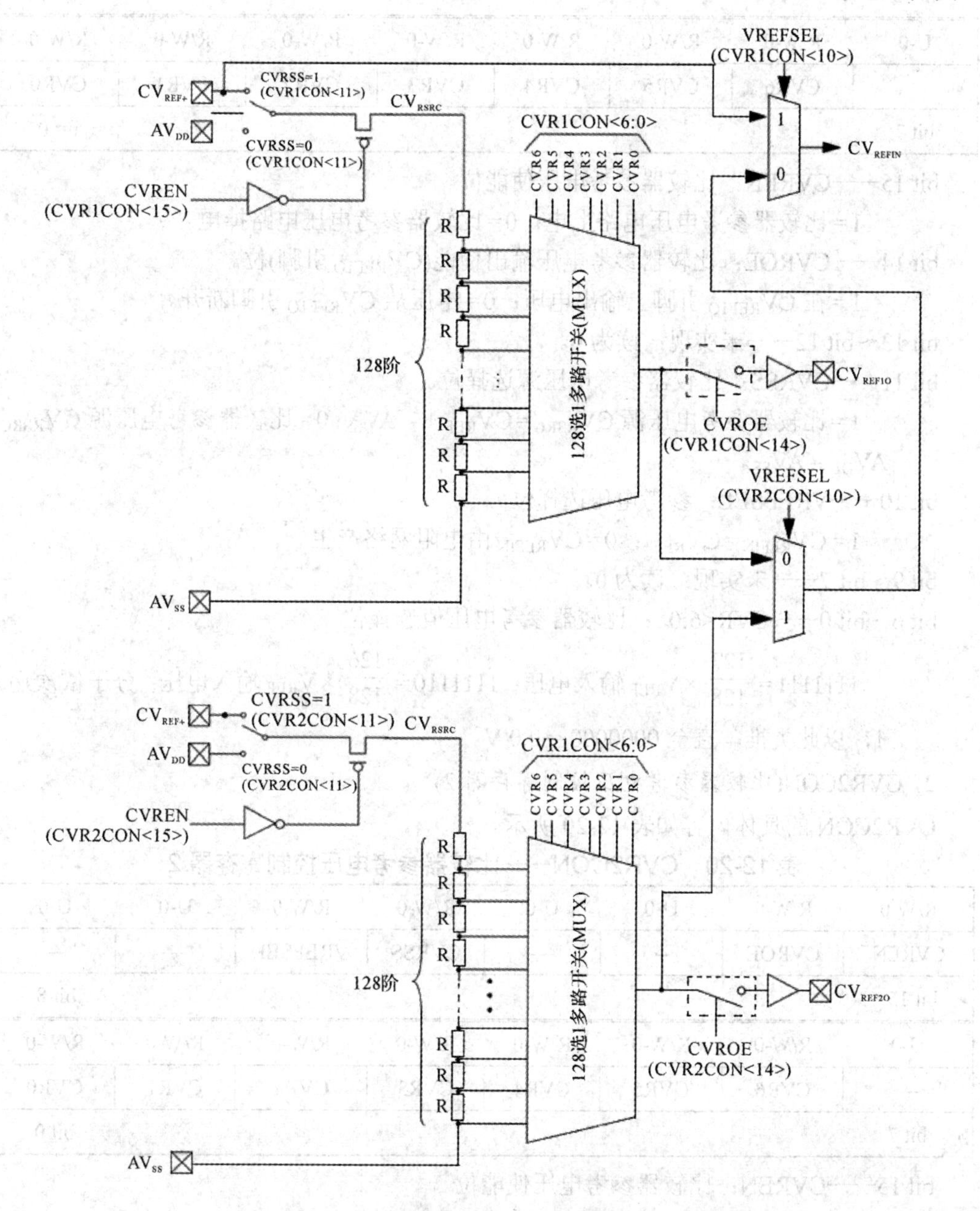

图 12-25　比较器参考电压框图

2. 比较器参考电压寄存器

1) CVR1CON(比较器参考电压控制寄存器 1)

CVR1CON 的具体内容如表 12-19 所示。

表 12-19　CVR1CON——比较器参考电压控制寄存器 1

R/W-0	R/W-0	U-0	U-0	R/W-0	R/W-0	U-0	U-0
CVREN	CVROE	—	—	CVRSS	VREFSEL	—	—
bit 15							bit 8
U-0	R/W-0	R/W-0	R/W-0	R/W-0	R/W-0	R/W-0	R/W-0
—	CVR6	CVR5	CVR4	CVR3	CVR2	CVR1	CVR0
bit 7							bit 0

bit 15——CVREN：比较器参考电压使能位。

1＝比较器参考电压电路上电；0＝比较器参考电压电路掉电。

bit 14——CVROE：比较器参考电压输出使能(CV_{REF1O} 引脚)位。

1＝在 CV_{REF1O} 引脚上输出电压；0＝电压从 CV_{REF1O} 引脚断开。

bit 13～bit 12——未实现：读为 0。

bit 11——CVRSS：比较器参考电压源选择位。

1＝比较器参考电压源 $CV_{RSRC}=CV_{REF}+-AV_{SS}$；0＝比较器参考电压源 $CV_{RSRC}=AV_{DD}-AV_{SS}$。

bit 10——VREFSEL：参考电压选择位。

1＝$CV_{REFIN}=CV_{REF+}$；0＝CV_{REFIN} 由电阻网络产生。

bit 9～bit 7——未实现：读为 0。

bit 6～bit 0——CVR<6:0>：比较器参考电压值选择位。

1111111＝$\frac{127}{128}\times V_{REF}$ 输入电压；1111110＝$\frac{126}{128}\times V_{REF}$ 输入电压；分子依次递减 1，以此类推，直至 0000000 = 0.0 V。

2) CVR2CON(比较器参考电压控制寄存器 2)

CVR2CON 的具体内容如表 12-20 所示。

表 12-20　CVR2CON——比较器参考电压控制寄存器 2

R/W-0	R/W-0	U-0	U-0	R/W-0	R/W-0	U-0	U-0
CVREN	CVROE	—	—	CVRSS	VREFSEL	—	—
bit 15							bit 8
U-0	R/W-0	R/W-0	R/W-0	R/W-0	R/W-0	R/W-0	R/W-0
—	CVR6	CVR5	CVR4	CVR3	CVR2	CVR1	CVR0
bit 7							bit 0

bit 15——CVREN：比较器参考电压使能位。

1＝比较器参考电压电路上电；0＝比较器参考电压电路掉电。

bit 14——CVROE：比较器参考电压输出使能(CV_{REF2O} 引脚)位。

1 = 在 CV_{REF2O} 引脚上输出电压；0 = 电压从 CV_{REF2O} 引脚断开。

bit 13～bit 12——未实现：读为 0。

bit 11——CVRSS：比较器参考电压源选择位。

1 = 比较器参考电压源 $CV_{RSRC} = CV_{REF+} - AV_{SS}$；

0 = 比较器参考电压源 $CV_{RSRC} = AV_{DD} - AV_{SS}$。

bit 10——VREFSEL：参考电压选择位。

1 = 当 VREFSEL(CVR1CON<10>) = 0 时，比较器参考电压源 2(CVR2)提供反相输入电压；0 = 当 VREFSEL(CVR1CON<10>) = 0 时，比较器参考电压源 1(CVR1)提供反相输入电压。

bit 9～bit 7——未实现：读为 0。

bit 6～bit 0——CVR<6:0>：比较器参考电压值选择位。

1111111 = $\frac{127}{128} \times V_{REF}$ 输入电压，1111110 = $\frac{126}{128} \times V_{REF}$ 输入电压；分子依次递减 1，以此类推，直至 0000000 = 0.0 V。

3. 比较器参考电压配置

CVRR<1:0>位(CVRxCON<11,5>)选择的电压范围决定了 CVR<3:0>位(CVRCON<3:0>)选择的步长。下面是用于计算比较器参考电压的公式：

- 如果 CVRR<1:0> = 11：$CV_{REF} = (CVR\langle 3:0\rangle / 16) \times (CV_{RSRC})$；
- 如果 CVRR<1:0> = 10：$CV_{REF} = \frac{1}{3} \times (CV_{RSRC}) + (CVR\langle 3:0\rangle / 24) \times (CV_{RSRC})$；
- 如果 CVRR<1:0> = 01：$CV_{REF} = (CVR\langle 3:0\rangle / 24) \times (CV_{RSRC})$；
- 如果 CVRR<1:0> = 00：$CV_{REF} = \frac{1}{4} \times (CV_{RSRC}) + (CVR\langle 3:0\rangle / 32) \times (CV_{RSRC})$。

对于具有单个比较器参考电压范围选择位 CVRR(CVRCON<5>)的器件，用于计算比较器参考电压的公式如下：

- 如果 CVRR = 1：参考电压 = $(CVR\langle 3:0\rangle / 24) \times (CV_{RSRC})$；
- 如果 CVRR = 0：参考电压 = $(CV_{RSRC} / 4) + (CVR\langle 3:0\rangle / 32) \times (CV_{RSRC})$。

对于没有比较器参考电压范围选择位的器件，用于计算比较器参考电压的公式如下：

- 参考电压 = $(CVR\langle 3:0\rangle / 16) \times (CV_{RSRC})$。

4. 参考电压精度/误差

由于梯形电阻网络顶部和底部的晶体管使参考电压值不能达到参考电压源的满幅值，所以不能实现整个参考电压范围的满量程输出。而参考电压是由参考电压源分压而来的，因此参考电压输出随参考电压源的波动而变化。

5. 休眠模式期间的操作

CVRxCON 寄存器的内容不会受因中断或看门狗定时器超时将器件从休眠模式唤醒的影响。但为了最大程度降低休眠模式下的电流消耗，应禁止参考电压模块。

6. 复位的影响

器件复位会产生以下影响：

- 通过清零 CVREN 位(CVRxCON<7>)禁止参考电压；
- 通过清零 CVRXOE 位(CVRxCON<6>)使参考电压从 CV_{REF} 引脚断开；
- 通过清零 CVRRx 位(CVRxCON<11,5>)选择高电压范围；
- 清零 CVRX 值位(CVRxCON<3:0>)。

7. 连接注意事项

参考电压发生器的工作独立于比较器。如果 CVROE 位(CVRCON<6>)置 1，则参考电压发生器的输出连接到 CV_{REF} 引脚。当 I/O 被配置为数字输入引脚时，将参考电压输出连接到 I/O 引脚将会增加电流消耗。而使能 CVRSS 时，将与 CV_{REF} 相关的端口配置为数字输出也会增加电流消耗。

CV_{REF} 输出引脚可被用作简单的数/模转换输出，但是其驱动能力有限。因此，可能需要在参考电压输出端 CV_{REF} 上外接缓冲器。图 12-26 给出了一个缓冲示例。其中 R 的值取决于比较器参考电压控制位 CVRR<1:0>(CVRxCON<11,5>)和 CVR<3:0>值位(CVRxCON<3:0>)。

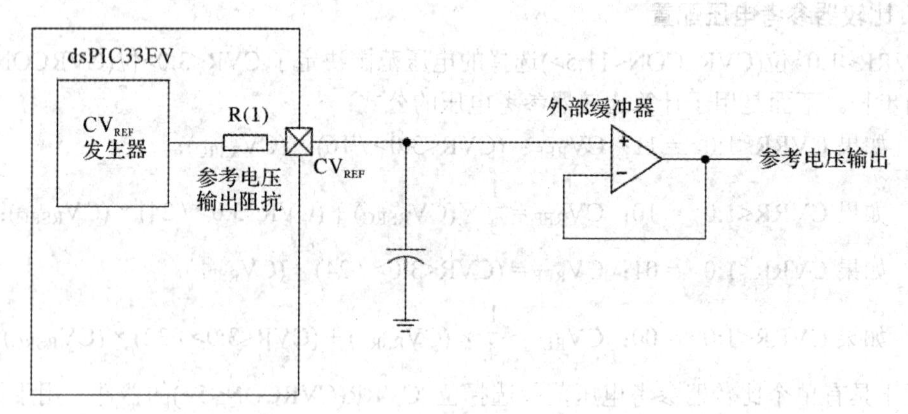

图 12-26　参考电压输出缓冲示例

12.3　充电时间测量单元

12.3.1　简介

CTMU 是一个灵活的模拟模块，它提供脉冲源之间的精确时间差测量，以及异步脉冲生成。其主要特性包括：

- 9 个边沿输入触发源；
- 每个边沿源的极性控制；
- 边沿顺序控制；
- 边沿响应控制；
- 时间测量分辨率可低至 200 ps；

- 适合电容测量的精确电流源；
- 通过内置二极管进行片上温度测量；
- 脉冲生成功能可通过 C1INB 比较器输入生成脉冲，并将脉冲输出到 CTPLS 可重映射输出。

CTMU 可与其他片上模拟模块一起，精确测量时间、电容以及电容的相对变化，或生成独立于系统时钟的输出脉冲。CTMU 模块是与电容式传感器接口的理想选择。其通过三个寄存器 CTMUCON1、CTMUCON2 和 CTMUICON 进行控制。CTMUCON1 和 CTMUCON2 用于使能模块，并控制边沿源选择、边沿源极性选择和边沿顺序。CTMUICON 寄存器用于控制电流源的选择和微调。图 12-27 给出了 CTMU 框图。表 12-21 给出了 CTMU 框图中的电流控制选择。

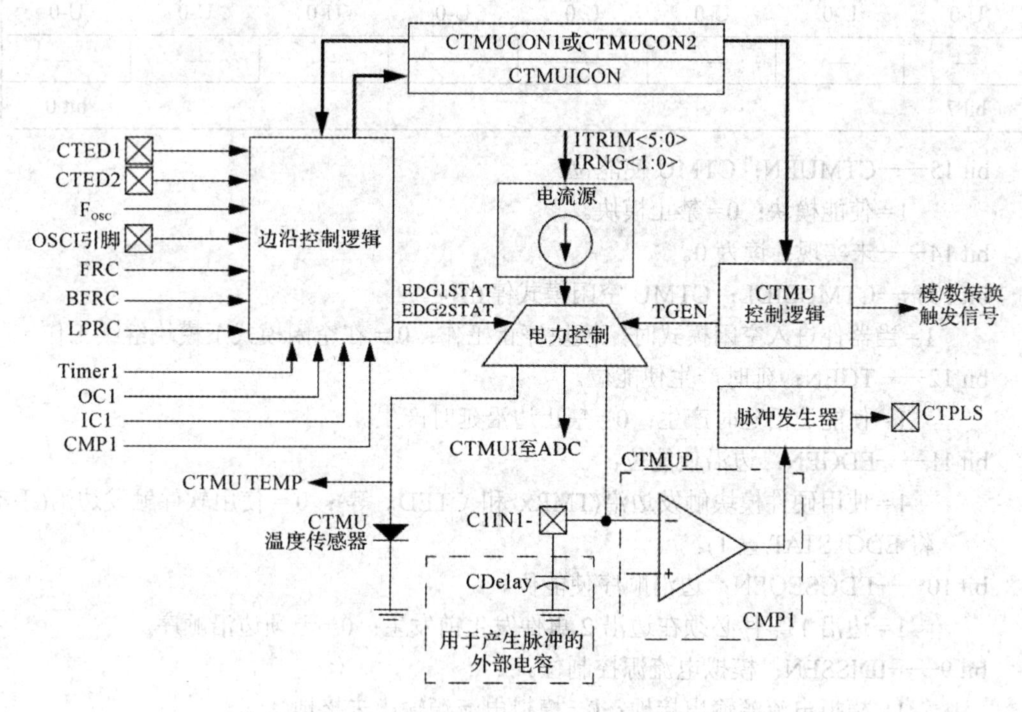

图 12-27　CTMU 框图

表 12-21　电流控制选择

电流控制选择	TGEN	EDG1STAT 和 EDG2STAT
CTMU TEMP	0	EDG1STAT = EDG2STAT
CTMUI 至 ADC	0	EDG1STAT ≠ EDG2STAT
CTMUP	1	EDG1STAT ≠ EDG2STAT
无连接	1	EDG1STAT = EDG2STAT

12.3.2　CTMU 控制寄存器

根据不同的器件型号，最多有 3 个用于 CTMU 的控制寄存器：CMTUCON1、

CTMUCON2 和 CTMUICON。

1. CTMUCON1(CTMU 控制寄存器 1)和 CTMUCON2(CTMU 控制寄存器 2)

CTMUCON1 和 CTMUCON2 包含一些控制位，这些控制位用于配置 CTMU 模块边沿源选择、边沿源极性选择、边沿顺序、模数触发、模拟电路电容放电和使能，具体内容分别如表 12-22 和表 12-23 所示。

表 12-22　CTMUCON1——CTMU 控制寄存器 1

R/W-0	U-0	R/W-0	R/W-0	R/W-0	R/W-0	R/W-0	R/W-0
CTMUEN	—	CTMUSIDL	TGEN	EDGEN	EDGSEQEN	IDISSEN	CTTRIG
bit 15							bit 8
U-0	U-0	U-0	U-0	U-0	U-0	U-0	U-0
—	—	—	—	—	—	—	—
bit 7							bit 0

bit 15——CTMUEN：CTMU 使能位。

1=使能模块；0=禁止模块。

bit 14——未实现：读为 0。

bit 13——CTMUSIDL：CTMU 空闲模式停止位。

1=当器件进入空闲模式时，模块停止工作；0=在空闲模式下模块继续工作。

bit 12——TGEN：延时产生使能位。

1=使能边沿延时产生；0=禁止边沿延时产生。

bit 11——EDGEN：边沿使能位。

1=使用硬件模块触发边沿(TMRx 和 CTEDx 等)；0=使用软件触发边沿(手动将 EDGxSTAT 置 1)。

bit 10——EDGSEQEN：边沿顺序使能位。

1=边沿 1 事件必须在边沿 2 事件发生前发生；0=无须边沿顺序。

bit 9——IDISSEN：模拟电流源控制位。

1=模拟电流源输出接地；0=模拟电流源输出未接地。

bit 8——CTTRIG：ADC 触发器控制位。

1=CTMU 触发 ADC 转换启动；0=CTMU 不触发 ADC 转换启动。

bit 7～bit 0——未实现：读为 0。

表 12-23　CTMUCON2——CTMU 控制寄存器 2

R/W-0	R/W-0	R/W-0	R/W-0	R/W-0	R/W-0	R/W-0	R/W-0
EDG1MOD	EDG1POL	EDG1SEL3	EDG1SEL2	EDG1SEL1	EDG1SEL0	EDG2STAT	EDG1STAT
bit 15							bit 8
R/W-0	R/W-0	R/W-0	R/W-0	R/W-0	R/W-0	U-0	U-0
EDG2MOD	EDG2POL	EDG2SEL3	EDG2SEL2	EDG2SEL1	EDG2SEL0	—	—
bit 7							bit 0

bit 15——EDG1MOD：边沿 1 边沿采样模式选择位。

1=边沿 1 为边沿敏感；0=边沿 1 为电平敏感。

bit 14——EDG1POL：边沿 1 极性选择位。

1=边沿 1 设定为正边沿响应；0=边沿 1 设定为负边沿响应。

bit 13～bit 10——EDG1SEL<3:0>：边沿 1 源选择位。

1111=FOSC；1110=OSCI 引脚；1101=FRC 振荡器；1100=BFRC 振荡器；1011 = 内部 LPRC 振荡器；0011 = CTED1 引脚；0010 = CTED2 引脚；0001 = OC1 模块；0000 = TMR1 模块；其余位均为保留。

bit 9——EDG2STAT：边沿 2 状态位。

指示边沿 2 的状态，并且可以通过写入它来控制边沿源。

1=发生了边沿 2 事件；0=未发生边沿 2 事件。

bit 8——EDG1STAT：边沿 1 状态位。

指示边沿 1 的状态，并且可以通过写入它来控制边沿源。

1=发生了边沿 1 事件；0=未发生边沿 1 事件。

bit 7——EDG2MOD：边沿 2 边沿采样模式选择位。

1=边沿 2 为边沿敏感；0=边沿 2 为电平敏感。

bit 6——EDG2POL：边沿 2 极性选择位。

1=边沿 2 设定为正边沿响应；0=边沿 2 设定为负边沿响应。

bit 5～bit 2——EDG2SEL<3:0>：边沿 2 源选择位。

1111=FOSC；1110=OSCI 引脚；1101=FRC 振荡器；1100 = BFRC 振荡器；1011 = 内部 LPRC 振荡器；0100 = CMP1 模块；0011 = CTED2 引脚；0010 = CTED1 引脚；0001 = OCMP1 模块；0000 = IC1 模块；其余位均保留。

bit 1～bit 0——未实现：读为 0。

2. CTMUICON(CTMU 电流控制寄存器)

CTMUICON 包含一些用于选择电流源范围和电流源微调的位。bit 15～bit 10 表示电流源微调位 ITRIM<5:0>。其中 011111 = 对标称电流的最大正向调整 + 62%，011110 = 对标称电流的最大正向调整 + 60%，依次递减 2%，以此类推，直至 000001 = 对标称电流的最小正向调整 + 2%，000000 = IRNG<1:0>指定的标称电流输出；111111 = 对标称电流的最小负向调整 − 2%，111110 = 对标称电流的最小负向调整 − 4%，依次递减 2%，以此类推，直至 100010 = 对标称电流的最大负向调整 − 60%，100001 = 对标称电流的最大负向调整 − 62%。bit 9～bit 8 表示电流源范围选择位 IRNG<1:0>。其中 11 = 100 × 基本电流，10 = 10 × 基本电流，01 = 基本电流，00 = 1000 × 基本电流。其余位未实现。

12.3.3　CTMU 功能

1. 使用 CTMU 测量电容

(1) 测量绝对电容：需要实际电容值。

测量电容执行步骤如下：首先初始化 ADC 和 CTMU，将 EDG1STAT 置 1，等待固定延时 T；其次清零 EDG1STAT，执行模/数转换；最后计算总电容 $C_{TOTAL} = (I \times T) / V$，从

C_{TOTAL} 中减去杂散电容和模数采样电容，确定被测电容的值。

(2) 相对电荷测量：不需要实际电容值，而需要电容的变化量。

有些应用可能并不需要精确的电容测量。例如，在检测电容式开关的有效按压时，只需要检测电容的相对变化。在此类应用中，当开关打开(未被触摸)时，总电容是电路板走线和 ADC 等的组合电容。此时 ADC 将会测量到较大的电压。当开关关闭(被触摸)时，由于以上所列电容中增加了人体的电容，总电容增大，ADC 将测量到较小的电压。此时使用 CTMU 检测电容变化可以使用以下步骤实现：首先初始化 ADC 和 CTMU，将 EDG1STAT 置 1，等待固定延时；再清零 EDG1STAT 执行模/数转换。通过执行模/数转换测量的电压可以指示相对电容。

2. 使用 CTMU 模块测量时间

CTMU 模块使用以下步骤精确测量时间：首先初始化 ADC 和 CTMU，将 EDG1STAT 和 EDG2STAT 置 1，执行模/数转换；再根据 $T = (C/I) \times V$ 计算边沿之间的时间。

假定所测量的时间足够小，电容 C_{OFFSET} 可以向 ADC 提供有效的电压。若要进行最小的时间测量，应将 ADC 通道选择寄存器(AD1CHS0)设置为未用的 ADC 通道；该通道的相应引脚不连接到任何电路板走线，从而最大程度降低所增加的杂散电容，保持总电路电容接近于 ADC 自身的电容(4～5 pF)。若要测量较长的时间间隔，可以将一个外部电容连接到 ADC 通道，并在进行时间测量时选择该通道。

3. 使用 CTMU 模块产生延时

CTMU 模块具有一种独特功能，即它可以根据外部电容值产生独立于系统时钟的输出脉冲。这可使用内部比较器参考电压模块、比较器模块输入引脚和外部电容实现。脉冲输出到 CTPLS 引脚上。要使能该模式，需将 TGEN 位(CTMUCON1<12>)置 1。可执行以下步骤来使用该功能：首先初始化比较器模块、比较器参考电压和 CTMU，并通过将 TGEN 位置 1 来使能延时产生；其次将 EDG1STAT 置 1；最后当 CPULSE 充电到参考电压跳变点的值时，在 CTPLS 上会产生输出脉冲。

4. 使用 CTMU 测量片上温度

CTMU 模块可通过一个内部二极管测量器件的内部温度，即当 EDGE1 不等于 EDGE2，且 TGEN = 0 时，电流会被引导到温度检测二极管。二极管两端的电压可用作 ADC 模块的输入。图 12-28 给出了如何使用该模块测量温度的图示。当温度上升时，二极管两端的电压将下降大约 300 mV，对应于 150℃的温度范围。选择较高的电流驱动能力可以使电压值上升 100 mV 左右。

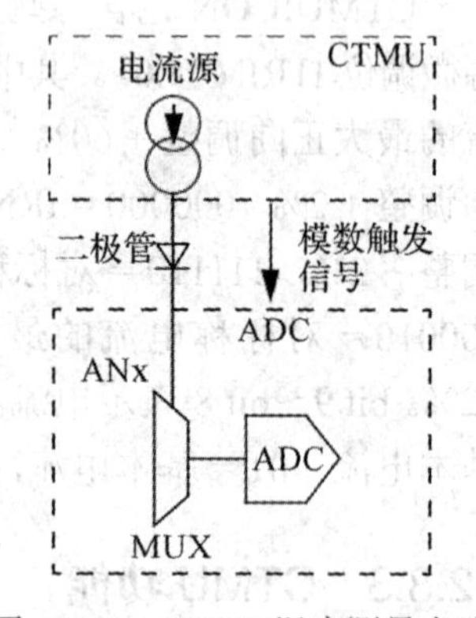

图 12-28　CTMU 温度测量电路

第 13 章　高温电气特性

dsPIC33EV 5V 系列高温 DSC 器件提供了许多内置功能，允许用户应用程序在性能和低功耗之间选择平衡。本章将详细介绍 dsPIC33EV 系列器件在 −40～+150℃环境温度范围内工作的电气特性，主要分为直流特性和交流特性两部分。

13.1　高温直流特性

下面列出了 dsPIC33EV 系列高温器件的绝对最大值，若长时间工作在最大值条件下，器件可靠性将会受到影响。

绝对最大值：

偏置时的环境温度 .... −40～+150 ℃

存储温度 .... −65～+160 ℃

V_{DD} 引脚相对于 V_{SS} 的电压 .... −0.3～+6.0 V

流出 V_{SS} 引脚的最大电流 .... 350 mA

流入 V_{DD} 引脚的最大电流 .... 350 mA

最高结温 .... +155℃

任一 I/O 引脚的最大灌电流 .... 20 mA

任一 I/O 引脚的最大拉电流 .... 18 mA

所有端口的最大总灌电流 .... 200 mA

所有端口的最大总拉电流 .... 200 mA

对于预期在 +150℃下工作的器件，AEC-Q100 第 0 级标准可靠性测试时间为 1000 小时。实际上，在 +175℃下，dsPIC33EV 5V 系列器件仍能保持最高 408 小时正常工作。不失一般性，本章描述的高温特性仅针对 +150℃条件。允许的最大电流由器件最大功耗决定，如表 13-1 所示。

表 13-1　工作 MIPS 与电压

特性	V_{DD} 范围/V	温度范围/℃	最大 MIPS
			dsPIC33EV 系列
HDC5	4.5～5.5 V	−40～+150 ℃	40

器件可在 $V_{BORMIN} < V_{DD} < V_{DDMIN}$ 条件下工作，但模拟模块(如 ADC、运放/比较器和比较器参考电压)的性能将下降，使能掉电复位(Brown-Out Reset, BOR)后，器件的工作电压为 4.7～5.5 V。

dsPIC33EV 5V 系列高温 DSC 器件的热工作条件如表 13-2 所示。

表 13-2　热工作条件

参　　数	符号	最小值	典型值	最大值	单位
高温器件					
工作结温范围	T_J	−40	—	+155	℃
工作环境温度范围	T_A	−40	—	+150	℃
功耗 芯片内部功耗： $P_{INT}=V_{DD}\times(I_{DD}-\sum I_{OH})$ I/O 引脚功耗： $I/O=\sum\left(\{V_{DD}-V_{OH}\}\times I_{OH}\right)+\sum\left(V_{OL}\times I_{OL}\right)$	P_D	$P_{INT}+P_{I/O}$			W
最大允许功耗	P_{DMAX}	$(T_J-T_A)/\theta_{JA}$			W

dsPIC33EV 5V 系列高温 DSC 器件的直流温度和电压规范如表 13-3 所示。

表 13-3　直流温度和电压规范

直流特性			标准工作条件：4.5～5.5 V(除非另外声明) 工作温度：−40℃≤T_A≤+150℃(高温)				
参数编号	符号	特　性	最小值	典型值	最大值	单位	条　件
工 作 电 压							
HDC10	V_{DD}	电源电压	V_{BOR}	—	5.5	V	
HDC12	V_{DR}	RAM 数据保持电压	1.8	—	—	V	
HDC16	V_{POR}	确保内部上电复位信号的 V_{DD} 启动电压	—	—	V_{SS}	V	
HDC17	S_{VDD}	确保内部上电复位信号的 V_{DD} 上升速率	1.0	—	—	V/ms	0～5.0 V/5 ms
HDC18	V_{CORE}	V_{DD} 内核内部稳压器电压	1.62	1.8	1.98	V	电压取决于负载、温度和 V_{DD}

除非另外声明，否则“典型值”栏中的数据均为 5.0 V 和 25℃条件下的值。这是在不丢失 RAM 数据的前提下，V_{DD} 的下限值，V_{DD} 电压必须保持在 V_{SS} 至少 200 μs，以确保 POR。

dsPIC33EV 5V 系列高温 DSC 器件的掉电电流如表 13-4 所示。

表 13-4　直流特性——掉电电流(IPD)

直流特性			标准工作条件：4.5～5.5 V(除非另外声明) 工作温度：−40℃≤T_A≤+150℃(高温)			
参数编号	典型值	最大值	单位	条　件		
掉电电流(I_{PD})						
HDC60e	1300	2500	μA	+150℃	5 V	基本掉电电流
HDC61c	10	50	μA	+150℃	5 V	看门狗定时器电流：⊗I_{WDT}

dsPIC33EV 5V 系列高温 DSC 器件的空闲电流如表 13-5 所示。

表 13-5　直流特性——空闲电流(I_{IDLE})

直流特性			标准工作条件：4.5～5.5 V(除非另外声明) 工作温度：−40℃≤T_A≤+150℃(高温)			
参数编号	典型值	最大值	单位	条　件		
HDC40e	2.6	5.0	mA	+150℃	5 V	10 MIPS
HDC42e	3.6	7.0	mA	+150℃	5 V	20 MIPS

dsPIC33EV 5V 系列高温 DSC 器件的工作电流如表 13-6 所示。

表 13-6　直流特性——工作电流(I_{DD})

直流特性			标准工作条件：4.5～5.5 V(除非另外声明) 工作温度：−40℃≤T_A≤+150℃(高温)			
参数编号	典型值	最大值	单位	条　件		
HDC20e	5.9	8.0	mA	+150℃	5 V	10 MIPS
HDC22e	10.3	15.0	mA	+150℃	5 V	20 MIPS
HDC23e	19.0	25.0	mA	+150℃	5 V	40 MIPS

dsPIC33EV 5V 系列高温 DSC 器件的打盹电流如表 13-7 所示。

表 13-7　直流特性——打盹电流(I_{DOZE})

直流特性			标准工作条件：4.5～5.5 V(除非另外声明) 工作温度：−40℃≤T_A≤+150℃(高温)				
参数编号	典型值	最大值	打盹模式时钟分频比	单位	条　件		
HDC73a	18.5	22.0	1∶2	mA	+150℃	5 V	40 MIPS
HDC73g	8.35	12.0	1∶128	mA			

dsPIC33EV 5V 系列高温 DSC 器件的 I/O 引脚输入规范如表 13-8 所示。

表 13-8　直流特性——I/O 引脚输入规范

直流特性			标准工作条件：4.5～5.5 V(除非另外声明) 工作温度：−40℃≤T_A≤+150℃(高温)				
参数编号	符号	特　性	最小值	典型值	最大值	单位	条　件
DI10	V_{IL}	输入低电压 任意 I/O 引脚	V_{SS}	—	$0.2V_{DD}$	V	
DI20	V_{IH}	输入高电压 I/O 引脚	$0.75V_{DD}$	—	5.5	V	
DI30	I_{CNPU}	电平变化通知上拉电流	200	375	600	μA	V_{DD} = 5.0 V，V_{PIN} = V_{SS}
DI31	I_{CNPD}	电平变化通知下拉电流	175	400	625	μA	V_{DD} = 5.0 V，V_{PIN} = V_{DD}
	I_{IL}	输入泄漏电流					V_{SS}≤V_{PIN}≤V_{DD} 引脚处于高阻态
DI50		I/O 引脚	−200	—	200	nA	V_{SS}≤V_{PIN}≤V_{DD}
DI55		$\overline{MCLR}$	−1.5	—	1.5	μA	V_{SS}≤V_{PIN}≤V_{DD}
DI56		OSC1	−300	—	300	nA	XT 和 HS 模式

续表

直流特性			标准工作条件：4.5～5.5 V(除非另外声明) 工作温度：−40℃≤T_A≤+150℃(高温)				
参数编号	符号	特　性	最小值	典型值	最大值	单位	条　件
DI60a	I_{ICL}	输入低注入电流	0	—	−5	mA	除 V_{DD}、V_{SS}、AV_{DD}、AV_{SS}、$\overline{MCLR}$、V_{CAP} 和 RB7 外的所有引脚
DI60b	I_{ICH}	输入高注入电流	0	—	+5	mA	除 V_{DD}、V_{SS}、AV_{DD}、AV_{SS}、$\overline{MCLR}$、V_{CAP}、RB7 和所有 5 V 耐压引脚外的所有引脚
DI60c	$\sum I_{ICT}$	总输入注入电流(所有 I/O 和控制引脚电流的和)	−20	—	+20	mA	来自所有 I/O 引脚的所有正负输入注入电流的绝对瞬时总和 $(\|I_{ICL}\|+\|I_{ICH}\|)\leq\sum I_{ICT}$

需要注意的是，$\overline{MCLR}$ 引脚上的泄漏电流主要取决于所施加的电压，规定电压为正常工作条件下的电压。在不同的输入电压下可能测得更高的泄漏电流，负电流定义为引脚的拉电流，V_{IL} 源 < (V_{SS} − 0.3)。数字 5 V 耐压引脚不能承受来自 > 5.5 V 输入源的任何“正”输入注入电流，非零注入电流会影响 ADC 结果(约 4～6 个计数)。只要来自所有引脚的输入注入电流的“绝对瞬时值”的和不超出规定的限制值，就允许 I_{ICL} 或 I_{ICH} 条件下未排除的 I/O 引脚的任意数量和/或组合。I/O 引脚输出规范如表 13-9 所示。

表 13-9　直流特性——I/O 引脚输出规范

直流特性			标准工作条件：4.5～5.5V(除非另外声明) 工作温度：−40℃≤T_A≤+150℃(高温)				
参数编号	符号	特　性	最小值	典型值	最大值	单位	条　件
HDO16	V_{OL}	输出低电压 4 × 灌电流驱动引脚	—	—	0.4	V	I_{OL} = 8.8 mA V_{DD} = 5.0 V
HDO10	V_{OL}	输出低电压 8 × 灌电流驱动引脚	—	—	0.4	V	I_{OL} = 10.8 mA V_{DD} = 5.0 V
HDO26	V_{OH}	输出高电压 4 × 灌电流驱动引脚	V_{DD} − 0.6	—	—	V	I_{OH} = −8.3 mA V_{DD} = 5.0 V
HDO20	V_{OH}	输出高电压 8 × 灌电流驱动引脚	V_{DD} − 0.6	—	—	V	I_{OH} = −12.3 mA V_{DD} = 5.0 V

以上包括了除 8x 灌电流驱动引脚外的所有 I/O 引脚(见下文)，以及包括 28 引脚器件的 RA3、RA4 和 RB<15:10>，44 引脚器件的 RA3、RA4、RA9 和 RB<15:10>以及 64 引脚器件的 RA4、RA7、RA9、RB<15:10>和 RC15。最后，dsPIC33EV 5V 系列高温 DSC 器件的 BOR 电气特性和程序存储器直流特性分别如表 13-10 和表 13-11 所示。

表 13-10　电气特性——BOR

直流特性			标准工作条件：4.5～5.5 V(除非另外声明) 工作温度：−40℃≤T_A≤+150℃(高温)				
参数编号	符号	特性	最小值	典型值	最大值	单位	条件
HBO10	V_{BOR}	V_{DD} 由高电压变为低电压时的 BOR 事件	4.15	4.285	4.4	V	V_{DD}

其中，V_{BOR} 规范与 V_{DD} 相关，器件可在 $V_{BORMIN} < V_{DD} < V_{DDMIN}$ 条件下工作，但模拟模块(ADC、运放/比较器和比较器参考电压)的性能将下降，启动 V_{DD} 必须高于 4.6 V。

表 13-11　直流特性——程序存储器

直流特性			标准工作条件：4.5～5.5 V(除非另外声明) 工作温度：−40℃≤T_A≤+150℃(高温)				
参数编号	符号	特　性	最小值	典型值	最大值	单位	条　件
		闪存程序存储器					
HD130	E_P	单元可擦写次数	10000	—	—	E/W	−40～+150℃
HD134	T_{RETD}	特性保持时间	20	—	—	年	等于或小于 1000 个擦写(E/W)周期且未违反其他规范

13.2　高温交流特性

本节包含的信息定义了 dsPIC33EV 系列高温器件的交流特性和时序参数，表 13-12～表 13-19 给出了 dsPIC33EV 5V 系列高温 DSC 器件在交流电压下的相关规范。

表 13-12　温度和电压规范——交流特性

交流特性	标准工作条件：4.5～5.5 V(除非另外声明) 工作温度：−40℃≤T_A≤+150℃ 工作电压 V_{DD} 范围如表 13-1 中所述

表 13-13 为 dsPIC33EV 5V 系列高温 DSC 器件的 PLL 时钟时序规范。抖动的规范值可通过逐个时钟周期测量的方式获得，要获得应用中所用的各个时基或通信时钟的实际抖动，可使如下用公式：

$$实际抖动=\frac{D_{CLK}}{\sqrt{\frac{F_{OSC}}{时基或通信时钟}}} \tag{13-1}$$

例如，如果 F_{OSC} = 120 MHz 且 SPI 比特率 = 10 MHz，则实际抖动如下：

$$实际抖动 = \frac{D_{CLK}}{\sqrt{\frac{120}{10}}} = \frac{D_{CLK}}{\sqrt{12}} = \frac{D_{CLK}}{3.464}$$

表 13-13　PLL 时钟时序规范

交流特性			标准工作条件：4.5～5.5 V(除非另外声明) 工作温度：−40℃≤T_A≤+150℃				
参数编号	符号	特　性	最小值	典型值	最大值	单位	条　件
HOS50	F_{PLLI}	PLL 压控振荡器(VCO)的输入频率范围	0.8	—	8.0	MHz	ECPLL 和 XTPLL 模式
HOS51	F_{SYS}	片上 VCO 系统频率	120	—	340	MHz	
HOS52	T_{LOCK}	PLL 启动时间(锁定时间)	0.9	1.5	3.1	ms	
HOS53	D_{CLK}	CLKO 稳定性(抗抖动性)	−3	0.5	3	%	

表 13-14 和 13-15 分别给出了 dsPIC33EV 5V 系列高温 DSC 器件的内部快速 RC(FRC)振荡器精度和内部低功耗 RC(LPRC)振荡器精度的各项参数。

表 13-14　内部 FRC 精度

交流特性		标准工作条件：4.5～5.5 V(除非另外声明) 工作温度：−40℃≤T_A≤+150℃					
参数编号	特性	最小值	典型值	最大值	单位	条　件	
FRC 频率 = 7.3728 MHz 时的内部 FRC 精度							
HF20C	FRC	−3	1	+3	%	−40℃≤T_A≤+150℃	V_{DD} = 4.5～5.5 V

表 13-15　内部 LPRC 精度

交流特性		标准工作条件：4.5～5.5 V(除非另外声明) 工作温度：−40℃≤T_A≤+150℃					
参数编号	特性	最小值	典型值	最大值	单位	条　件	
频率为 32.768 kHz 时的 LPRC							
HF21C	LPRC	−30	10	+30	%	−40℃≤T_A≤+150℃	V_{DD} = 4.5～5.5 V

需要注意的是，LPRC 频率将随 V_{DD} 的变化而变化。同时，LPRC 精度会影响看门狗定时器超时周期(T_{WDT1})。

表 13-16 为 dsPIC33EV 5V 系列高温 DSC 器件的充电时间测量单元(CTMU)电流源规范，电流微调范围的中点为标称值(CTMUICON<15:10> = 000000)。测量条件如下：V_{REF} = AV_{DD} = 5.0 V；ADC 模块配置为 10 位模式；ADC 模块的转换速度配置为 500 ksps；所有 PMDx 位均清零(PMDx = 0)；器件依靠不带 PLL 的 FRC 工作。此时，CPU 执行：

```
while(1)
{
    NOP( );
}
```

表 13-16　CTMU 电流源规范

直流特性			标准工作条件：4.5～5.5 V(除非另外声明) 工作温度：−40℃≤T_A≤+150℃				
参数编号	符号	特性	最小值	典型值	最大值	单位	条件
CTMU 电流源							
HCTMUI1	I_{OUT1}	基本范围	—	550	—	nA	CTMUICON<9.8> = 01
HCTMUI2	I_{OUT2}	10x 范围	—	5.5	—	μA	CTMUICON<9.8> = 10
HCTMUI3	I_{OUT3}	100x 范围	—	55	—	μA	CTMUICON<9.8> = 11
HCTMUI0	I_{OUT4}	1000x 范围	—	550	—	μA	CTMUICON<9.8> = 00
HCTMUFV1	V_F	温度二极管正向电压	—	0.525	—	V	T_A = +25℃ CTMUICON<9.8> = 01
			—	0.585	—	V	T_A = +25℃ CTMUICON<9.8> = 10
			—	0.645	—	V	T_A = +25℃ CTMUICON<9.8> = 11

表 13-17 为 dsPIC33EV 5V 系列高温 DSC 器件的运放/比较器规范，运放之间的电阻变化范围为±10%。器件可在 $V_{BORMIN} < V_{DD} < V_{DDMIN}$ 条件下工作，但模拟模块(ADC、运放/比较器和比较器参考电压)的性能将有所下降。关于最小和最大 BOR 值，请参见表 13-10 中的参数 HBO10。

表 13-17　运放/比较器规范

直流特性			标准工作条件：4.5～5.5 V(除非另外声明) 工作温度：−40℃≤T_A≤+150℃				
参数编号	符号	特性	最小值	典型值	最大值	单位	条件
比较器直流特性							
HCM30	V_{OFFSET}	比较器失调电压	−80	±60	80	mV	
HCM31	V_{HYST}	输入滞后电压	—	30	—	mV	
HCM34	V_{ICM}	输入共模电压	AV_{SS}	—	AV_{DD}	V	
运放直流特性							
HCM40	V_{CMR}	共模输入电压范围	AV_{SS}	—	AV_{DD}	V	
HCM42	V_{OFFSET}	运放失调电压	−50	±6	50	mV	

表 13-18 和 13-19 分别为 12 位模式和 10 位模式下的 ADC 模块规范。

表 13-18　ADC 模块规范(12 位模式)

交流特性			标准工作条件：4.5～5.5 V(除非另外声明) 工作温度：$-40℃ \leqslant T_A \leqslant +150℃$				
参数编号	符号	特　性	最小值	典型值	最大值	单位	条件
ADC 精度(12 位模式)							
HAD20a	Nr	分辨率	12 个数据位			位	
HAD21a	INL	积分非线性误差	−2	—	+2	LSb	$V_{INL} = AV_{SS} = V_{REFL} = 0$ V $AV_{DD} = V_{REFH} = 5.5$ V
HAD22a	DNL	微分非线性误差	> −1	—	< 1	LSb	$V_{INL} = AV_{SS} = V_{REFL} = 0$ V $AV_{DD} = V_{REFH} = 5.5$ V
HAD23a	G_{ERR}	增益误差	−10	4	10	LSb	$V_{INL} = AV_{SS} = V_{REFL} = 0$ V $AV_{DD} = V_{REFH} = 5.5$ V
HAD24a	E_{OFF}	失调误差	−10	1.75	10	LSb	$V_{INL} = AV_{SS} = V_{REFL} = 0$ V $AV_{DD} = V_{REFH} = 5.5$ V

表 13-19　ADC 模块规范(10 位模式)

交流特性			标准工作条件：4.5～5.5 V(除非另外声明) 工作温度：$-40℃ \leqslant T_A \leqslant +150℃$				
参数编号	符号	特性	最小值	典型值	最大值	单位	条件
ADC 精度(10 位模式)							
HAD20b	Nr	分辨率	10 个数据位			位	
HAD21b	INL	积分非线性误差	−1.5	—	+1.5	LSb	$V_{INL} = AV_{SS} = V_{REFL} = 0$ V $AV_{DD} = V_{REFH} = 5.5$ V
HAD22b	DNL	微分非线性误差	> 1	—	< 1	LSb	$V_{INL} = AV_{SS} = V_{REFL} = 0$ V $AV_{DD} = V_{REFH} = 5.5$ V
HAD23b	G_{ERR}	增益误差	1	3	6	LSb	$V_{INL} = AV_{SS} = V_{REFL} = 0$ V $AV_{DD} = V_{REFH} = 5.5$ V
HAD24b	E_{OFF}	失调误差	1	2	4	LSb	$V_{INL} = AV_{SS} = V_{REFL} = 0$ V $AV_{DD} = V_{REFH} = 5.5$ V

第 14 章　dsPIC33EV 在高温井下探测系统中的应用

井下探测技术自 20 世纪末开始已成为国内外学者研究的热点，先进的井下探测技术不仅能获取地层的孔隙度、电阻率、岩性、泥质含量、流体饱和度以及压力等参数，还能检验油气井套管的损伤程度，为油气田的高效、安全生产以及油气储量的评价提供重要的第一手数据。本章将介绍井下探测系统架构，以及基于 dsPIC33EV 5V 系列 DSC 的高温井下探测系统的应用，包括多路高温数据采集模块、基于 MIL-STD-1553 通信协议的通信模块以及基于单芯电缆的通信模块。

14.1　高温高压井下探测系统设计

14.1.1　井下探测技术简介

测井，也称地球物理测井，是指利用岩层的电化学特性、导电特性、声学特性、放射性等地球物理特性，测量地球物理参数的方法，属于应用地球物理方法之一。测井方法在石油、煤、金属与非金属矿产及水文地质、工程地质的钻孔中，都得到了广泛的应用，特别是在油气田、煤田及水文地质勘探工作中，已成为不可缺少的勘探方法之一。

在石油钻井的过程中测量地层岩石物理参数被称为随钻测井，而在钻到设计井深深度后也必须进行测井，称为完井电测，以获得各种石油地质及工程技术资料，作为完井和开发油田的原始资料。生产测井又称开发测井，指在油井(包括采油井、注水井、观察井等)投产后至报废整个生产过程中，利用各种测试仪器进行井下测试以获取相应地下信息的井下探测。其重要任务是测量生产井和注入井的流体流动剖面，测量的参数包括流体的速度(流量)、密度、持水率、温度、压力等，有助于了解各射孔层段产出或吸入流体的性质和流量，从而评价油井产状和油层开采特征，为油气田储层评价、开发方案的编制和调整、井下技术状况的检测、作业措施实施和效果评价提供依据。现有的测井方法主要有地震声波测井、核测井、电位测井和电磁测井。

根据地质和地球物理条件，合理地选用综合测井方法，可以详细研究钻孔地质剖面、探测有用矿产、提供计算储量所必需的数据，如油层的有效厚度、孔隙度、含油气饱和度和渗透率等，以及研究钻孔技术情况和开发方案等。单一的一种测井方法基本上都是间接地、有条件地反映岩层地质特性的某一侧面。要全面认识地下地质面貌，发现和评价油气层，则需要综合使用多种测井方法。

14.1.2 高温井下探测系统

以生产井为例，一套完整的井下探测系统如图 14-1 所示，主要包括四个部分：地面的数据采集、控制、记录和处理系统；测量不同地层物理特性的井下仪器，系统可以根据测井作业的要求，选择不同系列的下井仪器组合串，获取所需的测井信息；测井特种车辆或拖撬，内部装有测井绞车，用于装载地面仪器和电缆进行测井作业施工；测井辅助设备，包括井口装置、深度系统、水平测井工具等特殊专用设备。

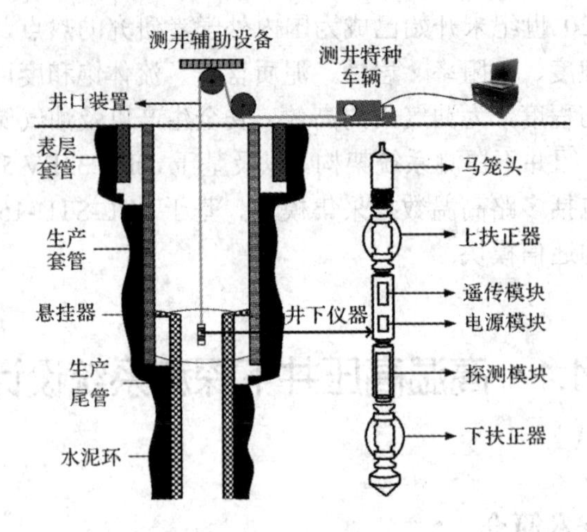

图 14-1　井下探测系统

在测井过程中，测井绞车将各种对不同地层信息敏感的传感器送入井下，在地面采集系统的控制下，测量反映对应的地质和工程特性的相关信息，并转换成可测量的物理量。测井仪器中的电路对井下测量信号进行归一化、放大等处理后，按照一定的编码方式，通过专门的传输介质(有线的如电缆，无线的如泥浆脉冲等)传送到地面。地面系统对这些从井下传上来的数据进行“信号恢复”处理后，由系统软件完成深度对齐、实时处理、实时监视和绘制测井图件，并将数据记录在系统的永久记录介质上。在井场可以利用快速直观解释软件完成现场的资料处理，并通过远程网络传送到数据中心进行专家诊断，实时指导现场的测井数据采集。井下仪器也可以采用电池供电，在井下测量时将测量数据存储在介质中，待测井仪器提到井上后读取，这样不需要电缆来供电和通信，可提高通过性，缺点是不能够实时处理。近年来，永置式井下探测系统也得到了快速发展，它将携带传感器的井下探测模块永置于井下，通过钢管电缆或者无线通信的方式向地面发送数据，不再需要测井绞车完成上提或下放。

井下探测仪器一般包括马笼头、扶正器、电源模块、探测模块和遥传模块等。其中，马笼头用于连接单芯电缆与井下探测系统，可防水抗压；上、下扶正器用于在探测过程中，使仪器始终保持在井眼轴线位置，避免仪器在井中晃动而产生测量误差；电源模块通过仪器的供电总线向井下电路提供所需要的电压；探测模块用于获取相关的地质信息；遥传模块用于接收命令和发送数据。在石油测井中，仪器通常都是在上千米的深井中工作的，这种环境通常伴有剧烈震动、压力大以及温度高等特点。高压外壳和扶正器可以在一定程度上确保仪器在高压震动的环境中正常工作，但是高温对电子线路的影响很大。随着温度的变化，电子元件的一些特征和性能会产生变化，从而影响仪器的性能甚至正常工作。特别地，由于元件工作时自身也会产生温度，所以工作时元件的温度一般会高于工作环境的温度。因此井下探测系统需采用高温电路，其中所采用的元件必须能够在高温下正常工作，而且井下狭长有限的空间对电路的集成度也提出了很高的要求。dsPIC33EV 系列芯片通过了 AEC-Q100 的第 0 级标准，在 150℃的高温下可以正常工作，在 175℃的高温下也能够正常工作 408 个小时。此外 dsPIC33EV 系列芯片采用 5 V 供电，具有优秀的抗噪性和可靠性，还集成了高性能的 ADC 模块和丰富的通信外设，性能高，成本低，广泛适用于各种井下探测仪器。

14.2 基于 dsPIC33EV 的多路高温数据采集模块

复杂恶劣的井下探测环境对数据采集系统的要求很高，不仅要保证数据的高速准确采集，而且要求器件在高温环境下仍能正常工作，特别是随着探测方法越来越复杂，传感器种类和数量越来越多，往往需要进行多路数据采集，而井下狭小的空间也要求采集系统具有极高的集成度。dsPIC33EV 系列单片机的片内 ADC 模块支持 10 位和 12 位精度采集，支持最多 36 个模拟输入通道，具有 4 个 S&H：在设置为 10 位采样精度时，最多可以同时采样 4 个模拟输入通道；而在配置为 12 位采样精度时，只有 1 个 S&H，不支持多通道同时采样。此外，dsPIC33EV 系列单片机还集成了 DMA 控制器和运放/比较器模块，可以实现高速、复杂的数据采集功能。

井下探测系统一般需要同时测量多种物理量或者同一种物理量的多个测量点，因此往往需要多路数据采集。按照系统中数据采集电路是否共用一个 ADC 还是每路各用一个 ADC，多路数据采集可以分为集中采集式和分散采集式两大类型。集中采集式多路采集在工作过程中，各路被测参数一般共用一个 S&H 和 ADC，即在某一时刻，多路开关只能选择其中某一路，把它接入到 S&H 的输入端。当 S&H 的输出已经充分逼近输入信号时，在控制命令的作用下，S&H 由采样状态进入保持状态，ADC 开始进行转换，转换完成后输出数字信号。在转换期间，多路开关可以将下一路接通到 S&H 的输入端。系统不断地重复上述操作，直至实现对多路模拟信号的数据采集。集中采集式多路采集的特点是结构简单，适用于信号变化速率低、对采样信号同步要求不高的场合。而分布式多路采集在工作过程中，每路被测参数都有独立的 S&H 和 ADC，各个通道的信号可以独立采样/保持和转换；数据采集的速率快，适用于需要高速采集和多通道同步采集的场景。

下面介绍 3 种不同的 dsPIC33EV 数据采集配置方案，在实际应用中，可以根据场景需要选用合适的一种或者多种方案。

14.2.1 dsPIC33EV 多通道同时采样

在井下探测系统中，往往需要用到阵列处理方法或者多参数联合处理方法，这些方法对于数据同步采集的要求比较高，为此介绍基于 dsPIC33EV 系列单片机的 4 通道同时采样

ADC 配置方案，图 14-2 为该方案的模块框图。

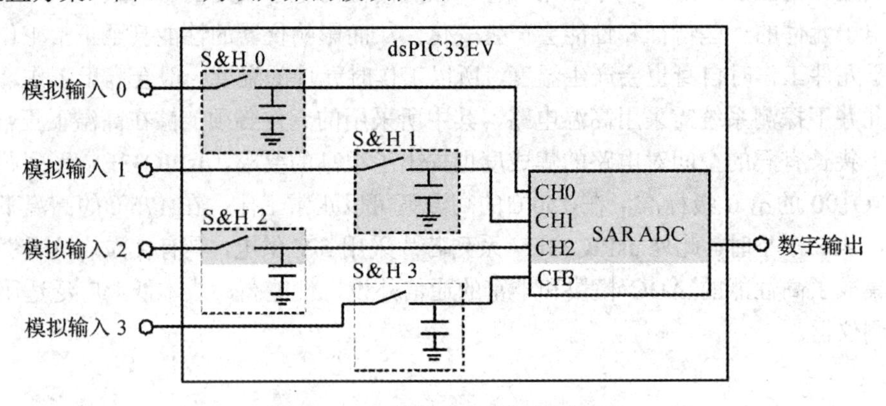

图 14-2　4 通道同时采样模块框图

dsPIC33EV 5V 系列高温 DSC 的 ADC 模块配置为 10 位精度(AD12B(ADxCON1<10>)= 0)时，可以使用最多 4 个 S/H 通道，指定为 CH0～CH3，通过同时采样选择位(SIMSAM(ADxCON1<3>))设为1开启，开启的通道数量由通道选择位(CHPS(ADxCON2<8:9>))确定，各通道的具体模拟输入由 ADCx 输入通道 0 选择寄存器(ADxCHS0)和 ADCx 输入通道 1、2 和 3 选择寄存器(ADxCHS～ADxCHS)确定。其中，输入通道 0 的可选模拟输入很多(AN0～AN63)，而输入通道 1、2 和 3 可选的模拟输入比较固定，需要根据实际应用情况合理分配(具体使用说明详见第 12 章)。模拟输入电压需要在参考电压高电压(V_{EFH})和参考电压低电压 V_{REFL} 之间，根据转换器参考电压配置位(VCFG(ADxCON2<13:15>))，V_{REFH} 的值为 AV_{DD}，V_{REFL} 的值为 AV_{SS}。ADC 模块开启(ADON(ADxCON1<15>)= 1)后需要 20 μs 的时间稳定在适当的电平，在此期间 ADC 的结果是不准确的，因此需要一个 20 μs 的延迟。ADC 转换结果都按顺序存储在 ADC1BUF0～ADC1BUFF 中，可以通过编程实现提取、储存、处理和输出，具体的 ADC 配置例程如下。其中 ANSELx 寄存器用于控制模拟端口引脚的操作。如果要将端口引脚用作模拟输入或输出，相应的 ANSELx 和 TRISx 位必须置 1。

```
void initAdc1(void)
{
    /* 初始化引脚 */
    ANSELA = ANSELB = ANSELC = ANSELD = ANSELE = ANSELG = 0x0000;
    ANSELAbits.ANSA0 = 1;           // AN0/RA0 为模拟输入
    ANSELAbits.ANSA1 = 1;           // AN1/RA1 为模拟输入
    ANSELBbits.ANSB0 = 1;           // AN2/RB0 为模拟输入
    ANSELBbits.ANSB3 = 1;           // AN5/RB3 为模拟输入
    /* 初始化 ADC 模块 */
    AD1CON1 = 0x000C;               //开启同时采样和自动启动
    AD1CON2 = 0x0300;               //同时采集 CH0、CH1、CH2 和 CH3
    AD1CON3 = 0x000F;               //配置采样速率
    AD1CON4 = 0x0000;
    AD1CSSH = 0x0000;
```

```
    AD1CSSL = 0x0000;
    AD1CHS0bits.CH0SA = 5;           // CH0 的同相输入为 AN5
    AD1CHS0bits.CH0NA = 0;           // CH0 的反相输入为 VREFL
    AD1CHS123bits.CH123SA = 0;       // CH1 的同相输入为 AN0
                                     // CH2 的同相输入为 AN1
                                     // CH3 的同相输入为 AN2
    AD1CHS123bits.CH123NA = 0;       //CH1、CH2 和 CH3 的反相输入都为 VREFL
    AD1CON1bits.ADON = 1;            //使能 ADC 模块
    DelayUs(20);
}
```

14.2.2 dsPIC33EV 单通道多路循环采样

井下探测系统中的传感器数量一般比较多，特别是多臂井径仪可能有多达几十个传感器，而且对数据采集的精度要求比较高，为此介绍基于 dsPIC33EV 系列单片机的高精度 ADC 多路循环采样配置方案，图 14-3 为该方案的模块框图。

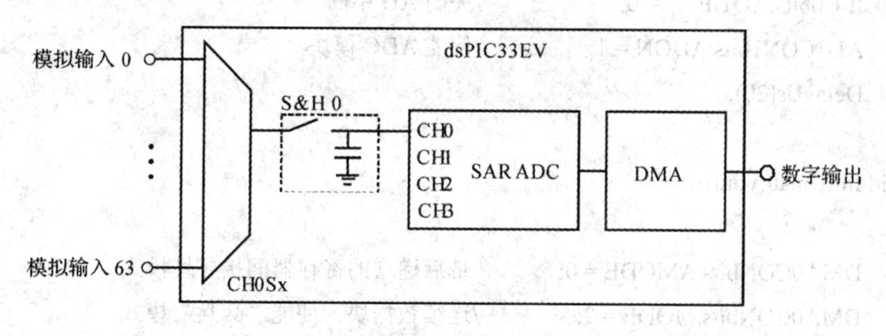

图 14-3　高精度 ADC 多路循环采样模块框图

dsPIC33EV 系列单片机的 ADC 模块最多具有 36 个模拟输入。其中除 AN0～AN31 模拟输入外，模拟输入 AN32～AN63 是复用的。可以灵活使用这些模拟输入中的任何一个，但是需要注意的是，正由于 AN32～AN63 是复用的，同时使用这些输入通道中的两个通道可能会导致模块产生错误输出。ADC 模块配置为 12 位精度(AD12B(ADxCON1<10>) = 1)时，只有一个 S&H 通道，不支持多通道同时采样，但是可以通过配置扫描输入(CSCNA(ADxCON2<10>) = 1)来实现多路数据采集，扫描的通道由 ADCx 输入扫描选择寄存器(ADxCSSH 和 ADxCSSL)来决定，其中值为 1 表示对该位对应的模拟输入通道进行扫描，值为 0 则表示扫描时跳过。可以配置 DMA 控制器在 ADC 采样完成(DMAxREQ = 00001101(ADC1 转换完成))时在 ADC 数据寄存器和数据空间 SRAM 之间传输数据(DMAxPAD = 0x0300(ADC1BUF0))，具体传输模式由 ADC 模块中的存储方式(ADDMABM(ADxCON1<12>)、SMPI(ADxCON2<2:6>)、SMPI(ADxCON4<2:0>))和 DMA 控制器中的工作模式(AMODE(DMAxCON<4:5>)、MODE(DMAxCON<0:1>))来决定。需要注意的是，使能 DMA 模块(ADDMAEN = 1)时，对于每个 ADC 模块只有 1 个 ADC 结果缓冲区(即 ADCxBUF0)，必须在下一次 ADC 转换完成之前通过 CPU 或 DMA 控制器读取 ADC 转换结果，以避免覆盖先前的值。具体的 ADC 和 DMA 配置例程如下：

```
void initAdc1(void)
{
    /* 初始化引脚 */
    ANSELA = 0x0002;                //AN0/RA0、AN1/RA1 为模拟输入
    ANSELB = 0x000F;                //AN2/RB0、AN3/RB1、AN4/RB2、AN5/RB3 为模拟输入
    ANSELC = 0x0002;                //AN6/RC0 AN7/RC1 为模拟输入
    /* 初始化 ADC 模块 */
    AD1CON1 = 0x1444;               //12 位精度，自动启动，DMA 缓冲区以转换的顺序写入
    AD1CON2 = 0x0400;               //扫描 CH0 输入
    AD1CON3 = 0x0808;               //配置采样速率
    AD1CON4bits.ADDMAEN = 1;        //转换结果存储在 ADC1BUF0 寄存器中，通过 DMA
                                      传输到 RAM 中
    AD1CSSH = 0x0000;
    AD1CSSL = 0x00FF;               //选择对 AN0AN7 进行输入扫描
    IFS0bits.AD1IF    = 0;          //清除 AD 中断标志位
    IEC0bits.AD1IE    = 0;          //关闭 AD 中断
    AD1CON1bits.ADON = 1;           //使能 ADC 模块
    DelayUs(20);
}
void InitDma0(void)
{
    DMA0CONbits.AMODE = 0;          //带后递增的寄存器间接寻址模式
    DMA0CONbits.MODE = 2;           //连续数据块，使能“乒乓”模式
    DMA0PAD = (int) &ADC1BUF0;      //DMA 外设地址寄存器为 ADC 数据寄存器
    DMA0CNT = (NUMSAMP - 1);        //DMA 传输计数为 NUMSAMP
    DMA0REQ = 13;                   //ADC 采样完成传输
    DMA0STAL = _builtin_dmaoffset(&bufferA);
    DMA0STBL = _builtin_dmaoffset(&bufferB);  //配置 RAM 中的内存地址
    IFS0bits.DMA0IF = 0;            //清除 DMA 中断标志位
    IEC0bits.DMA0IE = 1;            //使能 DMA 中断
    DMA0CONbits.CHEN = 1;           //使能 DMA
}
```

14.2.3　使用 dsPIC33EV 内部运放器的 A/D 采样

如果待采集模拟信号比较微弱，可以通过信号放大电路放大信号以便采集。dsPIC 内部集成了运算放大器，可以实现放大处理，同时放大器的输出还可以作为 ADC 模块的输入，以便完成数据采集。为此介绍基于 dsPIC33EV 的使用内部运算放大器的 ADC 配置方案，图 14-4 为该方案的模块框图。

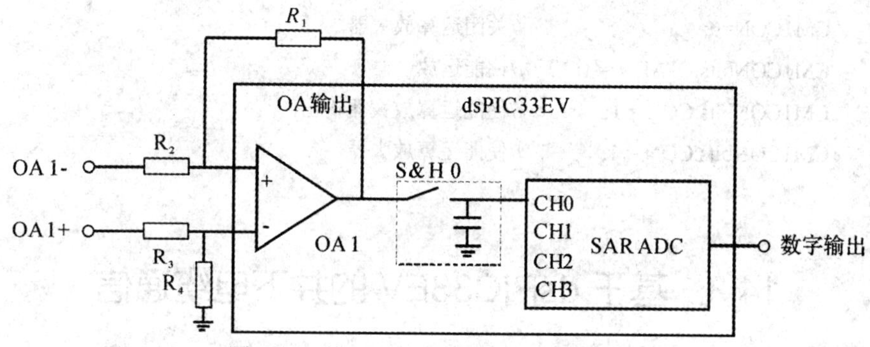

图 14-4 使用内部运放器的采样模块框图

dsPIC 内部集成了 4 个运算放大器，分为为 OA1～OA3 和 OA5，它们通过特殊功能寄存器控制位(CH0Sx 和 CH123Sx)控制的多路开关连接至 S&H0～S&H3。其中 OA1 可连接至 S&H0～S&H1，OA2 可连接至 S&H0～S&H2，OA3～OA5 可连接至 S&H0 和 S&H3。可以根据实际场景需要选择一路或多路连接，完成放大 A/D 转换。需要注意的是，使能运算放大器会限制模拟输入(ANx 引脚)的可用性。例如，当使能 OA2 时，运放的输入和输出将使用 AN0、AN1 和 AN2 的引脚，这将禁止使用交替输入模式，因为多路开关 A 会选择使用 AN0～AN2。具体的 ADC 和 OA 配置例程如下：

```
void initAdc1(void)
{
//初始化 ADC 模块
    AD1CON1 = 0x0404;           //12 位精度，自动启动
    AD1CON2 = 0x0000;           //不扫描输入，每次采样后产生中断
    AD1CON3 = 0x0808;           //配置采样速率
    AD1CON4 = 0x0000;           //不使用 DMA
    AD1CHS0bits.CH0SA = 3;      //输入通道为 OA1OUT/AN3
    AD1CON1bits.ADON = 1;       //使能 ADC 模块
    DelayUs(20);
}
void initOA1( void )
{
//初始化 OA 模块
    /* 初始化引脚 */
    _TRISB1 = 0;
    ANSELBbits.ANSB1 = 1;       //OA1OUT/RB1 为模拟输出
    _TRISB2 = 1;
    ANSELBbits.ANSB2 = 1;       //OA1IN+/RB2 为模拟输入
    _TRISB3 = 1;
    ANSELBbits.ANSB3 = 1;       //OA1IN-/RB3 为模拟输入
    /* 初始化运算放大器 */
    CMSTAT = 0;                 //配置运算放大器状态
```

```
    CM1CON=0;                    //关闭运算放大器
    CM1CONbits.OPAEN = 1;        //使能运放
    CM1CONbits.COE = 1;          //使能运算放大器输出
    CM1CONbits.CON = 1;          //使能运算放大器
}
```

14.3 基于 dsPIC33EV 的井下电缆通信

14.3.1 MIL-STD-1553 通信协议

MIL-STD-1553 通信协议是美国国防部发布的一个军用标准，定义了机械、电气和串行数据总线的功能特征。它最初被设计作为军用航空电子的航空数据总线，现在已经发展为国际公认的数据总线标准，普遍用于军用和民用航天、石油测井等领域。它采用曼彻斯特码进行编码传输，是时分多路复用的半双工命令/响应协议，可具有多个(通常为双重)冗余的平衡线路物理层，并可处理多达 31 个远程终端(设备)。

MIL-STD-1553 总线系统上主要有三种终端类型：总线控制器(Bus Controller, BC)、远程终端(Remote Terminal, RT)和总线监视器(Bus Monitor, BM)。BC 是在总线上唯一执行建立和启动数据传输任务的终端，主要管理和控制 MIL-STD-1553 总线上消息的传输，网络中只有总线控制器才能发送命令字。RT 是用户子系统到数据总线上的接口，主要工作是响应来自 BC 的命令，并实施数据的传递。MIL-STD-1553 总线网络可以接入多个 RT，不同的 RT 通过不同的地址区分，只有当 RT 接收到 BC 指令时，才能够参与信息传递。BC 能够以“广播”方式向所有 RT 发送消息，总线上的所有消息传输都由 BC 发出的指令来控制，相关终端对指令应给予响应并执行操作，这种方式非常适合集中控制的分布式处理系统。BM“监视”总线上所有的信息传输，以完成对总线上数据的记录和分析。BM 能够接受 BC 的指令，但是不参与总线消息的传输。

MIL-STD-1553 总线上的消息由一个或多个字(命令字、数据字或状态字)组成。每个字总长为 20 位，包含 3 位同步位、16 位数据位和 1 位校验位，具体内容如图 14-5 所示。

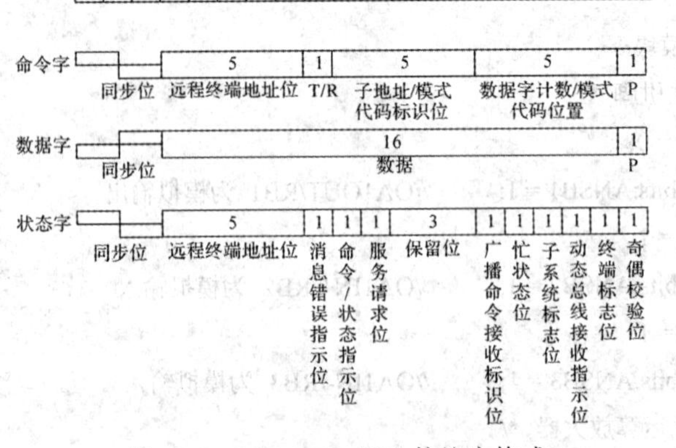

图 14-5　MIL-STD-1553 协议字格式

同步位标示一个新字的开始，可以区分出命令字、数据字和状态字(数据字为 1.5 位低+1.5 位高，对于命令字和状态字则相反)。奇偶校验位用来保证数据的有效性。同步位和奇偶校验位被 1553 硬件用来确定消息格式和数据传输的正确性。16 位数据/命令/状态位使用曼彻斯特编码发送，其中 0.5 位高与 0.5 位低表示一个逻辑 1，而低—高序列表示一个逻辑 0。

命令字的 4～8 位为终端地址位，总共可以标识 32 个地址，其中 00000～11110 标识 31 个终端，而 11111 标识广播地址；9 位为发送/接收指示位，用于 BC 指示终端进行数据传输；10～14 位为子地址/模式代码标识位；15～19 位为数据字计数/模式代码位，用来标识传输的子地址或者模式代码。

状态字的 4～8 位为终端地址位；9 位为消息错误指示位，用来指示上一个接收到的消息是否正确；10 位为命令/状态指示位，用于区别命令字和状态字；11 位为服务请求位，用于终端向总线控制器请求服务；12～14 位为保留位；15 位为广播命令接收标识位，用于标识接收到广播命令；16 位为忙状态位，用于 RT 向 BC 报告其子系统处理数据的状态；17 位为子系统标志位，用于 RT 向 BC 报告其子系统的健康状态；18 位为动态总线接收指示位，表示 RT 愿意接管 BC 对总线的管理指示；19 位为 RT 标志位，指示 RT 的健康状况。

MIL-STD-1553 总线的数据传输率为 1 MBPS，每条消息最多包含 32 个字。为确保数据传输的完整性，MIL-STD-1553 采用了合理的差错控制措施——反馈重传纠错方法。当总线控制器向某一 RT 发出一个命令或消息时，终端应在给定的响应时间内发回一个状态字，如果传输的消息有错，终端就拒绝发回状态字，由此报告上一次次消息传输无效。

14.3.2　基于 dsPIC33EV 的 MIL-STD-1553 通信模块实例

MIL-STD-1553 协议在井下探测系统中应用广泛。利用 MIL-STD-1553 协议，多种不同功能的井下探测仪可以灵活地组合在一起，进而高效率地完成测井工作。本节介绍一个基于 dsPIC33EV 的 MIL-STD-1553 通信模块实例，采用 HD-15530 作为编码/解码芯片，并且作为 MIL-STD-1553 系统中的 RT。

1. 硬件设计

HD-15530 是一种高性能的 CMOS 器件，可以满足 MIL-STD-1553 和类似曼彻斯特编码时分复用串行数据协议。该芯片分为编码器和解码器两部分，两部分除了主复位功能外可各自独立运行。

HD-15530 的解码器可以识别同步脉冲并对其进行识别、解码数据位并检查奇偶校验。解码器的时钟由解码器时钟(DECODER CLOCK)引脚输入，其频率为期望数据速率的 12 倍，产生的同步脉冲从解码器移位时钟(DECODER SHIFT CLOCK)引脚输出。解码器可以接收双极性或者单极性两种形式的曼彻斯特编码数据，双极性零输入(BIPOLAR ZERO IN)引脚和双极性一输入(BIPOLAR ONE IN)引脚用来接收双极性信号，单极性数据输入(UNLPOLAR DATA IN)引脚用来接收单极性数据。获取数据(TAKE DATA)引脚用来指示可以获取解码数据，而解码的数据通过串行数据输出(SERIAL DATA OUT)引脚传输，同步位类型通过命令/数据同步(COMMAND/DATA SYNC)引脚指示，奇偶校验结果由有效字(VALID WORD)引脚指示。

HD-15530 的编码器可以产生同步脉冲并完成奇偶校验位以及数据位的编码。编码器的时钟由发送时钟(SEND CLOCK)引脚输入，其频率为期望数据速率的两倍，产生的同步脉冲从编码器移位时钟(ENCODER SHIFT CLOCK)引脚输出。编码器使能(ENCODER ENABLE)引脚用来使能编码器，同步选择(SYNC SELECT)引脚用来指示输出的同步位类型，而编码器发送数据(SEND DATA)引脚用来指示可以从串行数据输入(SERIAL DATA IN)引脚输入待编码的数据。

基于 dsPIC33EV 系列单片机和 HD-15530 的 MIL-STD-1553 通信模块框图如图 14-6 所示。接收变压器将 BC 下发的消息从总线上降压耦合到接收电路中，驱动芯片 DS78C20 将耦合出来的双极性信号转换成单极性信号，HD-15530 对单极性的信号进行解码并传输给 dsPIC33EV 系列单片机。而 dsPIC33EV 系列单片机上传的信息经过 HD-15530 编码和驱动芯片 DS1663 的功率放大后被发送变压器升压耦合到总线上，传输给 BC 和 BM。

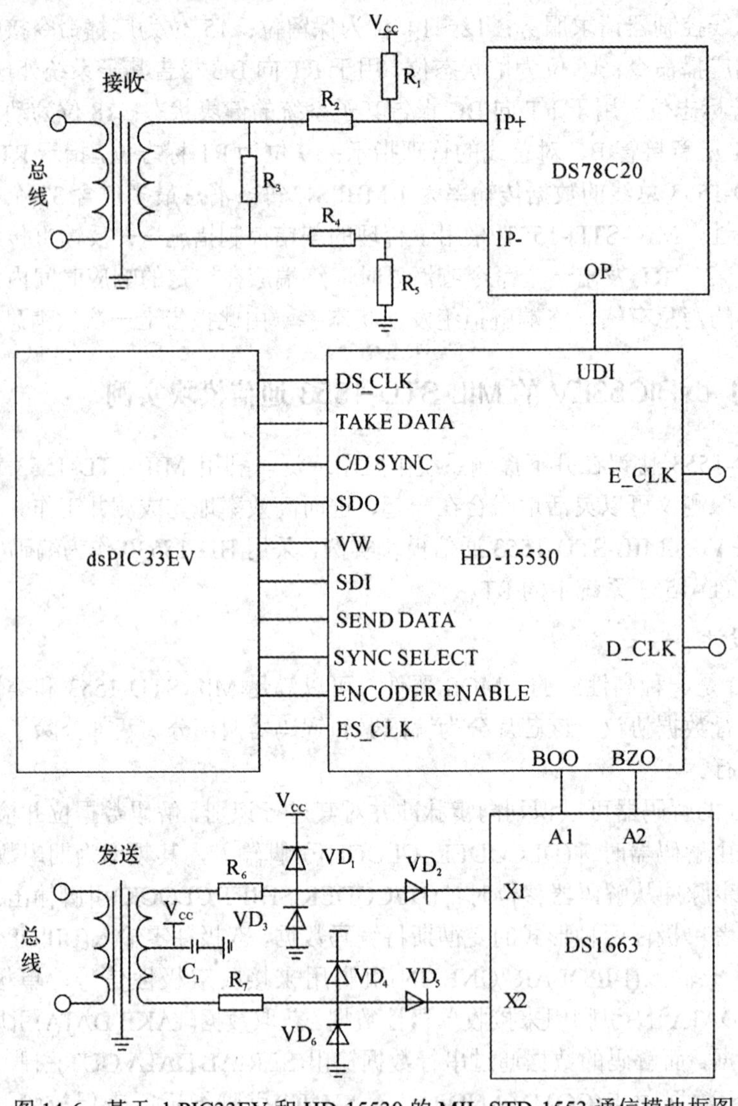

图 14-6　基于 dsPIC33EV 和 HD-15530 的 MIL-STD-1553 通信模块框图

接收电路中的 R_3 为终端匹配电阻，提供基础电流以防止后端驱动电路工作在关闭区域，其阻值要尽量和线路的传输阻抗匹配，R_2、R_4 为负载电阻，上拉电阻 R_1 和下拉电阻 R_5 可将前端输入的不确定信号分别钳位到高电平和低电平，以防止信号线因悬空而出现不确定的状态。DS78C20 驱动电路除将双极性信号转换为单极性信号外，还可放大前端输入信号的功率以满足负载额定功率，使负载可以正常工作。发射电路中的限流电阻 R_6、R_7 和保护二极管 VD_2、VD_5 用来保护驱动电路。VD_1、VD_3、VD_4 和 VD_6 组成的钳位电路将周期性变化的编码信号的顶部和底部分别保持在 V_{CC} 和地上。V_{CC} 电源上的去耦电容 C_1 用来减少电源输入的耦合噪声干扰。

2. 软件设计

HD-15530 的解码器是自动运行的，会持续监测其数据输入通道，直到发现有效的同步位和两个有效的曼彻斯特数据位。当识别到有效的同步位时，COMMAND SYNC 会指示同步位的类型(命令同步置高，数据同步置低)。然后 TAKE DATA 变高并保持表示解码器将通过 SERIAL DATA OUT 开始传输解码数据。解码数据在 DECODER SHIFT CLOCK 的上升沿移位输出，输出格式为不归零编码(NRZ)格式。在所有 16 位解码数据被发送完后，HD-15530 会检查奇偶校验位，检查结果通过 VALID WORD 指示(校验正确置高，校验错误置低)。这时解码器也会寻找新的同步位以启动下一个输出周期。

根据 HD-15530 的解码器运行时序，可以配置开启 dsPIC33EV 的外部中断。当捕捉到 HD-1553 的 TAKE DATA 上升沿时触发，然后在外部中断服务函数中，通过 COMMAND SYNC 获取字类型，在 DECODER SHIFT CLOCK 的上升沿后从 SERIAL DATA OUT 接收数据。读取完 16 位数据后，根据 VALID WORD 判断消息是否有效，如果有效，则根据消息内容作出响应。具体的外部中断初始化和消息接收例程如下：

```
void INTx_IO_Init(void)
{
    //初始化外部中断 1
    RPINR0 = 0;
    RPINR0bits.INT1R = 56;          //RC8/RP56(HD15530 的获取数据引脚)映射为外部中断 1
    INTCON2 = 0x8000;               //开启全局中断，上升沿中断
    IFS1bits.INT1IF = 0;            //清除外部中断 1 标志位
    IEC1bits.INT1IE = 1;            //使能外部中断 1
}
int GetBits(int bits_count)
{
    //按位读取数据
    int i=0,Data_Temp = 0;
    for(i = 0; i < bits_count; i++)
    {
        while (!_DCS_CLOCK);                                      //等待解码器移位时钟为高
        Data_Temp = Data_Temp << 1 + _SERIAL_DATA_OUT;    //读取串行数据输出引脚
        while (_DCS_CLOCK);
```

```
    }
    return Data_Temp;
}
void _attribute_ ( (interrupt, no_auto_psv) ) _INT1Interrupt(void)
{
    //外部中断响应，接收命令字或者数据字
    int i = 0;
    Type_Rec = _COMMAND_SYNC;                    //读取字的类型
    switch(Type)
    {
        case COMMAND:
            RT_Adress_Rec = GetBits(5);          //读取 5 位远程终端地址位
            Transmit_Receive = GetBits(1);       //读取 1 位发送/接收指示位
            Subadress_Mode = GetBits(5);         //读取 5 位子地址/模式代码标识位
            if(IsNextModeCode(Subadress_Mode))   //判断下 5 位类型数
            {
                Mode_Code = GetBits(5);          //读取 5 位模式代码位
            }
            else
            {
                Word_Count = GetBits(5);         //读取 5 位数据字计数位
            }
            break;
        case DATA:
            Data = GetBits(16);                  //读取 16 位数据位
            break;
        default:
            break;
    }
    if(OK == _VALID_WORD)              //判断解码是否正确
    {
        Respond();                     //响应
    }
    IFS1bits.INT1IF = 0;               //清除外部中断 1 标志位
}
```

dsPIC33EV 首先通过 ENCODER ENABLE 置高来开启编码发送消息，同时通过 SYNC SELECT 来指示同步位类型(置高为状态同步，置低为数据同步)；然后 dsPIC33EV 等待编码器准备接收数据，此时 SEND DATA 将变高；最后数据在 ENCODER SHIFT CLOCK 的下降沿从 SERIAL DATA IN 移位输入，以便编码器在上升沿时采样。具体的消息发送例程如下：

```
void SendBits(int value,int bits_count)
{
    //按位发送数据
    int i = 0;
    for(i = bits_count - 1; i >= 0; i--)
    {
        _SERIAL_DATA_IN = value >> i;              //数据写入串行数据输入引脚
        while (!_ENCODER_SHIFT_CLOCK);
        while (_ENCODER_SHIFT_CLOCK);              //等待编码器移位时钟一个周期
    }
}
void SendCommandData(void)
{
    //发送命令字或者数据字
    _SYNC_SELECT = Type_Send;                      //字类型被写入同步选择引脚
    _ENCODER_ENABLE = 1;                           //开始编码
    while(!_SEND_DATA);                            //等待编码器准备好接收数据
    switch(Type)
    {
        case COMMAND:
            SendBits(RT_Adress_Send,5);            //发送 5 位远程终端地址位
            SendBits(Message_Error,1);             //发送 1 位消息错误指示位
            SendBits(Instrumentation,1);           //发送 1 位命令/状态指示位
            SendBits(Service_Request,1);           //发送 1 位服务请求位
            SendBits(0,3);                         //发送 3 位保留位
            SendBits(BC_Received,1);               //发送 1 位广播命令接收标识位
            SendBits(Busy,1);                      //发送 1 位忙状态位
            SendBits(Subsystem_Flag,1);            //发送 1 位子系统标志位
            SendBits(DBC_Acceptance,1);            //发送 1 位动态总线接收指示位
            SendBits(Terminal_Flag,1);             //发送 1 位远程终端标志位
            break;
        case DATA:
            SendBits(Data_Send,16);            //发送 16 位数据位
            break;
        default:
            break;
    }
}
```

14.4　基于 dsPIC33EV 的单芯电缆通信模块

14.4.1　单芯电缆通信

目前国内外井下探测系统的数据传输方式多种多样，按照传输介质的不同，可以分为无线传输和有线传输。无线传输主要包括泥浆压力脉冲传输技术、声波无线传输技术和电磁波无线传输技术。其中，泥浆压力脉冲传输介质为钻井液，主要用于随钻测量；声波无线传输信道为油管，可靠性不高；电磁波无线传输技术通过低频电磁波将信号传输至地面，需要随着地区地质条件的变化进行转换调整，不具备普遍通用性。有线传输采用电缆作为井下仪器与地面系统之间的传输介质，主要分为单芯电缆和多芯电缆，其中多芯电缆成本高，连接不方便，而单芯电缆虽然传输速率比多芯电缆低，但是井下安装便捷，且成本低、体积小、易下井，在井下探测系统中应用比较广泛。

根据功能作用的不同，单芯电缆测井系统通常分为“三线”“四部分”共 7 个单元，如图 14-7 所示。“三线”是指连接井下遥传单元和井下仪器的仪器总线、连接地面遥传单元和井下遥传单元的单芯测井电缆、连接地面主机和地面遥传单元的计算机总线。单芯电缆的中心是一根缆芯，外层是钢丝编织成的电缆皮，用以增强电缆的抗拉力。单芯电缆测井系统中，单芯电缆不仅为井下仪器提供电能，也作为井上、井下传递信息的通道。“四部分”是指井下仪器、井下遥传单元、地面遥传单元和地面主机及其外设。其中，井下仪器通过压力和温度等传感器对地层的信息进行采集；井下遥传单元重点用于地层信息的调制以及地面下发数据的解调；地面遥传单元用于上行数据的解调以及下行数据的调制处理；地面主机及其外设部分作为人机交互的节点，不仅可完成上行数据的显示、打印等处理，而且可使用户下发各种控制指令，以便于及时了解井下的信息。

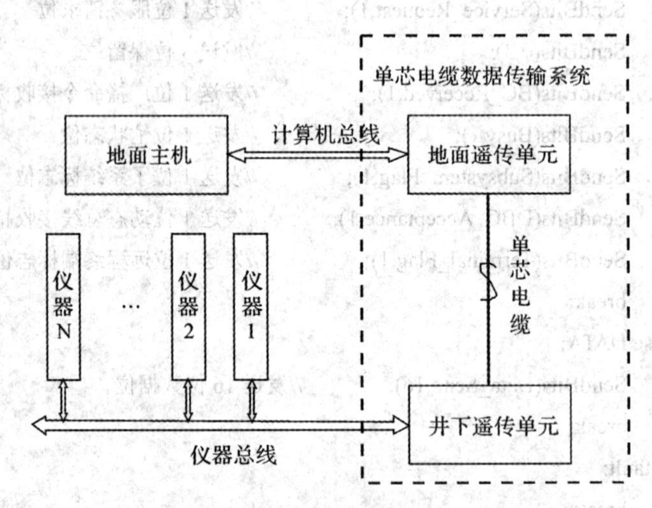

图 14-7　单芯电缆测井系统

地面遥传单元、单芯电缆和井下遥传单元可以组成单芯电缆数据传输系统。两个遥传单元都具有编/解码电路和耦合电路，在发送过程中，编码电路将信号调制到载波频率上并通过耦合电路耦合到电缆上；在接收过程中，耦合电路将电缆上的信号解耦下来，再通过解码电路解调还原出原来的信号。

14.4.2　基于 dsPIC33EV 的单芯电缆通信模块

本节介绍一种基于 dsPIC33EV 系列单片机的单芯电缆通信模块，使用 dsPIC33EV 系列单片机作为主控芯片完成数据的软件编码和解码，并分别通过编码和解码电路完成信号的放大、滤波、耦合和解耦，实现单芯电缆的双向数据通信。

1. 硬件设计

基于 dsPIC33EV 的单芯电缆通信模块框图如图 14-8 所示，图中的耦合变压器用于将信号与直流电压进行叠加以同时隔开高压直流对电路的损害，对载波信号在单芯电缆中的传输有决定性作用。变压器耦合又称为电感耦合，是基于电磁感应原理的耦合方式。信号的耦合方式除电感耦合外还有电容耦合，即采用耦合电容器作为主要元件的耦合方式，利用电容具有通交隔直的特点，在直流电源给井下供电的同时，将信号耦合在直流电压上。耦合电路在设计时要在保证可靠性和稳定性的前提下，提供足够的带宽满足信号的传输要求，还要考虑成本和安装的尺寸和方式。

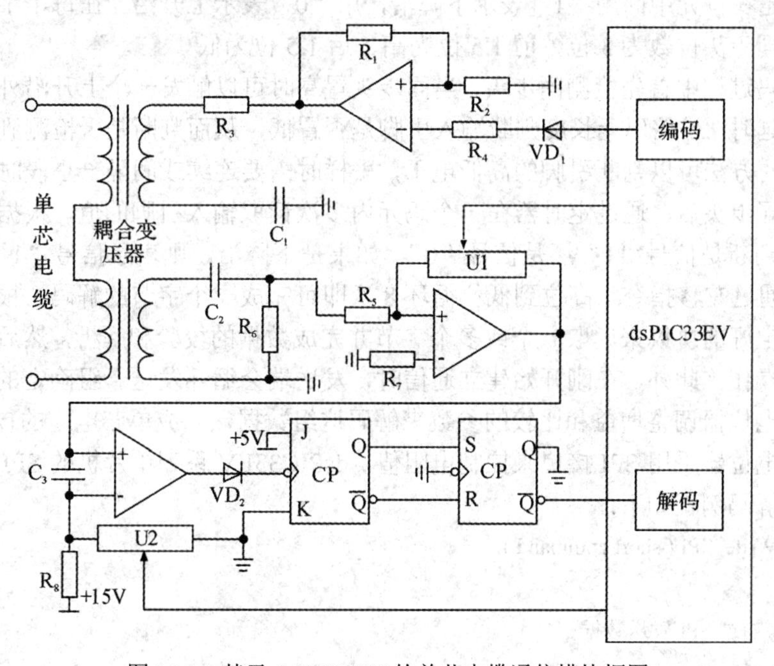

图 14-8　基于 dsPIC33EV 的单芯电缆通信模块框图

在信号的发送过程中，dsPIC33EV 主控芯片对数据进行软件编码后通过 I/O 引脚输出，然后通过反相放大器对编码信号放大后再耦合到单芯电缆上。由于引脚输出的信号电压较小(0～5 V)，直接耦合至单芯电缆易受干扰，且测井电缆的长度一般为 3～7 km，如此长电缆的传输信号衰减严重，因此需要放大器来放大编码信号。图中 R_1 和 R_4 为放大器的反馈电阻和输入电阻，保护二极管 VD_1 用来确保信号单向输出以保护主控芯片；负载电阻

R_3用来防止耦合变压器线圈电阻较小而放大器输出电流大；C_1为去耦电容。

接收信号时，首先通过耦合变压器对单芯电缆上的信号进行解耦降压，然后信号调理电路将信号处理后传入 dsPIC33EV 主控芯片完成信号的软件解码。信号调理电路首先利用一阶高通滤波电路滤除低频噪声，然后利用同相放大电路将信号调节至可解码的范围，再通过比较电路将待解码的信号转换成具有高低电平的方波信号，最后利用 JK 触发器将方波信号转换成二进制形式的信号并传入 dsPIC33EV 主控芯片。图中 R_5和数字电位器 U1 分别为放大器的输入电阻和反馈电阻，R_8和数字电位器 U2 组成的分压电路作为比较器的一路模拟输入信号。数字电位器是一种代替传统机械电位器(模拟电位器)的新型 CMOS 数字、模拟混合信号处理的集成电路，可以由数字输入来控制输出的电阻值。信号通过不同长度和种类的单芯电缆后会有不同程度的衰减和失真，因此接收模块需要采用可编程的数字电位器 U1 和 U2 分别来调节放大器的放大系数和比较器的基准电压幅值，以适应不同的电缆情况。C_2、R_6为高通滤波电路的无源元件，平衡电阻 R_7用来保证输入阻抗匹配，减小输入电流失调；旁路电容 C_3用来滤除输入比较器的信号干扰。

2. 软件设计

单芯电缆的可用频带比较窄，通常在 100 kHz 以内，其编码方式有多种，如 2FSK、2ASK、曼彻斯特编码等。本节用软件完成曼彻斯特编解码，用跳变沿表示要传输的二进制信息，规定在位元中间用“1”表示下降沿，用“0”表示上升沿。在每个字节前发送一个同步头，同步头位数为 3 位，前 1.5 位为高、后 1.5 位为低。

软件解码过程中首先检测同步头，当同步头置高时可以触发一个上升沿外部中断解码函数，然后延时 1.5 倍码元长度判断输入引脚是否置低，从而判断是否检测到同步头。通过 AD 采样的方法可以判断引脚的高低电平，采样时需要连续或间隔一小段时间来消除抖动。检测到同步头后，通过定时器在一个码元内多次读取输入引脚的值，根据输入引脚值的跳变沿来判断是信号“1”还是信号“0”，如果是下降沿，则表示信号“1”；否则表示信号“0”。通过左移指令从高位到低位循环 8 次即可完成一个字节的解码，根据两个遥传单元共同确定好的协议来读取一个或多个字节并完成数据的校验和解析，然后根据解析内容进行相应操作。此外，在刚开始建立通信时，发送端会循环发送一组确定的数据，接收端通过数字电位器调整增益和比较的参数来解码这组数据，完成单芯电缆的自适应通信。一般的数字电位器采用 SPI 接口来控制电阻值，dsPIC33EV 系列单片机的 SPI 模块应用例程和具体的解码例程如下：

```
void Write_SPI ( short command )
{
    //通过 SPI 发送数据
    int16_t temp;
    temp = SPI1BUF;                          //读取 SPI1BUF 寄存器以清除 SPIRBF 标志
    SPI1BUF = command;                       //将数据写入 SPI 外设
    while( !SPI1STATbits.SPIRBF )            //等待数据发送完成
        ;
}
```

```
void Init_SPI ( void )
{
    //初始化 SPI 模块
    SPI1STAT = 0x0;                    //禁用 SPI 模块
    SPI1CON1 = 0x0161;                 //配置 SPI(8 位 SPI 主模式)
    SPI1CON1bits.CKE = 0x00;
    SPI1CON1bits.CKP = 0x00;
    SPI1STAT = 0x8000;                 //使能 SPI 模块
}
bool IsHead(void)
{
    //检测同步头，共 3 位长度，前 1.5 位为高、后 1.5 位为低
    if(GetHigh( ))                     //引脚为高
    {
        DelayUs (SPEED * 1.5);         //根据数据传输速率确定延时长度
        if(GetLow( ))                  //引脚为低
        {
            DelayUs (SPEED * 1.5);     //根据数据传输速率确定延时长度
            return true;               //检测到同步头
        }
    }
    return false;                      //未检测到同步头
}
void ReceiveByte(void)
{
    //接收一组数据，长度为 length，内容存为 data
    int i = 0, value = 0;
    if(IsHead( ))                                      //检测到同步头
    {
        for(i=0;i<8;i++)
        {
            if(GetLow( ))                              //引脚为低
            {
                DelayUs (SPEED);                       //根据数据传输速率确定延时长度
                if(GetHigh( ))                         //引脚为高，上升沿为信号“0”
                {
                    value = value << 1 + 0;            //循环左移从高位到低位接收
                    DelayUs (SPEED);                   //根据数据传输速率确定延时长度
                }
```

```
                else   //引脚为低
                {
                    return -1;                   //无跳变沿，解码错误
                }
            }
            Else                                 //引脚为高
            {
                DelayUs (SPEED);                 //根据数据传输速率确定延时长度
                if(GetLow())                     //引脚为低，下降沿为信号“1”
                {
                    value = value << 1 + 1;      //循环左移从高位到低位接收
                    DelayUs (SPEED);             //根据数据传输速率确定延时长度
                }
                else
                {
                    return -1;                   //无跳变沿，解码错误
                }
            }
            return value;
        }
    }
}
```

软件编码则比较简单，采用一个输出引脚输出对应的高低电平来控制编码电路即可。首先通过定时器发送一个同步头，然后依次取出数据帧的每一个字节，对每一个字节的每一位二进制进行编码发送，如果是“1”则根据曼彻斯特编码输出一个上升沿，如果是“0”则输出下降沿，从高到低依次循环 8 次完成一个字节的编码发送。将所有字节数发送完毕，则编码结束。具体编码例程如下：

```
void SendBit (int value)
{
    //发送每一位
    if (0 == value)
    {
        //该位为 0，用上升沿表示
        _OUT_PUT = 0;           //_OUT_PUT 置低
        DelayUs (SPEED);        //根据数据传输速率确定延时长度
        _OUT_PUT = 1;           //_OUT_PUT 置高
        DelayUs (SPEED);
    }
    else
```

```
    {
        //该位为 1，用下降沿表示
        _OUT_PUT = 0;           //_OUT_PUT 置低
        DelayUs (SPEED);        //根据数据传输速率确定延时长度
        _OUT_PUT = 1;           //_OUT_PUT 置高
        DelayUs (SPEED);
    }
}
void SendByte(int value)
{
    //按位发送数据
    int i = 0;
    for (i = 7; i >= 0; i--)
    {
        SendBit (value >> i);   //从高到低循环发送每一位
    }
}
void SendHead (void)
{
    //发送同步头，共 3 位长度，前 1.5 位为低、后 1.5 位为高
    _OUT_PUT = 0;               //_OUT_PUT 为输出的 I/O 口，置低
    DelayUs (SPEED * 1.5);      //根据数据传输速率确定延时长度
    _OUT_PUT = 1;               //_OUT_PUT 置高
    DelayUs (SPEED * 1.5);      //同步头发送结束
}
void SendData (int* data, int length)
{
    //发送一组数据，内容为 data，长度为 length
    int i=0;
    for (i = 0; i < length; i++)
    {
        SendHead ( );           //发送同步头
        SendByte (data[i]);  //发送 data 的第 i 个字节
    }
}
```

参 考 文 献

[1] 石朝林. dsPIC 数字信号控制器入门与实战[M]. 北京：北京航空航天大学出版社，2009.
[2] 刘和平，郑群英，江渝. dsPIC 通用数字信号控制器原理及应用：基于 dsPIC30F 系列[M]. 北京：北京航空航天大学出版社，2007.
[3] 何礼高. dsPIC30F 电机与电源系列数字信号控制器原理与应用[M]. 北京：北京航空航天大学出版社，2007.
[4] 江和. dsPIC33F 系列数字信号控制器仿真与实践[M]. 北京：北京航空航天大学出版社，2014.
[5] 魏以民. 基于 dsPIC 的无线通信系统设计[M]. 北京：机械工业出版社，2012.
[6] 刘国范，樊宏伟，刘春芳. 石油测井[M]. 2 版. 北京：石油工业出版社，2010.
[7] 胡晓军. 数据采集与分析技术[M]. 2 版. 西安：西安电子科技大学出版社，2017.
[8] 倪艳荣，郑先锋，田丰. 通信电缆结构设计[M]. 北京：机械工业出版社，2013.